Ulrich Mescheder

Mikrosystemtechnik

Aus dem Programm **Elektronik**

Sensorschaltungen
von P. Baumann

Elemente der angewandten Elektronik
von E. Böhmer, D. Ehrhardt und W. Oberschelp

Digitaltechnik
von K. Fricke

Mikrosystemtechnik
von U. Hilleringmann

Silizium-Halbleitertechnologie
von U. Hilleringmann

Grundkurs Leistungselektronik
von J. Specovius

Simulation elektronischer Schaltungen mit MICRO-CAP
von J. Vester

Praxiswissen Mikrosystemtechnik
von F. Völklein und T. Zetterer

Mikroprozessortechnik
von K. Wüst

Elektronik
von D. Zastrow

www.viewegteubner.de

Ulrich Mescheder

Mikrosystemtechnik

Konzepte und Anwendungen

2., überarbeitete und ergänzte Auflage

Mit 175 Abbildungen, 23 Tabellen und 95 Aufgaben

STUDIUM

**VIEWEG+
TEUBNER**

Bibliografische Information der Deutschen Nationalbibliothek
Die Deutsche Nationalbibliothek verzeichnet diese Publikation in der
Deutschen Nationalbibliografie; detaillierte bibliografische Daten sind im Internet über
<http://dnb.d-nb.de> abrufbar.

Höchste inhaltliche und technische Qualität unserer Produkte ist unser Ziel. Bei der Produktion und
Auslieferung unserer Bücher wollen wir die Umwelt schonen: Dieses Buch ist auf säurefreiem und
chlorfrei gebleichtem Papier gedruckt. Die Einschweißfolie besteht aus Polyäthylen und damit aus
organischen Grundstoffen, die weder bei der Herstellung noch bei der Verbrennung Schadstoffe frei-
setzen.

1. Auflage 2000
2., überarbeitete und ergänzte Auflage 2004
Unveränderter Nachdruck 2010
Alle Rechte vorbehalten
© Vieweg+Teubner Verlag | Springer Fachmedien Wiesbaden GmbH 2004
Softcover reprint of the hardcover 2nd edition 2004
Lektorat: Reinhard Dapper | Andrea Broßler

Vieweg+Teubner Verlag ist eine Marke von Springer Fachmedien.
Springer Fachmedien ist Teil der Fachverlagsgruppe Springer Science+Business Media.
www.viewegteubner.de

ISBN-13: 978-3-519-16256-8   e-ISBN-13: 978-3-322-84878-9
DOI: 10.1007/ 978-3-322-84878-9

Vorwort zur zweiten Auflage

Die Überarbeitung eines Lehrbuchs in einem sich sehr schnell entwickelndem Gebiet wie der Mikrosystemtechnik ist eigentlich eine Daueraufgabe. Allerdings ist eine kontinuierliche Überarbeitung für das Medium Buch (noch) nicht möglich (vielleicht eröffnet zukünftig auch in diesem Bereich die Mikrosystemtechnik neue Möglichkeiten). Aufgrund der überaus positiven Aufnahme der ersten Auflage habe ich mich daher nach Rücksprache mit dem Teubner Verlag entschlossen, die Änderungen der zweiten Auflage im Wesentlichen auf die erforderlichen Korrekturen und einige wenige Ergänzungen zu beschränken. Die Ergänzungen betreffen dabei die Kapitel 1 (neue Marktdaten), Kapitel 2 (neue Technologien), Kapitel 3 (aufgrund der neueren Entwicklungen haben Drehratensensoren ein größeres Gewicht bekommen) und Kapitel 4 (Mikrorelais und Mikroschalter insbesondere für den HF-Bereich als wichtige neue Produktfelder der Mikrosystemtechnik). Im Anhang wird ein Finite-Elemente-Modell zu einem Problem mit gekoppelten Feldern vorgestellt. Weiterhin wurde die Literaturnummerierung auf eine Kapitel bezogene Nummerierung umgestellt.

Natürlich gibt es noch viele andere Bereiche, die schon heute eine Aufnahme in ein Lehrbuch über Mikrosystemtechnik verdient hätten. So sind im Überlappungsbereich zwischen Biotechnologie und Mikrosystemtechnik wichtige Entwicklungen entstanden. Auch die MOEMS (Micro-optical-electro-mechanical systems) haben sich stark entwickelt, v.a. in den USA. Und in einigen Bereichen werden aus MEMS (Micro-electro-mechanical systems) nun NEMS (Nano-electro-mechanical systems), d.h. die Mikrotechnologie geht dort in die Nanotechnologie über.

Auch im Bereich der Entwurfs- und Simulationswerkzeuge haben sich in den letzten Jahren Entwicklungen ergeben, die sicher einen Abschnitt verdient hätten. All diese Gebiete sind aber einer zukünftigen Überarbeitung vorbehalten.

In dieser Auflage ging es neben den genannten Korrekturen und Ergänzungen auch darum, das Lehrbuch für Studierende erschwinglicher zu machen. Hierzu dient der leicht vergrößerte Satzspiegel, durch den trotz der Ergänzungen von mehr als 30 Manuskriptseiten die Anzahl der Druckseiten reduziert werden konnte. Zusätzlich wurde aus diesem Grund auch Anzeigen aus dem Bereich der Mikrosystemtechnik aufgenommen. Den Inserenten sei an dieser Stelle für die Unterstützung gedankt. Ein besonderer Hinweis sei an dieser Stelle auf den Masterstudiengang Microsystems Engineering erlaubt, der seit dem Jahr 2000 an der FH Furtwangen angeboten wird. Dies Buch wird auch in diesem Masterprogramm eingesetzt.

Danken möchte ich Dr. Rolf Huster, Dr. Wolfgang Kronast, Dipl. Phys. Bernhard Müller und Dipl. Ing. (cand.) Stefan Mescheder für das Korrekturlesen und MSc. Markus Freudenreich für die Unterstützung bei einigen Grafiken und beim FEM-Anhang. Wie schon bei der ersten Auflage hat Herr Werner Krämer die Umsetzung in LaTeX vorgenommen. Herrn Dr. Feuchte vom Teubner Verlag gebührt Dank für die Begleitung bei der Realisierung der 2.Auflage.

Danken möchte ich last but not least meiner Lebenspartnerin Cornelia M. für liebevolles Verständnis seit nunmehr mehr als 25 Jahren.

Zum Schluss noch ein technischer Hinweis: Zu diesem Buch werden weitere Informationen Online zur Verfügung gestellt.

Unter

    `http://www.mescheder.net/ulrich`

bzw.

    `http://www.fh-furtwangen.de/~meschede/Buch-MST`

findet man eine aktuelle Korrekturliste, Lösungen zu den Übungsaufgaben und weitere Übungsaufgaben.

Furtwangen, Juni 2004   *Ulrich Mescheder*

Vorwort zur ersten Auflage

Die Mikrosystemtechnik ist ein zwar junges, aber sich schnell entwickelndes Teilgebiet der Technik. Die wirtschaftliche Bedeutung wird bereits heute oft mit der der Mikroelektronik verglichen,
obgleich viele Arbeiten noch immer Forschungscharakter haben. Aber die Möglichkeiten sind im-
mens, erlaubt doch die Mikrosystemtechnik wie die Mikroelektronik ein »Wachsen ins Kleine«
wie Walter Kroy – einer der geistigen »Väter« der Mikrosystemtechnik einmal treffend formu-
lierte. Dadurch werden Systeme, die heute z.B. mit Methoden der Feinwerktechnik hergestellt
werden, nicht nur kleiner und leistungsfähiger sondern insbesondere billiger.

Da sehr unterschiedliche Funktionselemente zu Mikrosystemen vereinigt (»integriert«) werden, ist die Entwicklung von Mikrosystemen komplex und hochgradig interdisziplinär. Zurecht
haben sich daher in den vergangenen Jahren unterstützt durch entsprechende politische Vorgaben
an vielen deutschen Hochschulen Studiengänge oder an etablierte ingenieurwissenschaftliche
Studiengänge angegliederte Schwerpunkte gebildet, in denen Ingenieure in Mikrosystemtechnik
ausgebildet werden. Dadurch ist eine wichtige Rahmenbedingung für die industrielle Umsetzung
der Möglichkeiten, die Mikrosystemtechnik bietet, gegeben. Denn noch immer sind vielen – gerade kleinen und mittelständischen – Unternehmen die technischen Möglichkeiten der Mikrosystemtechnik nicht hinreichend bekannt. Ohne dieses Wissen können aber die Märkte der Mikrosystemtechnik nicht wachsen. Erst Vertrautheit und Erfahrung mit einem neuen technischen Feld
ermöglicht eine zielgerichtete, erfolgreiche Produktentwicklung.

Ein Lehrbuch über ein so junges Fachgebiet wie die Mikrosystemtechnik gibt notwendiger-
weise einen subjektiven, momentanen Blickwinkel wieder. Die Entwicklungen in der Mikrosystemtechnik sind noch lange nicht abgeschlossen, so dass man kein scharf abgrenzbares Gebiet
vor sich hat. Ständig wird von neuen Entwicklungen berichtet, kommen neue Produkte auf den
Markt. Das vorliegende Buch trifft eine auf der heutigen Sichtweise des Autors beruhende Auswahl an Themen, wobei versucht wurde, auch ganz aktuelle Entwicklungen zu berücksichtigen.
Besonderer Wert wurde auf das Herausarbeiten der wesentlichen Konzepte der Mikrosystemtechnik gelegt. Immer wieder werden dazu gerade Werkstofffragen und Werkstoffeigenschaften
intensiv behandelt.

Das Buch basiert auf einer Vorlesungsreihe mit insgesamt sechs Semesterwochenstunden, die
an der FH Furtwangen, Hochschule für Technik und Wirtschaft, seit 1992 im Hauptstudium der
Mikrosystemtechnik bzw. der Feinwerktechnik angeboten wird. Die Auswahl und Gliederung

erfolgt dabei einmal nach »Produkten«: im Falle der Mikrosystemtechnik sind das Sensoren (Kapitel 3) und Aktoren (Kapitel 4). In den einführenden Kapiteln 1 und 2 wird auf die Begriffs-bestimmung, wirtschaftliche Bedeutung und auf die Herstellungsverfahren eingegangen. Die Optik ist ein eigenständiges Fachgebiet. Die Mikrooptik und insbesondere die Integrierte Optik (der Begriff ist eigentlich älter als der Begriff Mikrosystemtechnik) können jedoch zumindest in Teilbereichen der Mikrosystemtechnik zugerechnet werden. Dieses Thema wird daher in einem eigenständigen Kapitel behandelt (Kapitel 5).

Die Darstellung des »Systemgedankens« ist die sicherlich schwierigste Aufgabe bei einem Buch über Mikrosystemtechnik. In diesem Buch wird kein systemanalytischer, sondern ein »hardware-orientierter« Ansatz verfolgt: Der Systemgedanke wird an einzelnen Realisierungs-beispielen, anhand der Aufbau- und Verbindungstechnik und am Beispiel der Simulation erläu-tert.

Ich hoffe, dass die gewählte Auswahl den Lesern Interessantes und Wissenswertes liefert, über Anregungen und auch Kritik würde ich mich sehr freuen (email: mescheder@fh-furtwangen.de).

Zum Schluss möchte ich allen danken, die zum Gelingen des Buches beigetragen haben: Herrn Dr. Christoph Nachtigall für das kritische Korrekturlesen, Frau Dipl. Ing. Eva Spale, Frau Dipl. Ing. Christiane Kötter und meinem Sohn Stefan für die Unterstützung beim Anfertigen der Grafiken und bei der Bildbearbeitung. Herrn Dr. Jens Schlembach vom Teubner Verlag danke ich für die Anregung zum Schreiben des Buches und die Begleitung während der (leider länge-ren) Realisierungsphase. Herr Werner Krämer-Kranz hat durch seine Arbeiten beim Setzen des Buches für ein ansprechendes Äußeres gesorgt.

Danken möchte ich auch allen, die mich nicht nur in der durch Forschungs- und Lehraufgaben ohnehin schon mehr als ausgefüllten Zeit des Schreibens dieses Buches sondern auch darüber-hinaus Unterstützung und Bestärkung gaben: Meinen Eltern, Freunden und meiner Familie.

Furtwangen, Juni 1999

Inhaltsverzeichnis

1 Einführung und Begriffsbestimmung

1.1 Begriffsdefinition Mikrosystemtechnik

Für den Begriff »Mikrosystemtechnik« gibt es gegenwärtig noch keine allgemein verbindliche Normung. Entsprechend den drei Wortbestandteilen, aus denen sich dieser Begriff zusammensetzt, wird in diesem Buch folgende Bedeutung zugrundegelegt:

Mikro: mindestens eine Dimension der in dieser Technik hergestellten Objekte liegt im Mikrometerbereich (μm $= 10^{-6}$ m). Dies kann neben der Dicke ($\rightarrow$ »Dünnschichttechnologie«) auch für mindestens eine der lateralen Ausdehnungen zutreffen. Daher müssen Bearbeitungsverfahren der sogenannten »Mikrotechnik« genutzt werden. Zumeist sind die Herstellungsverfahren aus der Mikroelektronik-Fertigung abgeleitet. Die Verkleinerung erlaubt zum Einen, viele Elemente auf kleinstem Raum unterzubringen (Integration), zum Anderen ergeben sich vollkommen neue technische Möglichkeiten und Eigenschaften der miniaturisierten Produkte (z.B. Frequenzverhalten, Trägheit, Energieverbrauch).

System: Das Produkt besteht aus mehreren Teilen und Beziehungen dieser Teile untereinander, so dass das System als Ganzes mehr zu leisten vermag als die Summe der Einzelteile. Die Komponenten übernehmen unterschiedliche Funktionen: z.B. mechanische, optische oder elektrische. Diese Funktionen können in sensorischen oder aktorischen Aufgaben genutzt werden. Ganz wesentlich ist die Verknüpfung mit der Elektronik (insbesondere Digitalelektronik). Hierdurch erhält das Mikrosystem eine eigenständige »Intelligenz«. Das Zusammenspiel unterschiedlicher Komponenten ist in Bild 1.1 dargestellt. Wichtige Beispiele sind Sensoren für mechanische Größen (Druck, Beschleunigung), bei denen eine Vorverarbeitung, Digitalisierung und eventuell auch Auswertung bereits im Sensor selbst erfolgt. Durch solche Systeme wird daher die zentrale Recheneinheit einer automatisierten Fertigungslinie entlastet.

Der Systemaspekt erfordert Architekturen, die einen abgestimmten Einsatz unterschiedlicher Komponenten erlauben, und rechnergesteuerte Werkzeuge zur Analyse, zum Entwurf und zur Simulation der zu entwickelnden Mikrosysteme.

Technik: Hierunter versteht man die zum Herstellen von Mikrosystemen notwendigen Verfahrensschritte. Mikrosysteme werden mit ähnlichen Techniken wie mikroelektronische Bauelemente hergestellt. Man unterscheidet Fertigungstechniken, die aus der Mikroelektronik übernommen worden sind, und spezielle, für die Mikrosystemtechnik entwickelte Verfahren, beispielsweise 3D-Formgebung oder Verbindungstechnik. Ein ganz wesentlicher Gesichtspunkt bei den Fertigungsverfahren ist die Möglichkeit der parallelen, gleichzeitigen Herstellung vieler Elemente (batch-Prozesse). Daher können große Stückzahlen sehr preiswert gefertigt werden.

Neben dieser Definition von Mikrosystemtechnik werden auch andere Begriffsbestimmungen verwendet, die einschränkender oder auch allgemeiner gefasst sind.

So wird manchmal die *gleichzeitige* Integration der sensorischen, aktorischen und elektronischen Funktionen als notwendig erachtet, damit ein System als Mikrosystem bezeichnet werden kann. Bei Anwendung dieser enggefassten Definition würden viele mikromechanischen Sensorsysteme nicht als Mikrosysteme gelten.

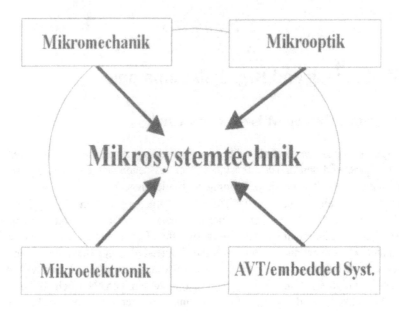

Bild 1.1: In einem Mikrosystem bilden unterschiedliche, aufeinander abgestimmte Funktionselemente ein Gesamtsystem.

Es werden auch sehr viel allgemeinere Begriffsdefinitionen verwendet. So werden manchmal als Mikrosysteme Geräte oder Komponenten bezeichnet, bei denen ein für die Funktion wesentlicher Teil durch eine oder mehrere Mikrostrukturen realisierbar ist [1-1]. Diese Definition schließt dann also auch einfache mikromechanische Sensoren oder sogar einfache Führungsstrukturen für Glasfasern ein!

Bei den europäischen Förderprogrammen wiederum subsumiert man unter dem Terminus Mikrosysteme miniaturisierte intelligente Systeme, die sensorische, verarbeitende und/oder aktorische Funktionen enthalten und bei denen diese Funktionen mindestens zwei der folgenden Eigenschaften einbeziehen: elektrisch, mechanisch, optisch, chemisch, biologisch oder magnetisch [1-2].

In den USA spricht man dagegen eher von MEMS (micro-electro-mechanical-system) als von Mikrosystemen. Mit MEMS bezeichnet man ein integriertes, miniaturisiertes System mit elektrischen und mechanischen Komponenten, die durch IC-kompatible Fertigungsverfahren hergestellt werden und deren Größe im Bereich Mikrometer bis Millimeter liegt. Die Systeme verbinden datenverarbeitende, sensorische und aktorische Funktionen. Damit entspricht der Begriff MEMS weitestgehend der in diesem Buch zu Grunde gelegten Definition eines Mikrosystems.[1]

Die Mikrosystemtechnik erweitert die Möglichkeiten der Mikroelektronik, da die Systeme die Fähigkeit haben, nichtelektrische Signale aufzunehmen (Sensoren) und auch elektrische Signale in nichtelektrische Signale umzuwandeln (Aktoren). Anders als in der Mikroelektronik, wo die

---

[1] Die unterschiedlichen Begriffsdefinitionen resultieren nicht nur aus unterschiedlichen Zugängen und Entwicklungen in der Mikrosystemtechnik, sondern ergeben sich auch aus der Erfordernis, FuE-Aktivitäten öffentlich finanzierten Förderprogrammen zuordnen zu müssen [1-13]. In den letzten Jahren wird auch in den USA der in Europa eingeführte Begriff »microsystem« statt MEMS zunehmend übernommen.

Bauelemente im wesentlichen an der Oberfläche – also zweidimensional – vorliegen, werden dazu in der Mikrosystemtechnik häufig dreidimensionale Strukturen benötigt. Dafür ist die Miniaturisierung (bezogen auf die kleinste funktionsbestimmende Strukturgröße in einem System) in der Mikrosystemtechnik nicht so ausgeprägt wie in der Mikroelektronik.

Die heute wichtigsten Beispiele für Mikrosysteme im anfangs vorgestellten Sinne sind intelligente Sensoren (smart sensors), mit deren Hilfe verschiedenste Größen erfasst werden. Die aufgenommenen Signale werden im Sensor verstärkt, linearisiert und korrigiert (z.B. zum Ausgleich von Querempfindlichkeiten). Das Sensorsignal kann dann bewertet und eine Regelung oder einen Aktor angesteuert werden. Damit schließt ein solcher Sensor auch einen Regelkreis. Dies kann in einem Merksatz zusammengefasst werden:

In Sensorsystemen rückt die Signalverarbeitung immer näher zum Messort. Es entstehen somit dezentrale, eigenständige (»intelligente«) Systeme.

In der Praxis findet man häufig noch Vorstufen von »Systemlösungen«, da insbesondere die Aufgaben der Normung und Vereinheitlichung von Ausgangssignalen und Übertragungsparametern noch nicht zufriedenstellend gelöst sind.

Mikrosysteme werden unterteilt in hybridisch und monolithisch[2] integrierte Mikrosysteme. Diese Unterscheidung bezieht sich auf die prinzipiellen Integrationsmöglichkeiten von elektrischen und nichtelektrischen Komponenten. Die Wahl zwischen hybrider und monolithischer Integration hängt außer von technologischen und physikalischen Gesichtspunkten auch von wirtschaftlichen Überlegungen ab. So sind monolithisch integrierte Mikrosysteme in sehr großen Stückzahlen billiger und durch weniger Schnittstellen nach außen auch zuverlässiger; bei kleinen und mittleren Stückzahlen ist jedoch meist die hybride Integration wirtschaftlicher.

1.2   Wirtschaftliche Bedeutung

Die Positionierung der Mikrosystemtechnik als eigenständiges Themengebiet beruhte von Anfang an auf der Einschätzung, dass die Mikrosystemtechnik eine wirtschaftliche Bedeutung hat, die der der Mikroelektronik entspricht. Zur Absicherung dieser Einschätzung dienen Marktstudien, die in regelmäßigen Abständen für den Bereich der Mikrosystemtechnik erstellt werden. Diese Marktstudien analysieren das gegenwärtige und zukünftige Marktvolumen (meist in einem Zeithorizont von 5–10 Jahren) und ermitteln die wichtigsten Branchen und Produkte der Mikrosystemtechnik. Darüber hinaus wird mit dem Werkzeug der Expertenbefragung versucht, heute noch unbekannte Produkte zu identifizieren. Anhand solcher Studien lassen sich Entscheidungen über die z.T. erheblichen Investitionskosten, die für den Aufbau insbesondere der Fertigungstechnologie erforderlich sind, und über Personalentwicklung (Einstellung entsprechend qualifizierte Mitarbeiter) zumindest teilweise absichern. Diese Studien beeinflussen weiterhin die Ausrichtung von Förderprogrammen staatlicher Träger. In der ersten Auflage dieses Buches wurden Studien berücksichtigt, die den Zeitraum von 1995–2000 erfassten [1-3], [1-4], [1-5]. Das in diesen Prognosen gezeichnete Bild war nicht einheitlich und nicht immer entsprachen die meist sehr optimistischen Prognosen über zukünftige Umsätze mit Mikrosystemen den tatsächlichen späteren Entwicklungen. Ein systematischer Vergleich verschiedener internationaler Studien wurde in [1-6] durchgeführt. Dabei stellte sich heraus, dass die unterschiedlichen Ergebnisse auf unterschiedlichen Begriffsdefinitionen beruhen (USA: MEMS) und z.T. unterschied-

---

2 hybrid: von zweierlei Abkunft, zusammengesetzt; monolithisch: aus einem Stück

Tabelle 1.1: Wichtige Branchen und Produktbeispiele der MST

Branche	Gegenwärtige MST-Produkte	Zukünftige MST-Produkte
Informations-technik (Zubehör)	Schreib-Lese-Köpfe, Tintenstrahldrucker, Optische Mäuse, 3D-Mäuse	Mikrodisplays, Mikromotoren
Automobil	Drucksensoren, Beschleunigungssensoren, Drehratensensoren, Neigungssensoren	RF-MEMS, Head-up-Displays
Medizintechnik	Beschleunigungssensoren, DNA-Sensoren, Mikrofone	Implementierbare Mikropumpen, Arzneimittel-Dosierung, Retina-Implantate
Telekommuni-kation	MOEMS De-/Multiplexer	RF-MEMS, Faserschalter
Bio/Chemie	Mikrospektrometer, DNA-Chips	μTAS

liche Märkte berücksichtigt wurden (z.B. ohne Militärbereich). Ein wesentlicher Unterschied bestand aber auch in der Ermittelung der Stückpreise, bei denen manchmal der Preis des Gesamtsystems (z.B. für das Segment Tintenstrahlddruckköpfe der gesamten Druckerpatrone) oder nur der Preis der spezifischen Mikrosystemtechnik-Komponente (in diesem Beispiel des Chips in der Patrone) genommen wurde. Im ersten Fall wird der so genannte leverage Effekt (Hebeleffekt) berücksichtigt, den eine einfache Mikrosystemkomponente für ein Gesamtsystem hat. Eine weitere Unsicherheit bzw. Unschärfe bei allen Studien resultiert aus dem Preisverfall, der sich mit zunehmender Durchdringung eines Marktes mit Mikrosystemlösungen ergibt. Weiterhin unterscheiden sich die Studien in den prognostizierten Wachstumsraten: Zwar werden einheitlich überdurchschnittliche jährliche Wachstumsraten von allen Studien vorausgesagt, es ist aber zweifelhaft, ob sich exponentielle Anstiege wirklich in einem bereits großen Marktvolumen von etwa 40 Mrd. $ in Zukunft noch realisieren lassen.

Die hier zu Grunde gelegten Daten stammen aus einer aktuellen, im Jahre 2002 veröffentlichten Marktstudie »Market Analysis for Microsystems 2000–2005«, die auf einer ebenfalls von der europäischen Union in Auftrag gegebenen Studie aus dem Jahre 1998 aufbaut [1-7]. Hierin werden MST-Produkte sechs Branchen bzw. Anwendungsfeldern zugeordnet (Tabelle 1.1). Zur richtigen Einschätzung der Potentiale der Mikrosystemtechnik ist es wichtig, die Bedingungen zu analysieren, unter und in denen Mikrosystemtechnik sinnvoll eingesetzt werden kann. Hierzu wird beispielhaft der Kfz-Bereich gewählt. Die treibende Rolle des Kfz-Sektors als Anwendungsgebiet der Mikrosystemtechnik beruht v.a. darauf, dass hier Kosten und Zuverlässigkeit die wesentlichen Faktoren sind [1-8], [1-9]. Gerade die in den letzten Jahren aus Wettbewerbsgründen und wegen verschärfter gesetzlicher Regelungen gewachsenen Anforderungen an Sicherheit und Komfort im PKW haben zu einer starken Erhöhung des Elektronikanteils und insbesondere der Sensorik an den Gesamtkosten eines PKWs geführt. Dieser Anteil wird von Werten zwischen 15 und 24 % im Jahre 2000 zukünftig auf mehr als 30 % steigen. Einen Überblick über Sensoren im PKW gibt Bild 1.2. Nachdem die Ausrüstung mit Frontairbags Mitte der neunziger Jahre zum Standard wurde, gehören heute Seitenairbags und Kopfairbags zur Serienausstattung. Allein für das Airbag-System eines PKWs werden je nach Konzept sechs bis acht Beschleunigungssensoren benötigt. Ebenfalls auf breiter Front werden Mikrosysteme im Bereich des Motormanagements

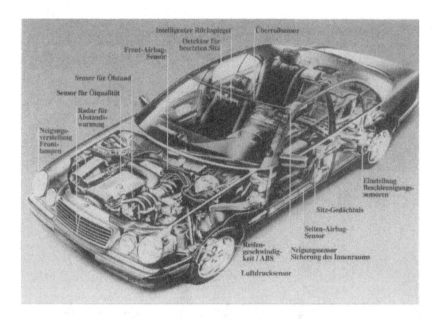

Bild 1.2: Einsatz von Sensoren im PKW. Mit freundlicher Genehmigung der Fa. Temic-Elektronik.

(Öldrucksensoren, elektronische Einspritzsysteme), bei der Reifendruckmessung (Verschärfung der Gesetze in den USA Ende 2003) und bei der Abstandsmessung für Einparkhilfs-Systemen benötigt. Zusätzliche mikrosystembasierte sensorische Komponenten kommen beim elektronischen Stabilitätsprogramm (ESP) und bei den Navigationssystemen (Unterstützung des GPS) hinzu. In den letzten Jahren wurden »Head-up-Displays« entwickelt, über die Fahrerinformationen z.B. auf die Windschutzscheibe eingeblendet werden. Diese Systeme werden gerade in den Markt eingeführt, auch hier sind Mikrosystemlösungen beteiligt [1-10]. Für den Kfz-Bereich ist also eine weitere wichtige Bedingung für die Einführung der Mikrosystemtechnik erfüllt: auch wenn neue Systeme meist erst in kleinen Stückzahlen (Oberklassenfahrzeuge, LKWs) eingeführt werden, so lässt sich sehr leicht ein Massenmarkt von standardisierten Produkten mit Stückzahlen von mehreren Millionen pro Jahr realisieren. Auf dieser Grundlage konnten verschiedene Unternehmen sehr erfolgreich ihre Mikrosystemtechnikaktivitäten ausbauen. Ein Beispiel ist die Firma Bosch, bei der im Jahre 2003 ca. 40 % der benötigten Sensoren in dieser Technologie realisiert werden [1-11]. Zusammengefasst sind mikrosystemtechnische Lösungen besonders geeignet für Bereiche, die durch folgende Bedingungen charakterisiert sind:

• komplexe (regelungstechnische) Aufgaben
• hoher Kostendruck
• große Stückzahlen

Daraus resultiert, dass in diesen Bereichen die Miniaturisierung v.a. unter dem Gesichtspunkt der Kostenreduktion erfolgt: Die Herabskalierung oft feinwerktechnischer Prinzipien erlaubt die Realisierung von Systemen in Chipgröße, die mit mikrotechnischen Verfahren bei großen Stückzahlen sehr preiswert (Systempreis typisch einige Euro) gefertigt werden können. Neben der

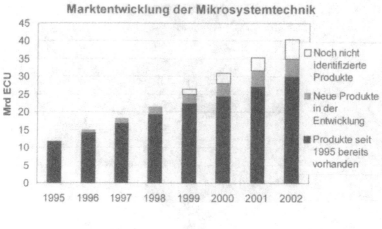

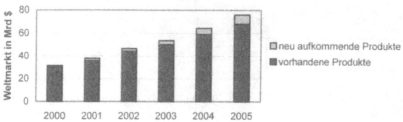

Bild 1.3: Entwicklung des Mikrosystemtechnik-Weltmarktes, oben Ergebnisse einer Studie aus den neunziger Jahren, nach [1-12], unten: Ergebnisse der NEXUS II-Studie nach [1-7] mit freundlicher
Genehmigung Dr. H. Wicht, Wicht Technology Consultant

Automobilbranche findet man Beispiele für solche Produkte in der Informationstechnik (z.B.
Tintenstrahldruckköpfe) und in der Telekommunikation (zukünftig: RF-MEMS).

Ebenfalls sehr Erfolg versprechend ist der Einsatz von Mikrosystemen dort, wo funktionell
keine anderen Lösungen möglich sind. Dies betrifft alle Anwendungen, bei denen die Miniaturisierung allein durch die erlaubte Baugröße erforderlich ist. Beispiele sind v.a. in der Medizintechnik zu erwarten (implantierbare Dosiersysteme, »smart pill«). Aber auch hier ist ein Massenmarkt erforderlich, damit sich erforderliche Investitionen und Entwicklungsleistungen rentieren.

Nach wie vor schwierig ist die Umsetzung von MST in Nischenbereichen oder in aufkom-
menden (»emerging«) Märkten. Für große Unternehmen ist ein Engagement in diesen Märkten
nicht lohnend. Kleine und mittelständische Unternehmen (KMU) sind hier zwar flexibler, aber
ihnen fehlt häufig die erforderliche FuE-Kapazität und das Kapital für erforderliche Investitionen.
Hier sind Hilfestellungen speziell für KMU erforderlich. Diese reichen von öffentlich geförderten
FuE-Programmen mit speziellem Zuschnitt auf KMU, über die so genannten »Foundry-Services«
(auf europäischer Ebene z.B. Europractice, hiermit können kleine Stückzahlen relativ preiswert
realisiert werden) bis hin zur Bereitstellung von Kapital (»Venture capital«) insbesondere für
Neugründungen.

Weltmarkt nach Branchen

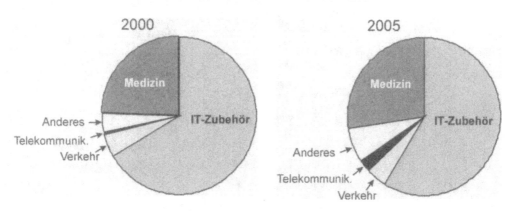

Bild 1.4: Aufteilung des gegenwärtigen (link) und des zukünftigen (rechts) MST-Weltmarktes nach Branchen, nach [1-7] mit freundlicher Genehmigung Dr. H. Wicht, Wicht Technology Consultant

Eine interessante Strategie für KMU besteht darin, von Lösungen für Volumenmärkte ausgehend Systemanpassungen zu betreiben, die die bekannten Lösungen für Nischenbereiche nutzbar machen. Beispielhaft kann ein kommerzieller Beschleunigungssensor, der von einem großen Unternehmen in großen Stückzahlen gefertigt wird, als OEM-Bauteil für sehr spezielle Aufgaben in der Geophysik oder in der Medizintechnik durch geeignete Elektronik und/oder Aufbau- und Verbindungstechnik modifiziert und eingesetzt werden. Die Kompetenz eines KMU besteht also in der Anpassung von Produkten aus Volumenmärkten für die Nutzung in Nischenmärkten.

Einen Überblick zur Marktentwicklung in der Mikrosystemtechnik über einen großen Zeitraum gibt Bild 1.3. Oben sind die Ergebnisse einer Studie aus dem Jahre 1997 dargestellt [1-12], wobei zwischen bereits bekannten und 1995 vorhandenen, in der Entwicklung befindlichen und noch nicht identifizierten Produkten unterschieden wird. Unten im Bild sind die Ergebnisse der Folgestudie »NEXUS market analysis report 2002« zusammengefasst. Da die Studien der gleichen Systematik folgen, sind die Ergebnisse im Überlappungszeitraum stimmig (ca. 40 Mrd. Dollar Weltmarktumsatz im Jahre 2002). Auch in den nächsten Jahren ist nach dieser Studie ein lineares Marktwachstum von ca. 20 % pro Jahr zu erwarten, wobei der Anteil der neuen, sich in der Entwicklung befindlichen Produkte relativ konservativ abgeschätzt wird.

Auch wenn der automotive Sektor eine Vorreiterrolle bei der Einführung von Mikrosystemen spielt, so sind doch zahlenmäßig wichtigere Märkte in anderen Bereichen zu finden, wie Bild 1.4 zeigt.

Danach sind schon heute nicht-automotive Anwendungen umsatzstärker als automotive. So macht der Bereich Informationstechnik mit 67 % den Löwenanteil eines Marktvolumens von 30 Mrd. Dollar im Jahre 2000 aus. Dieser Anteil reduziert sich leicht auf 58 % im Jahre 2005 (Gesamtmarkt bezogen auf die bereits vorhandenen Produkte: 68 Mrd. Dollar, mit den in der Entwicklung befindlichen Produkten: 76 Mrd. Euro). Es folgt der Bereich der Medizintechnik, der überdurchschnittlich stark wächst (Anteil im Jahre 2000: 24 %, im Jahre 2005: 28 %). Der Verkehrssektor macht 5 % (2000) bzw. 4 % (2005) aus, was allerdings auch einem Marktvolumen von immerhin knapp 3 Mrd. Dollar im Jahre 2005 entspricht. Eine etwas genaue-

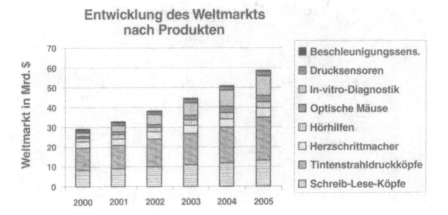

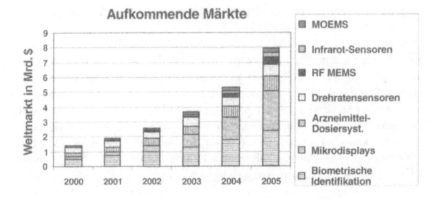

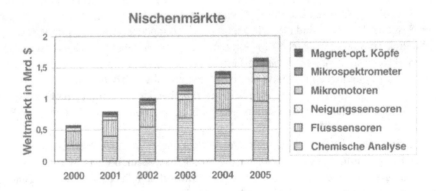

Bild 1.5: Marktentwicklung verschiedener MST-Produkte, oben: bestehende Produkte, Mitte: in der Entwicklung befindliche Produkte, unten: Nischenprodukte. Nach [1-7] mit freundlicher Genehmigung Dr. H. Wicht, Wicht Technology Consultant

re Darstellung nach einzelnen Produkten ist schließlich in Bild 1.5 gezeigt. Das bekannteste Mikrosystemtechnik-Produkt, der Beschleunigungssensor, kommt danach im Jahre 2000 auf einen Umsatz von ca. 470 Mio. $ (bei einer Stückzahl von rund 100 Mio. entspricht dies einem Preis von rund 5 $ pro Sensor). Der Umsatz steigt bis zum Jahre 2005 vermutlich auf ca. 700 Mio. $. Drucksensoren haben demgegenüber ein etwa doppeltes (2000) bis dreifaches (2005) Marktvolumen. Vom Marktumsatz her wichtigstes Einzelprodukt ist der Tintenstrahldruckkopf, dessen Umsatzvolumen von ca. 11 Mrd. $ im Jahre 2000 sich bis 2005 etwa verdoppelt. Die größte Steigerungsrate erwartet man nach dieser Studie im Bereich der in-vitro-Diagnostik (Zunahme um 550 %). Bei den in der Entwicklung befindlichen Produkten (Bild 1.5 Mitte) erreichen Drehratensensoren vermutlich im Jahre 2005 einen Umsatz, der leicht über den von Beschleunigungssensoren liegt. Größte Zuwachsraten werden bei RF-MEMS erwartet (Steigerung um 10^4 %). Bei den Nischenprodukten (Bild 1.5 unten) wachsen die Märkte für Mikromotoren (5000 %) und Mikrospektrometer (etwa 900 %) besonders stark.

Zusammenfassend kann man zur wirtschaftlichen Bedeutung und Entwicklung der Mikrosystemtechnik feststellen:

- Bei einem Weltmarkt zwischen 60 und 70 Mrd. $ nähert sich die Mikrosystemtechnik tatsächlich der Bedeutung der Mikroelektronik an,
- der Kfz-Markt ist noch immer technischer Motor für die Mikrosystemtechnik-Entwicklung,
- bis zum Jahr 2005 findet man große Zuwächse insbesondere im Bereich der in vitro-Diagnostik,
- es bilden sich immer mehr »Nischenmärkte« aus, die bei einem Umsatzvolumen von weniger als einer Mrd. $ gerade für mittelständische Firmen interessant sind (Biometrische Identifikation, Mikrodisplays, Arzneimitteldosierung, RF MEMS),
- die wertmäßig dominierenden Anwendungsgebiete liegen im Bereich der Informationstechnik (Tintenstrahldruckköpfe, Displays, Massenspeicher).

In jedem Fall benötigen Mikrosysteme für eine erfolgreiche und wirtschaftlich sinnvolle Markteinführung Märkte mit großen Stückzahlen. Erst in einer zweiten Phase sind dann Anwendungen interessant, bei denen Mikrosysteme allein aufgrund ihrer Funktionalität (Baugröße, Leistungsdaten, Qualität) gegenüber klassischen Lösungen und Systemen im Vorteil sind. In diesen Bereichen werden sich Mikrosysteme daher erst später durchsetzen [1-13]. Als Beispiel hierfür können z.B. implantierbare Dosiersysteme dienen, bei denen trotz großer FuE-Anstrengungen noch immer eine Markteinführung im großen Maßstab aussteht, während etwa einfache Suspenser-Dosiergeräte für Asthmatiker schon am Markt eingeführt worden sind [1-5].

1.3   Aufgaben zur Lernkontrolle

Aufgabe 1.1:

Worin unterscheidet sich ein Mikrosystem von einem mikroelektronischen Bauelement?

Aufgabe 1.2:

Was sind die wichtigsten Gemeinsamkeiten von Mikrosystemtechnik und Mikroelektronik?

Aufgabe 1.3:

Welche Funktionen müssen bei einer eng gefassten Begriffsdefinition in einem Mikrosystem vorhanden sein?

Aufgabe 1.4:

In welchen Bereichen sind in Zukunft die größten Umsätze für Mikrosysteme zu erwarten?

Aufgabe 1.5:

Welche besondere Form von Beschleunigungssensoren kann in einem Seitenairbag-System eingesetzt werden?

Aufgabe 1.6:

Welche spezifischen Probleme erschweren KMU den Einstieg in die Mikrosystemtechnik? Wo und wie werden diese Einstiegshürden herabgesetzt?

Weitere Aufgaben und Lösungen zu den Aufgaben:
http://www.fh-furtwangen.de/~meschede/Buch-MST.

2 Werkstoffe und technologische Grundlagen

2.1 Werkstoffe für Mikrosysteme

Schließt man Gehäuse ein, so werden in der Mikrosystemtechnik alle geläufigen Werkstoffe (Stähle, Kunststoffe, Keramiken usw.) eingesetzt. Im eigentlichen Mikrosystem spielen als Funktions- und Konstruktionswerkstoffe insbesondere dünne amorphe oder polykristalline Schichten (Dicke etwa 1 μm) eine wichtige Rolle. So werden z.B. dünne Schichten aus SiO_2 und Si_3N_4 als Funktions- und Konstruktionswerkstoffe (Isolation, Passivierung, Ätzmaskierung) eingesetzt. Andere Schichten werden ausschließlich den Funktionswerkstoffen zugerechnet und z.B. zur Signalwandlung benötigt (etwa ZnO_2 und AlN als piezoelektrische Schichten, SnO_2 als sensitive Schicht gegenüber O_2 und CO_2 in Metalloxid-Halbleiter-Gassensoren, poly-Si als Material für eine mechanisch verschieb- oder verformbare Kondensatorplatte in einem Beschleunigungssensor, Ni-Ti-Legierungen für Formgedächtnis-Aktoren). Diese Schichten werden mit Hilfe sogenannter Dünnschichtverfahren (z.B. Aufdampfen, Sputtern, s. Abschn. 2.4.1) auf Träger aufgebracht, die zumeist einkristalline Halbleiter sind (Si, GaAs, $LiNbO_3$).

In vielen Fällen (z.B. Si-Volumenmikromechanik, [2-1]) ist das Trägermaterial nicht nur Konstruktionswerkstoff sondern auch Funktionswerkstoff. Hier sind dann die kristallinen, richtungsabhängigen Eigenschaften bestimmend für das Verhalten des jeweiligen Systems (Abschn. 2.2).

Insbesondere die LIGA-Technik (Abschn. 2.4.4) hat die Palette der möglichen Materialien für Mikrosysteme erweitert. So können mit Hilfe der Abformtechnik beim LIGA-Verfahren auch Kunststoffstrukturen im Mikrometermaßstab erzeugt werden.

Der wichtigste Werkstoff der Mikrosystemtechnik ist ohne Zweifel Silizium, insbesondere in kristalliner Struktur. Hierfür gibt es eine Reihe von Gründen:

- Die Mikroelektronik basiert auf Silizium
- Silizium hat gute mechanische Eigenschaften, in einkristalliner Form ist es ermüdungsfrei
- Silizium ist relativ preiswert in großer Reinheit als Einkristall herstellbar
- mit der Silizium-Technologie sind gut charakterisierte und erprobte Herstellungsverfahren verfügbar.

In diesem Kapitel wird nur ein Überblick über die Werkstoffeigenschaften gegeben, wobei besonders auf kristallines Silizium Bezug genommen wird. Andere Funktionswerkstoffe und insbesondere die physikalischen Prinzipien der Signalwandlung, die in Sensoren oder Aktoren eingesetzt werden, werden später in den jeweiligen Kapiteln behandelt.

2.2 Kristallographische Grundbegriffe

Im vorigen Abschnitt wurde auf die zentrale Rolle des Werkstoffes Silizium in der Mikrosystemtechnik hingewiesen. Ausgangspunkt der Fertigung sind dabei einkristalline Si-Scheiben (Wafer).

Tabelle 2.1: Gittertypen mit Merkmalen

Kristallsystem	Achsen	Winkel
triklin	$a \neq b \neq c$	$\alpha \neq \beta \neq \gamma$
monoklin	$a \neq b \neq c$	$\alpha = \gamma \neq \beta$
orthorhombisch	$a \neq b \neq c$	$\alpha = \beta = \gamma = 90°$
tetragonal	$a = b \neq c$	$\alpha = \beta = \gamma = 90°$
kubisch	$a = b = c$	$\alpha = \beta = \gamma = 90°$
rhomboedrisch	$a = b = c$	$\alpha = \beta = \gamma \neq 90°$
hexagonal	$a = b \neq c$	$\alpha = \beta = 90°, \gamma = 120°$

In vielen Fällen ist bei der Fertigung und beim Entwurf von Si-Mikrosystemen die Kristallographie des Materials zu beachten. In diesem Abschnitt werden die wichtigsten kristallographischen Grundbegriffe vorgestellt. Auf die mechanischen Eigenschaften und den piezoresitiven Effekt in kristallinem Si wird dann in den Abschnitten 3.1.1 und 3.1.2 eingegangen.

Allgemein unterscheidet man kristallographisch 7 Zelltypen mit insgesamt 14 Formen. Die Zelltypen (auch als Einheitszellen bezeichnet) lassen sich anhand der in Tabelle 2.1 gegebenen Zusamenstellung charakterisieren.

Zu einigen Kristallsystemen gibt es neben der sogenannten primitiven Form noch die innenzentrierte und die flächenzentrierte Form. Silizium gehört zur Klasse der **kubisch flächenzentrier**ten Kristalle (**kfz**, englisch **fcc**: **f**ace **c**entered **c**ubic). Diese auch als Diamantstruktur bezeichnet Form ist dadurch gekennzeichnet, dass neben den Ecken auch die Flächenmittelpunkte der kubischen Einheitszelle mit sogenannten Struktureinheiten (auch Basis genannt) besetzt sind. Die Struktureinheit besteht beim Silizium aus zwei Si-Atomen.[1]

Bild 2.1 zeigt links die kubisch flächenzentrierte Zellform. Ein Einkristall baut sich durch eine periodische, regelmäßige Fortsetzung der Einheitszelle in alle 3 Raumrichtungen auf. Wegen der Gitterperiodizität lassen sich daher viele Eigenschaften des Einkristalls allein schon aus seiner Einheitszelle ableiten. Die Einheitszelle wird durch drei Vektoren **a**, **b** und **c** aufgespannt. Diese Vektoren werden daher als Einheitsvektoren bezeichnet. Die Länge der Vektoren (also die Größe der Einheitszelle) bezeichnet man als Gitterkonstanten, da sie die Periodizität des Gitters kennzeichnen. In einem kubischen Kristall gilt $|\mathbf{a}|=|\mathbf{b}|=|\mathbf{c}|$.

In Silizium besteht die Struktureinheit aus 2 Si-Atomen (Bild 2.1 rechts), wobei das zweite Si-Atom gegenüber dem ersten um $^1/_4$ der Gitterkonstante in alle drei Richtungen versetzt ist. Verbindet man wie im Bild angedeutet jedes Si-Atom mit seinen jeweils 4 nächsten Nachbarn, so entsteht der für Diamantstrukturen typische Tetraeder mit einem Si-Atom im Zentrum. Die Gitterkonstante von Si beträgt $a = 5,43 \cdot 10^{-10}$ m. Bei einem kleinsten Atomabstand von $2,36 \cdot 10^{-10}$ m ist die Einheitszelle fast bis zum theoretischen Wert (74 % für kfz-Gitter) ausgefüllt.

---

1 Alternativ kann man sich das Kristallgitter des Siliziums auch als zwei ineinander verschachtelte kfz-Gitter mit einem Atom als Struktureinheit vorstellen.

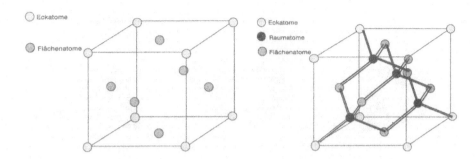

Bild 2.1: links: Einheitszelle eines kfz-Kristalls; rechts: Einheitszelle von Si mit 2 Si-Atomen als Struktureinheit und Kennzeichnung der Elektronenpaarbindung zu den nächsten Atomnachbarn.

Kennzeichnung von Orten, Richtungen und Ebenen im Kristall

Zur Angabe von Orten, Richtungen und Ebenen im Kristall wird ein Koordinatensystem gewählt, das durch die Einheitsvektoren aufgespannt wird und auf die Gitterkonstanten normiert ist. Zusammen mit dem – willkürlich gewählten – Ursprung ergibt sich dann eine eindeutige Kennzeichnung eines Ortes in der Einheitszelle, indem man für einen gegebenen Ort die Werte der 3 Projektionen u, v und w auf die Einheitsvektoren als Zahlenwerte in rechtwinkligen Klammern schreibt: [uvw]. So sind die Ecken des Kubus in Bild 2.1 durch folgende Werte gekennzeichnet: [100], [010], [001], [000], [110], [011], [101] und [111]. Negative Werte werden durch einen Querstrich auf dem entsprechenden Zahlenwert gekennzeichnet (z.B. [1$\bar{1}$0]).

Entsprechend wird die Richtung in einem Kristall ebenfalls durch Angabe von 3 Zahlenwerten u, v und w charakterisiert. Die Richtung [uvw] entspricht dabei der Richtung des Vektors vom Ort [000] zum Ort [uvw]. Äquivalente, durch die Gitterperiodizität gleichwertige Richtungen werden zu Klassen zusammengefasst. Zur Klasse der <100>-Richtungen gehören z.B. in einem kubischen Kristall die Richtungen [100], [010], [001] und die entsprechenden Negationen.

Ebenen werden üblicherweise nach Miller durch folgendes Vorgehen indiziert:

1. Wähle als Koordinatensystem die Einheitsvektoren mit passendem Ursprung und normiere auf Gitterkonstanten.

2. Bestimme Schnittpunkte u, v, w der zu indizierenden Ebene mit den Koordinatenachsen.

3. Bilde die Kehrwerte der Schnittpunkte (1/u, 1/v, 1/w).

4. Berechne die kleinsten ganzen Zahlen h, k, l, die im gleichen Verhältnis zueinander stehen wie die Kehrwerte der Schnittpunkte (1/u : 1/v : 1/w wie h : k : l).

5. Schreibe die so erhaltenen Zahlen in runde Klammern.

Die wichtigsten Kristallebenen sind in Bild 2.2 dargestellt.

Äquivalente Kristallebenen werden in geschweiften Klammern angegeben. So gehören zur Klasse der {110}-Ebenen u.a. die Ebenen (110), (011), (101) und die entsprechenden Negationen.

Für kubische Kristalle gilt: Die Richtung (Vektor) [hkl] steht senkrecht auf der Ebene (hkl). (Beispiel: Die Richtung [100] steht senkrecht auf der Ebene (100)).

Zur Berechnung des Winkels zwischen zwei Kristallrichtungen [$h_1k_1l_1$] und [$h_2k_2l_2$] oder des Winkels zwischen Kristallebenen ($h_1k_1l_1$) und ($h_2k_2l_2$) (definiert als Winkel der Normalen auf

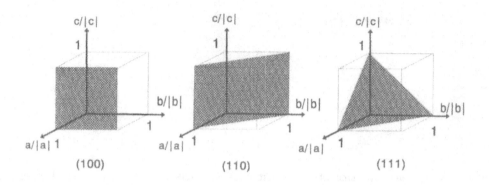

Bild 2.2: Wichtige Kristallebenen in einem kubischen Kristall

den Ebenen) verwendet man Gl. (2.1):

$$\cos \varphi = \frac{(h_1 \cdot h_2) + (k_1 \cdot k_2) + (l_1 \cdot l_2)}{\sqrt{(h_1^2 + k_1^2 + l_1^2)\,(h_2^2 + k_2^2 + l_2^2)}} \tag{2.1}$$

Die sich daraus ergebenden Winkel zwischen den wichtigsten Klassen von Kristallebenen im kubischen Gitter sind in Tabelle 2.2 aufgelistet. Da zu jeder Klasse (Familie) von Ebenen mehrere äquivalente gehören, treten auch mehrere Winkel auf.

Eine weitere wichtige Eigenschaft von Kristallebenen ist deren Besetzungsdichte, d.h. die Anzahl der Struktureinheiten (im einfachsten Fall Atome) pro Flächeneinheit. Bei der Berechnung bezieht man sich wieder sinnvollerweise auf die Elementarzelle. Die Ergebnisse sind für die beiden kubischen Gitterformen kfz und krz in Tabelle 2.3 zusammengefasst, wobei sich die Werte immer auf a^2 (a: Gitterkonstante) beziehen. Man erkennt, dass im kfz-Gitter die {111}-Ebenen die größte Besetzungsdichte besitzen, im Falle des krz-Gitters sind hingegen die {110}-Ebenen am dichtesten gepackt.[2] Die hohe Besetzungsdichte der {111}-Ebenen im kfz-Gitter wirkt sich auf das in Abschnitt 2.4.2 dargestellte anisotrope Ätzverhalten dieser Ebenen in bestimmten Ätzlösungen aus: wegen der hohen Besetzungsdichte bleiben die {111}-Ebenen stehen, während die anderen Ebenen mehr oder weniger schnell abgetragen werden.[3] Hieraus resultiert, dass bei der Si-Volumenmikromechanik (s. Abschn. 2.4.2, bearbeitet wird dabei das kristalline Silizium) nur bestimmte dreidimensionale Formen möglich sind. Die entsprechenden Gestaltungsregeln ergeben sich dabei direkt aus den dargestellten kristallographischen Beziehungen.

---

[2] In mechanisch belasteten Werkstoffen spielen die Ebenen hoher Besetzungsdichte eine wichtige Rolle: an ihnen können ganze Werkstoffgebiete relativ leicht abgleiten, diese Ebenen bilden daher die Gleitebenen. Der Mechanismus des Gleitens ist die Voraussetzung für plastische Verformungen eines Werkstoffes.

[3] Da es sich beim anisotropen Ätzen von Si um einen elektrochemischen Prozess handelt, gehen auch die Bindungsverhältnisse ein, insbesondere ist die Anzahl der durch eine Ebene »aufgeschnittenen« Bindungen für die Ätzraten wichtig.

Tabelle 2.2: Winkel zwischen den wichtigsten Kristallebenen im kubischen Gitter

1. Ebene	2. Ebene	Winkel (°)
{100}	{100}	0; 90
	{110}	45; 90
	{111}	54,74
{110}	{110}	0; 60; 90
	{111}	35,26; 90
{111}	{111}	0; 70,53

Tabelle 2.3: Besetzungsdichte BD (Anzahl der Struktureinheiten pro a^2) ausgewählter Ebenen im krz- und kfz-Gitter.

Ebene	BD (krz)	BD (kfz)
{100}	1	2
{110}	1,414	1,414
{111}	0,29	2,31

2.3   Werkstoffdaten von Silizium

Silizium gehört zur 4. Hauptgruppe im Periodensystem und kristallisiert mit der dieser Gruppe eigenen kovalenten Bindung in der Diamant-Struktur (kfz). Die für die Anwendung in der Mikrosystemtechnik wesentlichen Werkstoffdaten sind in Tabelle 2.4 zusammengestellt.

Die optischen Eigenschaften des Materials sind eng mit den elektronischen verknüpft. Als Halbleiter mit einem Bandabstand von $E_g = 1,1$ eV ist Silizium in nahen Infrarot transparent ($\lambda_g = 1127$ nm). In der integrierten Optik ist Si daher nur bedingt als lichtführendes Material geeignet (vgl. 5.1.1.2); verwendet wird es jedoch zur Herstellung von Photodetektoren (z.B. pn-Dioden). Da Si ein indirekter Halbleiter ist, lassen sich aus Silizium selbst keine effizienten Lumineszenz-Dioden bzw. Laserdioden herstellen.[4]

Wegen des relativ hohen Bandabstandes und der großen Reinheit des einkristallinen Materials besitzt Si ein große Hallkonstante R_H und ist daher auch bevorzugter Werkstoff für Hallsensoren.

Die thermische Leitfähigkeit von Si ist sehr hoch. Überschusswärme, die auf Mikrosystemen entsteht, kann daher effektiv über Si als Trägermaterial abgeleitet werden. Der thermische Ausdehnungskoeffizient ist vergleichsweise klein. In der Verbindungstechnik ist jedoch der Unterschied zum Material des verwendeten Trägers oder Gehäuses entscheidend. Mit Pyrex-Glas steht ein Material zur Verfügung, dessen Wärmeausdehnungskoeffizient dem Si sehr nahe kommt und zusätzlich durch das sogenannte »anodic bonding« auch sehr gut mit Silizium verbunden werden kann (s. Abschn. 6.2.1).

---

4 Seit einigen Jahren laufen intensive F+E-Arbeiten auf dem Gebiet von porösem Si. Mit diesem speziell behandelten Material wurden erste Dioden vorgestellt.

Tabelle 2.4: Werkstoffkenndaten von kristallinem Silizium bei Zimmertemperatur [2-1], [2-2], [2-3]

elektrische Leitfähigkeit[†]	$4\,(\Omega\,\text{cm})^{-1}$
Bandabstand E_g	1,14 eV
Beweglichkeit μ (Elektronen/Löcher)	1350/480 cm^2/Vs
relative Dielektrizitätskonstante ε_r	11,8
Brechungsindex n	3,44
thermische Leitfähigkeit λ	1,57 W/cmK
thermischer Ausdehnungskoeffizient	$2,33 \cdot 10^{-6}/\text{K}$
spezifische Wärmekapazität	695 J/(kgK)
Schmelztemperatur	1690 K
Dichte γ	2,3 g/cm^3
Elastizitätsmodul E†	$1,7 \cdot 10^{11}\,\text{N/m}^2$
Bruchfestigkeit[†]	$7 \cdot 10^9\,\text{N/m}^2$
Härte[†]	7 Mohs
k-Faktor (piezoresistiv)[††‡]	190

[†] richtungsabhängig

[‡] abhängig von Dotierung und Kristallzuchtverfahren (FZ oder CZ)

In Tabelle 2.5 ist Si bezüglich der mechanischen und thermischen Kenndaten einigen wichtigen Werkstoffen gegenübergestellt. Aus dieser Tabelle erkennt man, dass Silizium ein vorzüglicher mechanischer Werkstoff ist. Elastizitätsmodul, Bruchfestigkeit und Härte sind vergleichbar den Werten von Stahl. Anders als polykristalline Werkstoffe ist einkristallines Si jedoch nicht plastisch verformbar und zeigt bei Zimmertemperatur kein Kriechverhalten. Wegen des geringen mechanischen Energieverlusts ist der Q-Faktor sehr groß, was in Resonanzanwendungen (s. Abschn. 3.3.1) ausgenutzt wird. Als kristallines Material ist Silizium spröde, insbesondere bei Schockbelastungen kann leicht ein Bruch entlang bestimmter Kristallachsen (z.B. <110>) entstehen.[5]

Neben den hier behandelten physikalischen Werkstoffeigenschaften ist auch die Qualität des »Halbzeugs« Si-Wafer von entscheidender Bedeutung für die Güte des aus dem Si-Grundmaterial hergestellten Mikrosystems. Die Festlegungen der relevanten Werte für Dickenhomogenität, Ebenheit, Oberflächenrauhigkeit, Genauigkeit der Flat-Markierung (Hauptfase zur Kennzeichnung der <110>-Richtung) und Winkelabweichung der Oberfläche von einer vorgegenen Kristalloberfläche ((100), (110) oder (111)) erfolgen gemäß dem SEMI-Standard (Semiconductor Equipment and Materials International Standards). Standard sind heute Scheibendurchmesser von 4″, 5″, 6″ und 8″ (erste 12″-Linien sind im Aufbau) mit einer Dicke von 525 μm, 625 μm, 675 μm und 725 μm. Die Dickentoleranz beträgt üblicherweise ±15 bis ±25 μm. Die Keiligkeit der Wafer (Differenz zwischen minimaler und maximaler Dicke auf ei-

---

5 Aus Tabelle 2.5 entnimmt man, dass SiC und Diamant ebenfalls zwei für die Mikrosystemtechnik interessante Werkstoffe sind. Da intensive Arbeiten auf dem Gebiet von SiC als Halbleiter für Hochtemperatur-Anwendungen (große Bandlücke) laufen, sind zukünftig auch Nutzungsmöglichkeiten für die Mikrosystemtechnik zu erwarten.

Tabelle 2.5: Mechanische und thermische Eigenschaften von Si im Vergleich zu anderen Werkstoffen [2-1]

Werk-stoff	Bruch-festig-keit (10^9 N/m^2)	Knoop-Härte (kg/mm^2)	Elasti-zitäts-modul (10^{11} N/m^2)	Dichte (g/cm^3)	Therm. Leit-fähigkeit (W/cm K)	Therm. Ausdehnungs-koeffizient (10^{-6})/K
Diamant	53	7000	10,35	3.5	20	1
SiC	21	2480	7,0	3,2	3,5	3,3
Al$_2$O$_3$	15,4	2100	5,3	4,0	0,5	5,4
Si$_3$N$_4$	14	3486	3,85	3,1	0,19	0,8
Fe	12,6	400	1,96	7,8	0,80	12
Stahl max. Härte rostf.	4,2	1500	2,1	7,9	0,97	12
Stahl	2,1	660	2,0	7,9	0,329	17,3
SiO$_2$	8,4	820	0,73	2,5	0,014	0,55
Al	0,17	130	0,7	2,7	2,36	25
Si	7,0	850	1,7	2,3	1,57	2,33

ner Scheibe) liegt typisch unter 5 μm, die Rauhigkeit der polierten Seite ist besser als 30 nm. Für die Mikromechanik sind beidseitig polierte Wafer erhältlich. Die Genauigkeit der Ausrichtung von Oberfläche oder Flat zur entsprechenden Kristallachse beträgt etwa 2°.

2.4   Übersicht über Herstellungsverfahren

Mikrosysteme werden mit Mikrotechniken hergestellt, die batchorientiert sind (batch oder Horde besteht aus einer Anzahl von Si-Scheiben, die während des Fertigungsablaufs gemeinsam und oft gleichzeitig prozessiert werden) und bei denen pro Scheibe viele Elemente (z.B. Speicher-Chips oder Sensoren) parallel gefertigt werden.

Die Mehrzahl der Verfahrensschritte zur Herstellung von Mikrosystemen kann direkt aus der Mikroelektronik-Fertigung übernommen werden. Diese Verfahren sind im Wesentlichen standardisiert und in einer Reihe von ausgezeichneten Lehrbüchern beschrieben ([2-4], [2-5] und [2-6]). An dieser Stelle wird daher auf eine ausführliche Darstellung verzichtet und im Abschnitt 2.4.1 nur eine kurze Übersicht gegeben.

Auf spezielle Verfahrenstechniken der Mikrosystemtechnik wird dagegen in den Abschnitten 2.4.2 – 2.4.4 und im Zusammenhang mit der Aufbau-und Verbindungstechnik im Kapitel 6 näher eingegangen.

Bei der Mikromechanik unterscheidet man 2 grundsätzliche Verfahren: die Volumen- oder bulk-Mikromechanik (2.4.2), bei der dreidimensionale Strukturen aus dem Gesamtwafervolumen herausgearbeitet werden, und die Oberflächenmikromechanik (2.4.3), bei der auch zur dreidimensionalen Formgebung der Wafer immer nur von einer Seite bearbeitet wird.

2.4.1   Aus Mikroelektronik abgeleitete Herstellungsverfahren

Der Herstellungsablauf eines mikroelektronischen Bauelements (z.B. eines integrierten Schaltkreises in CMOS-Technologie) lässt sich grob in 3 Hauptschritte gliedern:

1. Beschichtung und Schichtbeeinflussung

2. Belichtung (Lithographie)

3. Ätzung

Diese Hauptschritte werden mehrfach durchlaufen, wobei die Einzelprozesse jeweils modifiziert werden (z.B. unterschiedliche Schichtmaterialien in unterschiedlichen Beschichtungsanlagen, unterschiedliche Ätzapparaturen). Der häufigste Prozessschritt ist dabei die Belichtung (Lithographie), ihr kommt daher für Durchsatz und Ausbeute des Gesamtprozesses eine entscheidende Bedeutung zu. Als Übersicht sind in Bild 2.3 schematisch 10 Teilschritte dargestellt, die zu einem p-Kanal-Transistor führen.

1. Beschichtung und Schichtbeeinflussung erfolgen meist ganzflächig auf dem jeweiligen Träger. Wegen einer typischen Schichtdicke von $(0,1-5)\,\mu$m fasst man die verwendeten Verfahren auch unter dem Begriff Dünnschichttechnologie zusammen. Die aufgebrachten Schichten unterscheidet man in solche, die für die Funktion des herzustellenden Bauelements benötigt werden (z.B. Leiterbahnen aus Aluminium oder Siliziden, Isolationsschichten aus SiO_2, Si_3N_4, dotierte Schichten zur Realisierung von pn-Übergängen) und Hilfsschichten, die nur im Herstellungsverfahren temporär gebraucht und später vollständig entfernt werden. Beispiele für solche Hilfsschichten sind Lacke bei der Belichtung oder Maskierungsschichten bei der Dotierung. Wie in Bild 2.3 gezeigt steht am Anfang eines Prozesses meist ein Oxidationsschritt.

2. Belichtung und Entwicklung: Die chemische Löslichkeit einer lichtempfindlichen, meist organischen Schicht (Lack oder »Resist« genannt) wird beim Belichten chemisch verändert. Das latente Bild durch Bestrahlung wird im nachfolgenden Entwicklungsschritt »fixiert«. Mit diesem Schritt erhält man strukturierte Gebiete auf der Oberfläche des Wafers, die im nächsten Schritt in die darunterliegende Schicht übertragen werden.

3. Ätzung: Hiermit werden die nicht abgedeckten Bereiche einer Schicht strukturiert, die abgedeckten (maskierten) Bereiche bleiben dagegen unverändert.

Diese drei Hauptschritte werden je nach Komplexität des Bauelements zwischen viermal (NMOS-Transistor) und mehr als zwanzigmal (Speicher in CMOS-Technologie) durchlaufen.[6] Allen drei Schritten gemeinsam sind die extrem hohen Anforderungen an Genauigkeit, Güte und Defektfreiheit der Abläufe. Für eine kostengünstige Produktion ist außerdem ein hoher Durchsatz erforderlich, der durch gleichzeitiges Verarbeiten mehrerer Si-Wafer (Batch) erreicht wird.

Als Ergebnis entstehen so in einer dünnen Oberflächenschicht des Siliziums komplexe Strukturen. Diese bilden Grundelemente von integrierten Schaltungen (Transistoren, Widerstände und Kondensatoren). Ein Beispiel für ein Prozessergebnis zeigt Bild 2.4.

---

6 NMOS: n-Kanal »metal-oxide-semiconductor« Transistor, bei dem Elektronen an der Grenzfläche zwischen einem
  p-Gebiet und einem Oxid durch eine Steuerspannung eine Inversionsschicht und damit eine leitende Verbindung
  zwischen n-dotiertem source- und drain-Gebiet ausbilden.
  CMOS: komplementäre MOS-Technologie mit p- und n-Kanal-Transistoren auf einem gemeinsamen Substrat.

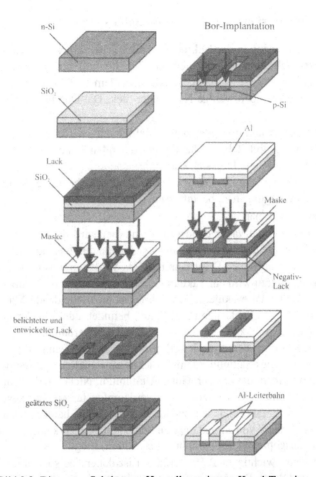

Bild 2.3: Die ersten Schritte zur Herstellung eines p-Kanal-Transistors.

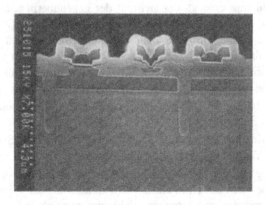

Bild 2.4: Schnitt durch einen selbstjustierenden Bipolar-Transistor mit Grabenisolation zwischen den Transistoren, aus [2-7]

2.4.1.1   Beschichtungsverfahren und Schichtbeeinflussung

Typische Schichtdicken liegen in der Mikroelektronik im Bereich von Mikrometern, allerdings kommen auch wesentlich dünnere Schichten vor, die ebenfalls hohen Qualitätsanforderungen genügen müssen. Beispielsweise ist das Gateoxid über dem leitfähigen Kanal eines typischen MOS-Transistors heute nur noch wenige Nanometer dick. Die Durchbruchfeldstärke muss deshalb sehr hoch sein.

Abscheideverfahren arbeiten im sogenannten Nichtgleichgewicht, etwa bei der Abscheidung aus einem Gas auf eine gekühlte Oberfläche. Die entstehenden Schichten sind daher nicht kristallin (Gleichgewicht bzw. Zustand kleinster Enthalpie), sondern polykristallin oder auch amorph. Es ist möglich, die Schichteigenschaften wie z.B. Dichte, mechanische Spannung, Rauhigkeit über die Herstellungsbedingungen zu beeinflussen.

Prinzipiell unterscheidet man in:

PVD-Verfahren (»physical vapor deposition«), hierbei wird das abzuscheidende Material physikalisch in die Gasphase überführt, es scheidet sich dann durch Kondensation bzw. Adsorption auf dem Wafer ab. Das älteste PVD-Verfahren ist das Verdampfen von Metallen wie Aluminium, Gold oder Chrom. Hierzu wird ein Vakuumgefäß (Rezipient) je nach Anwendung auf einen Unterdruck von 10^{-3} bis 1 Pa evakuiert. Dann wird das abzuscheidende Material, das sich in einem temperaturbeständigen Schälchen (Schiffchen) befindet, durch Widerstandsheizung oder auch Elektronenbeschuss so stark aufgeheizt, dass Material zu verdampfen beginnt. Typisch werden Temperaturen gewählt, bei denen das jeweilige Material einen Dampfdruck von 1 Pa erzeugt. In Bild 2.5 ist der Verlauf des Sättigungsdampfdruckes als Funktion der Temperatur dargestellt. Aus dem Bild entnimmt man, dass Silber, Gold, Aluminium, Nickel und Chrom einfach zu verdampfende Materialien sind. Nicht oder schwer verdampfen lassen sich dagegen Molybdän (Mo), Wolfram (W) und Tantal (Ta). Insbesondere W wird deshalb häufig auch als Schiffchenmaterial verwendet. Der Nachteil von aufgedampften Schichten ist, dass keine konforme Bedeckung von Oberflächen mit ausgeprägter Topographie (z.B. Stufen) möglich ist.

Das zweite und heute wichtigere PVD-Verfahren ist daher das sogenannte Sputtern (»Zerstäuben«). Hierbei wird durch Beschuss mit chemisch inerten ionisierten Teilchen, die in einem elektrischen Feld beschleunigt werden, aus einer dicken Platte des abzuscheidenden Materials (»target«) ein Materialdampf erzeugt, der sich auf der gegenüberliegenden Si-Scheibe niederschlägt. Auch hier wird mit einem evakuierten Rezipienten gearbeitet (Arbeitsdruck 1 – 10 Pa). Beim sogenannten dc-Sputtern wird eine Gleichspannung zur Beschleunigung der ionisierten Teilchen (meist Argon als inertes Gas) verwendet, beim ac-oder RF-Sputtern eine hochfrequente Wechselspannung (13,56 MHz), wobei sich allerdings auch in diesem Fall durch die unterschiedliche Beweglichkeit von Ionen und Elektronen (die zusammen das sogenannte Plasma bilden, dieses Plasma erkennt man im Betrieb auch am Leuchten des Gasentladungsraums) und unterschiedliche Flächen der Elektroden eine Nettogleichspannung aufbaut (self-bias-Spannung).

In Bild 2.6 ist die Prinzipskizze einer dc-Sputteranlage (für leitende Schichtmaterialien) und einer ac-Sputteranlage (für nichtleitende Materialien) gezeigt.

Eine deutliche Steigerung der Schichtabscheiderate lässt sich durch das sogenannte Magnetronsputtern erzielen, bei dem mit Hilfe eines Magnetfelds vor dem Target die durch die Elektronen erzeugte Ar-Ionendichte und damit die Dichte des zerstäubten Materials deutlich erhöht werden kann. Mit Magnetron-Sputteranlagen sind Beschichtungsraten von ca. 1 μm/min möglich.

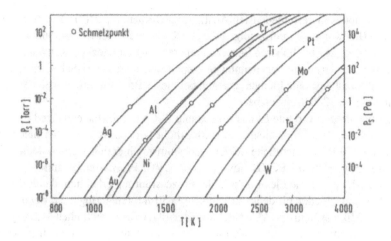

Bild 2.5: Sättigungsdampfdruckkurve verschiedener Metalle (aus [2-8], nach [2-9])

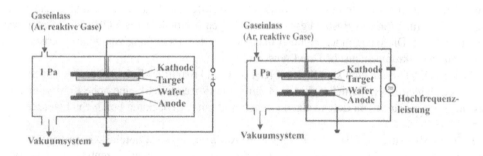

Bild 2.6: Aufbau von Sputteranlagen; links: dc- und rechts: ac-Sputteranlage

Eine weitere Variante ist das reaktive Sputtern, bei dem zum Inertgas noch eine stark reaktive Gaskomponente (z.B. Sauerstoff oder Stickstoff) hinzugegeben wird, die mit den Targetatomen reagieren, hieraus bilden sich dann Schichten wie etwa Alumiumnitrid.

Typische Materialien, die durch Sputtern abgeschieden werden, sind: Si_3N_4, SiO_2, W, Ni, Au und speziell für die Mikrosystemtechnik Dünnschicht-PZT, Ni-Ti, ZnO_2 (Schichten für miniaturisierte Aktoren, s. Abschn. 4.1).

CVD-Verfahren (»chemical vapor deposition«), hier wird die Gasphase des abzuscheidenden Materials mit Hilfe chemischer Verfahren erzeugt.

Das Gas des abzuscheidenden Materials wird durch einen chemischen Zersetzungsprozess erzeugt. Dazu muss ein Gas, das als eine Komponente das gewünschte Material enthält, zersetzt werden. Diese chemische Reaktion erfolgt zumeist bei höheren Temperaturen (500–1200 °C), wobei die Si-Scheibe oder der Bereich über der Si-Oberfläche aufgeheizt wird, so dass die Reaktion direkt über dem Wafer stattfindet. Bei einer anderen möglichen Reaktionform werden zwei Gase in den Reaktionsraum gebracht. Sie reagieren dort zu einer festen Komponente, die auf der Scheibenoberfläche kondensiert, und einer gasförmigen Komponente, die abgepumpt wird.

CVD-Anlagen gibt es in verschiedensten Ausführungsformen, die z.T. in Bild 2.7 zusammenge-stellt sind. Bei Heißwandreaktoren erfolgt auch eine Erwärmung der Reaktoraußenwände (Typen d – f in Bild 2.7), so dass bei höheren Betriebstemperaturen überwiegend Kaltwandreaktoren ver-wendet werden, bei denen ein sogenannter Suszeptor, auf dem die Si-Scheiben liegen, beheizt wird. Die Reaktoraußenwände bleiben dagegen bei dieser Bauform relativ kalt (Typen a – c, für Temperaturen bis zu 1200 K einsetzbar).

Eine wichtige Prozessvariante ist das sogenannte PECVD (plasma enhanced CVD), bei dem durch ein Plasma die Reaktionskinetik so stark erhöht wird, dass selbst bei niedrigen Prozes-stemperaturen ($< 400\,°C$) beachtliche Schichtwachstumsraten erzielt werden. Durch Ersatz von üblicherweise verwendetem LPCVD (low pressure CVD, Prozesstemperaturen $800 - 1200\,°C$) durch PECVD erhöht sich die Flexibilität in der Prozessführung erheblich, da die Temperaturbe-lastung des Substrats mit den bis dahin aufgebrachten Strukturen geringer ist. Bei monolithischer Integration von Mikrosystem und Mikroelektronik erfolgen die eigentlichen Mikrosystemverfah-rensschritte häufig im »Back-End« – also nach Herstellung des aktiven elektronischen Bauele-ments. Damit kommen hier nur Verfahren mit niedrigen Arbeitstemperaturen wie PECVD in Frage.

Eine andere Sonderform des CVD ist die Gasphasenepitaxie, mit der kristalline Dünnschich-ten auf passenden Substraten erzeugt werden können. Bei der Si-Epitaxie erreicht man durch gezielte Dotierung mit Bor Beständigkeit in anisotropen Ätzmedien wie KOH (vgl. Ätzstoppver-fahren in 2.4.2). Diese Besonderheit nutzt man z.B. bei der Herstellung von dünnen, kristallinen Membranen (mikromechanische Drucksensoren) aus.

Typische CVD-Schichten sind Si_3N_4, SiO_2, poly-Si, kristallines Si (sogenanntes Epi-Si) und $SiON_x$-Schichten. CVD-Schichten besitzen durch die Prozesskinetik eine hohe Konformität, so dass auch Innenwände von tiefen, engen Löchern mit guter Bedeckung beschichtet werden kön-nen.

Spin-on-Verfahren werden hauptsächlich zur Aufbringung von Photolacken verwendet. Hier-bei wird das durch ein geeignetes Mittel verflüssigte Schichtmaterial zentral auf das rotie-rende Substrat getropft. Die resultierende Schichtdicke hängt von der Umdrehungszahl (typ. 3000 U/min) und der Viskosität der aufgebrachten Flüssigkeit ab. Auch bestimmte Gläser (Spin-on-Gläser) können so aufgeschleudert werden.

Die **thermische Oxidation** ist eine Mischung aus Schichtabscheidung und Schichtbeeinflus-sung. In Anwesenheit von Sauerstoff bildet sich an der Si-Oberfläche SiO_2. Da zum weiteren Schichtwachstum Sauerstoff durch das bereits gebildete Oxid diffundieren muss, sind für größe-re Schichtdicken ($> 0,2\,\mu m$) Prozesstemperaturen oberhalb 1000 °C erforderlich. Etwa 45 % der Siliziumoxidschicht bildet sich auf Kosten der Si-Oberfläche.

Neben der trockenen Oxidation in reiner Sauerstoffatmosphäre gibt es noch die feuchte Oxi-dation (Erhöhung der Schichbildungsrate durch Verwendung von gasförmigem H_2O) und das RTP-Verfahren (Rapid Thermal Processing für dünne Oxide). In der Anlagenkonzeption entspre-chen Oxidationsanlagen den in Bild 2.7e und f gezeigten LPCVD-Anlagen.

Ein echtes Verfahren der Schichtbeeinflussung ist die **Dotierung**. Im Gegensatz zur Grund-dotierung des Substrats erfolgt hier ein gezielter, örtlich begrenzter Einbau von Dotieratomen zur Veränderung der Eigenschaften (z.B. Leitfähigkeit, Brechungsindex). Die nicht zu dotieren-den Gebiete werden dabei durch passende Maskierungsschichten wie SiO_2 oder auch Photolack geschützt. Bei den Dotierverfahren unterscheidet man Dotierung aus der Gasphase (Gas mit Do-tierstoffen wie Diboran und Phosphin), Dotierung aus einer Schicht und Ionenimplantation (Be-

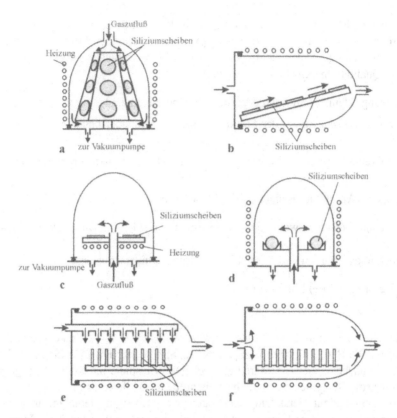

Bild 2.7: Einige Bauformen von CVD-Reaktoren, für Hochtermperaturprozesse und induktive Heizung eignen sich die Typen a–c, die Typen d–f werden für niedrigere Betriebstemperaturen verwendet (nach [2-4])

schuss mit Ionen). In allen Fällen werden hohe Temperaturen benötigt, damit die Dotierstoffe in das Material diffundieren bzw. bei der Ionenimplantation Gitterplätze einnehmen. Üblicherweise wird Ionenimplantation verwendet. Bei den in der Mikrosystemtechnik manchmal notwendigen Dotiertiefen von einigen Mikrometern, sind lange Diffusionszeiten von bis zu einigen Tagen erforderlich. Dies ist wirtschaftlich nur dadurch möglich, dass sehr viele Scheiben gleichzeitig prozessiert werden.

2.4.1.2 Belichtungsverfahren (Lithographie)

Die Lithographie[7] ist der wesentliche Schritt der Mikrostrukturierung. Mit ihm werden in einer speziellen Schicht (Lack) durch Bestrahlung mit Licht, Elektronen, Ionen oder Röntgenlicht elektrochemische Vorgänge angeregt, die sich im nachfolgenden Entwicklungsschritt zur Erzeugung von Mikrostrukturen ausnutzen lassen.

---

7 Das Wort »Lithographie« rührt vom Steindruck, dem ältesten Flachdruckverfahren her.

Die Belichtung ist nicht nur der am häufigsten vorkommende Einzelschritt, sondern auch der mit den größten Anforderungen an die Genauigkeit, da die lateralen Strukturgrößen hauptsächlich mit der Belichtung und der nachfolgenden Entwicklung festgelegt werden.

Wichtige Qualitätsmerkmale der Lithographie sind

- Auflösung (kleinstes Strukturdetail, das sich übertragen lässt),
- Overlay (Passgenauigkeit der Strukturen von nacheinander belichteten Ebenen zueinander),
- Linienbreitenkontrolle (Abweichung der Größe der erzeugten Strukturen vom Sollmaß) und
- Durchsatz (Anzahl der Belichtungsfelder pro Stunde).

Die Lithographie bestimmt wesentlich die Ausbeute (yield) einer mikroelektronischen Fertigungslinie.

Bei Belichtungsverfahren wird ebenfalls in 2 Gruppen unterschieden:

- direkte (maskenlose) Lithographie
- maskengebundene Lithographie

Bei der direkten Lithographie wird eine Entwurfsvorlage (»CAD«) direkt in eine Lackstruktur übertragen. Die Beschriftung erfolgt pixelweise, also seriell: Die einzelnen zu belichtenden Stellen werden nacheinander angefahren und belichtet. Beispiele für direkte Lithographie sind das Elektronenstrahlschreiben, bei dem die Belichtung mit Hilfe eines Elektronenstrahls erfolgt (wichtig insbesondere zur Herstellung von sogenannten Lithographiemasken und auch in der Prototypenentwicklung neuer Bauelemente), und das Laserschreiben (auch für Masken, sowie zur Reparatur). In beiden Fällen wird der Strahl (Laserlicht oder Elektronen) über die Oberfläche geführt, die belichtet werden soll. Hierzu werden die Entwurfsdaten in ein Maschinenformat überführt, das die Steuerbefehle für den Schreiber (etwa für eine Tischbewegung) enthält. Die Auflösung hängt von der Fleckgröße des Elektronen- oder Laserstrahls ab. Direktschreibende Lithographie ist sehr langsam. Aus diesem Grunde verwendet man direkte Lithographie vor allem dort, wo es unumgänglich ist, nämlich bei der Herstellung von Masken. Hierzu werden Glas- oder Quarzträger mit einer dünnen Schicht Chrom und einem elektronenempfindlichen Lack (PMMA oder PBS) beschichtet. Der von einem Elektronenstrahlschreiber belichtete Lack dient nach Entwickeln als Maskierung für das Ätzen der Chromschicht, so dass transparente und opake Gebiete auf der Maske entstehen. Anschließend verwendet man diese Masken zum Belichten.

Mit der indirekten – maskengebundenen – Lithographie erzielt man einen wesentlich größeren Durchsatz. Hierbei wird die Vorlage (Maske) mit einem Schritt in den Lack auf der Si-Scheibe übertragen. Die Abbildung der Maske auf die Si-Oberfläche erfordert ein optisches Abbildungssystem, bei dem man die zwei in Bild 2.8 dargestellten Bauformen unterscheidet.

Proximity-Verfahren: In einer Art Schattenwurf-Projektion wird mit parallelem Licht die Vorlage im 1 : 1-Maßstab in den Lack auf der Si-Oberfläche übertragen. Dabei haben Maske und Wafer einen bestimmten Abstand (»proximity«). Die Auflösung ist beugungsbegrenzt (Fresnelbeugung am Spalt), die Tiefenschärfe durch Absorption im Lack oder durch die Beugungswinkel limitiert. Aus den Gleichungen in Tabelle 2.6 kann man berechnen, dass für eine Auflösung im Mikrometer-Bereich der Abstand zwischen Maske und Wafer fast null sein muss, d.h. Maske und

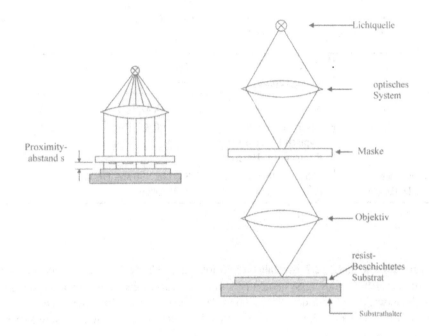

Bild 2.8: Proximity-Belichtungssystem (links) und Projektionsbelichtungssystem (rechts)

Wafer werden aufeinandergedrückt. Man spricht dann auch von Kontaktbelichtung. Hierbei ist jedoch die Defektanfälligkeit sehr hoch (Abrieb, mechanische Spannungen). Eine interessante Alternative ist die Verwendung von sehr kurzwelliger Strahlung: der Röntgenstrahlung. Mit der Röntgenstrahllithographie kann man bei einem Maske-Wafer-Abstand von ca. $30-50\,\mu$m eine Auflösung von unter $0{,}5\,\mu$m erhalten, die Defektanfälligkeit ist sehr gering, da organische Partikel von Röntgenstrahlung bis zu Partikelgrößen von $4\,\mu$m durchstrahlt werden. Röntgenstrahllithographie wird auch beim LIGA-Verfahren (s. Abschn. 2.4.4) eingesetzt. Hierbei wird insbesondere die aus einer geringen Absorption der Röntgenstrahlung im Lack resultierende große Tiefenschärfe ausgenutzt. Es lassen sich dabei mehrere hundert Mikrometer tiefe Lackstrukturen erzeugen. Die wichtigsten Merkmale der Proximity-Lithographie sind in Tabelle 2.6 zusammengestellt.

Die **Projektions-Lithographie** verwendet ein Abbildungssystem (Spiegel oder Linsen) zwischen Maske und Wafer, mit dem die Maskenvorlage meist verkleinert auf den Wafer abgebildet wird. Typische Abbildungsmaßstäbe sind $10:1$ und $5:1$. Die Auflösung ist hierbei begrenzt durch Beugung und das optische Abbildungssystem: ein Gegenstand ist nur dann abbildbar, wenn mindestens das 1. Beugungsmaximum des Bildes (z.B. ein enger Spalt) noch in die Optik des abbildenden Systems fällt[8]. Die minimal auflösbare Strukturgröße hängt daher von der Wellenlänge (Beugung) und der numerischen Apertur N_A ab, diese ist der Sinus des Öffnungswinkels der Optik: $N_A = \sin\alpha$ (α: Öffnungswinkel). Die Formeln für Auflösung und Tiefenschärfe sind der Tabelle 2.6 zu entnehmen.

---

8 Bei kleineren Objekten – engeren Spalten – fällt das 1. Beugungsmaximum außerhalb der Optikfassung, man erhält dann ein konturloses Bild.

Tabelle 2.6: Merkmale der Proximity- und Projektionslithographie; b_{min}: minimal auflösbare Strukturbreite, Δf: Tiefenschärfe, Erläuterungen im Text

	Proximity-Lithographie	Projektions-Lithographie	
Auflösung	$b_{min} = 1,5 \sqrt{s\lambda}$	$b_{min} = k \, \lambda / N_A$	(2.2)
Tiefenschärfe	absorptionsbegrenzt (typisch $1 - 2 \, \mu m$) Röntgen: ca. $100 \, \mu m$	$\Delta f = +0,3 \, \lambda /(N_A)^2$	(2.3)
verwendete Wellenlängen	365 nm, 436 nm Röntgen: 1 nm	365 nm, 436 nm, DUV: 190 – 248 nm	

Die Konstante k in Gl. 2.2 ist eine prozessabhängige Größe, die nach Abbe minimal 0,5 sein kann; in realen Abbildungssystemen ist k allerdings abhängig vom Belichtungsprozess einschließlich Entwicklung, von der Ausdehnung der Lichtquelle und von der Ausleuchtung. Typisch rechnet man mit k = 0,7, wobei mit Geräten der jüngsten Generation kleinere k-Werte realisiert werden können.

In Bild 2.9 ist eine Prinzipskizze eines Projektionsbelichtungsgeräts gezeigt. Wegen der Verkleinerung können jeweils nur relativ kleine Felder belichtet werden ($15 \times 15 \, mm^2$). Um eine ganze Si-Scheibe (z.B. 6 Zoll-Wafer) zu belichten, muss der Wafer dann nach jeder Belichtung zu einem neuen Feld bewegt werden, daher der Name für solche Belichtungsmaschinen: Stepper.

Bei den zur Zeit in der Produktion befindlichen hochintegrierten Schaltungen jüngster Generation (minimale Strukturgröße unter $0,2 \, \mu m$) sind folgende Tendenzen festzustellen:

- i-line-Lithographie ($\lambda = 365$ nm) wird zunehmend durch DUV ersetzt,

- zusätzliche Verbesserung der Auflösung erhält man durch die Verwendung sogenannter Phasenmasken,

- Röntgenstrahllithographie wird nur ansatzweise für die Fertigung hochintegrierter Bauelemente in Erwägung gezogen.

2.4.1.3 Ätzverfahren

Mit der Lithographie wird eine Lackschicht strukturiert. Nach der Entwicklung entstehen in der Lackabdeckung gezielte Öffnungen. Diese Öffnungen werden im nachfolgenden Ätzschritt benutzt, um die zuvor abgeschiedene Funktionsschicht zu strukturieren. Auch bei diesem Verfahrensschritt ist eine hohe Genauigkeit gefordert. Neben der Ätzrate der zu strukturierenden Schicht sind zwei Größen zur Beurteilung eines Ätzverfahrens entscheidend: die Anisotropie und die Selektivität des Ätzvorgangs.

Die Anisotropie der Ätzung gibt die Richtungsabhängigkeit des Ätzfortschritts an. Die Funktionsschicht soll in den meisten Fällen nur der Dicke nach abgetragen werden (z-Richtung), wäh-

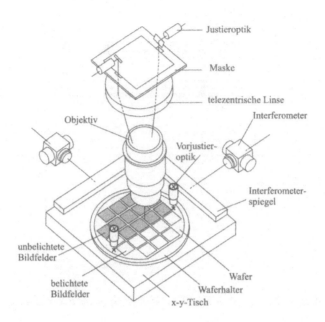

Bild 2.9: Schema eines Wafersteppers mit Justier- und Abbildungsoptik. (nach [2-4])

rend senkrecht dazu kein Abtrag erwünscht ist, da sich sonst die laterale Größe einer Struktur ändern würde.[9]

Man definiert als Anisotropie A_f der Ätzung:

$$A_f = 1 - r_h/r_v \tag{2.4}$$

r_h ist die horizontale Ätzrate und r_v die vertikale Ätzrate Gewünscht ist zumeist ein A_f von 1.

Eine weitere wichtige Größe ist die Selektivität S der Ätzung. Diese ist definiert als Quotient der Ätzraten der zu ätzenden Schicht zur vertikalen Ätzrate der Maskierungsschicht:

$$S = \frac{\text{vertikale Ätzrate (Schicht)}}{\text{vertikale Ätzrate (Maske)}} \tag{2.5}$$

Die Selektivität bestimmt die nötige Maskierungsdicke bei vorgegebener Dicke der Funktionsschicht:

$$\frac{d_{Schicht}}{d_{Maske}} < S \tag{2.6}$$

Während früher in der Mikroelektronik vorwiegend nasschemische Ätzverfahren benutzt wurden, werden heute bei kleinen Strukturbreiten fast ausnahmslos trockenchemische Verfahren ver-

---

9 Ein gewisser horizontaler (lateraler) Abtrag lässt sich durch einen sogenannten »Vorhalt« in der Lithographiemaske kompensieren. Es ist aber einsichtig, dass dies bei sehr kleinen Strukturen nicht mehr möglich ist, da z.B. bei periodischen Strukturen der maximal zulässige Vorhalt kleiner als das halbe Rastermaß sein muss.

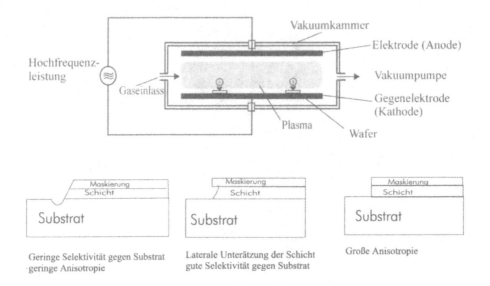

Bild 2.10: oben: Prinzipbild einer RIE-Anlage, unten: typische Ätzprofile, nach [2-4]

wendet. Statt Flüssigkeiten werden dabei Gase zum Ätzabtrag eingesetzt. Aufgrund der kleinen mittleren freien Weglänge in Flüssigkeiten erfolgt der Ätzangriff bei polykristallinnen Materialien in nassen Ätzlösungen isotrop. Mit Gasen können dagegen wegen der großen mittleren freien Weglänge hohe Anisotropie-Werte erreicht werden.

Eine zusätzliche Vorzugsrichtung kann bei Trockenätzverfahren durch ein elektrisches Feld erzeugt werden, das ionisierte Teilchen in Richtung der zu ätzende Schicht beschleunigt. Dieses Bombardement stellt ein physikalisches Ätzen dar (vgl. Sputtern) und wird als Ionenätzen bezeichnet. Ist der Abtrag zusätzlich chemisch unterstützt, so spricht man von RIE : **R**eactive **I**on **E**tching.

Die Anisotropie des rein chemischen Ätzens ist nahezu null, während für Ionenätzen $A_f \approx 1$ ist. Bei RIE liegt A_f typisch zwischen 0,8 und 0,9. Umgekehrt verhält es sich mit der Selektivität: Diese ist für die meisten Materialkombinationen beim Ionenätzen etwa 1, beim chemischen Ätzen erreicht man dagegen größere S-Werte. In der Praxis wählt man daher für unterschiedliche Schichten und Anforderungen an die Güte der Strukturen unterschiedliche Verfahren mit mehr anisotroper bis mehr isotroper Ätzcharakteristik aus. Eine wichtige Einflussgröße beim anisotropen Trockenätzen tiefer Strukturen ist die Seitenwandpassivierung, mit der die horizontale Ätzrate verringert werden kann. Die Seitenwandpassivierung hängt von den Prozessparametern und den beim Ätzprozess verwendeten Materialien ab. Bild 2.10 zeigt ein Prinzipbild einer RIE-Anlage sowie Querschnitte von Ätzprofilen, mit denen noch einmal die obigen Größen veranschaulicht werden.

Eigens für die Erfordernisse der Oberflächenmikromechanik (s. Abschnitt 2.4.3) wurden zur Verbesserung der Anisotropie und der Selektivität spezielle Ätzverfahren entwickelt. Die bekanntesten, für die Fertigung kommerzieller Mikrosysteme eingesetzten Verfahren sind einmal der so genannte »Bosch-Prozess« [2-10] und der sogenannte Kryo-Prozess, der auch als "Black-silicon-process"bezeichnet wird [2-11]. Beide Verfahren erfordern spezielle Ätzanlagen und Vorrichtungen, so dass sie nur dort sinnvoll eingesetzt werden, wo es keine preiswerteren Alternativen gibt.

Bild 2.11: Beispiel einer mit dem so genannten Boschprozess geätzten Struktur (Aspektverhältnis > 10:1), mit freundlicher Genehmigung Bosch GmbH, Reutlingen)

Eine typische Anforderung ist eine Ätztiefe größer als $10\,\mu$m bzw. ein Aspektverhältnisse von $10\,\mu$m und mehr bei senkrechten Strukturwänden in polykristallinem Material.

Für beide Prozesse ist ein ausreichend hohes Verhältnis von Dichte der Radikale im Ätzgas zu Ionen erforderlich. Standard-RIE-Anlagen sind daher gerade ungeeignet. Erfüllt wird dagegen diese Anforderung von »high density plasma-Systemen« (HDP), bei denen die RF-Energie bevorzugt induktiv eingekoppelt wird.

Beim Bosch-Prozess wird die hohe Anisotropie durch eine Seitenwandpassivierung erreicht, für die zyklisch zwischen einem Si-ätzendem SiF_6 und einem passivierenden C_4F_8 umgeschaltet wird. Im Kryo-Prozess stellt sich die Seitenwandpassivierung aufgrund einer Bildung einer Seitenwandbeschichtung (SiO_xF_y, Dicke 10–20 nm) ein, wobei die tiefe Temperatur erforderlich ist, um den Ätzangriff dieser Seitenwandbeschichtung durch die fluorhaltigen Radikale im Ätzgas zu unterdrücken. Bei den niedrigen Substrattemperaturen ist auch die Ätzrate des maskierenden Materials reduziert, so dass entweder direkt Photolack oder aber Siliziumdioxid als Maskierungsmaterial geeignet sind.[10]

Ein Beispiel für eine mit dem Bosch-Prozess geätzte Struktur ist in Bild 2.11 gezeigt. Trotz der optisch sehr gut aussehenden Kanten gibt es auch bei diesen Verfahren Einschränkungen, die bei der Auslegung der Strukturen im Layoutprozess zu beachten sind. Dazu gehört einmal die Abhängigkeit der Ätzrate von der zu ätzenden Fläche (loading-Effekt) und von der Größe der Öffnung. Häufig wird daher mit einer vergrabenen Ätzstoppschicht gearbeitet (z.B. Siliziumdioxid in der SOI-Technik, vgl. Abschnitt 2.4.5). Bei einer vergrabenen Oxidschicht tritt dann als ungewünschter Effekt das sogenannte »notching« auf: Beim Erreichen der vergrabenen Ätzstoppschicht tritt eine laterale Unterätzung der Funktionsschicht am Fußpunkt auf.

Eine Zusammenstellung dieser beiden Ätzverfahren findet man in [2-12].

---

10 Der Ätzangriff ist für diese Materialien rein chemischer Natur, daher kann die Ätzrate bei niedrigen Temperaturen deutlich herabgesetzt werden

Bild 2.12: Bestimmung der richtungsabhängigen Ätzrate mit der »Waggon-wheel-Methode« – links: Aufsicht auf strukturierte Maskierungsschicht, mitte: geätzte Struktur auf (100)-Si, rechts: Verlauf der Ätzfront (schematisch) auf (100)-Si, aus [2-13]. Mit freundlicher Genehmigung des Springer-Verlags

2.4.2   Si-Volumenmikromechanik

Die sogenannte Bulk- oder Volumenmikromechanik ist die älteste der speziell für die Mikrosystemtechnik entwickelten Verfahren. Viele industriell gefertigte Mikrostrukturen werden nach wie vor mit dieser Technik hergestellt. Beispiele sind rein statische Elemente wie Führungsgräben, Düsen und Trägerpfosten, dynamische Strukturen wie Membranen, Platten und Balken sowie kinematische Elemente wie Motoren, Federn und Verstelleinheiten.

2.4.2.1   Anisotropes Ätzen von kristallinem Si

Die Strukurelemente der Si-Volumenmikromechanik werden durch anisotropes Ätzen von kristallinem Silizium hergestellt. Hierbei werden unterschiedliche Kristallebenen in bestimmten Ätzlösungen wie KOH (Kalilauge), EDP (Ethylendiamin-Pyrocatechol) oder TMAH (Tetramethylammonium-Hydroxid) unterschiedlich schnell geätzt. Ursache für dieses Phänomen ist die Flächenbesetzungsdichte (Anzahl der Struktureinheiten pro Referenzfläche, vgl. Abschn. 2.2) und die unterschiedliche dreidimensionale Bindungsvernetzung der Si-Atome in den verschiedenen Kristallebenen. Generell werden daher {111}-Ebenen in c-Si mit den genannte Ätzlösungen kaum angegriffen. Schnell geätzt werden dagegen hochindizierte Ebenen wie z.B. {331}-Ebenen.

Zur experimentellen Bestimmung der richtungsabhängigen Ätzrate kann die sogenannte Speichenrad-Methode (englisch: waggon wheel) verwendet werden [2-14]. Hierbei wird auf einer Siliziumoberfläche die in Bild 2.12 gezeigte Struktur in einer geeignete Maskierungsschicht (SiO_2 oder Si_3N_4) erzeugt. Bei der anschließenden naßchemischen Ätzung in den genannten Ätzlösungen werden die einzelnen Speichen je nach ihrer Ausrichtung unterschiedlich stark unterätzt. Als Resultat bleiben solche Speichen stehen, an deren Seiten Kristallachsen mit kleinen Ätzraten aus der Oberfläche treten. Speichen, entlang denen schnellätzende Ebenen heraustreten, werden dagegen stark unterätzt und fallen daher im Ätzverlauf heraus.

Als Ergebnis erhält man dann auf (100)-Si aufgrund der vierzähligen Symmetrie dieser Kristallebene die in Bild 2.12 unten links gezeigte Kleeblatt-Struktur. Ein quantitatives Bild der richtungsabhängigen Ätzrate auf der (100)-Ebene von Si ist in Bild 2.12 unten rechts dargestellt.

Der meßtechnische Vorteil der Speichenradmethode liegt darin, dass eine mikroskopische Unterätzung U einer Speiche durch den Speichenwinkel α zu einem makroskopisch meßbaren Abstand R vom Mittelpunkt des Speichenrads bis zur aktuellen, geätzten Speichenspitze verstärkt wird:

$$R = 2U/\tan\alpha \tag{2.7}$$

Die richtungsabhängige Ätzrate führt aber auch in der z-Richtung zu Formen, die durch die ätzbegrenzenden {111}-Ebenen bestimmt werden. Auf einer (100)-Ebene ergeben sich so z.B. Strukturen, deren Kanten zur Oberfläche einen Winkel von 54,74° einnehmen. Die möglichen Winkel sind dabei durch Gleichung 2.1 bzw. Tabelle 2.2 festgelegt.

In der Si-bulk-Mikromechanik sind die herstellbaren Formen also durch die {111}-Ebenen vorgegeben.

2.4.2.2 Layoutregeln bei Si-Volumenmikromechanik

Aus dem anisotropen Ätzverhalten von c-Si resultieren einfache Regeln für die mit bulk-Mikromechanik herstellbaren Strukturen.

Layoutregeln für (100)-Si

- Rechtecke werden zu stumpfen oder spitzen Pyramiden (Bild 2.13a und c) im geätzten Silizium.

- Nach hinreichend langer Ätzzeit sind die geätzten Kanten der Strukturen immer in <110>-Richtung orientiert.

- Beliebige (z.B. runde) Formen werden stets zu rechteckigen, pyramidenförmigen Strukturen (Bild 2.13b). Die Größe des resultierenden Rechtecks ergibt sich dabei durch die äußersten Tangenten an die Form mit Ausrichtung parallel zu den zwei senkrechten <110>-Richtungen auf der (100)-Ebene (gestrichelt in Bild 2.13b)

- Die Breite des Pyramidenstumpfes W (Bild 2.13a) ist mit der Tiefe T und der Breite W_M an der Oberfläche verknüpft:

$$W = W_M - (T \cdot \sqrt{2}) \tag{2.8}$$

- die maximale Tiefe einer rechtwinkligen Struktur (2.13b) ist

$$T_{max} = \frac{1}{\sqrt{2}} \cdot W_M \tag{2.9}$$

- konvexe Ecken werden unterätzt (Bild 2.13d),

- rechtwinklige, entlang <110> ausgerichtete Brückenstrukturen sind nicht möglich.

- Fehljustierung der Strukturkanten gegenüber den <110>-Richtungen führt zur Strukturvergrößerung.

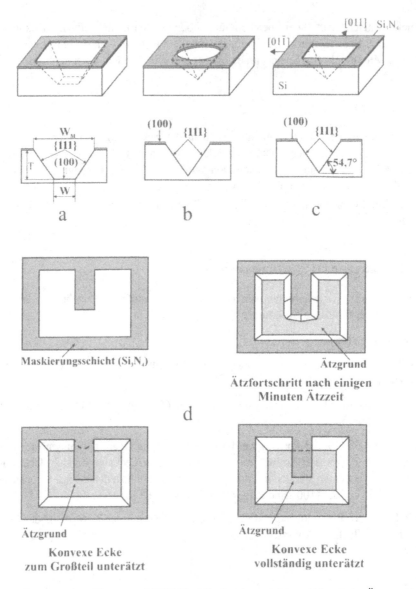

Bild 2.13: Anisotrop ätzbare Formen auf (100) Si, a) Rechteck, vorzeitiger Abbruch der Ätzung, b) Ätzergebnis bei runden Maskierungsstrukturen, c) Rechteck nach hinreichend langer Ätzung nach
[2-8], d) Unterätzung von konvexen Ecken, mit fortschreitender Ätzzeit

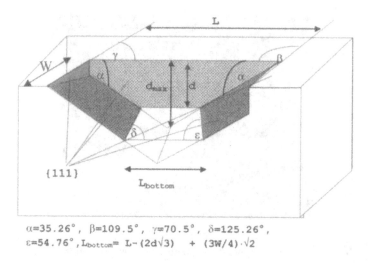

$$\alpha = 35.26°, \quad \beta = 109.5°, \quad \gamma = 70.5°, \quad \delta = 125.26°,$$
$$\varepsilon = 54.76°, L_{bottom} = L - (2d\sqrt{3}) + (3W/4)\cdot\sqrt{2}$$

Bild 2.14: Lage der {111}-Ebenen auf (110)-Si, W ist die Breite des Grabens, d die Ätztiefe. Die maximale Tiefe d_{max} ergibt sich, wenn die zwei flachen, seitlichen {111}-Ebenen sich schneiden.

Layoutregeln für (110)-Si:

Die geometrischen Verhältnisse auf der (110)-Ebene sind komplizierter, da hier verschiedene {111}-Ebenen mit unterschiedlichen Winkeln und in unterschiedlichen Orientierungen aus der Oberfläche heraustreten. Die Verhältnisse sind in Bild 2.14 dargestellt und lassen sich zu folgenden Regeln zusammenfassen:

- Es sind dreidimensionale Formen mit senkrechten Wänden herstellbar.
- Daneben treten {111}-Ebenen auf, die unter einem Winkel von 35.26° aus der Oberfläche heraustreten.
- Kurze und tiefe Gräben sind daher nicht herstellbar.
- Die senkrechten Kanten schließen in Aufsicht einen Winkel von 109,5° bzw. 70,5° miteinander ein.
- Es können rechtwinklige Brückenstrukturen erzeugt werden (beidseitig aufgehängter Balken).

Ein Detail eines geätzten Steges ist in Bild 2.15 gezeigt. Neben den senkrechten Kanten des Steges erkennt man eine flache {111}-Ebene. Wegen der perfekt senkrechten Stukturkanten können solche Stegstrukturen als Linienbreitennormale eingesetzt werden [2-15].

Daneben sind durch Ausnutzung von Besonderheiten der richtungsabhängigen Ätzrate bei bestimmen Ätzkonzentrationen auch Sonderformen möglich [2-16], die allerdings in der industriellen Praxis kaum genutzt werden.

2.4.2.3   Ätzlösungen für anisotropes Ätzen von Si

Die anisotrop ätzenden Lösungen für Silizium sind basischer Natur. Hydroxylionen und Wassermoleküle bestimmen daher den Ätzprozess.

Bild 2.15: Senkrechter Steg herausgearbeitet aus einer (110)-Oberfläche

Die am häufigsten verwendete Ätzlösung zum anisotropen Ätzen von Si ist Kalilauge (KOH). Nach Seidel [2-17] ist die Ätzung durch folgende Reaktionsgleichungen zu beschreiben:

$$Si + 2OH^- \rightarrow Si(OH)_2^{++} + 4e^-$$ (2.10a)

$$4H_2O + 4e^- \rightarrow 4OH^- + 2H_2$$ (2.10b)

$$Si(OH)_2^{++} + 4OH^- \rightarrow SiO_2(OH)_2^{--} + 2H_2O$$ (2.10c)

oder als Bruttobilanz

$$Si + 2OH^- + 2H_2O \rightarrow SiO_2(OH)_2^{--} + 2H_2$$ (2.10d)

Der Ätzangriff erfolgt mit der OH-Gruppe der Kalilauge unter Bildung eines Siliziumsalzes und Wasserstoff (Bläschenbildung während der Ätzung).

Die Konzentration der Kalilauge liegt meist bei ca. 30 % (384,4 KOH-Plättchen auf 896,9 destilliertes Wasser) und die Ätztemperatur bei 80 °C, da unter diesen Bedingungen Anisotropie und Ätzrate optimal sind. Durch Beigabe von Isopropanol kann das Anisotropieverhältnis weiter verbessert werden [2-18]. Typische Ätzraten der nicht ätzbegrenzenden Ebenen liegen bei ca. 60 μm/h. Als Ätzmaskierung eignet sich Si_3N_4, SiO_2 ist für lange Ätzzeiten nicht ausreichend resistent.

Früher war wässriges Ethylenediamin-Pyrocatechol (mit Bremskatechin, EDP) als anisotrop wirkende Ätzlösung sehr weit verbreitet. Nach Finne und Klein [2-19] sind folgende Einzelreaktionen am Ätzvorgang beteiligt:

Bildung von $(OH)^{--}$ mit Ethylendiamin:

$$NH_2\,(CH_2)\,NH_2 + H_2O, \rightarrow NH_2(CH_2)_2NH_2H^+ + OH^-$$ (2.11a)

Bildung eines Siliziumzwischenkomplexes ausgehend von der Reaktion nach Gl. (2.10a)

$$Si(OH)_2^{++} + 4OH^- \rightarrow Si(OH)_6^{--}$$ (2.11b)

Zersetzung des Si-Zwischenprodukts durch Brenzkatechin:

$$Si(OH)_6^{--} + 3C_6H_4(OH)_2 \rightarrow Si(C_6H_4O_2)_3^{++} + 6H_2O \tag{2.11c}$$

Damit ergibt sich folgende Bruttogleichung:

$$2NH_2(CH_2)_2NH_2 + Si + 3C_6H_4(OH)_2 \rightarrow$$
$$2NH_2(CH_2)_2NH_2H^+ + Si(C_6H_4O_2)_3^{--} + 2H_2 \tag{2.11d}$$

Die Ätzraten werden insbesondere vom Pyrocatechol-Gehalt bestimmt und liegen bei ca 4 Molprozent Pyrocatechol um ca. $35\,\mu$m/h. Als Ätzmaskierung eignet sich z.B. SiO_2. Da EDP als krebserregend eingestuft ist, hat die Verwendung von EDP trotz der technisch interessanten Daten stark nachgelassen.

Noch relativ jungen Datums sind die Arbeiten auf dem Gebiet von Tetramethylammonium-Hydroxid (TMAH) als anisotrop wirkende Ätze von Si [2-20]. Die chemische Formel von TMAH lautet:

$$\left[CH_3 - \underset{\underset{CH_3}{|}}{\overset{\overset{CH_3}{|}}{N}} - CH_3 \right]^+ \; - OH^-$$

Bei 2 Gewichtsprozent TMAH und einer Ätztemperatur von 80°C wird eine maximale Ätzrate von ca. $40\,\mu$m/h bei einer Anisotropie (Ätzrate von <100> zu <111>) von 50 erreicht. Als Ätzmaskierung eignen sich dünne Schichten aus SiO_2, Si_3N_4 und sogar Aluminium. Das von Metallionen freie TMAH ist eine interessante Ätzlösung für die CMOS-kompatible Fertigung von Mikrosystemstrukturen.

Die wichtigsten Eigenschaften der drei behandelten Ätzlösungen sind in Tabelle 2.7 zusammengestellt.

2.4.2.4 Ätzstopp-Verfahren

Häufig ist eine gezielte Dicken- bzw. Tiefeneinstellung der gewünschten Strukturen erforderlich. Ätzung auf Zeit ist bei hohen Anforderungen an die Genauigkeit nicht ausreichend. Es wurden daher einige Ätzstopp-Mechanismen entwickelt, mit denen der Ätzabtrag bei einer gewünschten Tiefe beendet wird.

Hochbordotiertes Si ist gegenüber den in Tabelle 2.7 aufgelisteten Ätzlösungen resistent. Bei EDP z.B. reduziert sich die Ätzrate bei einer Erhöhung der Borkonzentration von $10^{19}\,cm^{-3}$ auf $10^{20}\,cm^{-3}$ um mehr als zwei Größenordnungen, auch bei KOH sind Änderungen im gleichen Ausmaß beobachtet worden [2-21]. Eine mögliche Prozessabfolge zur Herstellung dünner Membranen ist in Bild 2.16a dargestellt. Die ätzresistente hochbordotierte Schicht ergibt sich nach der Ätzung der Membran. Eine darauf abgeschiedene Epi-Schicht führt zur Herausbildung einer versenkten Membranstruktur. Solche Membranen können als Drucksensoren oder Trägermaterial für Röntgenmasken [2-22] genutzt werden. Wegen der großen mechanischen Zugspannung in hochbordotierten Schichten ist eine epitaktische Abscheidung mit gleichzeitiger Ge-Dotierung

Tabelle 2.7: Anisotrope Ätzlösungen für Si mit wichtigsten Eigenschaften

Ätzlösung	KOH	EDP	TMAH
typ. Konzentration	30%	4mol% Pyrocatechol	2 Gewichts-%
Bearbeitungstemperatur ($^\circ$C)	80	20	80
typ. Ätzrate (μm/h)	60	35	40
Anisotropie ($\ddot{A}R_{<100>}/\ddot{A}R_{<111>}$)	50	100	50
Maskierungsschicht	Si_3N_4	SiO_2	SiO_2, Al, Si_3N
Bemerkungen	billig, einfache Prozessführung	krebserregend	metallionenfrei, greift kein Al an

empfehlenswert, um die mechanische Spannung in der dünngeätzten Schicht zu kompensieren [2-23] Die Verwendung von epitaktischen Schichten erlaubt auch die Herstellung versenkter Ätzstopp-Schichten, die man z.B. bei der in Bild 2.16b dargestellten Erzeugung von Balkenstrukturen für Beschleunigungssensoren verwenden kann. Während die ebenfalls aus hochbordotiertem Epi-Silizium bestehende Biegebalkenstruktur durch Unterätzung konvexer Ecken entsteht, sorgt eine vergrabene, hochdotierte Schicht für einen kontrollierten Ätzstopp im Ätzgraben.

Eine sehr interessante Alternative zur aufwendigen Epitaxie mit hoher Bordotierung und Germaniumkompensation stellt der **elektrochemische Ätzstopp** dar, der erstmals von Waggener [2-24] vorgestellt wurde. Da es sich beim anisotropen Ätzen um einen elektrochemischen Vorgang handelt, der über den Austausch von Elektronen abläuft (s. Gleichungen 2.10a–d), kann die Ätzrate durch Anlegen einer elektrischen Spannung beeinflusst werden. Der elektrochemische Ätzstopp funktioniert für alle 3 vorgestellten Ätzlösungen sowie für n- und p-Si. Notwendig ist das Anlegen einer positiven Spannung an das zu schützende Si. Der Mechanismus beruht nach Seidel [2-14] darauf, dass bei genügend großer positiver Spannung die von den OH^--Gruppen an den Si-Kristall abgegebenen Elektronen (s. Gl. 2.10a) von der Kristalloberfläche weggezogen werden und daher nicht mehr für eine Reduktion des Wassers zur Verfügung stehen. Aus diesem Grund kommt der Ätzvorgang zum Erliegen. Eine andere Erklärung für das Ätzstoppverhalten ist die Oxidation der positiv vorgespannten Si-Oberfläche. Auch durch eine dünnes Oxid kann der Ätzvorgang hinreichend gut unterdrückt werden.

In der üblichen Realisierungsform des elektrochemischen Ätzstopps wird ein pn-Übergang als Anode und eine Referenzelektrode aus Platin als Kathode geschaltet. Ein schematischer Aufbau einer Ätzanlage mit elektrochemischen Ätzstopp zeigt Bild 2.17a. Solange die p-Schicht vorhanden ist, fällt die Spannung am pn-Übergang ab, die p-Schicht ist spannungsfrei und wird abgetragen. Sobald die Grenzschicht des pn-Übergangs erreicht ist, fällt die volle Spannung an der verbleibenden n-Schicht ab, die daher nicht weiter geätzt wird. Prinzipiell ist bei Umdrehung der Anordnung auch die Realisierung des elektrochemischen Ätzstopps mit einer Durchlassspannung möglich, allerdings ist die Einstellung der notwendigen Spannung hierbei kritisch. Das Erreichen des pn-Übergangs ist mit einem starken Anstieg des durch die Anordnung fließenden

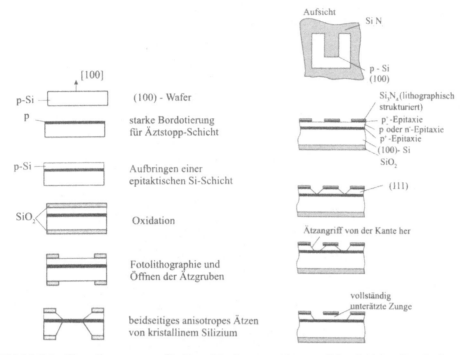

Bild 2.16: links: Herstellungssequenz für dünne Membranen, rechts: möglicher Schichtaufbau für Beschleunigungssensor aus ätzresistentem Epi-Si und Unterätzung der konvexen Ecken (vgl. Bild 2.13d), nach [2-13]

Stroms verknüpft (schematisch in Bild 2.17b gezeigt). Dieser Stromanstieg ist als guter Indikator für das Erreichen der gewünschten Ätztiefe geeignet.

Wegen des großen Unterschieds der Ätzraten der durch eine Vorspannung passivierten im Vergleich zu der nichtpassivierten Schicht (die Ätzratenverhältnisse liegen zwischen 200 und 3000) ist eine präzise Dickeneinstellung möglich. Die Tiefe des Übergangs ist durch die technologischen Parameter bei der Dotierung (z.B. Implantationsenergie, Temperatur und Zeit der Diffusion) grob festgelegt, kann aber durch die Höhe der angelegten Sperrspannung feingesteuert werden. Die in Bild 2.17a gezeigte Vorrichtung enthält eine 3-Elektrodenanordnung, wobei durch die sogenannte Calomel-Referenzelektrode eine potentiostatische Regelung des Stroms in der Ätzlösung realisiert wird und damit das Potential der Referenzelektrode zur Anode eingestellt wird.

Mit dem elektrochemischen Ätzstopp sind Membranen, Biegebalken und durch Kombination mit einer passend strukturierten Maskierungsschicht auch viele andere Strukturen herstellbar. In Bild 2.18 ist als Beispiel der dünne Aufhängungsarm eines Zwei-Achsen-Neigungssensors [2-26] gezeigt, der mit Hilfe des elekrochemischen Ätzstopps realisiert wurde. Da die Empfindlichkeit von der zweiten Potenz der Dicke der Aufhängungsbalken abhängt, ist eine sehr genaue Dickeneinstellung essentiell und wird durch den elektrochemischen Ätzstopp realisiert. Die Struktur wurde anschließend durch reaktives Ionenätzen von der Oberseite freigelegt.

Eine weitere Möglichkeit, definierte Schichtdicken bei der Si-Volumenmikromechanik zu erzeugen, ist die **InSitu-Messung der Schichtdicke** während der Ätzung. Hierzu sind v.a. opti-

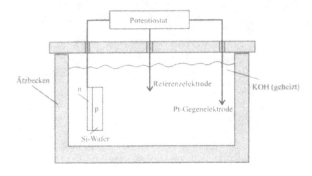

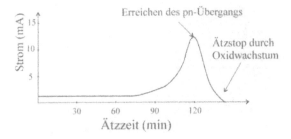

Bild 2.17: oben: Aufbau einer Ätzanlage mit elektrochemischen Ätzstopp, unten: Typische Stromkennli-
nie mit Anstieg zum Zeitpunkt, wenn die Ätzfront den pn-Übergang erreicht, nach [2-25]

Bild 2.18: Verbindungsbalken zwischen Rahmen und seismischer Mittelmasse bei einem Neigungssensor.
Mit dem elektrochemischen Ätzstopp wurde zunächst eine Membranstruktur erzeugt, aus der
dann durch RIE-Ätzung die gezeigte Struktur herausgearbeitet wurde.

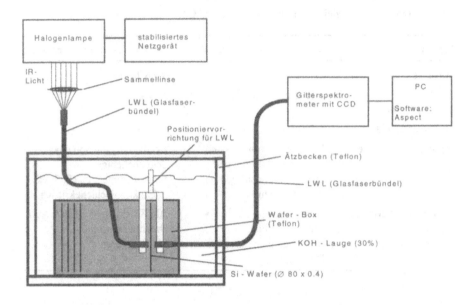

Bild 2.19: Optische insitu-Messung der Schichtdicke während des Ätzens zur kontrollierten Herstellung relativ dicker Si-Schichten

sche Verfahren sinnvoll [2-27], [2-28]. Ausgewertet werden können die Interferenzen von Vor- und Rückseitenreflexion der geätzten Si-Schicht oder die IR-Transmission. Ein typischer Aufbau ist in Bild 2.19 dargestellt. Solche Verfahren sind insbesondere für Schichtdicken interessant, die mit den oben beschriebenen Methoden des Ätzstopps nicht mehr sinnvoll hergestellt werden können (d > 10 μm).

Abschließend soll noch erwähnt werden, dass auch bei der Volumenmikromechanik die im Abschn. 2.4.1 vorgestellten Verfahren für die vorbereitenden Schritte benötigt werden. Bei der Lithographie sind allerdings spezielle Belichtungsgeräte erforderlich, mit denen Strukturen auf Vor-und Rückseite der Wafer belichtet werden können. Hierbei ist es erforderlich, eine Justierung zu Marken/Strukturen auf der anderen Si-Oberfläche vorzunehmen. Für diesen Zweck gibt es im wesentlichen 2 Ansätze:

- doppelseitige Belichtung mit oberer und unterer Maske
- Ausrichtung zu Justiermarken auf der aktuellen Waferrückseite mit Infrarot-Optik oder Vor-und Rückseitenjustieroptik.

2.4.3   Si-Oberflächenmikromechanik

Während die wissenschaftlichen Vorarbeiten zur Si-Volumenmikromechanik bereits in den 70er und zu Beginn der 80er Jahren durchgeführt wurden, wird die sogenannte Oberflächenmikromechanik (OFM, im Englischem: Surface micromachining Technology) nach Veröffentlichung der ersten Arbeiten zu diesem Thema [2-29], [2-30] erst seit Anfang der 90er Jahre intensiv untersucht und weiterentwickelt. In den letzten Jahren hat es eine stürmische Entwicklung der Oberflächenmechanik gegeben. Viele heute kommerziell verfügbare Mikrosysteme

Tabelle 2.8: Vergleich zwischen Volumen- und Oberflächenmikromechanik

Merkmal	Volumen-Mikromechanik	Oberflächenmikromechanik
Substrat	Si	Si / beliebig
typ. laterale Strukturgröße	$>10\,\mu m$	$1-2\,\mu m$
typ. Strukturtiefe	$>100\,\mu m$	$<10\,\mu m$
Herstellungsaspekte	Bearbeitung von Vor- und Rückseite; Ätzraten und Strukturform abhängig von Kristallstruktur	Bearbeitung nur von einer Seite; beliebige Strukturformen; mech. Stress in Funktionsschicht kritisch
Anwendungsbeispiele	Drucksensoren, hochempfindliche Beschleunigungssensoren; Düsen	50g Beschleunigungssensoren; Drehratensensoren; Mikromotoren

sind konzeptionell nur mit der Oberflächenmikromechanik realisierbar. Insbesondere Airbag-Beschleunigungssensoren (vgl. 3.2.3) werden fast ausschließlich mit OFM hergestellt.

Bei der Oberflächenmikromechanik erfolgt die Bearbeitung nur von einer Seite her. Damit entspricht diese Technik viel mehr der Standardherstellung von mikroelektronischen Bauelementen als dies bei der Si-Volumenmikromechanik der Fall ist. Auch die verwendeten Schichten und Ätzprozesse sind weitgehend CMOS-kompatibel.[11]

Wichtige Kenngrößen von Bulk- und Oberflächenmikromechanik sind in Tabelle 2.8 gegenübergestellt. Bei der OFM ist eine freie Formgebung möglich. Weiterhin können kleinere laterale Strukturgrößen als bei der Volumenmikromechanik hergestellt werden.

2.4.3.1 Opferschichttechnik

Die wesentliche konzeptionelle Idee ist die Verwendung einer sogenannten Opferschicht (sacrificial layer) als Abstandsschicht zwischen Substrat und später aufgebrachter Funktionsschicht. Nach Entfernen der Opferschicht ist die Funktionsschicht mechanisch vom Substrat entkoppelt und damit beweglich. Eine typische Prozessfolge zur Herstellung eines Biegebalkens als Grundstruktur für Beschleunigungssensoren ist in Bild 2.20 dargestellt. Die Isolationsschicht auf dem Substrat dient zum Schutz des Substrats beim späteren Wegätzen der Opferschicht, zur elektrischen Isolation oder als Haftvermittelungsschicht. Nach Strukturierung der Opferschicht (meist trockenchemisch) wird die gewünschte mikromechanische Funktionsschicht aufgebracht und zweidimensional strukturiert. Bei dem nun folgenden isotropen Ätzschritt zur Entfernung der Opferschicht dringt das Ätzmedium von den Seiten oder aber durch passend gewählte Löcher in der Funktionsschicht zur Opferschicht vor. Übrig bleibt eine bewegliche Funktionsschicht. Auch völlig vom Substrat entkoppelte Strukturen sind herstellbar, z.B. zur Herstellung von Rotoren bei Mikromotoren (4.2.4).

---

11 Dies gilt nur bedingt für Arbeiten, bei denen poröses Silizium als sogenannte Opferschicht eingesetzt wird [2-31].

Bild 2.20: Typische Prozessabfolge bei der Oberflächenmikromechanik; links: Aufbringen einer Isolations-
und einer Opferschicht, Strukturieren der Opferschicht; mitte: Aufbringen und Strukturieren der
mikromechanischen Funktionsschicht, rechts: Entfernen der Opferschicht, nach [2-25]

Tabelle 2.9: Kombinationsmöglichkeiten zwischen Opfer- und Funktionsschicht bei der Oberflächenmikromechanik

Funktionsschicht		Opferschicht	
Material	typ. Dicke (μm)	Material	typ. Dicke (μm)
Poly-Silizium	(1 – 10)	Phosphorsilikat-glas (PSG)	(1 – 7)
		SiO_2	2
		poröses Silizium	(1 – 30)
SiO_2	2	poly-Si	2
TiNi	8	Polyimid	3
		Au	2
NiFe	2	Al	7
W	3	SiO_2	8

Als mikromechanische Funktionsschicht kommen zwar grundsätzlich viele Materialien in Frage, in der Anwendung dominiert aber poly-Si, das trotz der polykristallinen Struktur noch sehr
gute mechanische Eigenschaften aufweist. Insbesondere können Kriech- und Ermüdungsvorgän-
ge durch eine hinreichend feinkörnige Struktur weitgehend verhindert werden.

Die Opferschicht muss an die jeweilige Funktionsschicht angepasst werden. Eine Auswahl
von untersuchten Kombinationen gibt Tabelle 2.9.

Die Opferschicht wirkt als Abstandsschicht zwischen Funktionsschicht und Substrat. Daher
ist die Dicke auf die gegebene Anwendung abzustimmen; andererseits ist bei der Dickenwahl
die Ätzbarkeit in einem isotropen Ätzprozess zu berücksichtigen. Gut in HF entfernbar ist phos-
phordotiertes SiO_2 (PSG). Die Selektivität des Ätzprozesses gegen poly-Si aber auch Si_3N_4 ist
ausgezeichnet. Die Herstellung von PSG erfolgt mittels LPCVD oder auch PECVD. Die Löslichkeit in HF nimmt mit steigendem Phosphorgehalt zu. Typische Ätzraten bei ganzflächigem Ätzen
in etwa 2 % HF bei 20°C liegen bei etwa 0,8 μm/min. Beim Opferschicht-Ätzen treten geringere
Ätzraten auf, da der Transport des Ätzmediums zur Oberfläche einschließlich Diffusion und der
Abtransport der Ätzprodukte ratenbestimmend werden können. Für eine rückstandslose Entfernung der Opferschicht sind daher in genügend kleinem Abstand Löcher in der Funktionsschicht

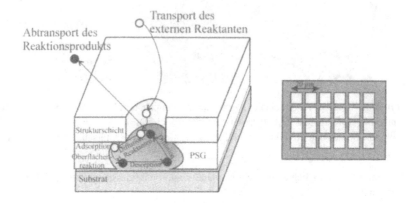

Bild 2.21: Mechanismen bei Opferschichtätzen nach [2-25] und typische Geometrieverhältnisse

vorzusehen, durch die die Ätzlösung eindringen kann. Typische Abstände solcher Löcher liegen in der Praxis zwischen 5 und 10 μm, die Lochbreite liegt je nach verwendetem Prozess ebenfalls in dieser Größenordnung. Eine typische Anordnung ist schematisch in Bild 2.21 gezeigt.

Ein anderer wichtiger Aspekt bei der Opferschichttechnik ist die Kantenbedeckung auf vorstrukturierten Oberflächen. Hierbei ist für die spätere Funktion des Elements eine möglichst konforme Abscheidung erforderlich. Diese Anforderung wird mit zunehmender Verkleinerung der Strukturbreiten immer kritischer. Die Kantenbedeckung von durch PECVD hergestellte PSG-Schichten ist dabei erheblich besser als bei LPCVD-PSG [2-25].

2.4.3.2   Stressreduktion in Funktionsschicht

Anders als bei der Si-Volumenmikromechanik, bei der mit kristallinem Silizium ein mechanisch perfektes Material als Funktionsschicht verwendet wird, ist bei der OFM insbesondere mit poly-Si als Funktionsschicht die Kontrolle des Filmstresses von essentieller Bedeutung für die Funktion und die geometrische Gestaltung des späteren mikromechanischen Bauelements. Wegen der vorrangigen Verwendung von poly-Si als Funktionsschicht werden hier beispielhaft die Möglichkeiten zur Stresseinstellung dieses Werkstoffs behandelt.

Poly-Silizium für mikromechanische Anwendungen wird meist in einem LPCVD-Prozess in einem Heißwandreaktor mit Silan als Prozessgas bei Temperaturen zwischen 500 und 700 °C hergestellt. Korngröße, Nukleation und Verhältnis zwischen amorphen und poly-kristallinen Schichtanteilen sind stark von den jeweiligen Prozessbedingungen abhängig und beeinflussen die Schichtspannung. Polykristalline und amorphe LPCVD-Schichten zeigen nach der Herstellung Druckspannungen von typisch $7 \cdot 10^8$ Pa. Grundsätzlich kann durch eine Erhöhung der Prozesstemperatur die Spannung in Richtung Zugspannung geschoben und damit die mechanische Spannung auf Werte unter $1 \cdot 10^8$ reduziert werden.

Eine Möglichkeit zur nachträglichen Reduktion des Filmstresses ist eine Temperaturbehandlung, die mit einer Rekristallisation und einer Änderung der Korngrößenverteilung verbunden ist. So wird in [2-25] von einer Reduktion der Schichtspannung in einem LPCVD-Film von anfänglich $2 \cdot 10^8$ auf unter $3 \cdot 10^7$ berichtet. Solche Temperaturbehandlungsschritte reduzieren jedoch die Kompatibilität zu vorherigen CMOS-Prozessschritten.

Eine weitere Möglichkeit zur Reduktion des Filmstresses ist die Dotierung des poly-Si. Insbesondere durch Phosphordotierung kann die Schichtspannung deutlich reduziert werden.

2.4.3.3 Verklebungsproblematik bei Oberflächenstrukturen (stiction)

Nach Ätzen der Opferschicht ist ein Spül- und Trocknungsschritt erforderlich, mit dem alle Restpartikel aus den kleinen Zwischenräumen entfernt werden sollen. Beim Verdampfen des dabei verwendeten Lösungsmittels kommt es zu beachtlichen Kapillarkräften, die die mikromechanische Funktionsschicht zum Substrat zieht. Unter bestimmten Umständen kann es dann zu einer schwer lösbaren Verbindung der Funktionsschicht auf der Substratoberfläche (stiction) kommen, die das mikromechanische Bauelement unbrauchbar macht. Dieses Problem tritt insbesondere bei Mikrostrukturelementen mit einer geringen Federkonstanten und einer großen Fläche sowie bei geringem Abstand zur Oberfläche auf [2-32].

Diese Problematik kann mit folgenden Methoden reduziert werden:

- Verwendung eines Lösungsmittels mit geringer Oberflächenspannung zum Spülen (z.B. Methanol), diese Maßnahme reicht bei kleinen Federkonstanten und großen durchgängigen Flächen der Funktionsschicht allein nicht aus, um das Problem völlig zu lösen.

- Sofortiges Auffüllen der beim Entweichen des Lösungsmittels entstehenden Zwischenräume durch eine geeignete Feststoffschicht, die später zumeist durch einen Trockenprozess restlos entfernt werden kann (z.B. gefrorenes Gemisch aus Wasser und Methanol).

- Versteifungsstrukturen der Mikrostruktur, die später mit einem Trockenätzprozess wieder entfernt werden können (Stützsäulen oder Aufhängungsbalken)

- Verringerung der Kraft zwischen Substratoberfläche und Mikrostrukturschicht durch Reinigung (RCA-Bad), Oxidation der Oberfläche (H_2O_2) oder geeignete Beschichtung der Oberfläche (z.B. mit HMDS).

Alle behandelten Verfahren erfordern zwar zusätzliche Prozessschritte, sind aber für eine ausreichende Ausbeute bei der Fertigung mittels OFM unerlässlich.

2.4.3.4 Anwendungsbeispiele der OFM

Die Oberflächenmikromechanik eignet sich besonders vorteilhaft zur monolithischen Integration von Mechanik mit CMOS-Elektronik. Ein Beispiel ist der in 3.2.3 genauer behandelte Beschleunigungssensor der Serie ADXL von Analog-Devices. Im Bild 2.22 ist eine Detailansicht der Sensorstrukur gezeigt. Die Aufhängungsbalken der seismischen Masse sind am Rand über Anker mit der Substrat verbunden. Die beweglichen Balken (nach rechts weggehend) schweben ca. 1 μm über der Substratoberfläche.

Ein Beispiel aus der Gruppe der kinematischen Mikrosysteme (vgl. 4.2.5) zeigt das Bild 2.23. Es handelt sich um die kammartige Antriebsstruktur eines mikromechanischen Gyroskops (Drehratensensor, vgl. Abschn. 3.3.3).

Wesentliche, mit der OFM verknüpfte Merkmale dieser Einheit sind:

- geringe Elektrodenabstände der elektrostatischen Antriebseinheit, dadurch relativ kleine Versorgungsspannung (100 V)

- hohe Elastizität der Elemente

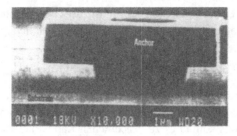

Bild 2.22: Detailansicht des Beschleunigungssensors ADXL50g [2-33]

Bild 2.23: Kammstruktur eines mikromechanischen Gyroskops der Firma Bosch aus [2-34]

2.4.4   LIGA-Verfahren

Das LIGA-Verfahren ist eine mikromechanische Fertigungstechnologie, die nicht der auf Si-Technologie beruht. Dennoch ergeben sich zahlreiche Parallelen zu den bereits behandelten Bearbeitungsmethoden. Neben der Verwendung der aus der Mikroelektronik-Fertigung abgeleiteten Verfahren (Dünnschichttechnik, Lithographie) wird bei der LIGA-Technik eine abgewandelte Form der Opferschichttechnik verwendet: Die Abformung (verlorener) Formen mittels Galvanik oder mittels Kunststoffabformung. Auch bei der LIGA-Technik erfolgt die Bearbeitung immer von der Oberfläche aus.

Ursprünglich wurde das LIGA-Verfahren zur Herstellung von sogenannten Trenndüsen entwickelt, mit denen Uran angereichert werden kann. Hierzu wurden sehr hohe Metallstrukturen benötigt, die nur kleine Löcher haben durften (Wabenstruktur) [2-35].

Das Kunstwort **LIGA** ist eine Abkürzung für **LI**thographie-**G**alvanik-**A**bformung [2-36].

2.4.4.1   Tiefenlithographie

Als Lithographieverfahren wird beim LIGA-Verfahren die Röntgenstrahllithographie verwendet. Um tiefe Lackstrukturen belichten zu können benötigt man möglichst paralleles und nicht zu kurzwelliges Röntgenlicht. Daher wird die Röntgenstrahlung in einem Synchrotron erzeugt, in dem Elektronen auf einer ringförmigen Bahn bis nahezu auf Lichtgeschwindigkeit beschleunigt

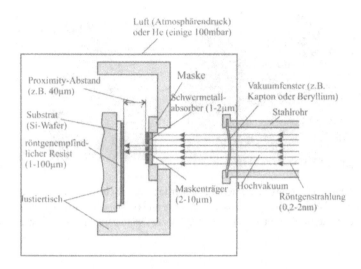

Bild 2.24: Belichtungsstation für Röntgenlithographie, nach [2-37]

werden. Tangential zur Kreisbahn wird dann nahezu paralleles Röntgenlicht ausgestrahlt[12]. Mit einer solchen Strahlung ist eine Tiefenlithographie möglich, bei der Lackstrukturen mit einer Höhe von 100 μm und mehr sowie lateralen Strukturgrößen im Submikrometer-Bereich erzeugt werden können.

Den Aufbau einer Belichtungskammer für Röntgenstrahllithographie zeigt Bild 2.24. Da es für Röntgenstrahlung keine effektiven Optiken oder Strahlumlenksysteme gibt und Synchrotron-Strahlung parallel zur Ebene der Elektronenbahn – horizontal – austritt, stehen Maske und zu belichtende Scheibe (z.B. Si-Wafer) vertikal. Daher ist ein etwas aufwendigerer Aufbau der entsprechenden Belichtungsgeräte (Röntgenstepper [2-38]) als bei konventionellen UV-Steppern notwendig.

Als Masken müssen spezielle Röntgenmasken verwendet werden, die aus Trägern bestehen, die im Röntgenbereich genügend transparent sind. Hierfür kommen dünne, nur ca. 2 μm dicke Membranen aus dünngeätztem Si oder SiC [2-39] oder aber Berylliumfolien von ca. 10 μm Dicke in Frage. Auf diesen Substratfolien werden dann vergleichsweise dicke (ca. 1 – 2μm) absorbierende Schichten aus Schwermetall (W oder Au) aufgebracht. Wegen der geringen mechanischen Steifigkeit der Trägermembran und der vergleichsweise hohen mechanischen Spannung der Absorberschicht ist die bei der Herstellung der Röntgenmasken die Strukturlagengenauigkeit (»Overlaygenauigkeit«) und die Handhabung in automatisierten Geräten eine besondere Herausforderung. Bild 2.25 zeigt eine Aufnahme einer SiC-Röntgenmaske mit Wolframabsorber [2-40].

---

12 Genaugenommen ist ein Synchrotron eine breitbandige Lichtquelle, die vom Röntgenbereich bis zum sichtbaren Bereich Licht emittiert. Das Maximum der Intensität liegt bei Wellenlängen um 1 nm, abhängig von der Elektronen-geschwindigkeit (Energie) und dem Kreisradius. Quellen sind z.Zt. in Großforschungseinrichtungen wie BESSY I und II (Berlin) und Bonn verfügbar. Eine weitere Quelle (ANKA) wurde in Karlsruhe im Jahre 2001 speziell für die LIGA-Technik in Betrieb genommen. Weltweit gibt es ca. sieben Anlagen, die speziell für Lithographie benutzt werden. Kompakte Lichtquellen insbesondere für die Nutzung in der Mikroelektronik werden in Europa von Oxford Instruments (Anlage für IBM), sowie an mehreren Stellen in Japan gebaut. Diese Kompaktsynchrotrons (COSY) besitzen nur noch einen Radius von etwa 1,5 m. Die Anlagen sind damit fertigungskompatibel.

Bild 2.25: links: Photo einer Röntgenmaske mit dahinterliegendem Schriftzug und Emblem zur Visuali-
sierung der hohen optischen Transparenz; mitte und rechts: durch Röntgenstrahllithographie
belichtete Lackstruktur über eine Topographie zur Demonstration von Tiefenschärfe und Auflösung

Der helle Bereich ist das lithographisch relevante Feld von ca $20 \times 20\,mm^2$, die dunklen Stellen auf der Maske sind W-Absorberstrukturen. Die dünnen Membrane sind auch im sichtbaren
Bereich (durchscheinendes Emblem und Schrift von der Rückseite) transparent, so dass für Mehr-
lagenbelichtungen konventionelle Justierverfahren eingesetzt werden können.

Röntgenstrahllithographie ist auch eine Möglichkeit zukünftige Mikroelelektronikbauelemen-
te mit minimalen Strukturgrößen unterhalb $0,25\,\mu m$ herzustellen. Als Lacksystem wird in der
LIGA-Technik vor allem PMMA (Plexiglas) verwendet.

2.4.4.2   Abformtechnik

Herstellung des Abformwerkzeuges

In einem der Tiefenlithographie folgenden Schritt werden die Zwischenräume des entwickelten
Lacks mit einer Galvanikschicht aus Gold oder Nickel aufgefüllt (s. Bild 2.26). Dabei wächst
die Galvanikschicht nur auf einer leitfähigen Startschicht (Platingbase) auf. Bei dieser Art von
Galvanik handelt es sich um ein sogenanntes additives Strukturierungsverfahren, bei dem die
Strukturen bereits bei der Schichtabscheidung entstehen und nicht erst durch eine nachträgli-
che Ätzung (subtraktiv). Nach Entfernen der Lackschicht, die die Funktion der Opferschicht
bei der Oberflächenmikromechanik hat, liegt dann eine Metallform vor. Diese kann bereits das
Endprodukt sein oder aber als Abformwerkzeug für eine nachfolgende Kunststoff-Abformung
dienen. Bei der Herstellung von Abformwerkzeugen wird die Lackstruktur übergalvanisiert. Dabei entsteht durch seitliches Schichtwachstum eine mechanisch stabile Werkzeugplattform. Das
Substrat kann mechanisch oder chemisch entfernt werden. Bei der Galvanoabformung von Mikrostrukturen sind einige Regeln zu beachten, um bezüglich Genauigkeit und Ausbeute gute
Ergebnisse zu erzielen.

So erreicht man eine gute Haftfestigkeit der Galvanoschicht auf der Substratoberfläche durch
Wahl von geeigneten Schichtsystemen als Platingbase. Beispielsweise kann Titan, Siliziumnitrid
oder Chrom als Haftschicht auf Si und darauf Gold oder Nickel als Galvanikstartschicht verwendet werden [2-41]. Typische Schichtdicken der Haftschicht liegen bei glatter Substratoberfläche
bei rund 10 nm, Galvanikstartschichten sind ca. 50 nm dick. Häufig ist noch eine Passivierung

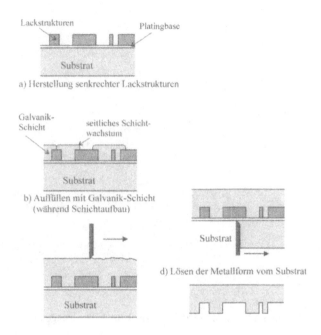

Bild 2.26: Herstellung eines metallischen Abformwerkzeugs mit Galvanik, nach [2-36]

der Startschicht erforderlich, die erst kurz vor der eigentlichen Galvanoabformung geöffnet wird. Dazu kann man 50 nm dickes Siliziumnitrid verwenden.

Ein anderes Problem bei der Galvanoabformung ist das sogenannte Unterplattieren. Hierunter versteht man ein Wachsen der Galvanikschicht unter oder in den Lack. Hauptursachen sind schlechte Lackhaftung auf der Platingbase, Angriff des Lacks im Galvanikbad und Mikrorisse in der Lackschicht. Die Lackhaftung wird üblicherweise mit eine Vorbehandlung der Platingbase (Aufrauhen z.B. in einem Argon-Plasma) vor Aufschleudern des Lacks verbessert. Die chemische Stabilität des Lacks wird durch die Prozessführung (hohe Abscheiderate) und Härten des Lacks durch Postbake erhöht. Mikrorisse werden durch angepasste Temperaturbehandlung des Lacks vermieden.

Galvanoschichten weisen meist eine relativ hohe Rauhigkeit und mechanische Spannung auf. Bessere Schichten erhält man durch Verwendung von sogenannten Glanzzusätzen bzw. Optimierung der Galvanikparameter, insbesondere Temperatur des Bades und Strom. Typische Prozessparameter sind Stromdichten von 0,5 mA/cm^2 und Badtemperaturen von 50°C. Die Aufwachsgeschwindigkeit liegt dann bei ca. 2 μm/h [2-41].

Bild 2.27 zeigt die nachfolgende Verwendung des Formeinsatzes.

Kunststoffabformung

Die Metallform wird im nächsten Schritt mit Kunststoff aufgefüllt, wobei die Abformung mit Reaktionsguss oder thermoplastischen Formgebungsverfahren (Spritzgießen, Prägen) erfolgen kann. Beim Reaktionsguss wird ein Kunststoff (Gießharz) bei Temperaturen unterhalb der Aushärtetemperatur in die Metallform gefüllt, mit Nachdruck beaufschlagt und dann auf Aushärte-

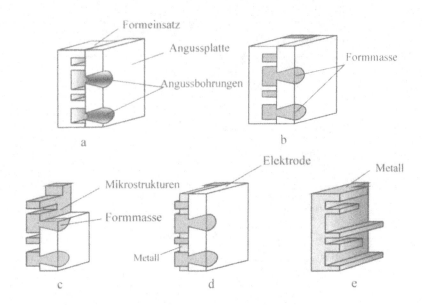

Bild 2.27: Abformung mit Formeinsatz und Angussplatte, Erläuterungen im Text, nach [2-36]

temperatur erwärmt und einige Zeit bei dieser Temperatur gehalten. Bei einer anderen Form des Reaktionsgusses werden Komponenten, die miteinander reagieren und dann durch Polymerisation aushärten, erst kurz vor dem Einsprizen in die Form gemischt. Beim Spritzguss wird z.B. eine PMMA- Schmelze (Polymethylmethacrylat – Plexiglas) in ein beheiztes und evakuiertes Werkzeug gegossen (Temperatur bei Schmelztemperatur). Die Verfestigung erfolgt durch Polymerisation bei ca. 110 °C.

Beim Prägeverfahren handelt es sich um ein Warmumformungsverfahren. Hierbei wird zunächst ein Substrat mit einem passenden Kunststoff beschichtet und dieser auspolymerisiert. Anschließend wird der Aufbau auf Temperaturen oberhalb der Glasübergangstemperatur des jeweiligen Kunststoffes aufgeheizt (bei PMMA über 160°C) und damit in einen viskoelastischen Zustand überführt. Dadurch kann ein evakuiertes Formwerkzeug den Kunststoff leicht eindrücken und die Struktur des Formeinsatzes in den Kunststoff übertragen [2-36].

Neben dem eigentlichen Formeinsatz ist beim Reaktionsguss und beim Spritzguss eine sogenannte Angussplatte erforderlich, die mit Angussbohrungen versehen ist. An dieser Angussplatte werden die Kunststoffabformen aus dem Formeinsatz gezogen. Der Vorgang der Kunststoffabformung ist schematisch in Bild 2.27 gezeigt. Bei der Kunststoffabformung wird zunächst der Formeinsatz mit einer Angussplatte versehen, die hinterschnittene Bohrungen enthält (a), über die Angussbohrungen wird der Formeinsatz mit der Formmasse gefüllt (b). Die Kunststoffform wird dann mit Hilfe der Angussplatte herausgezogen, wobei die hinterschnittenen Bohrungen für eine formschlüssige Verbindung des Kunststoffes an der Angussplatte sorgen (c). Mit der Angussplatte als Gegenelektrode (Platingbase) wird die Kunststoffform galvanisch aufgefüllt (d) und der Kunststoff durch ein Lösungsmittel aus der Metallform entfernt (e). Für eine vollständige Befüllung des Formeinsatzes sind viele genügend große Bohrungen erforderlich.

Ein Problem stellt die saubere Entformung nach Aushärtung dar, hierzu müssen die Metallformeinsätze sauber und glatt gearbeitet sein und gegebenenfalls geeignete Trennmittel benutzt werden. Die so entstandene Kunststofform kann wiederum Endprodukt oder aber Formeinsatz für eine nachfolgende Metallgalvanik sein. Ausgehend von einer Röntgenmaske und einem Formeinsatz sind daher zahlreiche, sehr billige Abzüge machbar.

Der Vorteil der LIGA-Technik liegt darin, dass nahezu beliebige Werkstoffe (insbesondere Kunststoffe) zu mikromechanischen Strukturen verarbeitet werden können. Hat man einmal eine Grundform herstellen lassen, so sind die weiteren Schritte sehr einfach und relativ konventionell.

Eine Zusammenstellung der einzelnen Herstellungsschritte des LIGA-Verfahrens ist in Bild 2.28 gegeben.

Einige Beispiele von Mikrostrukturen, die mit der LIGA-Technik hergestellt wurden, zeigt Bild 2.29. Neben den erwähnten Wabenstrukturen (a) für die Urananreicherung mittels Trenndüsen sind Mikrostecker (b), Mikrospiralen (c), kinematische Systeme wie Mikromotoren (d) und optische Elemente (e) herstellbar. Zurzeit liegen die Vorteile der LIGA-Technik insbesondere bei einfachen mechanischen Elementen, die in großer Stückzahl benötigt werden. Da die Integration von Elektronik relativ aufwendig ist, dürfte die LIGA-Technik unter Systemaspekten gegenüber der Si-Technik allerdings im Nachteil sein.

2.4.4.3   Kostengünstige LIGA-Verfahren

Die konventionelle LIGA-Technik erfordert zumindest in einem vorbereitenden Schritt (Herstellung der Galvanoform) eine Röntgenbelichtung, die sehr teuer und heute nur in Großforschungsanlagen vorhanden ist. Daher beschäftigen sich verschiedene Arbeitsgruppen mit sogenannten low cost Verfahren, die die wesentlichen Vorteile der LIGA allerdings dennoch aufweisen. Ein Beispiel ist der HARMS-Prozess [2-44]. HARMS steht für **H**igh **A**spect **R**atio **M**icro**S**ystems. Im Gegensatz zur LIGA wird bei diesem HARMS-Prozess jedoch eine Standardmaskentechnik mit Verwendung von konventioneller UV-Lithographie eingesetzt. Das Hauptproblem ist hierbei die Lackbearbeitung. So können mit speziellen Lacken wie z.B. PROBIMIDE 7020 von Olin Microelectronic Material Lackdicken von $100\,\mu$m in nur einem Aufschleudervorgang aufgebracht werden. Die Belichtung erfolgt im Kontaktmodus, beim Lackentwickeln wird ein spezieller Sprayentwickler verwendet, wodurch Strukturen mit großen Aspektverhältnis erzeugt werden können. Die weiteren Schritte entsprechen dann wieder dem LIGA-Verfahren. So kann das Lackmuster z.B. mit einer Nickel-Galvanikschicht aufgefüllt werden. In Bild 2.30 sind Lackstrukturen bis zu $150\,\mu$m Höhe bei einer lateralen Auflösung um $20\,\mu$m gezeigt.

Ein ähnlichen Ansatz wird in [2-45] verfolgt. Hierbei wird eine spezielle Belackungsanlage mit rotierendem Deckel eingesetzt (Suss, RC8). Hierdurch kann das Entweichen des Lösungsmittels beim Lackaufschleudern so gut gesteuert werden, dass mit konventionellem Lack (AZ 4000) Lackdicken von $60\,\mu$m (einfaches Aufschleudern) bis $200\,\mu$m (mehrfaches Aufschleudern) erzielt werden können. Auch hier erfolgt die Strukturierung mit normaler UV-Lithographie. Nachfolgend werden die Lackstrukturen dann wieder galvanisch abgeformt. Die in [2-45] vorgestellte Technik zielt insbesondere auf Oberflächenbearbeitung von dreidimensionalen Strukturen wie Luftspulen mit Kern und Mikrostecker. Einige Beispiele sind in Bild 2.31 gezeigt.

2.4.5   Neuere Verfahrensentwicklungen

In diesem Abschnitt werden einige neuere technologische Entwicklungen beschrieben, die insbesondere für die Mikrosystemtechnik von Bedeutung sind. Im Vordergrund stehen dabei zwei Ver-

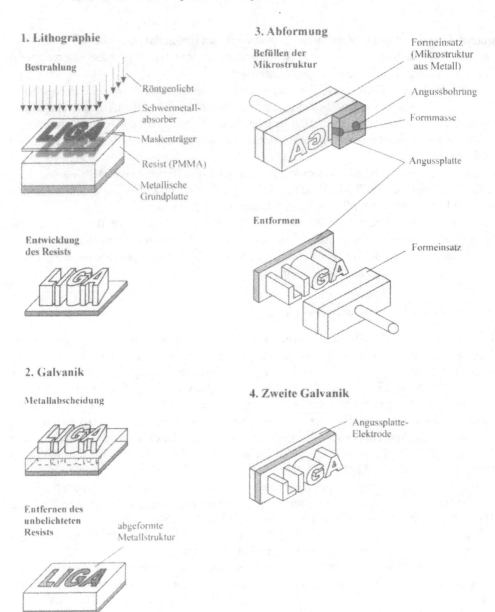

Bild 2.28: Die wichtigsten Prozessschritte des LIGA-Verfahrens, nach [2-36]

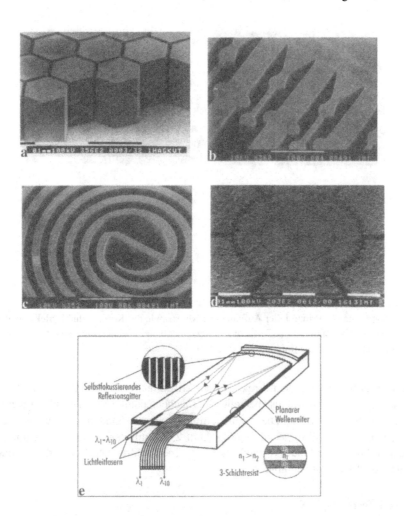

Bild 2.29: Mit der LIGA-Technik hergestellte Strukturen und Bauelemente; a: Wabenstruktur für Trenndüsen, b: Mikrostecker, c: Mikrospirale [2-42], d: Mikromotor [2-43], e: Miniaturspektrometer.
Mit freundlicher Genehmigung des Forschungszentrums Karlsruhe.

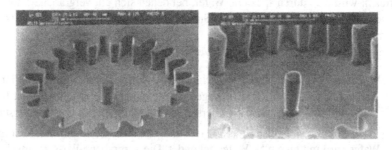

Bild 2.30: Mit dem HARMS-Prozess hergestellte Lackstrukturen [2-44]. Mit freundlicher Genehmigung
des Verlags Elsevier.

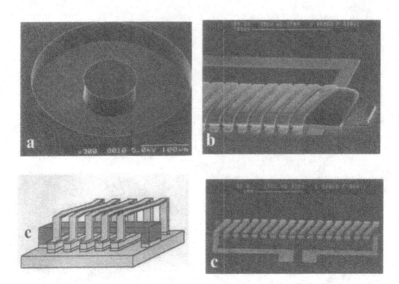

Bild 2.31: 3D UV-Mikroformung von Metallstrukturen, a: Lackstrukturen (AZ, konventionelle UV-Lithographie), b: Prinzipieller Aufbau einer Mikrospule mit Kern, c: durch Elektroplating abgeformte Mikrospule mit NiFe-Kern in unterschiedlichen Herstellungsvarianten, aus [2-45]. Mit freundlicher Genehmigung von B. Löchel.

fahren zur Herstellung beweglicher Strukturen aus kristallinem Silizium: die Silicon-On-Isolator (SOI) Technologie [2-46] sowie als spezielle Oberflächentechnik die Verwendung von porösem Silizium als Opferschicht [2-47]. Diese beiden im Folgenden behandelten Prozesse vereinen die Vorteile der Oberflächenmikromechanik (Abschnitt 2.4.3) mit denen der Volumenmikromechanik (Abschnitt 2.4.2). Für beide Verfahren gibt es neben zahlreichen FuE-Arbeiten auch erste interessante industrielle Anwendungen.

2.4.5.1 SOI-Technologie

Die Entwicklung der so genannten Silicon-On-Isolator (SOI)-Technik geht auf die Anforderung der Mikroelektronik zurück, eine höhere elektrische Isolation der aktiven, an der Oberfläche befindlichen Bauelemente zum Substrat zu erreichen und damit die Leistungsaufnahme zu verringern. Erreicht wird dies durch spezielle Wafer, bei denen sich ein vergrabenes, hochwertiges Oxid zwischen dem kristallinem Silizium des Substrats und einer relativ dünnen aktiven Schicht ebenfalls aus kristallinem Silizium befindet.

SOI-Wafer werden mit drei verschiedenen Verfahren hergestellt:

- SIMOX-Prozess: die vergrabene Oxidschicht wird durch Sauerstoffimplantation erzeugt. Da die darüber liegende c-Si-Schicht wegen der begrenzten Reichweite bei der Implantation nur sehr dünn sein kann, wird die oberste Schicht häufig durch Epitaxie verstärkt

- Unibond®-Prozess: ein beidseitig oxidierter und von einer Seite mit Wasserstoff implantierter Wafer wird mit einem Si-Wafer gebondet. Die vergrabene Wasserstoffschicht dient zur Abtrennung einer dünnen c-Si-Schicht nach dem Bonden von dem Substrat (sogenannter Smartcut® Process

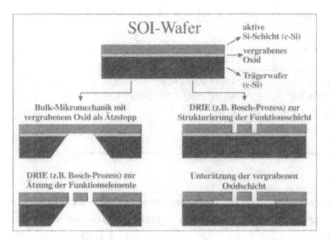

Bild 2.32: Links: zwei Verfahrensbeispiele (schematisch) zur Herstellung freibeweglicher Strukturen mit
Hilfe von SOI-Wafern. Ein Beispiel für eine mit der SOI-Technik hergestellte Struktur ist in
Bild 2.32 rechts dargestellt. In diesem Fall handelt es sich um einen bi-stabilen mikromechanischen Schalter, der auf dem Prinzip des Kniehebels beruht (vgl. auch 4.2.4.3).Rechts: Bistabiler mikromechanischer Schalter hergestellt mit SOI-Technik. Bei dieser filigranen Struktur
ist es wichtig, dass die Funktionsschicht frei von inneren mechanischen Spannungen ist.

- Eltran®-Prozess: hier wird an der Oberfläche eines Wafers so genanntes poröses Silizium
  erzeugt (vgl. 2.4.5.2), auf das anschließend eine Si-Epitaxieschicht gewachsen wird, die
  dann oxidiert wird. Dieser so vorbereitete Wafer wird auf einen zweiten Si-Wafer gebondet.
  Das poröse Silizium dient dann zur anschließenden Abtrennung des so genannten Handle-
  Wafers (der wieder verwendet werden kann) vom SOI-Wafer.

Die Hauptvorteile der SOI-Technik gegenüber der Verwendung von Standard-Si-Wafern sind:

- auch bei Bearbeitung nur von der Oberseite ist die aktive Funktionsschicht einkristallin,
  ohne dass spezielle Beschichtungsverfahren wie Epitaxie erforderlich sind
- sehr gute Isolation gegenüber dem Substrat (erlaubt hohe Betriebsspannung bei Aktoran-
  wendungen)
- vergrabene Ätzstoppschicht sowohl für Oberflächenbearbeitung wie für Rückseitenätzung
  nutzbar
- die Dicke der Funktionsschicht ist quasi beliebig wählbar (typischer Bereich: $5-500\,\mu$m)
- relativ wenige Prozessschritte zur Erzeugung freibeweglicher Strukturen.

Zur Herstellung von freitragenden Schichten können auch bei SOI-Wafern Methoden der Bulkmikromechanik oder der Oberflächenmikromechanik verwendet werden. In beiden Fällen stellt die
vergrabenen Oxidschicht eine Ätzstoppschicht dar. Die eigentliche Strukturierung der kristallinen Funktionsschicht erfolgt auch in diesem Fall mit anisotropen Ätzprozessen, insbesondere mit
DRIE (z.B. Bosch-Prozess). Die wesentlichen Verfahrensschritte sind in Bild 2.32 schematisch
gezeigt. Im linken Teilbild wird eine Kombination von Bulk- und Oberflächentechnik verwendet.
In der rechten Variante führt ein reiner Oberflächenprozess zu freibeweglichen Strukturen. Zur

Tabelle 2.10: Werkstoffeigenschaften von porösem Silizium bei typischen Werten für Porosität (in %), nach [2-49].

Kenngröße	Wert (bei Porosität in %)
Elastizitätsmodul (GPa)	83 (20 %) – 0,87 (90 %)
Wärmeleitfähigkeit (W/m K)	1,2 (mikroporös) – 80 (makroporös)
Elektrische Leitfähigkeit (Ωcm)	$10^{10} - 10^{12}$
Brechungsindex	1,5 – 3,0
Bandabstand (eV)	1,4 eV (70 %) – 2,0 eV (90 %)

Verbesserung der Zuverlässigkeit ist es wichtig, dass die Funktionsschicht möglichst völlig stressfrei ist. Aufgrund der relativ hohen intrinsischen Spannung des vergrabenen Oxids sollte dieses Oxid für die Herstellung sehr empfindlicher Strukturen (große Fläche, kleine Dicke) möglichst vollständig auf der Rückseite der Funktionsschicht entfernt werden. Weiterhin treten auch bei sehr hoch dotierten Funktionsschichten mechanische Spannungen in der Funktionsschicht auf.

Ein Beispiel für eine mit der SOI-Technik hergestellte Struktur ist in Bild 2.32 rechts dargestellt. In diesem Fall handelt es sich um einen bi-stabilen mikromechanischen Schalter, der auf dem Prinzip des Kniehebels beruht (vgl. auch 4.2.4.3). Um Bi-Stabilität zu erreichen sind extreme Geometrieverhältnisse erforderlich: Die Balkenstrukturen im zentralen Bereich sind bei einer Breite von nur $2\,\mu$m und einer Dicke von etwa $5\,\mu$m einige Millimeter lang [2-48]. Die Herstellung dieser Strukturen erfolgte für dieses Beispiel durch Verknüpfung von Oberflächen- und Bulk-Bearbeitung. Aufgrund der spannungsfreien Funktionsschicht ist auch unter den extremen Geometrieverhältnissen kein Herausbiegen der freibeweglichen Strukturen aus der Waferebene feststellbar.

2.4.5.2   Poröses Silizium

Poröses Silizium wird durch einen elektrochemischen Ätzprozess in einem HF-Wasser-Ethanol-Gemisch aus kristallinem Silizium gebildet. Abhängig vom Herstellungsprozess und von der Dotierung des Grundmaterials liegt poröses Si als mikro- (Porengröße < 2 nm), meso- (Porengröße 2 – 50 nm) oder als makroporöses (Porengröße > 50 nm) Material vor. Ebenfalls herstellungsabhängig ist die Struktur der Poren dabei zwischen schwammartig (isotrope Verteilung der vernetzten Poren) bis kanalartig einstellbar.

Da die Werkstoffeigenschaften dieses Materials von der Porosität abhängen (typische Werte der Porosität zwischen 50 und 80 %) und diese wiederum durch Prozessparameter gesteuert werden kann, ist es möglich, die erforderlichen Materialdaten über einen großen Bereich gezielt zu steuern [2-49]. Aufgrund der großen inneren Oberfläche und der optoelektronischen Eigenschaften von porösem Silizium ist dieses Material auch als multifunktionale Schicht im Bereich Mikrosystemtechnik interessant [2-50]. Einige wichtige Kenndaten von porösem Si sind in Tabelle 2-10 zusammengefasst.

Die Bildung von porösem Silizium im elektrochemischen Ätzprozess ist Resultat eines lokalen Ätzprozesses: unter anodischen Bedingungen in der HF-haltigen Ätzlösung geht ein Siliziumatom durch die Bereitstellung von zwei Löchern aus dem Silizium in Lösung. Dabei wird ein H_2-Molekül gebildet [2-51].

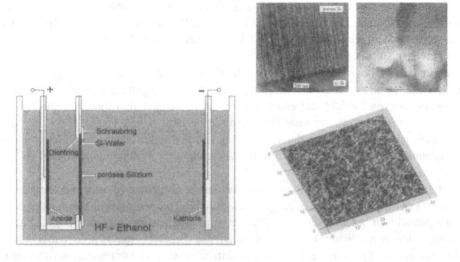

Bild 2.33: Links: So genannter Zweikammeraufbau zur Bildung von porösem Silizium. Die Elektroden werden aus ätzbeständigem Platin ausgebildet. Der gesamte Strom fließt durch den Wafer. Rechts: TEM-Bild der Grenzschicht zwischen Silizium und porösem Si sowie AFM-Bild einer porösen Oberfläche.

Der Ätzabtrag erfolgt bevorzugt an den Porenspitzen. Für diesen Mechanismus wurden verschiedene Modelle entwickelt, mit denen jeweils einige experimentelle Beobachtungen gut beschrieben werden können [2-52], [2-53], [2-54]. Bei hohen Stromdichten und niedrigen HF-Konzentrationen wird kein poröses Silizium gebildet, sondern Silizium gleichmäßig geätzt (Electropolishing [2-53]).

Wesentlich zum Verständnis des nachfolgend beschriebenen Prozesses ist auch die Tatsache, dass die Bildung von porösem Silizium von der Art und dem Grad der Dotierung abhängt: Ohne Lichteinfluss ist niedrig dotiertes n-Si stabil, bevorzugt anodisiert werden kann p-Si [2-53].

Da es sich um einen nasschemischen Prozess handelt, ist die Vorrichtung zur Bildung von porösem Silizium relativ einfach. Kritisch ist die Handhabung von HF (Sicherheitsaspekte) sowie der nach der Anodisierung erforderliche Spülprozess, der insbesondere bei großen Anodisierungstiefen (dicken porösen Schichten) und ungeeigneter Prozessführung zur Rissbildung führen kann.

Eine typische Vorrichtung zur Bildung von porösem Silizium ist schematisch in Bild 2.33 gezeigt. Durch den dargestellten Zweikammeraufbau ist bei optimaler Auslegung der Dichtung gewährleistet, dass der gesamte Anodisierungsstrom durch den Wafer fließt. Da die Stromdichte ein entscheidender Prozessparameter ist, kann dadurch der Bildungsprozess sehr genau gesteuert werden. Ein weiterer Vorteil dieses Aufbaus ist die Möglichkeit zur Integration einer zusätzlichen Beleuchtung. Daneben kommen noch Einkammervorrichtungen zur Anwendung, bei denen die Rückseite des Wafers dichtend direkt auf eine Metallelektrode aufgelegt wird. Einen Eindruck für die resultierende Struktur geben die Bilder rechts in Abbildung 2.35: mit hochauflösender Transmissionselektronenmikroskopie können Details der porösen Struktur im Querschnittschliff zwischen porösem und einkristallinem Silizium dargestellt werden. »Atomic-Force-Microscopy« (AFM) erlaubt die Charakterisierung der Oberflächen bzw. der Grenzfläche zum kristallinem

Silizium nach Entfernen der porösen Schicht. Die Rauhigkeit der Grenzschicht gibt mit 10 nm (RMS-Wert) in diesem Fall gut die Porengröße wieder. Oft treten allerdings auch Überstrukturen auf, die nicht mit dem rein statistischen RMS-Wert sondern besser über die Angabe der fraktalen Dimension charakterisiert werden.

Aufgrund der großen inneren Oberfläche – 1 cm^3 poröses Silizium entsprechen je nach Porengrößenverteilung und Porosität einer inneren Oberfläche von einigen hundert m^2 – kann poröses Silizium als sensitive Schicht verwendet werden. Anwendungen als Feuchte sensitive Schicht und im Zusammenhang mit Brennstoffzellen wurden gezeigt [2-55], [2-56], [2-57], [2-58]. In diesem Abschnitt wird allerdings die Verwendung von porösem Silizium als Opferschicht und die Herstellung von hermetisch dichten Referenzkammern für Absolutdrucksensoren etwas näher dargestellt.

Da die Bildung von porösem Silizium von der Art der Dotierung (p- oder n-dotiert) und der Höhe der Dotierung abhängt, ist es möglich, die Bildung von porösem Silizium gezielt auf bestimmte Bereiche zu beschränken. Insbesondere ist es möglich, freitragende Schichten aus kristallinem, n-dotierten Silizium herzustellen, indem das darunter liegende p-dotierte Substrat in poröses Silizium umgewandelt und anschließend in einer schwach konzentrierten Ätzlösung selektiv entfernt wird [2-59], [2-47]. Ein möglicher Verfahrensablauf ist schematisch in Abbildung 2.34 zusammengefasst: Hierbei wird in einem p-dotierten Substrat eine n-dotierte Wanne mit Ionenimplantation erzeugt. SiN$_x$ wird als Maskierungsmaterial verwendet. Es sind zwei Varianten möglich: in einem Fall verbleibt die SiN$_x$-Maskierung auch auf der n-dotierten Schicht (rechtes Teilbild), im zweiten Fall wird SiN$_x$x auf der n-dotierten Schicht entfernt. Anschließend wird das p-dotierte Silizium, das sehr niedrig dotierte n-Gebiet (in der Nähe des pn-Übergangs) sowie das stark dotierte und nicht maskierte n-Gebiet (an der Oberfläche) in poröses Silizium überführt und dieser Teil z.B. in einer schwachen KOH-Lauge selektiv gegenüber c-Si entfernt. Ohne Beleuchtung ist dagegen n-dotiertes Silizium im Anodisierungsprozess stabil, wird also nicht in poröses Silizium umgewandelt. Um für Oberflächenmikromechanik typische Schichtdicken sehr genau herstellen zu können (freitragende Strukturdicken 0,5 – 2 μm), ist auch die Anodisierung von schwach oder stark dotiertem n-Si zu berücksichtigen. Im Bild 2.34 (Mitte links) ist einmal die experimentell bestimmte Ätzstoppkonzentration von n-Si und die Abhängigkeit der resultierenden Schichtdicke (Mitte rechts) von der Tiefe des pn-Übergangs dargestellt. Die Schichtdicke hängt linear von der Tiefe des jeweiligen pn-Übergangs ab, der mit Suprem-Simulation ermittelt wurde. Die SEM-Bilder (Bild 2.34 unten) zeigen, dass bei Verwendung von spannungsfreiem kristallinem Silizium als freitragende Schicht sehr empfindliche Strukturen realisierbar sind.

Ein neuartiges Verfahren zur Herstellung von Kavitäten (was zukünftig z.B. für Absolutdrucksensoren verwendet werden kann) unter Verwendung von porösem Silizium wurde von der Robert Bosch GmbH entwickelt [2-60]. Hierbei wird ausgenutzt, dass poröses Silizium sich bei hohen Prozesstemperaturen um 1000 °C umlagert: Si aus dem porösen Bereich diffundiert an die Oberfläche und verschließt dort die Poren, gleichzeitig bildet sich auf diese Weise eine eingeschlossene Kavität. Im von Bosch entwickelten Prozess wird anschließend eine Epitaxieschicht auf das so umgebildete poröse Silizium abgeschieden. Diese Schicht bildet die spätere Funktionsschicht aus, die mit einem Standardoberflächenprozess strukturiert wird. Den Prozessablauf zeigt Bild 2.35: In einem p-Substrat werden p$^+$ und n$^+$-dotierte Bereiche definiert. Die Gebiete, die nicht anodisiert werden sollen, werden durch Si$_3$N$_4$ geschützt (a). In einem zweistufigen Anodisierungsprozess wird zunächst die p$^+$-Schicht mit niedriger Stromdichte zu mesoporösem Silizium, anschliessend die schwachdotierte Schicht bei hoher Stromdichte zu mikroporösem

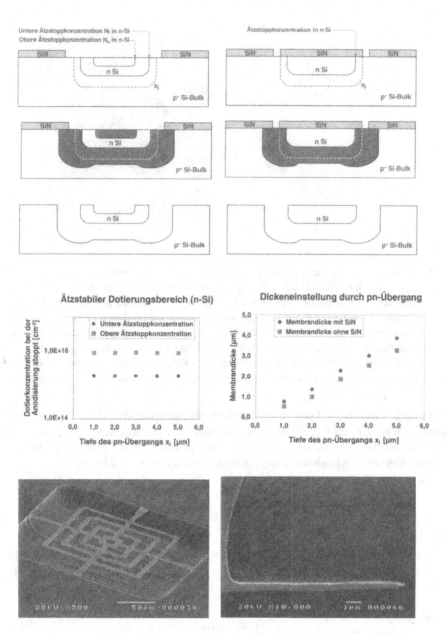

Bild 2.34: Herstellung freibeweglicher kristalliner Strukturen aus Silizium mit porösem Silizium als Opferschicht in einem reinen Oberflächenmikromechanik-Prozess. Oben: Querschnitt durch den Schichtaufbau mit zwei Verfahrensvarianten (mit und ohne SiN$_x$-Maskierung auf der verbleibenden n-dotierten Schicht). Mitte links: Ätzstoppkonzentration in n-Si. Zwischen den dargestellten Grenzen ist n-Si beim elektrochemischen Ätzen in HF stabil, mitte rechts: resultierende Schichtdicke der freitragenden n-Si Schicht als Funktion der Lage des pn-Übergangs. Unten: REM-Bilder zweier freitragender Strukturen aus kristallinem Si (Dicke ca. 0,5 μm) herausgearbeitet mit dem beschriebenen Prozess.

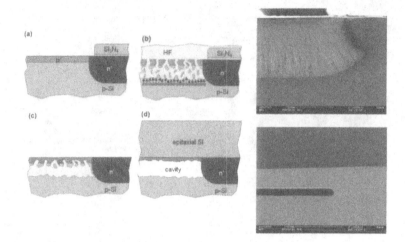

Bild 2.35: Links: Herstellung von Kavitäten mit einem Oberflächenmikromechanik-Prozess unter Verwendung von porösem Silizium. Der spätere poröse Bereich wird durch ein Gebiet mit p^+-Dotierung im p-Si definiert (a). Dieser Bereich wird anschließend anodisiert (b). Durch einen Annealprozess kommt es zur Umlagerung von Si-Atomen aus dem gebildeten porösem Silizium, so dass sich die Poren an der Oberfläche schließen (c). Anschließend kann noch eine Epitaxieschicht aufgebracht werden (d) [2-60], rechts: SEM-Aufnahme der porösen Schicht nach Bildung (oben) und Kavität zur Ausbildung einer Referenzdruckkammer nach Epitaxieabscheidung, mit freundlicher Genehmigung Dr. Finkbeiner, Robert Bosch GmbH, Reutlingen.

Silizium umgewandelt (b). Durch eine Temperaturbehandlung (900–1100 °C) in Wasserstoff-Atmosphäre kommt es zu einem Umlagerungsprozess (c), bei dem sich einerseits die Poren an der Oberfläche schließen, andererseits sich eine vergrabenen Kavität ausbildet. Zuletzt wird nach einer speziellen Oberflächenbehandlung die Epitaxieschicht aufgebracht (d).

2.5   Aufgaben zur Lernkontrolle

Aufgabe 2.1:

In welcher Kristallform kristallisiert Si? Wieviele Atome bilden bei c-Si üblicherweise die Struktureinheit?

Aufgabe 2.2:

Wie groß ist bei Si der Abstand zweier Si-Atome bezogen auf die Gitterkonstante a?

Aufgabe 2.3:

Gesucht werden in einem kubischen Kristallsystem 2 Ebenen aus der Klasse der {111}- und der {110}-Ebene, die senkrecht aufeinander stehen.

Aufgabe 2.4:

Welche Kristallebene besitzt in c-Si die höchste Flächenbesetzungsdichte, wie wirkt sich das aus?

Aufgabe 2.5:

Welche mechanischen Eigenschaften von c-Si sind für mechanische Anwendungen zu beachten?

Aufgabe 2.6:

Was versteht man unter »batch orientierter Fertigung«?

Aufgabe 2.7:

Welche 3 Hauptschritte werden bei der Herstellung von mikrotechnischen Bauelementen ständig verwendet?

Aufgabe 2.8:

Was versteht man unter CVD bzw. PECVD?

Aufgabe 2.9:

Was sind typische Sputterschichten?

Aufgabe 2.10:

Welche Merkmale bestimmen die Qualität eines Lithographieprozesses?

Aufgabe 2.11:

Welches Lithographieverfahren ist in Bezug auf Auflösung, Tiefenschärfe und Ausbeute zu bevorzugen?

Aufgabe 2.12:

Warum verwendet man in der Mikroelektronik-Fertigung heute überwiegend Trockenätzverfahren?

Aufgabe 2.13:

Für eine i-line-Lithographieeinheit ist $NA = 0{,}43$ und $k = 0{,}7$. Wie groß ist die minimale Strukturgröße und maximale Tiefenschärfe?

Aufgabe 2.14:

Welche Ebenen wirken ätzbegrenzend beim anisotropen Ätzen von c-Si?

Aufgabe 2.15:

Gesucht ist die maximale Tiefe eines in (100)-Si geätzten $50\,\mu m$ breiten Steges, dessen Kanten exakt in <110>-Richtung ausgerichtet sind.

Aufgabe 2.16:

Gesucht ist die Breite eines Si-Grabens, die sich durch Ätzung mit einer Maskierungsstruktur von $50\,\mu m$ Breite und einer Fehljustierung der Maskierungskanten zur [110]-Richtung von $2°$ in (100)-Si ergibt.

Aufgabe 2.17:

Welche Funkton hat die Opferschicht bei der Oberflächenmikromechanik?

Aufgabe 2.18:

Was sind die wesentlichen Unterschiede zwischen Volumen- und Oberflächenmikromechanik?

Aufgabe 2.19:

Welche Rolle spielt die Abformung bei der LIGA-Technik?

Aufgabe 2.20:

Was versteht man unter HARMS?

Aufgabe 2.21:

Welcher Ätzprozess zeigt im Hinblick auf Selektivität und Anisotropie gute Werte?

Aufgabe 2.22:

Wie lassen sich freitragende Strukturen aus kristallinem Silizium mit einer Dicke im Bereich von einem Mikrometer erzeugen?

Aufgabe 2.23:

Welcher Dotierkonzentration ist für n-Si zu wählen, damit es in einem Oberflächenprozess mit porösem Silizium als Opferschicht als freitragende Schicht hergestellt werden kann?

Weitere Aufgaben und Lösungen zu den Aufgaben:
`http://www.fh-furtwangen.de/~meschede/Buch-MST`.

3 Mikromechanische Sensoren

Sensoren – und hier insbesondere mikromechanische Sensoren – stellen, wie in Kapitel 1 anhand der Umsatzdaten gezeigt wurde ein herausragendes Anwendungsfeld der Mikrosystemtechnik dar. Insbesondere im Kfz-Bereich führen die Anforderungen nach robusten, zuverlässigen, genauen und dennoch billigen Sensoren zunehmend zu Mikrosystemlösungen. Dies trifft nicht nur für den Sicherheitsbereich sondern vermehrt auch für das Motormanagement zu (vgl. Bild 1.2).

Es gibt eine Vielzahl von unterschiedlichen mikromechanischen Sensoren. In diesem Kapitel sollen beispielhaft Drucksensoren und Beschleunigungssensoren behandelt werden, weil man an ihnen die wesentlichen Konzepte darstellen kann. Aus der Fülle weiterer Sensortypen werden am Ende dieses Kapitels einige interessante Beispiele ausgewählt und näher beschrieben. Es handelt sich dabei um mikromechanische Sensoren, bei denen ebenfalls ein großes Marktvolumen zu erwarten ist. Die in diesem Buch vorgenommene Auswahl führt natürlich dazu, dass andere, ebenfalls wichtige Sensorarten – wie etwa chemische oder optische – nicht behandelt werden können. Eine Übersicht über diese Sensoren findet man in [3-1]. Integriert-optische Systeme werden noch im Kap. 5 behandelt.

3.1 Si-Drucksensoren

Mikromechanische Si-Drucksensoren gibt es bereits seit den siebziger Jahren auf dem Markt. Dennoch ist die Weiterentwicklung dieses Sensortyps keineswegs abgeschlossen, da neue Anwendungsgebiete immer neue Lösungen erfordern. So ist bei einem Hochdrucksensor für die Prozesstechnik ein ganz anderer Aufbau notwendig als bei einem Blutdrucksensor, der mittels eines Katheters in die Korona-Arterie des Herzens eingeführt wird. Und dieser unterscheidet sich wiederum gravierend von Drucksensoren, wie sie bei einigen PKW-Typen heute zur Auslösung des Seitenairbags eingesetzt werden.

Dennoch lassen sich bei diesen Sensortypen wichtige Gemeinsamkeiten herausarbeiten, die hier vorgestellt werden sollen. Da ein Sensor aus einem Messaufnehmer und einem Messwandler (hier von mechanischer Eingangs- zu elektrischer Ausgangsgröße) besteht, wird das mechanische Verhalten eines Drucksensors zuerst beschrieben, dann die Wandlung in ein elektrisches Ausgangssignal. Wegen der konzeptionellen Bedeutung wird dies ausführlich für den piezoresistiven Effekt vorgestellt. Die mathematische Beschreibung ist auch für ganz andere physikalischer Phänomene (piezoelektrischer Effekt, s. Kap. 4; linearer elektrooptische Effekt, s. Kap. 5) anwendbar.

3.1.1 Mechanische Eigenschaften

Die meisten Werkstoffe zeigen in einem kleinen Dehnungs- bzw. Stauchungsbereich linear elastisches Verhalten. Dieses ist einmal gekennzeichnet durch eine vollständige Rückkehr des Werkstoffes in den Ausgangszustand nach Ende der Belastung (reversibles Verhalten). Das zweite

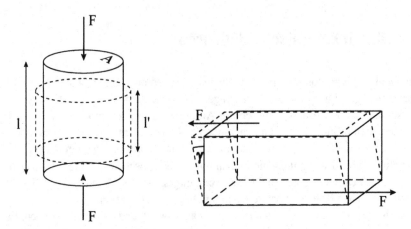

Bild 3.1: Prinzipielle Belastungsfälle eines Werkstoffes, links: Normalbelastung, rechts: Schub- oder Scherbelastung.

Merkmal ist die lineare Beziehung zwischen Werkstoffdehnung und Werkstoffspannung. Der mikroskopische Hintergrund ist im optimalen Bindungsabstand zu sehen, der bei einer Stauchung oder Dehnung verändert wird. Dadurch heben sich anziehende und abstoßende Kräfte nicht mehr auf. Bei Belastung baut sich eine Gegenkraft auf, die den Körper wieder in den Ausgangszustand zurückzieht. Diese Gegenkraft F_R nimmt mit zunehmender Dehnung/Stauchung (Längenänderung Δx) ebenfalls zu. Das für diesen Fall geltende Hookesche Gesetz lautet:

$$F_R = -k_f \cdot \Delta x \tag{3.1a}$$

k_f: Federkonstante des Systems, F_R: Rückstellkraft durch Auslenkung Δx.

Die Federkonstante hängt von Materialeigenschaften und geometrischen Parametern ab. Zu einer geometrieunabhängigen Formulierung des Hookeschen Gesetzes kommt man, indem man die relative Längenänderung $\varepsilon_l = (L - L')/L = \Delta L/L$ und mit der Belastungsfläche A die mechanische Spannung $\sigma = F/A$ einführt:

$$\sigma = \varepsilon_l \cdot E \tag{3.1b}$$

Hierbei ist E der sogenannte Elastizitätsmodul [1]. Gleichung (Gl 3.1b) beschreibt den Fall der sogenannten uniaxialen Normalbelastung (Bild 3.1a). Eine andere Belastungsform ist die Scherbelastung, die in Bild 3.1b dargestellt ist. Das Werkstoffverhalten wird hierbei durch den Schubmodul G beschrieben. Bei einer kurzen Baulänge führt eine Scherung γ zu einer Schubspannung τ. Das Hookesche Gesetz lautet in diesem Fall:

$$\tau = \gamma \cdot G \tag{3.1c}$$

---

1 englisch: Young's Modulus, Einheit $Pa = N/m^2$

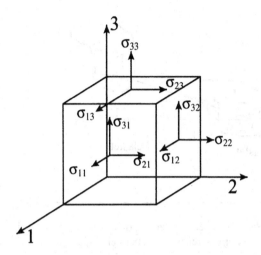

Bild 3.2: Bezeichnung der Spannungszustände am Beispiel eines Werkstoffwürfels

Für isotrope Werkstoffe, bei denen die Werkstoffkonstanten nicht von der Richtung abhängen, gilt:

$$G = E/(2 \cdot (v + 1)) \tag{3.2}$$

Hier ist $v \equiv -\varepsilon_q/\varepsilon_l$ die Poissonsche Querkontraktionszahl, die das Verhältnis von relativer Quer- zu relativer Längsdehnung bei Normalbelastung angibt.

Zwei Konstanten charakterisieren also das linear elastische Verhalten eines isotropen Werkstoffes, die dritte Konstante lässt sich dann aus den beiden anderen Konstanten berechnen.

In einem Kristall sind die mechanischen Werkstoffkonstanten in der Regel richtungsabhängig. Zusätzlich treten in der Praxis auch kompliziertere Belastungsfälle auf als die in Bild 3.1 gezeigten. Die Beschreibung des mechanischen Verhaltens (mittels sogenannter Zustandsgleichungen) muss daher die Richtung berücksichtigen, in denen die Belastung oder die Dehnung auftritt. Die dazu einzuführenden, willkürlich gewählten Koordinatensysteme haben natürlich keinen Einfluss auf das tatsächliche Werkstoffverhalten. Beim Übergang von einem gegebenen Koordinatensystem zu einem neuen müssen die Zustandsgleichungen weiterhin gültig bleiben. Daher lassen sich die beteiligten Zustandsgrößen (etwa Belastung) und Materialkonstanten (etwa elastische Konstanten) so transformieren, dass sich mit den transformierten Größen die gleichen Zustandsgleichungen ergeben. Größen, die diese Transformationseigenschaft besitzen, werden Tensoren genannt. Es gibt Tensoren unterschiedlicher Stufen: Skalare Größen sind Tensoren nullter Stufe (z.B. Temperatur), Vektoren sind Tensoren 1. Stufe, diese werden durch 3 Koordinaten beschrieben. Tensoren 2. Stufe sind als Matrizen darstellbar.

Die Auswirkung einer beliebigen Belastung σ (als Vektor!) in einem kristallinen Körper berechnet man nun, indem man die Spannung in 9 Komponenten zerlegt. Hierzu definiert man ein Koordinatensystem mit den 3 Achsen (1) für x, (2) für y und (3) für z, die in einem Kristall geeigneterweise parallel zur Einheitszelle gewählt werden. Eine solche Zerlegung ist in Bild 3.2 dargestellt. Jede mechanische Belastung kann also in unterschiedliche Komponenten σ_{ij} zerlegt werden, wobei der Index i die Richtung der Belastung und der Index j die Belastungsfläche

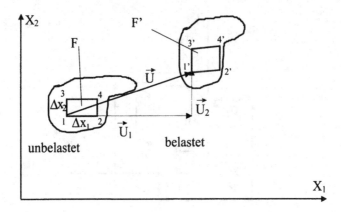

Bild 3.3: Darstellung der elastischen Verzerrungen ε_{ij} (nur zweidimensional), $\vec{u} = \vec{u}_1 + \vec{u}_2$, Verschiebung zwischen zwischen zwei Referenzpunkten bei Belastung

angibt. Im allgemeinsten Fall kann ein Belastungszustand also durch eine 3×3-Matrix von Komponenten σ_{ij} dargestellt werden.

Ähnlich können dann räumliche Verzerrungen definiert werden (Bild 3.3):

$$\varepsilon_{ij} \equiv \frac{1}{2}\left(\frac{\delta u_i}{\delta x_j} + \frac{\delta u_j}{\delta x_i}\right) \tag{3.3}$$

Hierbei ist u_i die Verschiebung eines beliebigen Körperpunktes bezüglich der i-Achse (i = 1,2,3). Anschaulich gibt die obige Definition mit den partiellen Ableitungen der Verschiebungen u_i an, wie sich die Verschiebung eines Körpers verändert, wenn man den Bezugspunkt um kleine Beträge in eine Raumrichtung verlegt. Aus der Definition erkennt man, dass ε_{ij} mit i = j Volumenänderungen und mit i $\neq$ j Formänderungen darstellen. ε_{ij} und σ_{ij} bilden einen Tensor 2. Stufe und werden durch den Tensor 4. Stufe der elastischen Koeffizienten $s_{ij,kl}$ bzw. der elastischen Konstanten $c_{ij,kl}$ miteinander verknüpft.

$$\begin{pmatrix} Matrix\,der \\ Verzerrungen \\ \varepsilon_{ij} \end{pmatrix} = \begin{pmatrix} Tensor\,der \\ elastischen \\ Koeffizienten \\ s_{ij,kl} \end{pmatrix} * \begin{pmatrix} Matrix\,der \\ mechanischen \\ Spannungen \\ \sigma_{kl} \end{pmatrix} \tag{3.4a}$$

oder umgekehrt bei vorgegebener Verzerrung ε_{ij} im Werkstoff:

$$\begin{pmatrix} Matrix\,der \\ mechanischen \\ Verzerrungen \\ \sigma_{ij} \end{pmatrix} = \begin{pmatrix} Tensor\,der \\ elastischen \\ Konstanten \\ c_{ij,kl} \end{pmatrix} * \begin{pmatrix} Matrix\,der \\ elastischen \\ Verzerrungen \\ \varepsilon_{kl} \end{pmatrix} \tag{3.4b}$$

Ein Element ε_{ij} kann dabei durch Auswertung der Matrizengleichung berechnet werden:[2]

$$\varepsilon_{ij} = \sum_{k,l=1}^{3} s_{ij,kl} \cdot \sigma_{kl} \qquad (3.5)$$

Da reine Drehungen nicht zu Verzerrungen führen, muss für jede Scherspannungskomponente eine Gegenkompensation vorhanden sein, es gilt für $k \neq l$:

$$\sigma_{kl} = \sigma_{lk}$$

Somit gibt es nur 6 unabhängige Komponenten der mechanischen Spannung. Man ersetzt daher üblicherweise die (3×3)-Matrix der mechanischen Spannung durch einen Pseudovektor: Die weggelassenen Spannungskomponenten werden dann durch einen Faktor 2 bei der entsprechenden Definition der Verzerrungskomponenten berücksichtigt. Der Übergang von der vollständigen Matrixschreibweise zum »Pseudovektor« wird durch die Voigtsche Vereinbarung festgelegt, hierbei steht ein griechischer Index zur Kennzeichnung eines Pseudovektors (1...6) und ein lateinischer Index zur Kennzeichnung der normalen Koordinatenachsen (1... 3):[3]

Indexpaar ij oder kl	11	22	33	32 23	13 31	21 12
Einfachindex λ oder μ	1	2	3	4	5	6

Mit der zusätzlichen Vereinbarung $\varepsilon_4 = 2\,\varepsilon_{23}, \varepsilon_5 = 2\,\varepsilon_{13}, \varepsilon_6 = 2\,\varepsilon_{12}$ folgt dann das einfachere Gleichungssystem:

$$\begin{pmatrix} \sigma_1 \\ \sigma_2 \\ \sigma_3 \\ \sigma_4 \\ \sigma_5 \\ \sigma_6 \end{pmatrix} = \begin{pmatrix} c_{11} & c_{12} & c_{13} & c_{14} & c_{15} & c_{16} \\ c_{21} & c_{22} & c_{23} & c_{24} & c_{25} & c_{26} \\ c_{31} & c_{32} & c_{33} & c_{34} & c_{35} & c_{36} \\ c_{41} & c_{42} & c_{43} & c_{44} & c_{45} & c_{46} \\ c_{51} & c_{52} & c_{53} & c_{54} & c_{55} & c_{56} \\ c_{61} & c_{62} & c_{63} & c_{64} & c_{65} & c_{66} \end{pmatrix} * \begin{pmatrix} \varepsilon_1 \\ \varepsilon_2 \\ \varepsilon_3 \\ \varepsilon_4 \\ \varepsilon_5 \\ \varepsilon_6 \end{pmatrix} \qquad (3.6)$$

Entsprechend lässt sich ein beliebiger Dehnungszustand – gekennzeichnet durch den Pseudovektor der ε_λ – berechnen, indem man in Gl. 3.6 die $c_{\lambda\mu}$ ersetzt durch $s_{\lambda\mu}$.

In dieser Form werden die Werkstoffkonstanten als Matrizen geschrieben. Wieviele Einträge in diesen Matrizen tatsächlich von Null verschieden sind, hängt von der Kristallsymmetrie und vom gewählten Koordinatensystem ab. Ein Nachteil dieser mathematisch einfacheren Schreib-

---

2 In manchen Lehrbüchern wird die sogenannte Einsteinsche Summenkonvention verwendet, nach der über doppelt vorkommende Indizes zu summieren ist. In dieser Konvention schreibt man (3.5): $\varepsilon_{ij} = s_{ij,kl}\,\sigma_{kl}$. Aus Gründen der Verständlichkeit und Eindeutigkeit wird in diesem Buch auf dieser vereinfachende Schreibweise verzichtet.

3 Diese Vereinbarung wird ebenfalls beim piezoresistiven, piezoelektrischen und beim linear elektrooptischen Effekt benutzt.

Tabelle 3.1: Mechanische Konstanten und Koeffizienten von einkristallinem Si

c_{11}	=	$16{,}57 \cdot 10^{10}\,\text{Pa}$	s_{11}	=	$0{,}768 \cdot 10^{-11}\,\text{Pa}^{-1}$
c_{12}	=	$6{,}39 \cdot 10^{10}\,\text{Pa}$	s_{12}	=	$-0{,}214 \cdot 10^{-11}\,\text{Pa}^{-1}$
c_{44}	=	$7{,}96 \cdot 10^{10}\,\text{Pa}$	s_{44}	=	$1{,}256 \cdot 10^{-11}\,\text{Pa}^{-1}$

weise ist, dass die räumliche Zuordnung der Indizes nur indirekt möglich ist, wenn man wieder auf die vollständige Schreibweise zurückgeht.[4]

Wegen der eindeutigen und umkehrbaren Verknüpfung von Ursache und Wirkung sind die elastischen Koeffizienten direkt mit den elastischen Konstanten verknüpft:

$$(s_{\lambda\mu}) * (c_{\mu\lambda}) = (1) \tag{3.7}$$

wobei in den Klammern jeweils 6×6-Matrizen stehen und rechts in Gl. (3.7) die Einheitsmatrix gemeint ist.

In kubischen Kristallen gilt aufgrund der Austauschbarkeit der 3 elementaren Achsen, die die Einheitszelle aufbauen und als Koordinatenachsen gewählt werden:

$$c_{11} = c_{22} = c_{33}$$
$$c_{12} = c_{21} = c_{13} = c_{31} = c_{23} = c_{32}$$
$$c_{44} = c_{55} = c_{66}$$

alle anderen Konstanten sind Null

Das gleiche gilt für die elastischen Koeffizienten s_{ij}. Die mechanischen Materialeigenschaften werden also in kubischen Kristallen durch drei unabhängige Konstanten beschrieben.

Speziell für Si ergeben sich die in Tabelle 3.1 aufgeführten Werte:

Die Verknüpfung von Verzerrung und Spannung (Hookesches Gesetz, Gl. 3.6) vereinfacht sich noch weiter durch Berücksichtigung der Symmetrie im kubischen Kristallgitter. Mit den oben angegebenen Beziehung zwischen den $c_{\lambda\mu}$ folgt durch Matrizenmultiplikation:

$$\sigma_1 = c_{11}\varepsilon_1 + c_{12}\varepsilon_2 + c_{12}\varepsilon_3$$
$$\sigma_2 = c_{12}\varepsilon_1 + c_{11}\varepsilon_2 + c_{12}\varepsilon_3$$
$$\sigma_3 = c_{12}\varepsilon_1 + c_{12}\varepsilon_2 + c_{11}\varepsilon_3$$
$$\sigma_4 = c_{44}\varepsilon_4 \tag{3.8a}$$
$$\sigma_5 = c_{44}\varepsilon_5$$
$$\sigma_6 = c_{44}\varepsilon_6$$

---

4 Die vollständige Schreibweise ist daher auch bei Transformation der Materialkonstanten anschaulicher, diese wird weiter unten behandelt. Häufig tritt ein spezielles Matrixelement wertmäßig besonders hervor, dann wird nur dieses in einer skalaren Näherung berücksichtigt. Mit Hilfe der angegeben Gleichungen kann man in diesem Fall dann immer angeben, welche Zustandsbedingungen (z.B. Belastungsrichtung, Belastungsfläche oder Orientierung des elektrischen Feldes beim elektrooptischen Effekt, s. Kap. 5) optimal sind.

Diese 6 Gleichungen stellen also für den Sonderfall der kubischen Kristalle eine Verknüpfung der sich ergebenden Normalspannungskomponenten (ersten 3 Gleichungen) und der Scherspannung (letzten 3 Gleichungen) mit den Verzerrungen her.

Ein genau umgekehrtes Gleichungssystem ergibt sich bei vorgegebener mechanischer Spannung:

$$\varepsilon_1 = s_{11}\sigma_1 + s_{12}\sigma_2 + s_{12}\sigma_3$$
$$\varepsilon_2 = s_{12}\sigma_1 + s_{11}\sigma_2 + s_{12}\sigma_3$$
$$\varepsilon_3 = s_{12}\sigma_1 + s_{12}\sigma_2 + s_{11}\sigma_3$$
$$\varepsilon_4 = s_{44}\sigma_4$$
$$\varepsilon_5 = s_{44}\sigma_5$$
$$\varepsilon_6 = s_{44}\sigma_6$$

(3.8b)

Für uniaxiale Belastungen in Richtung der elementaren Achsen können die eingeführten Konstanten direkt physikalisch interpretiert werden:

$$1/E_{<100>} = s_{11} = (c_{11} + c_{12})/((c_{11} - c_{12})(c_{11} + 2c_{12}))$$
$$v_{<100>,(100)} = -s_{12}/s_{11}$$
$$1/G_{<100>,(100)} = s_{44} = 1/c_{44}$$

Die elastischen Konstanten E, v und G sind nun aber richtungsabhängig. Will man für einen beliebigen uniaxialen Belastungsfall die Dehnung oder Stauchung berechnen, so muss man die elastischen Konstanten für die jeweilige Richtung kennen. Hierzu ist eine Transformation bzgl. eines geeigneten neuen Koordinatensystems vorzunehmen (bisher war das Koordinatensystem durch die elementaren Achsen im Kristall festgelegt). Dazu geht man wieder von der vollständigen Tensorschreibweise aus. Größen bzgl. des neuen Koordinatensystems werden durch gestrichene Größen gekennzeichnet. So erhält man z.B. für die elastischen Konstanten:

$$c'_{ij,kl} = \sum_{m,n,p,q} a_{im} \cdot a_{jn} \cdot a_{kp} \cdot a_{lq} \cdot c_{mn,pq} \tag{3.9}$$

mit $a_{im} = \cos \alpha_{im}$, α_{im}: Winkel (x'_i, x_m). Hierbei ist über sämtliche m, n, p, q $= 1 \ldots 3$ zu summieren, x'_i sind die 3 Achsen des neuen karthesischen Koordinatensystems, x_m die drei Achsen des ursprünglichen Koordinatensystems (Kristallachsen). Die a_{im} sind die sogenannten Richtungskosinusse. Um einen einfachen Bezug zu den Kristallachsen herzustellen, führt man folgende Abkürzungen ein:

$l_i = a_{i1}$ (Richtungskosinus der i. Achse des neuen Koordinatensystems
zur 1-Achse des Kristalls)

$m_i = a_{i2}$ (Richtungskosinus der i. Achse des neuen Koordinatensystems
zur 2-Achse des Kristalls)

$n_i = a_{i3}$ (Richtungskosinus der i.Achse des neuen Koordinatensystems
zur 3-Achse des Kristalls)

Tabelle 3.2: E-Modul von Si für einige ausgewählte Richtungen.

Richtung	E [10^{11} Pa]
<100>	1,3
<110>	1,69
<111>	1,88

Mit dieser Vereinbarung erhält man:

$$1/E' = s'_{11} \, (= s'_{11,11}) = s_{11} - s(l_1^2 m_1^2 + m_1^2 n_1^2 + l_1^2 n_1^2) \tag{3.10a}$$

$$1/G' = s'_{44} \, (= s'_{12,12}) = s_{44} + 2s \, (l_1^2 l_2^2 + m_1^2 m_2^2 + n_1^2 n_2^2) \tag{3.10b}$$

$$\nu' = -\frac{s'_{12}}{s'_{11}} = -\frac{s'_{11,22}}{s'_{11,11}}$$

$$= -\frac{2s_{12} + s(l_1^2 l_2^2 + m_1^2 m_2^2 + n_1^2 n_2^2)}{2s_{11} - 2s(l_1^2 m_1^2 + m_1^2 n_1^2 + l_1^2 n_1^2)} \tag{3.10c}$$

mit $s = 2s_{11} - 2s_{12} - s_{44}$,

für Si: $s = 7,08 \cdot 10^{-12} \, \text{Pa}^{-1}$

Aufgrund der Eigenschaften der Richtungskosini in einem kubischen Kristall gilt dort für den E-Modul in eine bestimmte Kristallrichtung [h k l] (diese steht senkrecht auf der Ebene (h k l))

$$1/E_{[hkl]} = s_{11} - s \cdot (h^2 k^2 + k^2 l^2 + h^2 l^2) / (h^2 + k^2 + l^2)^2 \tag{3.10d}$$

Die sich ergebenden Werte sind für einige wichtige Kristallrichtungen in Tabelle 3.2 zusammengestellt.

Eine grafische Darstellung des Verlaufs von E-Modul und Poissonscher Querkontraktionszahl bezogen auf die (100)-Ebene ist in Bild 3.4 gezeigt.

Für die analytische Beschreibung des mechanischen Verhaltens von Elementen wie z.B. dünnen Platten bei Drucksensoren verwendet man Näherungen aus der Mechanik. In der Praxis liefern diese Näherungen erste Hinweise für die Auslegung (Geometrie) eines Elements. In diesen Gleichungen werden meist die Werkstoffkenndaten E, G und ν gebraucht, die für den jeweils vorliegenden Fall aus den Gleichungen (3.10a–d) berechnet werden können. Bei den ebenfalls häufig benutzten numerischen Methoden (z.B. FEM: Finite Elemente Methode) wird der hier behandelte Formalismus ebenfalls verwendet.

3.1.2   Piezoresistiver Effekt

Unter dem piezoresistiven Effekt versteht man die Änderung des elektrischen Widerstandes unter Einfluss einer mechanischen Spannung bzw. einer daraus resultierenden Dehnung. Die dehnungsabhängige Widerstandsänderung wird z.B. bei Dehnungsmessstreifen (DMS) ausgenutzt.

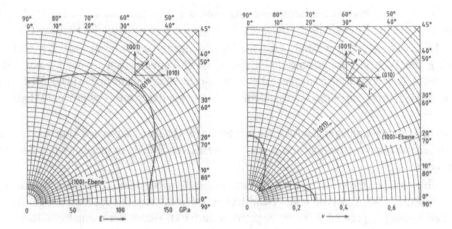

Bild 3.4: Richtungsabhängigkeit des E-Moduls und der Querkontraktionszahl (rechts) bezogen auf die (100)-Ebene, [3-2]. Mit freundlicher Genehmigung des Springer-Verlags.

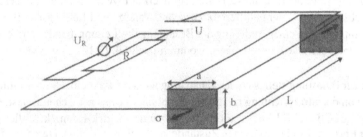

Bild 3.5: Widerstandsanordnung mit Belastung zur Erklärung des piezoresistiven Effekts

Bei einer Anordnung gemäß Bild 3.5 ist der Widerstand des Körpers mit dem spezifischen Widerstand ρ_0, der Länge L und der Querschnittsfläche a · b ohne Belastung gegeben durch:

$$R = \rho_0 \cdot \frac{L}{A} = \frac{1}{n \cdot q \cdot \mu} \cdot \frac{L}{a \cdot b} \qquad (3.11)$$

Hierbei ist n die Dichte der freien Ladungsträger, μ deren Beweglichkeit, q die Ladung pro Ladungsträger, wobei vereinfachend von nur einer Ladungsträgersorte (hier Elektronen) ausgegangen wird.

Durch die eingezeichnete Belastung wird der Widerstand sowohl durch die Änderung der Geometrie und als auch der Materialkonstanten verändert. Nach einer einfachen Ableitung erhält man [3-3]:

$$\frac{\Delta R}{R} = \frac{\Delta \rho}{\rho_0} + (2v + 1) \cdot \varepsilon_l = (-\frac{\Delta n}{n} - \frac{\Delta \mu}{\mu}) + (2v + l)\varepsilon_l \equiv k \cdot \varepsilon_l \qquad (3.12)$$

Die in Gl. (3.12) angenommene lineare Abhängigkeit der Änderung der Ladungsträgerkonzentration $\Delta n/n$ und der Beweglichkeit $\Delta\mu/\mu$ resultiert aus der Bandstruktur der Halbleiter.

Die Materialkonstante k wird als k-Faktor (englisch gage-factor) bezeichnet. Bei Metallen überwiegt die Widerstandsänderung durch den Geometrieeffekt, dann ist der k-Faktor etwa $(2\nu+1) \approx 2$. Bei Halbleitern ist dagegen die Änderung der Materialkonstanten in Gl. 3.12 oft der entscheidende Beitrag zur Widerstandsänderung. Hier treten daher sehr viel größere k-Faktoren auf.

Nach den ersten grundlegenden Arbeiten von Smith [3-4] haben Mason und Thurston [3-5] als erste auf die Anwendungsmöglichkeiten des piezoresistiven Effekts in mechanischen Sensoren hingewiesen.

In Halbleitern sind die k-Faktoren oft sehr viel größer als in Metallen, da in ersteren die mechanische Belastung eine Änderung in der Bandstruktur bewirkt, die sich wiederum auf die Anzahl der freien Ladungsträger und deren Beweglichkeit auswirkt. Wegen der normalerweise kleinen Anzahl von freien Ladungsträgern in Halbleiter ist der relative Effekt sehr groß, allerdings tritt bei Halbleitern auch eine starke Temperaturabhängigkeit des piezoresistiven Effekts auf, die bei Sensoren im Betrieb kompensiert werden muss.

Anschaulich kann die stressabhängige Änderung der Leitfähigkeit mit der Änderung des Atomabstands im Gitter bei mechanischer Belastung erklärt werden. Dadurch ändert sich wiederum der Bandabstand W_g (Energiedifferenz zwischen Valenz- und Leitungsband), was bei einer gegebenen Temperatur zu einer Änderung der Besetzung des Leitungsbandes mit freien Ladungsträgern führt, und auch die Beweglichkeit, wodurch nach Gl. (3.12) eine Widerstandsänderung resultiert.

Senkrecht zur Belastung stellt sich der genau umgekehrte Effekt ein. Die Änderung des Widerstands hängt von der Stromrichtung relativ zur Richtung der mechanischen Belastung ab. Diese Zusammenhänge sind im Bild 3.6 illustriert. Bei Silizium sind im k-Raum (k: Wellenzahl) die Flächen gleicher Energie der elektronischen Zustände keulenförmig (links). Durch Krafteinwirkung (rechts) und die resultierende Dehnung des Werkstoffes ändern sich die Atomabstände und damit die Bandabstände W_g. Betrag und Vorzeichen dieser Änderung hängt von der jeweiligen Raumrichtung und der Richtung der Belastung ab (hier y-Richtung). Im dargestellten Fall reduziert sich z.B. der Bandabstand entlang der y-Richtung, während er sich in den zur Belastung senkrechten Richtungen x und z erhöht (gestrichelte Linien). Die Beweglichkeit der Ladungsträger ist abhängig von der Ableitung dieser Flächen konstanter Energie. Es treten daher unterschiedliche Beweglichkeiten μ_t bzw. μ_l senkrecht und längs der Keulen auf. Das Gleiche gilt für die Änderung der Beweglichkeit durch eine mechanische Belastung.

Eine aktuelle Darstellung der theoretischen Beschreibung des piezoresistiven Effekts unter Berücksichtigung der festkörpertheoretischen Hintergründe in Silizium findet sich in [3-3].

Zur Berechnung der relativen Widerstandsänderung $\Delta\rho/\rho_0$ in Gl. (3.12) muss in einer Messanordnung die relative Lage von Strom, elektrischer Spannung und mechanischer Spannung (bzw. Dehnung) zueinander berücksichtigt werden, da es hier zu unterschiedlichen Änderungen kommt, wie in Bild 3.6 für die Fälle zu sehen ist, bei denen die mechanische Spannung parallel (Index l) bzw. senkrecht (Index t) zum Strom gerichtet ist.

Der zur Berechnung des piezoresistiven Effekts notwendige mathematische Formalismus ähnelt der in Abschnitt 3.1.1 vorgestellten Struktur. Der in diesem Buch gewählte Ansatz folgt weitgehend der in [3-7] eingeführten Beschreibung.

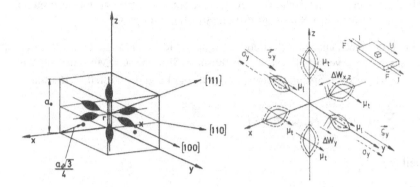

Bild 3.6: Bandstruktur von Si zur Erklärung des piezoresistiven Effekts. Die Flächen gleicher Energie im k-Raum (links) werden durch eine mechanische Belastung verändert (rechts, gestrichelt), aus [3-6]. Mit freundlicher Genehmigung des Expert-Verlags.

Man geht dabei zunächst vom Ohmschen Gesetz aus:

$$\vec{E} = \rho_0 \cdot \vec{j} \tag{3.13a}$$

bzw.

$$\vec{j} = (1/\rho_0)\vec{E} \tag{3.13b}$$

Mit dem elektrischen Feld $\vec{E} = (E_1, E_2, E_3)$, der Flächenstromdichte $\vec{j} = (j_1, j_2, j_3)$ (Vektoren) und dem spezifischen Widerstand ρ_0. Meist wird ρ_0 als eine skalare Größe betrachtet. Im allgemeinsten Fall ist ρ_0 aber richtungsabhängig, Gleichung (3.13a) geht dann über in die Matrixform:

$$\begin{pmatrix} E_1 \\ E_2 \\ E_3 \end{pmatrix} = \begin{pmatrix} \rho_{11} & \rho_{12} & \rho_{13} \\ \rho_{21} & \rho_{22} & \rho_{32} \\ \rho_{31} & \rho_{32} & \rho_{33} \end{pmatrix} * \begin{pmatrix} j_1 \\ j_2 \\ j_3 \end{pmatrix} \tag{3.14}$$

Daher berechnet sich eine bestimmte Feldkomponente E_s als:

$$E_s = \sum_{j=1}^{3} \rho_{sj} \cdot j_j \tag{3.15a}$$

Für kubische Kristalle gilt im unbelasteten Zustand:

$$\rho_{sj} = \begin{cases} \rho_0 & \cdots s = j \\ 0 & \cdots s \neq j \end{cases}$$

mit dem spezifischen Widerstand ρ_0 ohne Belastung. Im unbelasteten Fall treten also nur Feldkomponenten in Richtungen auf, in denen auch ein Strom fließt.

Durch eine äußere mechanische Belastung wird die Symmetrie gestört: es treten auch Feldkomponenten senkrecht zum Strom auf (»Pseudo-Halleffekt« [3-8]).

Die durch die mechanische Belastung erzeugte »Widerstandsänderung«[5] wird durch Werkstoffkonstanten $P_{sj,km}$ vermittelt, die einen Tensor 4. Stufe bilden. Mit einer gegebenen 3×3-Matrix der mechanischen Spannungskomponenten (σ_{km}) ergibt sich statt (3.15) nun:

$$E_s = \sum_{j=1}^{3} \left(\rho_{sj} + \sum_{k,m=1}^{3} P_{sj,km} \cdot \sigma_{km} \right) \cdot j_j \qquad (3.16a)$$

Der Anteil

$$\sum_{k,m=1}^{3} P_{sj,km} \cdot \sigma_{km}$$

gibt die Änderung des spezifischen Widerstands bei mechanischer Spannung an. Durch Erweiterung erhält man:

$$\sum_{s=1}^{3} \frac{1}{\rho_{is}} E_s = \sum_{s=1}^{3} \left[\sum_{j=1}^{3} \left(\frac{1}{\rho_{is}} \rho_{sj} + \sum_{k,m=1}^{3} \frac{1}{\rho_{is}} P_{sj,km} \cdot \sigma_{km} \right) \cdot j_j \right] \qquad (3.16b)$$

und mit der Definition der sogenannten piezoresistiven Koeffizienten $\pi_{ij,km}$:

$$\frac{\delta^2 E_i}{\delta j_j \delta \sigma_{km}} = \sum_{s=1}^{3} \frac{1}{\rho_{is}} P_{sj,km} \equiv \pi_{ij,km} \qquad (3.16c)$$

schließlich unter Beachtung der Diagonalgestalt von (ρ_{is}) für kubische Kristalle:

$$\sum_{s=1}^{3} \frac{1}{\rho_{is}} \cdot E_s = j_i + \sum_{j=1}^{3} \left[\sum_{k,m=1}^{3} \pi_{ij,km} \cdot \sigma_{km} \right] \cdot j_j \qquad (3.16d)$$

Gl. (3.16d) ist das Ohmsche Gesetz unter mechanischer Belastung. Bei vorgegebenem elektrischen Feld macht sich der piezoresistive Effekt also als Änderung der Stromdichte auch in Richtungen bemerkbar, in denen kein elektrisches Feld anliegt. Die piezoresistiven Koeffizienten bilden in der dargestellten Form einen Tensor 4. Stufe. Die anschauliche Bedeutung der einzelnen Komponenten ergibt sich aus der Bestimmungsgleichung (3.16c). So berechnet man mit $\pi_{11,11}$ die Stromänderung (Widerstandsänderung) für den Fall, dass Strom und elektrisches Feld in 1-Richtung des Kristalls liegen (die ersten beiden Indizes) und eine Normalbelastung ebenfalls in 1-Richtung auf den Kristall wirkt (die letzten beiden Indizes). $\pi_{12,23}$ benutzt man beispielsweise für den Fall, dass das elektrische Feld in 1-Richtung angelegt, der Strom aber in 2-Richtung gemessen wird und eine Scherbelastung vorliegt.

---

[5] Es handelt sich nicht um eine Widerstandsänderung im eigentlichen Sinne, da es zu einer Umverteilung des Stromes bzw. der elektrischen Felder kommt, vergleichbar wie beim Halleffekt [3-8].

Für kubische Kristalle gilt

$$\pi_{ij,km} = \pi_{ji,km} = \pi_{ij,mk} = \pi_{ji,mk}$$

Manchmal ist es sinnvoll, statt der piezoresistiven Koeffizienten $\pi_{ij,km}$ die sogenannten piezoelastischen Konstanten $m_{ij,km}$ einzuführen:

$$m_{ij,km} \equiv \sum_{p,q=1}^{3} \pi_{ij,pq} \cdot c_{pq,km}$$

Die piezoelastischen Konstanten verknüpfen also die piezoresistiven und mechanischen Werkstoffeigenschaften. Wie bei den mechanischen Eigenschaften so kann man auch beim piezoresistiven Effekt in kubischen Kristallen aufgrund der Symmetrieverhältnisse zur Pseudovektorschreibweise übergehen:

$$\pi_{\lambda\mu} = \begin{cases} \pi_{ij,kl} & \lambda = 1 \ldots 6, \mu = 1 \ldots 3 \\ 2\pi_{ij,kl} & \lambda = 1 \ldots 6, \mu = 4, 5, 6 \end{cases}$$

Hierbei wird wieder die Vogtsche Notation (vgl. Abschn. 3.1.1) verwendet.

Für Si mit kubischer Kristallsymmetrie hat die entstehende 6×6-Matrix der piezoresistiven Koeffizienten bezogen auf die Kristallachsen als Koordinatensystem folgende Form:

$$\begin{pmatrix} \pi_{11} & \pi_{12} & \pi_{12} & 0 & 0 & 0 \\ \pi_{12} & \pi_{11} & \pi_{12} & 0 & 0 & 0 \\ \pi_{12} & \pi_{12} & \pi_{11} & 0 & 0 & 0 \\ 0 & 0 & 0 & \pi_{44} & 0 & 0 \\ 0 & 0 & 0 & 0 & \pi_{44} & 0 \\ 0 & 0 & 0 & 0 & 0 & \pi_{44} \end{pmatrix} \tag{3.17}$$

Die oben eingeführten piezoelastischen Konstanten[6] schreiben sich in der Pseudovektorschreibweise als

$$m_{\lambda\mu} = \sum_{\nu=1}^{6} \pi_{\lambda\nu} c_{\nu\mu}$$

Mit den piezoresistiven Koeffizienten lässt sich Gleichung (3.14) in der Pseudovektorschreibweise auswerten:

$$\begin{pmatrix} E_1 \\ E_2 \\ E_3 \end{pmatrix} = \begin{pmatrix} \rho_1 & \rho_6 & \rho_5 \\ \rho_6 & \rho_2 & \rho_4 \\ \rho_5 & \rho_4 & \rho_3 \end{pmatrix} \cdot \begin{pmatrix} j_1 \\ j_2 \\ j_3 \end{pmatrix} \tag{3.18a}$$

---

6 Die piezoelastischen Konstanten ergeben auch bei Koordinatentransformation auf beliebige Koordinatenachsen eine positiv definite Matrix. Man kann daher z.B. im FEM-Programm ANSYS den Formalismus der Dehnungs-Spannungsrechnung auf die Berechnung des 3D-piezoresistiven Effekts übertragen [3-9].

Tabelle 3.3: Piezoresistive Koeffizienten von n- und p-Si bei T = 300K [3-2].

	$\rho_0[\Omega\text{cm}]$	$\pi_{11}\left[10^{-11}\text{Pa}^{-1}\right]$	$\pi_{12}\left[10^{-11}\text{Pa}^{-1}\right]$	$\pi_{44}\left[10^{-11}\text{Pa}^{-1}\right]$
n-Si	11,7	−102,2	53,4	−13,6
p-Si	7,8	6,6	−1,1	138,1

wobei in Gl. (3.18a) die Komponenten ρ_λ des Pseudovektors des spezifischen Widerstandes im mechanisch belasteten Fall sich schreiben lassen als:

$$\begin{pmatrix}\rho_1\\\rho_2\\\rho_3\\\rho_4\\\rho_5\\\rho_6\end{pmatrix} = \begin{pmatrix}\rho_0\\\rho_0\\\rho_0\\0\\0\\0\end{pmatrix} + \begin{pmatrix}\Delta\rho_1\\\Delta\rho_2\\\Delta\rho_3\\\Delta\rho_4\\\Delta\rho_5\\\Delta\rho_6\end{pmatrix} \qquad (3.18b)$$

Die einzelnen Komponenten des Pseudovektors der Widerstandsänderungen wiederum berechnen sich gemäß (Gl. 3.16d):

$$(1/\rho_0)\cdot\Delta\rho_\lambda = \sum_{\mu=1} \pi_{\lambda\mu}\cdot\sigma_\mu \qquad (3.18c)$$

Die Werte der $\pi_{\lambda\nu}$ sind in einem Halbleiter von der Temperatur sowie von der Art und Höhe der Dotierung abhängig. Für Si ergeben sich bei einer mittleren Dotierung – gekennzeichnet durch den Wert des spezifischen Widerstands – die in Tabelle 3.3 aufgeführten Werte.

Koordinatentransformation der piezoresistiven Konstanten

Die in Tabelle 3.3 angegebenen Werte und die Matrix gemäß Gl. (3.17) beziehen sich auf ein durch die drei elementaren Einheitsvektoren des Kristalls $\vec{a}$, $\vec{b}$, $\vec{c}$ aufgespanntes Koordinatensystem. In konkreten Anwendungen ist es notwendig, Koordinatenachsen einzuführen, die dem jeweiligen System angepasst sind (etwa eine Koordinatenachse in Stromrichtung, also parallel zum elektrischen Widerstand). Wie in Kap. 3.1.1 werden dann die Richtungskosini l_i, m_i, n_i eingeführt (z.B. l_2: Kosinus des Winkels zwischen der Kristallachse 1 (a-Achse) und der neuen Achse 2').

Die Transformationsgleichungen einer Größe $x = (x_1, x_2, x_3)$ im Koordinatensystem des Kristalls lauten beim Übergang zum (beliebigen, allerdings karthesischen) Koordinatensystem $x' = (x'_1, x'_2, x'_3)$ dann:

$$\begin{pmatrix}x_1\\x_2\\x_3\end{pmatrix} = \begin{pmatrix}l_1 & l_2 & l_3\\m_1 & m_2 & m_3\\n_1 & n_2 & n_3\end{pmatrix} \cdot \begin{pmatrix}x'_1\\x'_2\\x'_3\end{pmatrix} \qquad (3.19a)$$

$$\begin{pmatrix}x'_1\\x'_2\\x'_3\end{pmatrix} = \begin{pmatrix}l_1 & m_1 & n_1\\l_2 & m_2 & n_2\\l_3 & m_3 & n_3\end{pmatrix} \cdot \begin{pmatrix}x_1\\x_2\\x_3\end{pmatrix} \qquad (3.19b)$$

wobei gestrichene Größen sich wieder auf das neue Koordinatensystem beziehen und ungestrichene Größen in Bezug auf die Kristallachsen angegeben werden.

Die Transformation von Gl. (3.18) wird dann vorgenommen, indem zunächst Strom und mechanische Spannung in das System der Kristallachsen transformiert werden und dann die berechneten Komponenten des elektrischen Feldes wieder in das neue Koordinatensystem rücktransformiert werden. Eine ausführliche Darstellung der Transformation findet man in [3-7].

Die Transformationsgleichungen für die wichtigsten Werkstoffkonstanten (piezoresistive Koeffizienten $\pi_{\lambda\mu}$, piezoelastischen Konstanten $m_{\lambda\mu}$ und elastischen Koeffizienten $s_{\lambda\mu}$) sind in den entsprechenden 6×6-Matrizen in Gleichung (3.20a–c) angegeben, wobei die $s_{\lambda\mu}$ bereits in Kap. 3.1.1 behandelt wurden.

$$[\pi'] = \begin{pmatrix} \pi_{11}-2\pi F_1 & \pi_{12}+\pi F_{12} & \pi_{12}+\pi F_{13} & 2\pi G_{231} & 2\pi G_{31} & 2\pi G_{21} \\ \pi_{12}+\pi F_{12} & \pi_{11}-2\pi F_2 & \pi_{12}+\pi F_{23} & 2\pi G_{32} & 2\pi G_{312} & 2\pi G_{12} \\ \pi_{12}+\pi F_{13} & \pi_{12}+\pi F_{23} & \pi_{11}-2\pi F_3 & 2\pi G_{23} & 2\pi G_{13} & 2\pi G_{123} \\ \pi G_{231} & \pi G_{32} & \pi G_{23} & \pi_{44}+2\pi F_{23} & 2\pi G_{123} & 2\pi G_{312} \\ \pi G_{31} & \pi G_{312} & \pi G_{13} & 2\pi G_{123} & \pi_{44}+2\pi F_{31} & 2\pi G_{231} \\ \pi G_{21} & \pi G_{12} & \pi G_{123} & 2\pi G_{312} & 2\pi G_{231} & \pi_{44}+2\pi F_{12} \end{pmatrix} \quad (3.20a)$$

$$[m'] = \begin{pmatrix} m_{11}-2mF_1 & m_{12}+mF_{12} & m_{12}+mF_{13} & mG_{231} & mG_{31} & mG_{21} \\ m_{12}+mF_{12} & m_{11}-2mF_2 & m_{12}+mF_{23} & mG_{32} & mG_{132} & mG_{12} \\ m_{12}+mF_{13} & m_{12}+mF_{23} & m_{11}-2mF_3 & mG_{23} & mG_{13} & mG_{123} \\ mG_{231} & mG_{32} & mG_{23} & m_{44}+mF_{23} & mG_{123} & mG_{312} \\ mG_{31} & mG_{312} & mG_{13} & mG_{123} & m_{44}+mF_{31} & mG_{231} \\ mG_{21} & mG_{12} & mG_{123} & mG_{312} & mG_{231} & m_{44}+mF_{12} \end{pmatrix} \quad (3.20b)$$

$$[s'] = \begin{pmatrix} s_{11}-sF_1 & s_{12}+(1/2)sF_{12} & s_{12}+(1/2)sF_{13} & sG_{231} & sG_{31} & sG_{21} \\ s_{12}+(1/2)sF_{12} & s_{11}-sF_2 & s_{12}+(1/2)sF_{23} & sG_{32} & sG_{132} & sG_{12} \\ s_{12}+(1/2)sF_{13} & s_{12}+(1/2)sF_{23} & s_{11}-sF_3 & sG_{23} & sG_{13} & sG_{123} \\ sG_{231} & sG_{32} & sG_{23} & s_{44}+2sF_{23} & 2sG_{123} & 2sG_{312} \\ sG_{31} & sG_{132} & sG_{13} & 2sG_{123} & s_{44}+2sF_{31} & 2sG_{231} \\ sG_{21} & sG_{12} & sG_{123} & 2sG_{312} & 2sG_{231} & s_{44}+2sF_{12} \end{pmatrix}$$

$$(3.20c)$$

hierbei wurden folgende Abkürzungen verwendet (angegebene Werte für Si):

$$\pi = \pi_{11} - \pi_{12} - \pi_{44}, \left((\pi(n-Si) = -1{,}42 \cdot 10^{-9} Pa^{-1}, \pi(p-Si) = -1{,}3 \cdot 10^{-9} Pa^{-1}) \right)$$

$$s = 2s_{11} - 2s_{12} - s_{44} = 7{,}08 \cdot 10^{-12} m^2/N$$

$$m = m_{11} - m_{12} - 2m_{44}, m(n-Si) = -201{,}7, m(p-Si) = -431{,}87$$

$$F_i = l_i^2 m_i^2 + m_i^2 n_i^2 + n_i^2 l_i^2$$

$$F_{ij} = l_i^2 l_j^2 + m_i^2 m_j^2 + n_i^2 n_j^2$$

$$G_{ij} = l_i l_j^3 + m_i m_j^3 + n_i n_j^3$$

$$G_{ijk} = l_i l_j l_k^2 + m_i m_j m_k^2 + n_i n_j n_k^2$$

Zur einfacheren Berechnung der Richtungskosini für gegebene Anordnungen eignet sich die Eulersche Darstellung mit den entsprechenden Winkeln. Danach kann eine beliebige Koordinaten-

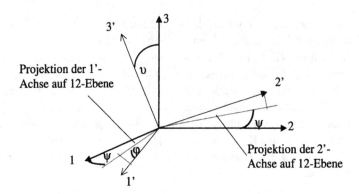

Bild 3.7: Vereinbarung der Eulerschen Winkel v, ψ, ϕ zur Berechnung der Richtungskosini

transformation zwischen zwei karthesischen Systemen durch die drei Winkel v, ψ und φ (Bild 3.7) dargestellt werden. Mit der Winkelvereinbarung gemäß Bild 3.7 folgt für die Richtungskosinusse:

$$l_1 = cos\ \psi\ cos\varphi - cos\upsilon\ sin\psi\ sin\varphi$$
$$l_2 = - cos\ \psi\ sin\varphi - cos\upsilon\ sin\psi\ cos\varphi$$
$$l_3 = sin\ \upsilon\ sin\psi$$

$$m_1 = sin\ \psi\ cos\varphi + cos\upsilon\ cos\psi\ sin\varphi$$
$$m_2 = - sin\ \psi\ sin\varphi + cos\upsilon\ cos\psi\ cos\varphi \qquad (3.21)$$
$$m_3 = - sin\ \upsilon\ cos\psi$$

$$n_1 = sin\ \upsilon\ sin\ \varphi$$
$$n_2 = sin\ \upsilon\ cos\ \varphi$$
$$n_3 = cos\ \upsilon$$

Wichtige Transformationen lassen sich aus den Gl. (3.20) und (3.21) für die prinzipiellen Anordnungen zur Nutzung des piezoresistiven Effekts gemäß Bild 3.8 ableiten. Hiernach unterscheidet man grundsätzlich folgende Anordnungen:

- *Longitudinaleffekt:* Strom und mechanische Normalspannung parallel,

- *Transversaleffekt:* Strom und mechanische Normalspannung senkrecht zueinander,

- *Schereffekt:* Strom und Spannung parallel oder senkrecht und mechanische Scherspannung (mit verschiedenen Untertypen)

Zur Berechnung der zugehörigen Konstanten für die jeweilige Widerstandsanordnung werden entsprechend der Bedeutung der piezoresisistven Konstanten (vgl. Erläuterung zu Gl. (3.16) drei

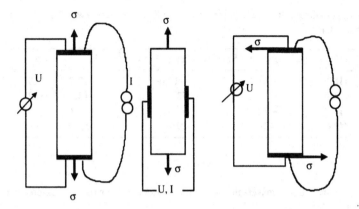

Bild 3.8: Grundsätzliche Messanordnungen zur Nutzung des piezoresistiven Effekts

Tabelle 3.4: Longitudinale und transversale piezoresisitve Koeffizienten bzw. k-Faktoren für ausgewählte Anordnungen.

Ober- fläche	Strom- richtung	π_L	Quer- richtung	π_T
(100)	[110]	$(1/2)(\pi_{11}+\pi_{12}+\pi_{44})$	[110]	$(1/2)(\pi_{11}+\pi_{12}-\pi_{44})$
(110)	[001]	π_{11}	[110]	π_{12}
(110)	[111]	$(1/3)(\pi_{11}+2\pi_{12}+2\pi_{44})$	[112]	$(1/3)(\pi_{11}+2\pi_{12}-\pi_{44})$
(111)	[110]	$(1/2)(\pi_{11}+\pi_{12}+\pi_{44})$	[112]	$(1/6)(\pi_{11}+5\pi_{12}-\pi_{44})$

Typen von Werkstoffkonstanten unterschieden:

$$\pi_L \cong \pi'_{11}$$
$$\pi_T \cong \pi'_{12}$$
$$\pi_S \cong \pi'_{\lambda\mu}, \ \lambda, \ \mu = 4,5,6 \tag{3.22}$$

Bei Drucksensoren treten normalerweise nur ebene mechanische Spannungen auf. Zerlegt man die entsprechende mechanische Spannung in der Membran (dünne Platte) in die beiden Komponenten σ_L und σ_T, so kann man die relative Änderung des spezifischen Widerstands schreiben als:

$$\Delta R/R \approx \Delta\rho/\rho = \pi_L\sigma_L + \pi_T\sigma_T \tag{3.23}$$

Für einige wichtige Fälle sind die longitudinalen und transversalen piezoresistiven Koeffizienten gemäß Gl. (3.21–23) in den Tabellen 3.4–3.6 zusammengestellt.

Aus diesen Tabellen kann man bereits erste »Layoutregeln« für Drucksensoren ablesen, die als Signalwandlung den piezoresistiven Effekt verwenden: Bei p-Si sollte man für große Messeffekte Anordnungen wählen, bei denen die Scherkomponente eingeht, während sich bei n-Si aus der longitudinalen oder auch transversalen Anordnung interessante Anwendungen ergeben.

Tabelle 3.5: Longitudinale und transversale piezoresisitve Koeffizienten bzw. k-Faktoren für n-Si gemäß Tabelle 3.4.

Oberfläche	$\pi_L[10^{-11}\,\mathrm{Pa}^{-1}]$	$\pi_T[10^{-11}\,\mathrm{Pa}^{-1}]$	k_L	k_T
(100)	−31,2	−17,6	−52,7	−29,7
(110)	−102,2	53,4	−132,9	90,2
(110)	−7,5	6,06	−14,1	10,4
(111)	−31,2	29,7	−52,7	50,19

Tabelle 3.6: Longitudinale und transversale piezoresisitve Koeffizienten bzw. k-Faktoren für p-Si gemäß Tabelle 3.4

Oberfläche	$\pi_L[10^{-11}\,\mathrm{Pa}^{-1}]$	$\pi_T[10^{-11}\,\mathrm{Pa}^{-1}]$	k_L	k_T
(100)	71,8	−66,3	121,3	−112,1
(110)	6,6	−1,1	8,58	−1,9
(110)	93,5	−44,6	175,8	−75,8
(111)	71,8	−22,8	121,3	−38,5

Der ebenfalls angegebene k-Faktor gemäß Gleichung (3.12) berechnet sich dabei aus dem jeweiligen Wert der piezoresistiven Konstanten durch Multiplikation mit dem E-Modul der betreffenden Richtung.

Aus den Tabellen 3.5 und 3.6 kann man weitere interessante Layoutregeln ableiten: Durch entsprechende Anordnungen kann man Vorzeichenwechsel bei gleichem Betrag der druckabhängigen Widerstandsänderung erzeugen, damit bietet sich dann eine Verschaltung in einer Wheatstoneschen Brücke an. Weiterhin sieht man aus Tabelle 3.5 und 3.6, dass für bestimmte Anordnungen im Vergleich zu Metallen sehr viel größere k-Faktoren auftreten.

Eine grafische Darstellung der piezoresistiven Konstanten für den Longitudinal- und den Transversaleffekt ist in Bild 3.9 gegeben, wobei hier als Bezug die (001)-Oberfläche gewählt wurde. Die eingezeichneten Winkelverläufe für π_L und π_T ergeben sich aus Gl. (3.20a) und (3.21) mit $\upsilon = 0$ und $\varphi = 0$.

Aufgrund der physikalischen Ursache für den großen piezoresistiven Effekt in Halbleitern ergibt sich eine ausgeprägte Temperatur- und Dotierabhängigkeit der piezoresistiven Konstanten (ähnlich wie bei der Leitfähigkeit oder dem spezifischen Widerstand). Diese Abhängigkeit wird durch einen multiplikativen, sogenannten p-Faktor berücksichtigt: $\pi_{L,T}(T, n/p) = p(T, n/p) \cdot \pi_{L,T}(T = 25°\mathrm{C}, n/p = 10^{16}\,cm^{-3})$. Die Abhängigkeit von der Dotierkonzentration mit der Temperatur als Parameter ist in Bild 3.10 grafisch aufgetragen. Man erkennt, dass bei hohen Dotierkonzentrationen die Kurven zusammenlaufen, dort ist der Effekt also nicht mehr temperaturabhängig, dafür ist aber die Widerstandsänderung klein (der Halbleiter verhält sich dann metallartig, daher k⇒ 2). Im für Anwendungen interessanten Dotierungsbereich ändert sich der piezoresistive Effekt um ca. 80% zwischen Temperaturen von −50°C bis etwa 100°C; d.h. die Temperatur muss bei der Druckmessung zur Korrektur der Messergebnisse mit erfasst werden.

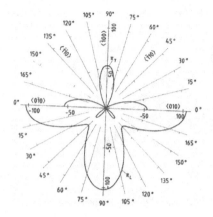 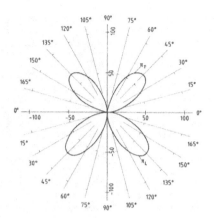

Bild 3.9: Piezoresistive Koeffizienten in der (001)-Ebene für n-Si (links) und p-Si (rechts), aus [3-3]. Mit freundlicher Genehmigung des Verlags Elsevier.

3.1.3   Gestaltungsbeispiele von Si-Drucksensoren

In den vorherigen Abschnitten wurden die Grundlagen für den Drucksensor-Entwurf unter Berücksichtigung der richtungsabhängigen Werkstoffkonstanten gelegt. Einige wichtige Anordnungen und Realisierungsbeispiele werden in diesem Abschnitt behandelt.

Für die Beschreibung des mechanischen Verhaltens verwendet man Gleichungen bzw. Näherungen aus der Mechanik. In der Praxis liefern diese Näherungen erste Hinweise für die Auslegung (Geometrie) eines Elements. Für genauere Vorhersagen sind jedoch numerische Methoden erforderlich. Bekanntestes Verfahren ist hier die »Finite Elemente Methode« (FEM), bei der jede Struktur in kleinste Teilstrukturen (das sind die finiten Elemente) unterteilt wird und die Wechselwirkung zwischen diesen dann regelmäßigen Teilstrukturen betrachtet wird. Daraus wird dann das Verhalten des Gesamtelements abgeleitet (s. Abschn. 6.5).

Durchbiegung einer dünnen, runden Platte

Bei einem Drucksensor wird ein Differenzdruck in eine charakteristische Durchbiegung der Platte umgesetzt. Die damit verbundenen Biegemomente induzieren Dehnungen oder Stauchungen an der Plattenoberfläche, die rückseitige Plattenoberfläche zeigt ein genau entgegengesetztes Verhalten. Die Mitte zwischen Plattenober- und Unterseite bleibt unverändert[7]. Über das Hookesche Gesetz wiederum sind die Dehnungen mit mechanischen Spannungen in der Membran verknüpft. Für die aus einem Biegemoment M resultierende mechanische Spannung an der Oberfläche einer dünnen Platte (Dicke d) gilt:

$$\sigma(z = d/2) = \frac{6 \cdot M}{d^2} \tag{3.24}$$

Für kreisrunde, außen fest eingespannte Platten gelten die Gleichungen (3.25a–d) (Kirchoffsche Plattentheorie [3-10]). In einem Drucksensor führen die Dehnungen bzw. Stauchungen zur Ände-

---

7 Die mittlere Lage bildet die neutrale Faser. Dies gilt nur unter der Näherung, dass kein »Balloneffekt«, d.h. Dünnung der Platte auftritt (Kriterium: maximale Durchbiegung w_0 klein im Vergleich zur Plattendicke d).

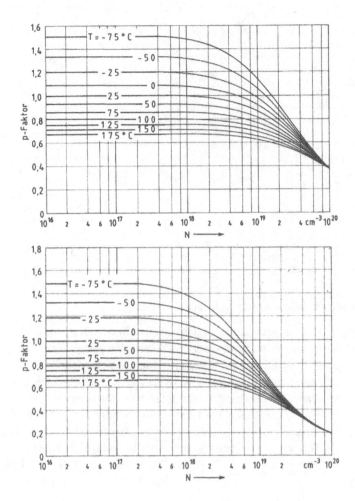

Bild 3.10: Piezowiderstandsfaktor p (Korrekturfaktor) für p-Si (unten) und n-Si, aus [3-3]. Mit freundlicher Genehmigung des Verlags Elsevier.

rung der in der Membran integrierten Widerständen (piezoresistiver Effekt). Man unterscheidet Dehnungskomponenten, die radial von der Plattenmitte nach außen gerichtet sind (Index r) und Komponenten, die senkrecht (tangential) dazu gerichtet sind (Index φ).

$$\varepsilon_\varphi = \Delta\, p \cdot \frac{3 \cdot z \cdot [(1+v)R_m{}^2 - (3v+1)r^2]}{4 \cdot E \cdot d^3} \qquad (3.25a)$$

$$\varepsilon_r = \Delta\, p \cdot \frac{3 \cdot z \cdot [(1+v)R_m{}^2 - (3+v)r^2]}{4 \cdot E \cdot d^3} \qquad (3.25b)$$

$$\sigma_\varphi = \Delta\, p \cdot \frac{3 \cdot z \cdot [(1+v)R_m{}^2 - (3v+1)r^2]}{4 \cdot d^3} \qquad (3.25c)$$

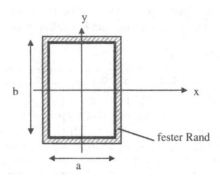

Bild 3.11: Geometrieverhältnisse bei einer allseitig eingespannten Rechteckplatte

$$\sigma_r = \Delta p \cdot \frac{3 \cdot z \cdot [(1+v)R_m^2 - (3+v)r^2]}{4 \cdot d^3} \qquad (3.25d)$$

z: Abstand von der neutralen Faser, R_m Plattenradius, d: Dicke der Platte, v: Poissonsche Querkontraktionszahl, E: E-Modul, r: Abstand vom Membranmittelpunkt, Δp: Druckdifferenz

Die ortsabhängige Auslenkung w der dünnen Platte (Membran) bei gegebener Druckdifferenz ergibt sich zu:

$$w(r) = w_0 [(\frac{r}{R_m})^4 - 2 \cdot (\frac{r}{R_m})^2 + 1] \qquad (3.26)$$

$$\text{mit } w_0 = \frac{3}{16} \cdot \Delta p \cdot \frac{R_m^4 \cdot (1-v^2)}{d^3 \cdot E}$$

In praktischen Anwendungen ist besonders die Dehnung bzw. Spannung an der Membranoberfläche von Interesse, also für $z = d/2$. Die Gleichungen vereinfachen sich dann entsprechend. In diesem Fall erkennt man auch einfacher, dass die Spannungen vom Membranmittelpunkt nach außen (zum fest eingefassten Rand) einen Vorzeichenwechsel durchlaufen. Der Nulldurchgang für die Spannungen liegt dabei für die radiale und tangentiale Komponente bei verschiedenen Abständen r von der Membranmitte. Bei Silizium ist natürlich die Richtungsabhängigkeit der mechanischen Konstanten zu beachten (vgl. 3.1.1).

Die obigen Gleichungen werden zur Berechnung der druckabhängigen Widerstandsänderung (s.u.) und auch zur Berechnung der geeigneten Geometrieauslegung für einen gegebenen Druckbereich gebraucht. Große Empfindlichkeiten erzielt man durch dünne Membranen mit großem Radius. Hierbei ist aber zu beachten, dass die entstehende Spannung stets kleiner sein muss als die Bruchfestigkeit. Die zugehörigen Dehnungswerte sollten daher nach einer Faustformel kleiner als 2% sein. Weiterhin gelten die einfachen Beziehungen nur für den Fall $w_0 \ll d$. Dann ist der Balloneffekt (Dünnung der Membran durch Auslenkung) vernachlässigbar. Der Balloneffekt führt zu ausgeprägten Nichtlinearitäten von Drucksensoren. Gl. 3.26 dient zur Überprüfung dieser notwendigen Randbedingung.

Andere Membranformen

Neben runden Membranen sind fertigungstechnisch besonders rechteckige Membranen interessant. Lösungen zur Spannungssituation bei allseitig eingespannten, gleichförmig belasteten Plat-

Tabelle 3.7: Spannungen und Durchbiegungen an wichtigen Orten bei einer allseitig eingespannten Rechteckplatte bei verschiedenen Verhältnissen der Kantenlängen a und b [3-10]

$$Q = \Delta p \cdot a^4 \cdot (1-v)/(E \cdot d^3), P = \Delta p \cdot a^2/d^2$$

b/a	$w\,|_{x=0,y=0}$	$\sigma_x\,|_{x=a/2,y=0}$	$\sigma_y\,|_{x=0,y=b/2}$	$\sigma_x\,|_{x=0,y=0}$	$\sigma_y\,|_{x=0,y=0}$
1	0,0152·Q	−0,307·P	−0,307·P	0,139·P	0,139·P
1,2	0,0206·Q	−0,383·P	−0,332·P	0,179·P	0,137·P
1,5	0,0264·Q	−0,454·P	−0,342·P	0,221·P	0,122·P
1,8	0,0294·Q	−0,487·P	−0,342·P	0,241·P	0,104·P
2	0,0305·Q	−0,497·P	−0,342·P	0,247·P	0,095·P

ten (s. Bild 3.11) wurden von Timoshenko angegeben [3-10]. Die größten mechanischen Spannungen treten auch hier auf der Membranoberfläche und am Übergang zur festen Einspannung auf. Bei einer rechteckigen Membranform mit unterschiedlichen Kantenlängen findet man die Maximalspannung in der Mitte der längeren Seite. Sinnvollerweise wählt man als Koordinatensystem Achsen parallel zu den Kanten und teilt die mechanische Spannungen in die jeweiligen Komponenten σ_x und σ_y auf. Die entsprechenden Näherungslösungen hängen von den Verhältnissen der Kantenlängen (b/a) der Platte ab und sind in Tabelle 3.7 für einige Beispiele zusammengestellt.

Vom Ort maximaler Spannung, dem Rand, nehmen die Spannungskomponenten σ_x und σ_y wieder einen parabolischen Verlauf mit Vorzeichenumkehr zur Mitte der Platte hin, wo der Betrag der mechanischen Spannung entsprechend Tabelle 3.7 ca. halb so groß ist wie am Rand.

Bei ringförmigen Membranen wird nur ein ringförmiger Bereich zwischen r_i und r_a gedünnt, der mittlere Bereich verstärkt daher die sich durch eine Druckdifferenz ergebende Auslenkung des Ringbereichs (Platte mit festem Zentrum, sogenannte Boss-Struktur). Die Verhältnisse sind im Bild 3.12 zusammen mit dem sich ergebenden Spannungsverlauf auf der Membranoberseite dargestellt.

Anordnung der Widerstände

Aus der Richtungsabhängigkeit der piezoresistiven Koeffizienten (Bild 3.9 und Tabellen 3.5 und 3.6) folgt, dass nicht alle Richtungen und nicht alle Si-Oberflächen gleich gut für Drucksensoren geeignet sind.

Bevorzugt wird eine Orientierung und Dotierungsart, bei der die piezoresistiven Koeffizienten sehr groß sind, um eine große Sensorempfindlichkeit zu erreichen. Als weitere Randbedingung kommt hinzu, dass die Widerstände auf der Membran zu einer Wheatstonschen Vollbrücke zusammengeschaltet werden sollen. Die resultierende Brückenspannung ist für den Fall einer Konstantspannung:

$$\Delta U/U = 1/4(\Delta R_1/R_1 - \Delta R_2/R_2 + \Delta R_3.R_3 - \Delta R_4/R_4) \tag{3.27a}$$

Maximale Empfindlichkeit erhält man für eine symmetrische Vollbrücke und eine ebenfalls symmetrische Verstimmung ΔR der Widerstände:

$$\Delta U/U = \Delta R/R = \pi_L \sigma_L + \pi_T \sigma_T \tag{3.27b}$$

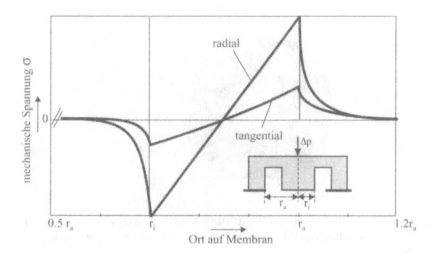

Bild 3.12: Ringförmige Membran (»Boss-Struktur«) und zugehöriger Spannungsverlauf, nach [3-6].

Bei Speisung mit konstantem Strom I_0 gilt für die Brückenspannung bei symmetrischer Brücke:

$$\Delta U = I_0 \Delta R = I_0 R (\pi_L \sigma_L + \pi_T \sigma_T) \tag{3.28}$$

Es sind also Widerstandsanordnungen zu wählen, bei denen die longitudinalen und transversalen mechanischen Spannungen σ_L und σ_T und die zugehörigen Werkstoffkonstanten π_L und π_T zu betragsmäßig gleichen, aber mit entgegengesetzten Vorzeichen versehenen Widerstandsänderungen führen.

Eine häufig verwendete Anordnung ist die einer runden Membran auf (100)-Si (leicht n-dotiert), wobei die Widerstände parallel oder senkrecht zum Flat (nach SEMI-Standard ist dies die <110>-Richtung) ausgerichtet sind und die Widerstände am Membranrand liegen. Diese Situation ist im Detail in Bild 3.13 skizziert. Die Widerstände werden durch p-Dotierung erzeugt. Aus Tabelle 3.6 entnimmt man die zugehörigen Werte der piezoresistiven Koeffizienten: $\pi_L = 71{,}8 \cdot 10^{-11} Pa^{-1}$ und $\pi_T = -66{,}3 \cdot 10^{-11} Pa^{-1}$. Mit der Näherung $\pi_L \approx -\pi_T = \overline{\pi} = 69 \cdot 10^{-11} Pa^{-1}$ gilt dann:

$$\Delta R_1 / R_1 = \Delta R_3 / R_3 =$$
$$\pi_L \cdot \sigma_L + \pi_T \cdot \sigma_T = \pi_L \cdot \sigma_\varphi (r = R_m) + \pi_T \cdot \sigma_r (r = R_m)$$

und:

$$\Delta R_2 / R_2 = \Delta R_4 / R_4 =$$
$$\pi_L \cdot \sigma_L + \pi_T \cdot \sigma_T = \pi_L \cdot \sigma_r (r = R_m) + \pi_T \cdot \sigma_\varphi (r = R_m)$$

und daher:

$$\Delta R_1 / R_1 = \Delta R_3 / R_3 \approx$$
$$-\Delta R_2 / R_2 = -\Delta R_4 / R_4 \approx \Delta R / R = -\Delta p \cdot \overline{\pi} [3 R^2 (1 - \nu) / 4 d^2]$$

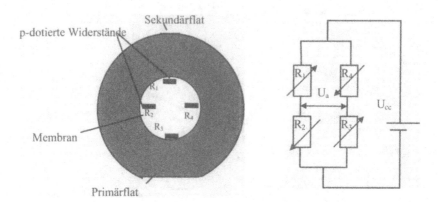

Bild 3.13: Anordnung der piezoresitiven Widerstände (p-dotiert) auf (100), geeignet zur Verschaltung als Wheatstonsche Brücke, die Pfeile symbolisieren das Vorzeichen der jeweiligen Widerstandsänderung

Verschaltet man diese 4 Widerstände also als Wheatstonsche Brücke, so ergibt sich als Brückenverstimmung ΔU bei an der Brücke anliegender Versorgungsspannung U:

$$\Delta U/U = \Delta R/R = \Delta p \cdot \overline{\pi} \left[3\,R^2\,(1-v)/4\,d^2 \right] \tag{3.29}$$

Typische Werte der Brückenspannung ΔU sind bei U = 10 V einige hundert Millivolt.

Ein ähnliches Ergebnis erhält man für eine solche Widerstandsanordnung auf (111)-Si, wenn man n-dotierte Widerstände wählt. Wegen der etwas kleineren piezoresistiven Koeffizienten (s. Tabelle 3.6) in den hier in Frage kommenden Richtungen [110] und [112] ist die Empfindlichkeit $S = \Delta U/(U \cdot \Delta p)$ dieser Anordnung bei gleicher Geometrie allerdings nur halb so groß wie im oben behandelten Fall. Da {111}-Ebenen in den anisotropen Ätzen KOH, EDP und TMAH weitgehend ätzresistent sind, können Membranen nasschemisch nur isotrop (also rund) mit relativ undefiniertem Übergang zwischen Membran- und festem Randbereich hergestellt werden. Hierzu verwendet man insbesondere Salpeter- und Flusssäuregemische, häufig mit Essigsäurezusätzen.

Eine weitere sehr interessante Anordnung ist die von Motorola patentierte Scheranordnung (»X-ducer«) gemäß Bild 3.14 mit einer x-förmigen Widerstandsanordnung im Membranbereich. Hierbei wird die Brücke durch kleine, kreuzförmige Widerstände am Membranrand realisiert. Bei dieser Widerstandsform wird nur der piezoresistive Koeffizient π_{44} genutzt. Die Anordnung zeichnet sich durch höhere Linearität und geringere Temperaturabhängigkeit gegenüber der Brückenanordnung aus.

3.1.4   Verbindungstechnik für Drucksensoren

Bei den behandelten piezoresistiven Si-Drucksensoren ist der mechanische Wandler (Membran wandelt Druck in Dehnung) und der elektrische Wandler (dehnungsabhängiger Widerstand) monolithisch integriert. Allerdings bildet ein solches Element noch keinen einsatzfähigen Sensor. Temperaturkompensation, Druckeinleitung und Medientrennung müssen zum eigentlichen Sensorelement noch hinzugefügt werden. Zusätzlich sollen die Sensoren möglichst einfach an die

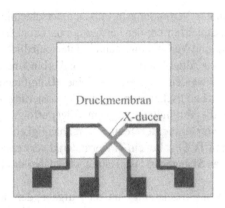

Bild 3.14: Scheranordnung nach [3-11]

konkrete Anwendung angepasst werden können. Hierfür ist der Si-Chip zunächst mit einem Träger zu versehen, der dann in ein passendes Gehäuse gebracht wird. Der Träger schützt nicht nur den Sensorchip mechanisch und hält mechanische Spannungen vom eigentlichen Messelement ab, sondern enthält häufig auch noch die notwendigen Bohrungen zur Druckeinleitung.

Prinzipiell unterscheidet man bei der Verbindung Chip zu Träger zwischen harten und weichen Verbindungstechniken (vgl. auch Kapitel 6). Während harte Verbindungstechniken (wie z.B. das anodische Bonden, s.u.) insbesondere bei hohen Anforderungen an die Dichtigkeit (bei Absolutdrucksensoren) und Langzeitstabilität (besonders im Niederdruckbereich) zu bevorzugen sind, wirken sich weiche Verbindungstechniken wie das Kleben günstig auf die Reduzierung der Spannungsübertragung vom Träger auf den Sensorchip aus.

Wichtige harte Verbindungstechniken sind das Aluminium-Legierungsverfahren und vor allem das anodische Bonding. Beim Aluminium-Legierungsverfahren wird eine Verbindung zwischen zwei Si-Flächen durch eine typisch 2-6μm dicke Al-Zwischenschicht hergestellt, indem das Schichtsystem auf Temperaturen oberhalb der eutektischen Temperatur der Al-Si-Legierung von $T_E = 580°C$ erwärmt wird. Die Festigkeit der Verbindung liegt bei etwa 60 MPa. Oft wird auf einem der beiden Bindungspartner noch eine Diffusionsbarriere für Al aufgebracht. Statt Al kann auch Au verwendet werden. Im Si-Au-System liegt die eutektische Temperatur bei nur 363°C. Es sind daher gegenüber der Al-Si-Eutektikum deutlich niedrigere Temperaturen zur Verbindung ausreichend. In beiden Fällen erschwert die Bildung von natürlichem Oxid auf der Si-Oberfläche eine sichere und reproduzierbare Verbindung. Die notwendigen Bondtemperaturen werden in der Praxis meist deutlich oberhalb der eutektischen Temperatur gewählt.

Beim anodischen Bonden sind die Bondpartner Si und als Träger meist Pyrex. Si- und Pyrex-Scheibe werden dabei auf ca. 400°C erwärmt und es wird eine Spannung von ca. 500 V angelegt (negativer Pol an Si). Aufgrund der bei hohen Temperaturen guten Beweglichkeit der Ionen im Glas wandern insbesondere Na^+-Ionen von der Si-Glas-Grenzfläche weg, damit entsteht im Kontaktbereich eine Raumladung, die ein sehr hohes elektrisches Feld erzeugt. Wegen des dadurch auftretenden großen mechanischen Druckes kommt es an der Grenzfläche zu einem innigen Kontakt der Bondpartner und daher zu einer chemischen Reaktion und in der Folge zur Ausbildung einer festen (> 20 MPa) Verbindung zwischen Glas und Si-Wafer.

Wegen der bei den genannten Verbindungstechniken unterschiedlichen Bearbeitungstemperaturen sind die Herstellungssequenzen bei der Fertigung von Drucksensoren unter Berücksichtigung der jeweiligen Aufbau- und Verbindungstechnik unterschiedlich. So muss bei Verwendung der Verbindungstechnik durch Aluminium-Legieren die Verbindung zum Träger vor einer Al-Metallisierung vorgenommen werden. Dies erfordert eine »Unterbrechung« des Standardprozesses; demgegenüber kann beim anodischen Bonding die Prozessierung im Waferverbund komplett durchgeführt werden, bevor die Verbindung zu einem Träger erfolgt.

Zur Vermeidung bzw. Reduzierung der Temperaturabhängigkeiten von insbesondere Offset und Spannensignal (TCO und TCS) sollte ein Trägermaterial verwendet werden, dessen Wärmeausdehnungskoeffizient gut an Si angepasst ist. Häufig wird daher das Borsilikatglas Pyrex® von Corning verwendet.[8]

Die nachfolgende Gehäusung (packaging) hat zur Aufgabe, den Sensor für einen speziellen Einsatz zu konfigurieren. Während im »low cost«-Bereich oft einfache Plastikgehäuse mit einer Gelabdeckung des Sensors zum Schutz gegen Umgebungsmedien verwendet werden, kommen aufwendige, teuere Edelstahlgehäuse (gleich mit entsprechendem Gewindeanschluss) bei industriellen Hochdrucksensoren zum Einsatz. In rauher Umgebung sorgt das Gehäuse auch für eine Trennung der empfindlichen Si-Oberfläche von aggressiven Medien. Die Druckübertragung erfolgt dann über eine Ölvorlage. Auch die Gehäusung beeinflusst die Qualität des Sensors (Drift und Exemplarstreuung): Harte Montage verursacht große Unterschiede im Offset eigentlich gleichartiger Sensoren. Dies kann durch strukturierte Trägerchips deutlich reduziert werden. So können Si-Träger mikromechanisch so bearbeitet werden, dass sie als Faltstrukturen wirken, die äußere mechanischen Spannungen vom eigentlichen Sensorelement fernhalten [3-12]

Absolutdrucksensoren entstehen aus Referenzdrucksensoren, indem man die Rückseite durch einen geschlossenen Träger abdichtet und die Verbindung zum Si unter Vakuum oder einen bestimmten Referenzdruck herstellt, dadurch stellt sich in der entstehenden Referenzkammer bei ausreichender Dichtigkeit der Verbindung ein konstanter Unterdruck ein. Bei Drucksensoren, die mit Hilfe der Oberflächentechnik hergestellt werden, kann die Referenzdruckkammer auch aus dem Silizium des eigentlichen Sensorelements herausgebildet werden und anschließend durch eine spezielle Schicht bei der weiteren Waferprozessierung dicht abgeschlossen werden [3-13].

3.1.5   Betriebsverhalten piezoresistiver Drucksensoren

Die Hauptvorteile von Si-Drucksensoren gegenüber z.B. Metallmembranen mit aufgeklebtem Dehnungsmessstreifen sind in den geringen Fertigungskosten (allerdings nur bei großen Stückzahlen), im mechanischen Verhalten von Si-Einkristall-Membranen (kein Kriechen auch bei hohen Wechsellastzahlen) und in der preiswerten Integrierbarkeit von zusätzlicher Elektronik (z.B. Verstärker, Temperaturkompensation) zu sehen.

Für Drucksensoren aus einkristallinem Silizium tritt kein mechanisches Kriechen und keine Hysterrese auf, da die für diese Erscheinungen verantwortlichen Versetzungen fehlen. Nachteilig ist demgegenüber die ausgeprägte Temperaturabhängigkeit des piezoresistiven Effekts (s. Bild 3.10) sowie ein eingeschränkter Temperaturbereich aufgrund der Ausdiffusion der dotierten Widerstände bei längeren Standzeiten unter höheren Temperaturen (Langzeitdrift) und aufgrund des Zusammenbruchs der sperrenden Wirkung eines pn-Überganges (T_{max} : $125 - -150°$). Die

---

8 Ideales Trägermaterial ist Si selbst. Interessant ist auch im Sensorbereich das »Si-motherboard« und Si-Fusionsverbindung bei niedrigen Temperaturen.

Temperaturabhängigkeit von Offset (TCO) und Empfindlichkeit (TCS) kann nach entsprechender Temperaturmessung elektronisch kompensiert werden, dies ist ein Schritt zum Sensorsystem. Zur Temperaturkompensation kann man aktive oder passive Methoden verwenden. In der Praxis setzt sich immer mehr die digital basierte Korrektur durch, bei der sensorspezifische Kenndaten und Kennlinien in entsprechende Speicher abgelegt werden und im Betrieb durch eine Temperaturmessung gezielt zur Korrektur abgerufen werden können. Sehr viel billiger, allerdings in der Wirkung bzgl. Temperaturkompensation eingeschränkter sind passive Methoden der Temperaturkompensation. So kann man durch passend gewählte Widerstände, die parallel und/oder in Reihe zur Brücke mit den Messwiderständen geschaltet werden, den Temperaturkoeffizienten des piezoresistiven Effekts z.T. kompensieren. Die Widerstände können dabei durch Si-Widerstände mit richtig gewählter Dotierung realisiert, also auch monolithisch mit integriert werden. Ein Beispiel für solche Kompensationsschaltungen ist in Bild 3.15 gezeigt. Bei passiven Kompensationsverfahren ist eine Konstantstromspeisung gegenüber einer Konstantspannungsspeisung zu bevorzugen [3-14]. Für den Fall, dass der Temperaturkoeffizient des Brückenwiderstandes größer ist als der des Spannensignals ($TCR > TCS$), gelingt eine Temperaturkompensation durch Realisierung einer Konstantstromquelle in Verbindung mit drei zur Brücke verschalteten Widerständen R_5, $R_{6a,b}$ und $R_{7a,b}$. Hierbei dient R_6 zur Kompensation des Offsets (je nach Vorzeichen wird a oder b überbrückt) und R_7 zur eigentlichen Temperaturkompensation des Offsets. R_5 kompensiert die Temperaturabhängigkeit des Spannensignals.

Eine weitere Fehlerquelle von Si-Drucksensoren sind Unbalancen der Wheatstoneschen Brücke durch technologische Schwankungen bei den Widerstandswerten. Dies kann durch einen elektronischen Brückenabgleich oder durch Lasertrimmen von zugeschalteten Widerständen ausgeglichen werden.

Signaloffsets werden auch durch mechanische Spannungen erzeugt, die vom Gehäuse auf die Membran übertragen werden. Dies ist ein zentrales Problem bei hochgenauen Drucksensoren und erfordert eine genau angepasste Verbindungstechnik (s. 3.1.4).

Die wichtigsten Größen zur Charakterisierung des Betriebsverhaltens von Drucksensoren sind die Empfindlichkeit und der Offset. Für den Betrieb wichtig sind die Temperaturabhängigkeiten dieser Größen und die Exemplarstreuung. Die Temperaturabhängigkeit des Offsets ist eng mit der benutzten Verbindungstechnik zum Träger bzw. zum Gehäuse verknüpft. Bei guten Sensoren liegen typische Werte für die Temperaturabhängigkeit des Offsets bei $-0,05\%$ bezogen auf das Spannensignal. Die Temperaturabhängigkeit der Empfindlichkeit resultiert insbesondere aus der Temperaturabhängigkeit der piezoresistiven Koeffizienten (vgl. Bild 3.10). Im mittleren Temperaturbereich hat man typische Temperaturabhängigkeiten von etwa $-0,2\,\%/K$ bezogen auf das Spannensignal.

Stabilitätsprobleme lassen sich insbesondere durch Passivierungsschichten (z.B. Si_3N_4) und optimaler Wahl der Leiterbahnen im mechanisch beanspruchten Membranbereich (z.B. hochdotierte Schichten statt Al) auf dem Sensorchip reduzieren.

3.1.6   Alternative Realisierungsprinzipien von Si-Drucksensoren

Kapazitive Drucksensoren

Mit dem Aufkommen verbesserter und vor allem billigerer Elektronik werden kapazitive Wandlungsprinzipien für mechanische Sensoren immer interessanter.

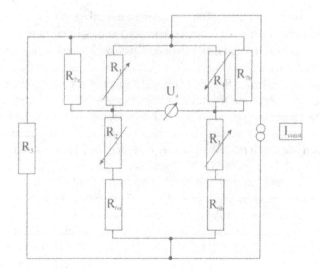

Bild 3.15: Schaltung für Temperaturkompensation von Offset und Spanne, nach [3-14].

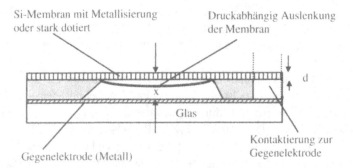

Bild 3.16: Prinzipieller Aufbau eines kapazitiven Drucksensors. Die Kapazität wird durch die Metallisierung der Glasplatte realisiert. Hochdotiertes Si (p^+) kann direkt als Gegenelektrode fungieren.

Der prinzipielle Aufbau eines kapazitiven Drucksensors ist in Bild 3.16 gezeigt. Ohne Druckdifferenz ist die Kapazität gegeben durch

$$C = \varepsilon_0 \varepsilon_r A / x$$

mit A: Fläche des Kondensators, x: Abstand der Elektroden

(3.30)

Die relative Kapazitätsänderung durch Auslenkung $\Delta x = w$ der Membran ist dann proportional zur Druckdifferenz:

$$\Delta C / C = -(w(r)/x) \cdot \Delta p$$

(3.31)

Hierbei ist zu beachten, dass w eine Funktion des Ortes r auf der dünnen Platte ist. Gl. (3.31) ist

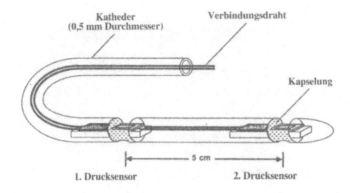

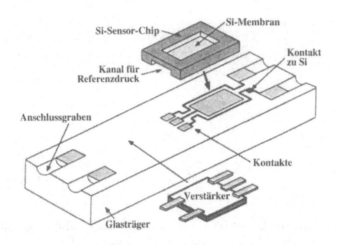

Bild 3.17: Kapazitiver Drucksensor (kardiovaskulärer Katheter), aus [3-15]

daher durch Integration über das gesamte Plattengebiet auszuwerten.

Der in Bild 3.16 gezeigte Aufbau erfordert spezielle Techniken zur Kontaktierung der unteren Elektrode. Bei einer flexiblen Gegenelektrode aus Metall, das auf die Membranstruktur aufgebracht wird, ist Gl. (3.30) durch die Gleichung eines teilweise mit einem Dielektrikum gefüllten Kondensators zu ersetzen.

Eine mögliche Realisierungsform wird in Bild 3.17 vorgestellt. Dieser Drucksensor wurde für die medizinische Anwendung entwickelt und wird an mehreren Stellen eines kardiovaskulären Katheters eingebaut, wie in Bild 3.17 oben angedeutet ist. Hiermit lassen sich Druckdifferenzen in der koronaren Arterie des Herzens messen. Durch entsprechend geätzte seitliche Öffnungen im Si-Chip wird einmal ein externer Referenzdruck von außen in den Katheter eingeführt, zum anderen werden hier die Anschlüsse zu der auf dem Glas befindlichen Elektrode herausgeführt. Wegen der nur sehr kleinen Kapazitätsänderung ist eine monolithische Integration der Auswerteelektronik bei kapazitiven Drucksensoren vorteilhaft. Dies lässt sich z.B. bei Drucksensoren, die mit der Methode der Oberflächenmikromechanik hergestellt werden, relativ einfach realisieren.

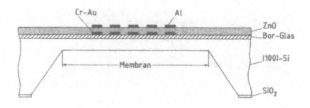

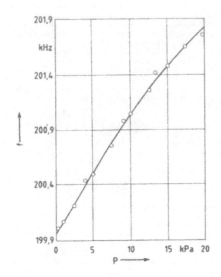

Bild 3.18: Frequenzanaloger Drucksensor mit piezoelektrischer Resonanzanregung, oben: Aufbau, unten: Druckabhängigkeit der Resonanzfrequenz, (aus [3-2], nach [3-16])

Frequenzanaloge Drucksensoren

Frequenzanaloge Sensoren erlauben eine relativ einfache Digitalisierung der Signale und zeigen eine kleinere Störanfälligkeit auf der Übertragungsstrecke als analoge Sensoren.

Im Falle von Drucksensoren kann hier die Druckabhängigkeit der Eigenfrequenz einer schwingungsfähigen Membran ausgenutzt werden, um auf die herrschende Druckdifferenz rückschließen zu können [3-16]:

$$f = f_0\sqrt{1 + C_1(w_0/d)^2} \qquad (3.32)$$

hierbei ist w_0 die druckabhängige Auslenkung der Membran, f_0 die Eigenfrequenz ohne Druck und C_1 ist eine geometrieabhängige Konstante ($C_1 = 1{,}464$ für quadratische Membran).

Wegen der linearen Druckabhängigkeit der Membranauslenkung w verhält sich die Eigenfrequenz nach Gl. (3.32) nicht linear zum Druck. In hinreichend kleinen Druckintervallen kann der Verlauf $f(\Delta p)$ jedoch für eine einfache Auswertung als nahezu linear angenommen werden. Bei frequenzanalogen Sensoren muss die Membran zur Eigenschwingung angeregt werden.

Dies kann mittels piezoelektrischer Dünnschichten (z.B. ZnO), thermisch (Widerstandsheizen) oder auch durch Luftschall erfolgen. Bild 3.18 zeigt eine Realisierungsform, bei der eine resonante Schwingungsanregung durch eine Piezoschicht aus ZnO erfolgt. Durch Rückkopplung des elektrischen Ausgangssignals (direkter piezoelektrischer Effekt) in das System (reziproker oder indirekter piezoelektrischer Effekt) wird das System in Resonanz gehalten. Die entsprechende Druckabhängigkeit der elektrisch messbaren Resonanzfrequenz ist im unteren Bildteil dargestellt. Problematisch ist bei dieser Realisierungsform die Langzeitstabilität der piezoelektrischen ZnO-Schicht.

3.1.7   Industrielle Realisierungsbeispiele von Drucksensoren

In den meisten industriellen Si-Drucksensoren werden Anordnungen auf (100)-Si mit Ausrichtung der p-dotierten Widerstände in [110] gemäß Tabelle 3.6 gewählt. Unterschiede findet man dann v.a. in der Aufbau-und Verbindungstechnik, in der Art der Gehäusung und im Grad der Integration von Elektronik direkt auf dem Sensorchip.

Low cost-Sensoren verwenden z.B. einfache Kunststoffgehäuse und Silikonpassivierung unter Verzicht auf Temperaturkompensation auf dem Chip. Bei Relativdrucksensoren ist hier zu beachten, dass diese Sensoren nur in einer Druckrichtung einsetzbar sind, damit die Silikonabdeckung nicht aus dem Gehäuse gedrückt wird.

Aufwendige Drucksensoren für den Hochdruckbereich in aggressiver Umgebung sind durch Edelstahlgehäuse mit Ölvorlage von dieser Umgebung getrennt. Die Temperaturkompensation erfolgt oft über einen Temperatursensor und eine hybrid- oder auch monolithisch integrierte Schaltung.

In »intelligenten« Drucksensoren wird die Kompensation von Offset sowie der Temperaturabhängigkeit des Offsets und der Spanne durch Vergleich mit in EPROM oder EEPROM abgelegten Kennlinien vorgenommen.

In einigen Anwendungen wie z.B. Reifendrucksensoren werden zur drahtlosen Datenübertragung und Energieversorgung auch Antennen integriert [3-17].

Eine Zusammenstellung typischer industrieller Drucksensoren entsprechend dieser Aufteilung ist in Bild 3.19 gezeigt.

Kommerzielle Drucksensoren unterscheiden sich zunächst durch sehr unterschiedliche Gehäuseformen. Unterschiede treten aber auch in der Art der Verdrahtung auf. Neben Drahtbond- werden auch tape-bond-Techniken eingesetzt. Bei einer sehr platzsparenden Lösung wird der Chip mit der Auswerteelektronik auf die Rückseite des Sensorchips gebondet, so entstehen hybride Mikrosysteme.

Zurzeit gibt es deutlich weniger kommerzielle Drucksensortypen mit monolithischer Integration der Elektronik als mit hybrider Integration. Hierfür gibt es mehrere Gründe:

- Üblicherweise werden Drucksensoren auch heute noch mit konventioneller Volumenmikromechanik hergestellt. Eine Integration der Fertigungsschritte in einer Standard-CMOS-Technologie ist aber schwierig und riskant.

- Die Herstellung des reinen Sensorelements ist vergleichsweise einfach, so dass auch mittelständische Unternehmen entsprechende Fertigungslinien unterhalten können. Die Elektronik wird dann extern bezogen.

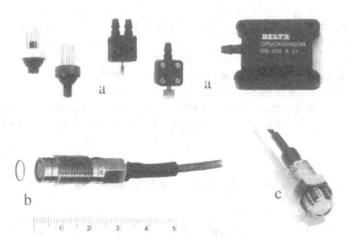

Bild 3.19: Typische industrielle Drucksensoren: a) low-cost-Sensoren mit Kunststoffgehäuse (Fa. Keller, Delta), b) Hochdrucksensoren mit Edelstahlgehäuse und Öldruckvorlage (Fa. Kistler, Fa. Keller), c) Sensorchip mit hybrider Sensorelektronik (Fa. Keller)

- Eine wesentliche Wertschöpfung erwächst aus der Anpassung an die Anwendung, also über die Aufbau- und Verbindungstechnik, weniger über die Herstellung des Sensorchips selbst.
- Es gibt viele low-cost Anwendungen, die nur einfachste Lösungen zulassen.

Die Situation kann sich in Zukunft ändern, wenn auch im Bereich von Drucksensoren die Oberflächentechnik weiter vordringt. Solche Drucksensortypen werden in einigen Seitenairbag-Systemen wegen der erforderlichen kurzen Ansprechzeiten eingesetzt. Die Drucksensoren reagieren auf die bei einer Seitenkollision über das Blech weitergeleitete Schallwelle. Infineon fertigt die Drucksensoren in Oberflächentechnik mit vollständig monolithischer Integration in einer $0{,}8\,\mu$m-BiCMOS-Technologie [3-13]. Dadurch erhält man bei dieser sicherheitsrelevanten Anwendung eine vergleichsweise preiswerte Realisierung von Selbsttest- und Kalibrierfunktionen. Die Sensoren ähneln daher Lösungen, wie sie bei den im nächsten Abschnitt behandelten Beschleunigungssensoren schon seit Anfang der neunziger Jahre auf dem Markt sind. Einen Eindruck vom Aufbau dieses Sensors gibt das Bild 3.20.

3.2   Si-Beschleunigungssensoren

Beschleunigungssensoren haben durch die Einführung des Airbags im PKW in den letzten Jahren stark an Bedeutung gewonnen. Der Massenmarkt der automotiven Applikation zusammen mit der Tatsache, dass die Realisierung eines Beschleunigungssensors gegenüber einem Drucksensor wegen der fehlenden Medienproblematik vergleichsweise einfach ist (bei einem Beschleunigungssensor kann eine vollständige Medientrennung erfolgen, ohne dass die Messfähigkeit eingeschränkt wird), hat in den letzten Jahren zu sehr ausgereiften Lösungen geführt. Darüber hinaus können auch Sensoren zum Messen anderer Größen aus Beschleunigungssensoren abgeleitet werden (vgl. Abschnitt 3.3).

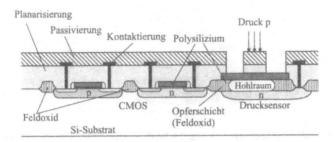

Bild 3.20: Querschnitt durch einen monolithisch integrierten, mit Hilfe der Oberflächenmikromechanik gefertigten Drucksensor. Die für den Absolutdrucksensor erforderliche abgeschlosse Referenzkammer wird durch Ätzen einer Opferschicht (Feldoxid) herausgebildet und mit einem speziellen Verfahrensschritt von oben verschlossen (sealing, s. Abschn. 2.4.3.1), nach [3-13]. Der Sensor enthält verschiedene elektronische Funktionen, die monolithisch integriert wurden. Einsatzgebiete sind Seitenairbagsysteme und Medizin.

3.2.1 Mechanische Beschreibung von Beschleunigungssensoren

Beschleunigungssensoren sind im Prinzip schwingungsfähige Masse-Feder-Elemente, die Verzögerungsglieder 2. Ordnung bilden. Das Modell eines solchen Elements ist in Bild 3.21 dargestellt. Neben der Federkonstanten k und der trägen Masse m bestimmt die Dämpfung c das mechanische Antwortverhalten auf eine durch Beschleunigung a(t) erzeugte Kraft $F(t) = m\,a(t)$. Zur Berechnung des Antwortverhaltens ist die Differentialgleichung (3.33a) bzw. die algebraische Gleichung für zugehörige Laplace-Transformation (3.33b) zu lösen:

$$m\frac{d^2x}{dt^2} + c\frac{dx}{dt} + kx = F(t) = m \cdot a(t) \tag{3.33a}$$

$$H(s) = \frac{x(s)}{a(s)} = \frac{1}{s^2 + \frac{c}{m^2} + \frac{k}{m}} = \frac{1}{s^2 + \frac{\omega_0}{Q}s + \omega_0{}^2} \tag{3.33b}$$

Hierbei ist $Q = \left(\sqrt{k \cdot m}\right)/c$ die Güte des Systems.

Die Eigenfrequenz des gedämpften Systems berechnet sich zu:

$$\omega = \omega_0 \sqrt{1 - (\frac{c}{2m \cdot \omega_0})^2}, \quad \omega_0 = \sqrt{\frac{k}{m}} \tag{3.34}$$

Ist die Einschwingzeit bzw. die Schwingungszeit $T = 2\pi/\omega$ des Masse-Feder-Systems sehr klein gegenüber der zeitlichen Änderung der Kraft, so kann letztere als zeitlich konstant angesehen werden. In diesem Sonderfall folgt die Amplitude der Auslenkung der seismischen Masse aus der Ruhelage (x_0) proportional der wirkenden Kraft $F_0 = ma_0$. Aus der Messung der Auslenkung kann daher die auf die seismische Masse wirkende Beschleunigung bestimmt werden.

Zur Beschreibung des mechanischen Verhaltens von Beschleunigungssensoren unterscheidet man vier grundsätzliche Formen gemäß Bild 3.22: Einseitig eingespannte Biegebalken mit (punktförmiger) seismischen Masse (Cantilever-Struktur, a), Doppelbiegebalken als Einspann-

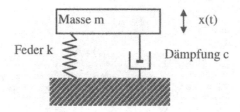

Bild 3.21: Einfaches mechanisches Ersatzschaltbild eines Beschleunigungssensors.

struktur jeweils auf Biegespannung belastet (b) sowie die auf Torsion belastete Form (c) und eine zwei- oder auch vierfach eingespannte seismische Masse (Brückenstruktur, d).

Bei vorgegebener Sensorgröße ist dabei die einseitig eingespannte Masse nach (a), bei der der Balken auf reine Biegung belastet wird, das empfindlichste Element.

Da man bei Beschleunigungssensoren meist die kapazitive Signalwandlung ausnutzt, wird hier insbesondere die für kapazitive Signalwandlung interessante Auslenkung w_0 der seismischen Masse betrachtet [3-18][9]:

$$w_0 = 4 \cdot a \cdot m \cdot L^3 / (E \cdot b \cdot d^3) \tag{3.35a}$$

$$w_0 = 2 \cdot a \cdot m \cdot L^3 / (E \cdot b \cdot d^3) \tag{3.35b}$$

$$w_0 = a \cdot m \cdot L^3 / (E \cdot 4 \cdot b \cdot d^3) \tag{3.35c}$$

$$w_0 = 2 \cdot a \cdot m \cdot L^3 / [G \cdot b \cdot d \cdot (b^2 + d^2)] \tag{3.35d}$$

a: Beschleunigung (senkrecht zur seismischen Masse), m: seismische Masse, L: Länge, b: Breite, d: Dicke des Aufhängungsbalkens, E: Elastizitätsmodul, G: Schubmodul

Hierbei gilt die erste Gleichung für die Auslenkung einer einseitig an einem Doppelbalken aufgehängten Masse, die zweite für einen Doppelbiegebalken. Die dritte Gleichung gibt die Durchbiegung an für eine vierseitig aufgehängte Masse und den Fall, dass die Übergange zwischen den Biegebalken und der starren seismischen Masse nur verschiebbar sind, dort jedoch aufgrund der starren Masse keine Drehung möglich ist. Die letzte Gleichung gilt nur für die Torsionsaufhängung. Die einseitig eingespannte Anordnung ist zwar sehr empfindlich, hat aber den Nachteil großer Querempfindlichkeit gegenüber Beschleunigungen in der Ebene der seismischen Masse und weist auch nur eine geringe Schockfestigkeit auf. In diesen Punkten hat die vierseitig eingespannte Anordnung Vorteile.

Zur Erhöhung der Empfindlichkeit bei mehrseitig aufgehängter Masse und vorgegebener Gesamtsensorgröße kann man auch gewundene, spiralförmige oder gefaltete Aufhängungsbalken [3-18] oder auch in Aussparungen der seismischen Masse eingelassene Aufhängungsbalken [3-19] verwenden. Beide Lösungen machen aber bei der Verwendung von Si-Volumenmikromechanik (vgl. 2.4.2) besondere Vorkehrungen zum Schutz der zahlreichen konvexen Ecken erforderlich.

Eine weitere wichtige Kenngröße für Beschleunigungssensoren ist die erste Resonanzfrequenz f_0. Während für das ungedämpfte, schwingungsfähige System bei f_0 die typische Reso-

---

9 Bei der Ausnutzung des piezoresistiven Effekts ist die Biegespannung interessant. Im Fall des einseitig eingespannten Biegebalken mit einfacher Aufhängungsstruktur wird die maximale Biegespannung an der Aufhängungsseite auf der Oberseite des Biegebalkens erreicht: $\sigma = \frac{6amL}{bd^2}$

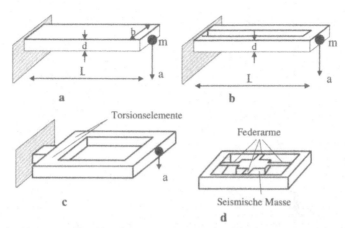

Bild 3.22: Wichtige Typen von Beschleunigungssensoren, a) einseitig eingespannter Biegelbalke, b) einseitig eingespannte seismische Masse mit Doppelbiegebalken, c) auf Torsion belasteter Biegebalken, d) vierseitig eingespannte seismische Masse m.

nanzüberhöhung auftritt, die zu einer starken Frequenzabhängigkeit in diesem Bereich und auch zu einer großen Bruchgefährdung führt, erhält man im überkritisch gedämpften Fall ein relativ flaches Frequenzantwortverhalten des Sensors bis zu Frequenzen knapp unter der Resonanzfrequenz f_0. Die Resonanzfrequenz kann daher zur Angabe des Dynamikbereichs des Sensors dienen.

Für eine einseitig an einem Biegebalken aufgehängte seismische Masse m berechnet sich die erste Eigenresonanz zu:

$$f_0 = \frac{\omega_0}{2\pi} = \frac{1}{2\pi} \sqrt{\frac{E \cdot b \cdot d^3}{4 \cdot L^3 \cdot m}} \tag{3.36}$$

Ein typisches Frequenzverhalten eines solchen Verzögerungsgliedes 2. Ordnung ist in Bild 3.23 dargestellt. Während in diesem Fall die Resonanzfrequenz im ungedämpften Fall bei ca. 5 kHz liegt, bekommt man im Fall der kritischen Dämpfung durch Luft ein relativ flaches Sensorausgangs-Signal bis etwa 2 kHz. Eine Reduktion der Dämpfung und damit eine Erweiterung des möglichen Frequenzbereichs kann man z.B. durch Löcher in der seismischen Masse erreichen. Diese Maßnahme bietet sich insbesondere für Beschleunigungssensoren an, die mit Hilfe der sogenannten Si-Oberflächenmikromechanik (s. 2.4.3) hergestellt werden. In diesem Fall werden Löcher in der seismischen Masse auch für das Wegätzen der Opferschicht gebraucht. Die Auflösungsgrenze von Beschleunigungssensoren ist theoretisch durch Brownsches Rauschen gegeben, das durch die Bewegung der die seismische Masse umgebenden Luftmoleküle entsteht: NEA (noise equivalent acceleration) ist gegeben durch [3-36]

$$NEA = \frac{\sqrt{4k_B \cdot T \cdot c}}{m} = \sqrt{\frac{4k_B \cdot T \cdot \omega_0}{Q \cdot m}} \tag{3.37}$$

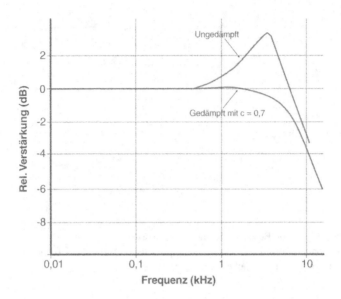

Bild 3.23: Frequenzverhalten einer Biegebalkenstruktur mit punktförmiger seismischer Masse (unge-
   dämpft, gedämpft mit c = 0,7), nach [3-18].

mit der Boltzmannkonstanten k_B, der Temperatur T (in K) und der Güte Q des schwingungsfähigen Systems. Man erkennt, dass für eine hohe Auflösung große Güte Q und große seismische
Massen m erforderlich sind.

   In der praktischen Anwendung ist häufig eine hohe Schockfestigkeit erforderlich. Üblicherweise wird hierzu als Belastung ein Fall aus 1–2 m Höhe auf harten Untergrund spezifiziert. Bei
solchen Anwendungen können je nach Gehäuseform Schockbelastungen bis 5000 g auftreten. Typische Spezifikationen liegen bei 100 g bis 200 g. Grundsätzlich gilt, dass hohe Empfindlichkeit
die Schockfestigkeit erniedrigt. Eine Lösung für dieses Problem stellen Endanschläge oder aber
auch ein sogenannter closed-loop-Betrieb (vgl. 3.2.2 und 3.2.3) dar.

3.2.2   Wandlerprinzipien für mikromechanische Beschleunigungssensoren

Im für Anwendungen interessanten Fall der vierseitig eingespannten seismischen Masse (Bild
3.22d) erhält man bei Nutzung des piezoresistiven Effekts zur Signalwandlung bei geeigneter
Orientierung und Dotierung eine um etwa 50% höhere relative Empfindlichkeit als bei kapazitiven Signalwandlung bei sonst gleicher Geometrie. Bei dieser Anordnung des sensitiven Elements
lassen sich Beschleunigungen in alle 3 Raumrichtungen oder aber Neigung des Sensors nachwei-
sen. Die relativen Widerstandsänderungen berechnen sich aus den gegebenen Spannungen in den
Biegebalken wie in Kap. 3.1.2 behandelt.

   Wegen der geringen Temperaturabhängigkeit erfolgt bei kommerziellen Beschleunigungssensoren die Signalwandlung heute meist kapazitiv, wobei der Sensor oft eine Differentialkapazität
darstellt.

   Die sehr kleine Grundkapazität und die noch kleinere Kapazitätsänderung durch eine Beschleunigung erfordern im Falle der kapazitiven Signalwandlung eine aufwendige elektronische

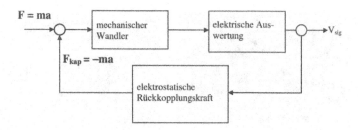

Bild 3.24: Blockdiagramm für closed-loop-Schaltung eines Beschleunigungssenssors, nach [3-18].

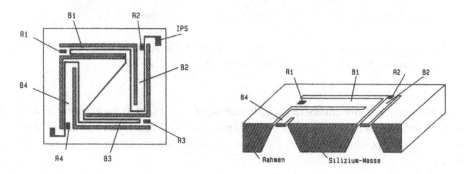

Bild 3.25: Früher piezoresistiver Beschleunigungssensor von Texas Instruments (SAA50) links: Aufsicht auf Sensor mit 4 Widerständen auf Biegebalken, rechts: Perspektivischer Schnitt durch den Sensor [3-6]. Mit freundlicher Genehmigung des expert-Verlags.

Signalauswertung, die zur Vermeidung des Einflusses parasitärer Kapazitäten am besten im Sensor direkt mit integriert wird. Die relative Kapazitätsänderung einer Kapazität $C = \varepsilon_0\,\varepsilon_r\,A/x$ (A : Fläche des Kondensators, x : Abstand, ε_r relative Dielektrizitätskonstante des Mediums zwischen den Kondensatorplatten) bei Änderung des Plattenabstands um Δx ist $\Delta C/C = -\Delta x/x$. Große Signale erhält man also durch große Kondensatorflächen (was aufgrund des entsprechenden Flächenbedarfs zu teuren Lösungen führt) oder auch durch sehr kleine Abstände x. Diese lassen sich insbesondere durch die Methoden der Oberflächenmikromechanik einfach realisieren. Eine weitere Möglichkeit der Kapazitätserhöhung ist die Parallelschaltung vieler Kondensatoren. Neben der dargestellten Änderung des Plattenabstands x führt auch die signalabhängige Änderung der effektiven Kondensatorplattenfläche A zu einem auswertbaren Messsignal.

Ein Problem bei kapazitiver Signalwandlung ist der Einfluss der elektrostatischen Kraft, die durch die Messspannung im Betrieb am Kondensator besonders bei kleinem Abstand der Kondensatorplatten auftritt. Diese nichtlineare Rückkoppelungskraft überlagert sich der Kraft durch die Beschleunigung, so dass im Betrieb auf das System nichtlineare Kräfte wirken. Die Nichtlinearität der Kraft lässt sich durch einen sogenannten closed-loop-Betrieb deutlich reduzieren. Beim closed-loop-Betrieb wird jede auch sehr kleine Auslenkung durch eine entsprechende Auswerteelektronik verarbeitet und mit umgekehrten Vorzeichen auf die Kapazitätsplatten rückgekoppelt. Damit bleibt die seismische Masse praktisch immer in Ruhelage. Das Blockdiagramm einer solchen closed-loop-Schaltung zeigt Bild 3.24.

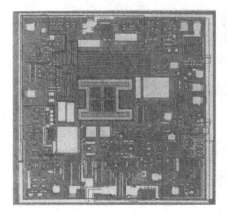

Bild 3.26: Beschleunigungssensor von Analog devices, oben: Chip in Aufsicht, unten: Chip auf Standardgehäuse mit Kennzeichnung der sensitiven Achse (»Nase«), [3-20]

Im Fall eines Differenzsensors (2 variable Kapazitäten C_1 und C_2) kann man z.B. das Diffe-
renzsignal bei phasenverschobener Wechselspannung an den Kapazitäten auswerten. Zur Realisierung der Rückkoppelung ist dann noch eine zusätzliche Gleichrichtung des Messsignals erforderlich.

3.2.3   Realisierungsbeispiele von Beschleunigungssensoren

Eine frühe industrielle Lösung eines piezoresistiv arbeitenden Beschleunigungssensors ist
im Bild 3.25 wiedergegeben. Die zentrale seismische Masse wird dabei mittels Si-
Volumenmikromechanik aus einem (100)-Wafer herausgearbeitet und von vier an den Ecken
eingespannten Biegebalken gehalten. Die Dicke der Biegebalken beträgt ca. 12 μm, die Länge
durch die platzsparende, winklige Form 1,2 mm. Durch longitudinale und transversale Anordnung der 4 Widerstände auf den gleichartigen Biegebalken in <110>-Richtung erhält man wie
bei einem entsprechenden Drucksensor (vgl. 3.1.3) eine betragsmäßig etwa gleich große negative und positive Widerstandsänderung bei jeweils zwei Widerständen, so dass eine Verschaltung
zu einer symmetrisch verstimmten Wheatstoneschen Brücke möglich ist. Die Aufhängungsbalken werden durch eine Beschleunigung senkrecht zur Oberfläche der seismischen Masse auf
Biegung belastet, Beschleunigungen parallel zur Oberfläche führen durch die höhere mechanische Steifigkeit der Biegebalken entlang dieser Richtungen und die symmetrische Anordnung in
der zentralen Achse der Biegebalken (Kompensation von Torsionsspannungen) zu relativ kleinen
Widerstandsänderungen (geringe Querempfindlichkeit). Die Sensorgröße beträgt ca. 3×3 mm^2.
Während der in Bild 3.25 dargestellte Sensor ein relativ einfaches mikromechanisches Element ist, das alleine noch nicht als Mikrosystem bezeichnet werden kann, handelt es sich beim
Anfang der neunziger Jahre erstmals vorgestellten Beschleunigungssensor ADXL50 von Analog Devices um ein Mikrosystem im engeren Sinn (vgl. Kap. 1.1). Der Sensor enthält neben dem
sensitiven Element eine in CMOS-Technologie mit integrierte Auswerteelektronik. Der kapazitiv
arbeitende Sensor wird im closed-loop-Betrieb verwendet, wobei die bei Beschleunigung parallel zur Sensoroberfläche auftretende Kraft durch eine elektrostatische Rückstellkraft kompensiert

Tabelle 3.8: Datenblatt des Beschleunigungssensors ADXL50g [3-20]

Messsignal	±50g
Nichtlinearität	0,2% vom Spannensignal
Ausrichtungsfehler	±1°
Querempfindlichkeit	2%
Empfindlichkeit	19 mV/g
Rauschen (100 Hz Bandbreite)	66 mg (rms)
3 dB Bandbreite (bei C = 0,0022 μF)	1,3 kHz
Versorgungsspannung	5 V
Stromaufnahme	10 mA

wird. Dadurch sind sehr kleine Abstände der kammartigen, zu einem Differenzkondensator zsammengeschalteten Elektroden möglich.

Eine Übersicht des Sensors gibt Bild 3.26. Der mechanische Teil des Sensors befindet sich in der Mitte des oben gezeigten Chips und nimmt eine Fläche von $500 \times 625\ \mu m^2$ ein, während der gesamte Chip $5 \times 5\ mm^2$ groß ist und auf einem Standardgehäuse gehalten wird (rechts im Bild). Der Sensorchip enthält eine leistungsfähige Elektronik, mit der Selbsttest, Vorverstärkung, Modulator- und Demodulatorfunktion realisiert wird. Bewegliche, an die zentrale träge Masse angehängte Elektroden werden gegenüber feststehenden Elektroden ausgelenkt. Die Beschleunigung a wirkt dabei parallel zur Oberfläche und ist proportional der Auslenkung aus der Ruhelage. Die träge Masse (proof mass) ist oben und unten über sehr lange (ca. $600\ \mu m$) und daher biegeschlaffe Si-Balken mit dem festen Rahmen verbunden. Tatsächlich wird durch eine Rückkopplungsschaltung, die ebenfalls auf dem Chip integriert ist, die Auslenkung zu jedem Zeitpunkt elektrostatisch gegenkompensiert. Als eigentliches Messsignal wird dabei der zur Kompensation notwendige Ladestrom für die Differentialkapazitäten ausgewertet. Durch die Gegenkompensation wird erreicht, dass die Auslenkung aus der Ruhelage nie größer als $0,01\ \mu m$ ist. Entsprechend klein kann der Abstand zwischen beweglicher und feststehender Elektrode gewählt werden ($1\ \mu m$). Dadurch erreicht man eine hohe Empfindlichkeit, gleichzeitig ist der Sensor schockfest, da die Gegenelektroden als Endanschläge fungieren.

Der Abstand der beweglichen Strukturen zur Oberfläche beträgt ca. $1\mu m$.

Die Wirkungsweise und die elektronische Auswertung kann mit Hilfe von Bild 3.27 erläutert werden. Oben im Bild ist das Prinzip des Sensors gezeigt. Aufgrund der Auslenkung der beweglichen Platten x ergibt sich eine Abstandsänderung zu den feststehenden Platten z und y mit jeweils umgekehrten Vorzeichen. Prägt man auf y und z eine Modulationsspannung V_A bzw. V_C ein, so ergibt sich bei beschleunigungsproportionaler Auslenkung der Platten x ein Modulationssignal V_B, dessen Amplitude ausgewertet werden kann. Tatsächlich wird das Signal in einer negativen Rückkopplungsschaltung an die bewegliche Platte zurückgekoppelt (Bild unten), so dass die Platten x praktisch stets in Ruhe bleiben. Hierzu wird das Signal V_B demoduliert und verstärkt auf die beweglichen Platte x zurückgekoppelt.

Dieser Sensor ist auch ein gelungenes Beispiel für ein Mikrosystem bzw. für einen »smart sensor«. Die eingebaute Elektronik erlaubt jederzeit Selbsttests. Damit ist der Sensor weitgehend autark und muss nur von Zeit zu Zeit »abgefragt« werden, ansonsten liefert er selbständig ein Signal zum Auslösen eines Airbags. Aufgrund der Anwendung im PKW ist der Sensoraufbau

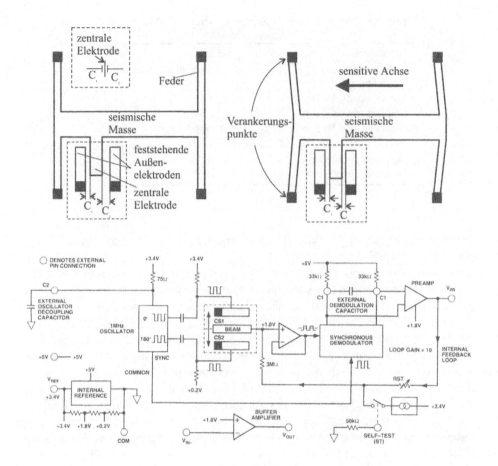

Bild 3.27: Wirkungsweise und elektronisches Auswerteprinzip des Beschleunigungssensors ADXL-50,
oben: Auswerteprinzip, unten: Rückkopplungsschaltung zur Kompensation, Erläuterungen s.
Text, [3-20]

auf 50 g optimiert. Durch Änderung der Massen- und Geometrieverhältnisse können jedoch auch
leicht andere Anwendungsfelder erschlossen werden, insbesondere werden neben dem gezeigten
Typ Nieder-g-Sensoren angeboten.

Die Schockfestigkeit des Sensors wird mit 2000 g, die Absolutgenauigkeit mit 3 % und die
Linearität mit 0,5% (jeweils bezogen auf das Spannensignal) angegeben.

Die Herstellung erfolgt in einem 1 μm-CMOS-Prozess, wobei die mikromechanischen Elemente aus poly-Si bestehen. Als Opferschicht wird SiO_2 verwendet. Das sehr feinkörnige polykristalline Silizium zeigt geringes Ermüdungs- oder Kriechverhalten und ist daher gegenüber
kristallinem Silizium nur unwesentlich schlechter in seinen mechanischen Kenndaten.

Typische Leistungsdaten dieses Beschleunigungssensors sind in Tabelle 3.8 zusammengestellt.

Unter der Bezeichnung ADXL250 wird von Analog Devices seit 1998 auch ein Zwei-Achsen-
Beschleunigungssensor angeboten, der allerdings ohne closed-loop-Funktion arbeitet [3-21]

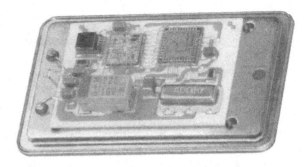

Bild 3.28: Beschleunigungssensor PAS 2 (100g) von Bosch, links: Detailansicht, rechts: Gesamtmodul. Der Sensor wird ebenfalls in Oberflächenmikromechanik gefertigt. Die freitragenden Strukturen (im Bild links die beweglichen Elektroden) bestehen aus mehrere Mikrometer dickem poly-Si. Abdruck mit freundlicher Genehmigung, Dirk Ullmann, Bosch-Reutlingen.

Ebenfalls in Oberflächenmikromechanik realisiert die Firma Bosch Beschleunigungssensoren. Die sensitive Struktur ist prinzipiell der von Analog Devices ähnlich. Der Bosch-Prozess benutzt allerdings wesentlich dickeres poly-Si. Der Sensor ist in Bild 3.28 gezeigt. Im Detail links erkennt man die Elektrodenstruktur. Das gesamte Sensormodul ist rechts gezeigt. Es handelt sich um eine Zwei-Chiplösung für das mikromechanische und das mikroelektronische Element. Ein Teil der elektronischen Auswertung wird auf dem Sensorchip vorgenommen, ein weiterer Teil wird vom mikroelektronischen Chip übernommen.

Die zuletzt vorgestellten Sensoren sind monolithisch integrierte Mikrosysteme. Die prozesstechnische Integration von mikroelektronischen und mikromechanischen Bearbeitungsschritten ist sehr schwierig und langwierig und erfordert große Erfahrung. Für mittelständische Unternehmen ist daher die Hybridintegration in der Regel geeigneter. Ein Beispiel für einen einfachen Beschleunigungssensor in Hybridtechnik ist in Bild 3.29 gezeigt. Dieser Sensor arbeitet ebenfalls kapazitiv. Die bewegliche Mittelelektrode ist dabei als seismische Masse mit einseitig eingespanntem Doppelbiegebalken ausgelegt. Die beiden Gegenelektroden werden auf Glasplatten realisiert, die auch als mechanische Endanschläge wirken. Die Fertigung des Sensors erfolgt in konventioneller Volumenmikromechanik, zur genauen geometrischen Definition der Biegebalken wird (110)-Si verwendet, so dass senkrechte Strukturen geätzt werden können (vgl. 2.4.2). Die Auswertung der Kapazitätsdifferenz erfolgt mit einer externen Elektronik. Wegen des Einsatzes in einem Unfalldaten-Speichersystem ist dieser von Mannesmann-Kienzle (VDO-Siemens) entwickelte Sensor besonders für gute Linearität bis in den Bereich kleiner Beschleunigungswerte ausgelegt, damit eine sichere Bestimmung der Bahnkurve erfolgen kann.

Neben den genannten automotiven Anwendungen werden Beschleunigungssensoren auch im Bereich der industriellen Messtechnik und in der Konsumerelektronik eingesetzt. Beispiele für den letzteren Bereich sind Beschleunigungssensoren zur Steuerung des ruhigen Laufs von Waschmaschinen und zur elektronischen Verwackelungskompensation in Camcordern/Videokameras [3-23].

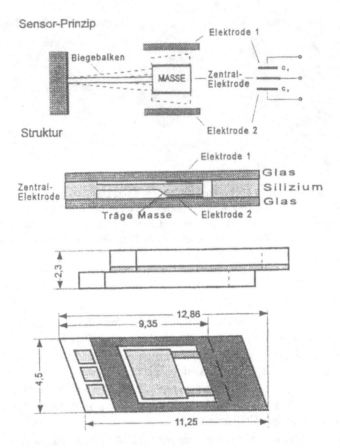

Bild 3.29: Einfacher Beschleunigungssensor in Hybridtechnik; oben: Wirkungsprinzip (Differentialkondensator), unten: schematischer Aufbau mit Größenangaben, die Form ergibt sich wegen der Verwendung von (110)-Si. [3-22]

3.3   Abgeleitete mikromechanische Sensoren

Mikromechanische Druck- und Beschleunigungssensoren werden in großen Stückzahlen benötigt. Weiterhin kann man diese Sensortypen beispielhaft als Grundtypen mikromechanischer Sensoren ansehen. Viele andere Sensorarten werden daher auf diese beiden Grundformen zurückgeführt. Im Folgenden werden dazu exemplarisch vier weitere Sensortypen behandelt.

3.3.1   Vibrationssensoren

Bei den bisher behandelten Sensor-Ausführungsformen ist der Einsatzbereich auf zeitlich konstante und quasikonstante Eingangssignale beschränkt. Als Maß für die größte messbare Frequenz kann dabei grob die erste auftretende Eigenresonanz des schwingungsfähigen Systems genommen werden. Je nach Dämpfung ist die Bandbreite (konstantes Antwortverhalten, also frequenzunabhängige Empfindlichkeit) typisch die Hälfte dieser Frequenz (vgl. 3.2.1).

Bei resonanten Sensoren arbeitet man hingegen gezielt im Bereich der Eigenfrequenz. Ändert die zu messende Größe die Eigenfrequenz des Systems, so hat man einen frequenzanalogen Sensor, der neben einer meist geringen Temperaturabhängigkeit als weiterer Vorteil eine große Störsicherheit (Auswertung nahezu amplitudenunabhängig) hat. Ein Beispiel ist der bereits in Abschnitt 3.1.7 behandelte frequenzanaloge Drucksensor.

Für Anwendungen im Maschinenbau eignet sich der in Bild 3.30 abgebildete resonante Kraftsensor. Dieser Sensor besteht aus vielen Biegebalken unterschiedliche Länge, so dass jeder Balken eine andere Resonanzfrequenz besitzt (s. (Gl.3.36)). Aufgrund der Resonanzüberhöhung und der hohen Güte mikromechanischer Sensoren (Q typisch 10 000 bei kleiner Dämpfung) detektiert ein solcher Sensor extrem empfindlich nur solche Signale, die Schwingungsmoden bei den jeweiligen Frequenzen enthalten. Dies ist im Bild 3.30 rechts als Antwortverhalten des Sensors über der Frequenz dargestellt. Primäre Messgröße bei diesem Vibrationssensor ist die Beschleunigung. Die Signalwandlung erfolgt in diesem Fall piezoresistiv, kann aber auch kapazitiv oder piezoelektrisch sein.

Der Sensor liefert eine quasi-analoge Fourieranalyse eines schwingenden Systems (z.B. einer Werkzeugmaschine).

3.3.2 Neigungssensoren

Auch mikromechanische Neigungssensoren werden meist mit einem Masse-Feder-System realisiert. Da die Neigung – also die Abweichung eines Körpers gegenüber der Horizontalen – im Prinzip auf die Messung des Erdbeschleunigungsvektors zurückgeführt werden kann, handelt es sich bei Neigungssensoren oft um modifizierte Beschleunigungssensoren. Wesentliche Randbedingungen beim Entwurf dieser Sensoren sind:

- Messung der Neigung um zwei oder drei Achsen bei geringer Querempfindlichkeit
- große Empfindlichkeit im Bereich kleiner Neigungswinkel
- große Schockfestigkeit.

Die Realisierung eines Zwei-Achsen-Neigungssensors zeigt Bild 3.31. In der Explosionszeichnung links erkennt man, dass der Sensor aus drei Si-Chips besteht, die mit einer speziellen Bond-Technik verbunden werden. Das Messprinzip ist rechts im Bild gezeigt: Bei Neigung des Sensors um einen bestimmten Winkel φ wird die zentrale seismische Masse um einen kleineren Winkel α geneigt. In den Aufhängungsbalken senkrecht zur Neigungsachse ergibt sich wegen der unterschiedlichen Lage von Massenschwerpunkt und Aufhängung eine s-förmige Verbiegung, die sich z.B. piezoresistiv auswerten lässt. Sehr kompakte Bauformen erreicht man durch ein Sensorlayout, bei dem die Biegebalken in entsprechenden Aussparungen der seismischen Masse definiert werden [3-25]. Der gezeigte Sensor wird mit Hilfe von Volumenmikromechanik gefertigt.

Auch Nieder-g-Beschleunigungssensoren können als Neigungssensoren verwendet werden. So ist der in Abschitt 3.2.3 erwähnte Zwei-Achsen-Beschleunigungssensor ADXL250L auch für einen Messbereich von 0–1 g geeignet. Dieser Beschleunigungsbereich entspricht der auf die Horizontale projizierten Erdbeschleunigungskomponente einer um $0° - 90°$ geneigten seismischen Masse.

Anwendungsgebiete für solche Sensoren findet man u.a. bei der leistungsabhängigen Steuerung von Automatikgetrieben, bei der Diebstahlsanzeige von PKW's und bei elektronischen Wasserwaagen.

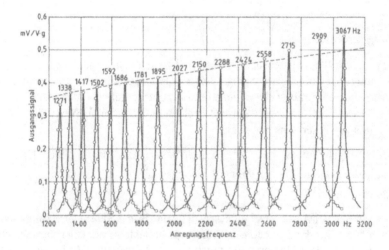

Bild 3.30: oben: Mikromechanischer Vibrationssensor, unten: Antwortverhalten des Sensors [3-24].
        © IEEE 1985.

Einen völlig neuartiger Ansatz für einen miniaturisierten Neigungssensor hat das HSG IMIT
in Villingen-Schwenningen weiter entwickelt [3-26]. Ausgehend von einem Patent [3-27] wird
hier ein Verfahren mikrotechnisch umgesetzt, bei dem die Neigung ohne jedwede bewegliche
Teile erfasst wird. Ausgenutzt wird dabei das Konvektionsverhalten von Gasen. Erzeugt man
lokal eine konvektive Gasströmung im Inneren eines Sensors, so wird die resultierende Erwärmung des umgebenden Sensorkörpers bezogen auf den Ort der Wärmeerzeugung unsymmetrisch,
wenn das Sensorgehäuse geneigt wird. Diese Unsymmetrie kann als Temperaturdifferenz bestimmt werden. In der mikrotechnischen Umsetzung wird die Wärmeerzeugung durch einen frei
aufgehängten Heizdraht aus Silizium erzeugt. Die Temperaturdifferenz wird durch zwei resistive
Temperatursensoren (ebenfalls aus Silizium) zu beiden Seiten um den Heizdraht herum erfasst.

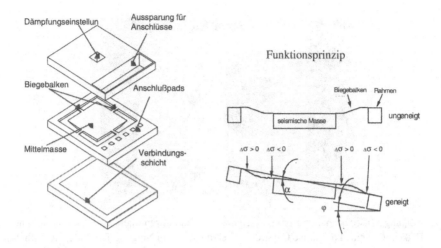

Bild 3.31: Zwei-Achsen-Neigungssensor, links: Explosionszeichnung des Sensors, rechts: Funktionsprinzip mit ungeneigtem (oben) und geneigtem (unten) Sensor, es handelt sich um eine vierseitig eingespannte seismische Masse gemäß Bild 3.22d.

Bild 3.32 zeigt diesen Sensor, der sich durch große Robustheit (hohe Schockfestigkeit), großen Winkelmessbereich (0–360°), große Empfindlichkeit (um 1 mV/°, abhängig von dem umgebenden Gas und der verwendeten Heizleistung) sowie relativ kurze Antwortzeiten (im Bereich s) auszeichnet. Der Sensor kann in einem sehr einfachen Herstellungsprozess mit Hilfe der SOI-Technik (vgl. 2.4.5) gefertigt werden. Neben einachsigen Sensoren wurden auch mehrachsige Sensoren nach dem gleichen Prinzip hergestellt. Ähnliche Ansätze wurden auch von anderen Gruppen vorgestellt [3-28], [3-29].

3.3.3   Drehratensensoren

3.3.3.1   Übersicht über Drehratensensoren

Drehratensensoren (englisch: *yaw rate sensors*) oder Gyroskope werden zur Messung von Drehbewegungen verwendet. Klassisch werden Drehbewegungen mit mechanischen Kreiseln gemessen. Hochgenaue Gyroskope werden heute überwiegend mit optischen Verfahren realisiert (Faserkreisel oder Ring-Laser-Gyroskope, vgl. auch 5.1.3.1). Mikromechanische Drehratensensoren erschließen den Anwendungsbereich, bei dem es wiederum auf preiswerte Lösungen bei mittleren oder geringen Anforderungen an die Genauigkeit ankommt

Anwendungsbeispiele für mikromechanische Drehratensensoren sind u.a.:

- Navigationssysteme im Kfz (Unterstützung des GPS)
- aktive Fahrwerksaufhängung im Kfz/ESP
- Anzeigen eines Überschlag-Unfalls beim Pkw
- Bildstabilisationssysteme in der Video- und Fototechnik
- Steuerung im Bereich virtueller Realität (3D-Computer-Maus)

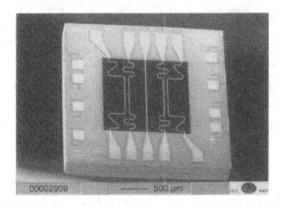

Bild 3.32: Neigungssensor nach dem Konvektionsprinzip. Von dem zentralen, als Heizdraht dienenden Si-Balken wird eine konvektive Gasströmung erzeugt, die im Neigungsfall durch die seitlichen, als Temperatursensoren wirkenden Widerstandsdrähte, die ebenfalls als Si-Balken herausgebildet sind, erfasst werden [3-26], mit freundlicher Genehmigung Frau Dr. Billat, HSG-IMIT.

Neben diesen Anwendungen im Konsumer- und Kfz-Bereich gibt es eine ganze Reihe von Nutzungsmöglichkeiten auch in der Militärtechnik, z.B. bei Geschossen mit kleinem Durchmesser [3-30].

Typische Anforderungen an mikromechanische Gyroskope sind [3-31]:

Messbereich: $50 - 1000°/s$

Drift: $0,1 - 1000°/h$

Schockbelastung: $1000\,g$ (in 1 ms)

Dynamik: um $100\,Hz$

Hierbei ist insbesondere die Drift für die Qualität bestimmend. Die angegebenen Werte reichen von Präzisionsanforderungen ($0,1°/h$) bis zu relaxierten Anforderungen an die Genauigkeit ($1000°/h$). Häufig findet man in Spezifikationen auch die Winkeldrift (angle random walk), die sich ohne Rotationsbewegung insbesondere aufgrund von Rauschen ergibt und daher auf die Wurzel der Bandbreite bezogen wird (Anforderungen: $0,05 - 0,5°/\sqrt{h}$).

3.3.3.2   Grundlegende Prinzipien für mikromechanische Drehratensensoren

Wegen des großen Anwendungspotentials gibt es weltweit starke F+E-Aktivitäten zu diesem Thema, die gerade in den letzten Jahren zunehmend auch zu kommerziellen Lösungen geführt haben [3-32], [3-33]. Eine – allerdings nicht mehr aktuelle – Übersicht zu diesem Thema findet man in [3-31].

Mikromechanische Drehratensensoren verwenden wie die entsprechenden feinwerktechnischen Lösungen das Coriolisprinzip, das anhand von Bild 3.33 (oben links) erläutert werden kann. Für einen Beobachter im um die z-Achse mit der Winkelgeschwindigkeit Ω rotierenden Bezugssystem xyz ist die Bahnkurve einer sich ihm gegenüber mit der Geschwindigkeit v (linear) bewegenden Masse m gekrümmt, d.h. für diesen Beobachter wirkt scheinbar eine Kraft auf

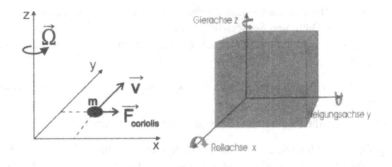

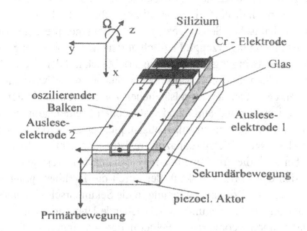

Bild 3.33: Mikromechanischer Drehratensensor, Mikromechanischer Drehratensensor, oben rechts: Corioliskraft auf sich bewegende Masse m bei Rotation des Bezugsystems, oben links: Vereinbarung
der verschiedenen Drehachsen, unten: Schema einer mikromechanischen Lösung [3-34]

diese Masse: die Corioliskraft $F_{coriolis}$:[10]

$$\vec{F}_{Coriolis} = 2 \cdot m \cdot (\vec{v} \times \vec{\Omega}) \tag{3.38}$$

Aufgrund dieser Kraft erscheint die Trajektorie der sich z.B. linear bewegenden Masse m für
einen im Inertialsystem mitrotierenden Beobachter gekrümmt. In einem Mikrosensor wird die erforderliche Bewegung des Massepunkts m durch ein schwingungsfähiges Gebilde realisiert, das
als Masse-Feder-System ausgelegt ist und mittels geeigneter Prinzipien zur Schwingung angeregt
wird.

Die Drehbewegungen um die drei Hauptachsen werden als Rollen (englisch: roll, um x-
Achse), Gieren (englisch yaw, um z-Achse) und Neigen (englisch pitch, um y-Achse) bezeichnet.
Diese Unterscheidung macht jedoch nur dann Sinn, wenn mehrere Drehbewegungen gleichzeitig

---

10 Das Phänomen demonstrierte Foucault 1820 mit seinem im Pantheon der Kirche Saint-Martin des Champs im Pari-
   ser Conservatoire des Arts et Métiers aufgehängten Pendel.

erfasst werden sollen. Bei rein einachsigen Drehungen kann man durch entsprechenden Einbau mit einer vorgegebenen Drehraten-Sensorstruktur alle drei Drehbewegungsarten erfassen.

Aus Gl. (3.38) wird ersichtlich, was man zur Realisierung eines mikromechanischen Drehratensensors benötigt:

- einen Aktor zum Anregen einer Primärschwingung (z.B. periodisch sich ändernde Geschwindigkeit v)
- einen Sensor, der die resultierende Sekundärschwingung detektiert.

Eine wichtige Grundstruktur, mit der sich ein Drehratensensor aufbauen lässt, ist die Stimmgabel. Da die beiden Seiten der Stimmgabel entgegengesetzt schwingen, verursacht die Corioliskraft auch entgegengesetzt gerichtete Kräfte auf die beiden Seiten der Stimmgabel.

Im Bild 3.33 ist beispielhaft eine einfache mikromechanische Umsetzung des Coriolisprinzips in einem mikromechanischen Sensor gezeigt. Mit Hilfe eines piezoelektrischen Aktors wird eine vertikale Primärschwingung erzeugt. Die sich durch die Corioliskraft ergebende, dazu senkrecht stehende Sekundärschwingung (die Richtung ergibt sich mit der Rechte-Hand-Regel) wirkt in diesem Fall auf denselben mikromechanischen Biegebalken und wird kapazitiv ausgewertet. An diesem Beispiel erkennt man den grundsätzlichen Aufbau von Drehratensensoren: mechanische Systeme mit zwei orthogonal aufeinander stehenden Freiheitsgraden, Krafteinleitung für Primärbewegung (elektrostatisch, elektromagnetisch, piezoelektrisch) und Wandlung der Sekundärbewegung in ein elektrisches Signal (kapazitiv, resistiv, piezoelektrisch). An diesem einfachen Beipiel kann man aber auch die Probleme bei der mechanischen Auslegung eines Drehratensensors erkennen: Da sich der Corioliseffekt in der durch die Drehbewegung verursachten Überkopplung von Energie aus der Primärschwingung in die Sekundärschwingung manifestiert, führt jede andere, nicht auf die Drehbewegung zurück gehende Überkopplung zu Messfehlern (s.u.). Zu den Fehlerquellen gehören geometrische Fehler in den schwingenden Systemen, äußere Kräfte und Rückkopplung der Sekundärschwingung auf die Primärschwingung. Weiterhin detektiert man in der Messanordnung für die Sekundärbewegung auch immer Anteile der Primärbewegung. Sehr genaue Drehratensensoren zeichnen sich durch eine aufwendige mechanische und elektrische Entkopplung von Primär- und Sekundärschwingung aus. Häufig wird dazu eine kardanische Aufhängung verwendet. Ein Beispiel für eine zweifach entkoppelte Aufhängung ist in Bild 3-34 gezeigt [3-35]. Dieses mechanische System enthält eine Standardlösung für die mechanische Entkopplung der Bewegung der seismischen Masse in y-Richtung von dem elektrostatisch in x-Richtung (Primärbewegung) angetriebenen Rahmenelement durch die beiden Biegebalken 1 und 2. Daneben ist eine weitere Entkopplung dergestalt realisiert, dass die Kammelektroden der Detektionseinheit (rechts) nicht der Primärschwingung der seismischen Masse und der Rahmenstruktur folgen kann (abgefedert durch die Biegebalken 3). Allerdings können die beweglichen Kammelektroden aufgrund der Corioliskraft in y-Richtungen schwingen (Biegebalken 4).

In dieser Arbeit [3-35] wird allerdings auch gezeigt, dass selbst mit einem solchen aufwendigen Entkopplungslayout noch nicht unbedingt bessere Ergebnisse erzielt werden als mit einem einfacheren Aufbau. In einer genaueren Analyse der wichtigen Fehlerquellen für Rauschen und Überkopplung wurde insbesondere die Antriebseinheit als größte Fehlerquelle identifiziert. Dabei tragen vor allem folgende Punkte zu den beobachteten Fehlern bei [3-35]:

- Endliche Steifigkeit der Aufhängungen des angetriebenen Elements in y-Richtung
- Unsymmetrie in der elektrostatischen Antriebseinheit

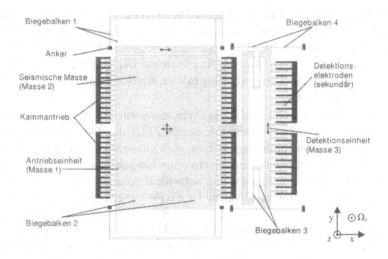

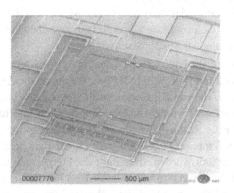

Bild 3.34: Beispiel für einen zweifach mechanisch entkoppelten Drehratensensor [3-35], mit freundlicher Genehmigung Dr. Braxmaier, HSG-IMIT

Um eine große Empfindlichkeit zu erzielen, werden große Amplituden der Sekundärbewegung benötigt. Für den Fall einer vorgegebenen quasi-rotatorischen Primärschwingung (mit der Frequenz ω, vgl. 3.3.3.3) und einer externen Drehrate Ω ist die Differentialgleichung (3.39a) zu lösen, um die Amplitude der Sekundärbewegung (gekennzeichnet durch Verkippen um Winkel α) abzuschätzen [3-32][11]:

$$\frac{\delta^2 \alpha}{\delta t^2} + 2c\frac{\delta \alpha}{\delta t} + \omega_0^2 = \frac{M}{I}\cos(\omega t) \tag{3.39a}$$

$$\alpha(t) = Ae^{-ct}\cos(\lambda t + \chi) + B\cos(\omega t + \phi) \tag{3.39b}$$

$$B = \frac{M}{I} \cdot \frac{1}{\sqrt{(\omega_0^2 - \omega^2) + (2c\omega)^2}} \tag{3.39c}$$

---

11 Im Falle einer sogenannten linear-linear-Anordnung (s.u.) ist die Differentialgleichung (3.33a) zu lösen.

Hierbei ist M das mit der Corioliskraft verknüpfte Drehmoment, c die Dämpfung, ω_0 die Eigenresonanz, ω die Betriebsfrequenz (der Primärschwingung), λ die Resonanzfrequenz der Sekundärschwingung und I das Flächenträgheitsmoment für die Sekundärschwingung. Die Konstanten χ und ϕ sind Phasenverschiebungen. A ist die Amplitude des Dämpfungsterms. Aus (3.39c) folgt, dass hohe Empfindlichkeit unter der Bedingung $\omega = \omega_0$ erzielt wird und dass die Dämpfung c in diesem Falle bestimmend wird.

Ein Hauptproblem bei mikromechanischen Drehratensensoren ist, dass sie auch ohne externe Drehrate ein Ausgangssignal liefern (zero-rate-output: ZRO), das direkt aus dem Sensorprinzip resultiert: Die primäre Anregungsbewegung kann auch ohne externe Drehrate in die Sekundärbewegung überkoppeln, da die beiden Bewegungen mechanisch nicht völlig zu entkoppeln sind. Dieses Problem tritt besonders ausgeprägt auf, wenn die Resonanzfrequenz der Aufhängung für die Sekundärbewegung der Resonanzfrequenz für die Primärbewegung entspricht (so genannte symmetrische Aufhängungen). Dies führt zwar einerseits zu einer hohen Empfindlichkeit, da der Energietransfer von der Primärschwingung auf die Sekundärschwingung aufgrund des Corioliseffekts in diesem Fall besonders effizient ist, aber eben auch zu einer starken Drift des entsprechenden Sensors. Weitere Ursachen für ZRO-Probleme sind Fehler bei der Strukturdefinition (Geometrie), bei der Realisierung der Anregungs- und Messelektroden (für elektrostatische und kapazitive Lösungen) sowie elektronische Koppelungen zwischen Anregung der Primärschwingung und elektrischer Messung der Sekundärschwingung.

Drehratensensoren können im »open-loop« oder im »closed-loop« betrieben werden. Ohne Rückkoppelung ist die Bandbreite auf wenige Hz beschränkt, da die Zeitkonstante zum Überkoppeln der Primärbewegung auf die von der Corioliskraft verursachte Sekundärbewegung ungefähr durch $2Q/\omega$ gegeben ist, wobei Q wieder die Güte des Systems und ω die Betriebsfrequenz ist. Da letztere wiederum über die Resonanzfrequenz der Primärschwingung bestimmt ist, ergeben sich selbst bei hohen Gütefaktoren (Q um 1000) typisch nur Bandbreiten im Hertz-Bereich. Die Bandbreite kann dadurch erhöht werden, dass man die Frequenzen der Primär- und Sekundärschwingung etwas gegeneinander verstimmt. Allerdings leidet darunter die Empfindlichkeit. Im Rückkopplungs-Betrieb wird die Amplitude des Sekundärschwingung ständig auf Null geregelt. Die Bandbreite ist in diesem Fall durch die Eigenresonanz des schwingungsfähigen Systems gegeben.

Wie bei Beschleunigungssensoren ist das Rauschen von Drehratensensoren primär durch Brownsche Bewegung (Gl. 3.37) gegeben [3-36]. Grundlegendes Entwurfsprinzip für hohe Auflösung ist daher, möglichst hohe mechanische Güte und niedrige Resonanzfrequenzen zu erzielen. Damit kann auch der ZRO-Fehler reduziert werden. Da die Güte durch interne und externe Dämpfungsmechanismen bestimmt wird, erfordern Drehratensensor Materialien mit hohen Gütefaktoren (c-Si, poly-Si, Quarz) und möglichst symmetrischen Aufbau, bei dem die Verluste durch akustische Abstrahlung klein sind. Um die Dämpfung durch umgebende Luft zu verringern, arbeiten darüber hinaus Drehratensensoren bevorzugt unter Vakuum, was besondere Anforderungen an eine hermetisch dichte Gehäusetechnik stellt.

3.3.3.3   Realisierungsbeispiele für mikromechanische Drehratensensoren

Die Klassifizierung mikromechanischer Drehratensensoren kann nach unterschiedlichen Kriterien erfolgen. So kann man z.B. nach Herstellungsarten gliedern. Grundsätzlich sind Lösungen in

Volumenmikromechanik [3-37], Oberflächenmikromechanik [3-38] oder LIGA-Technik/Abformung [3-39] möglich. Da entsprechend Gl. (3.39) hochwertige Sensoren hohe Gütefaktoren Q und große seismische Massen m benötigen, waren anfangs Lösungen in Volumenmikromechanik denen in Oberflächenmikromechanik deutlich überlegen. Bewertet man z.B. die Sensoren unterschiedlicher Herstellungsart nach der Winkeldrift (angle random walk), so waren Mitte der 90er Jahre Drehraten-Sensoren in Bulk-Mikromechanik denen in Oberflächenmikromechanik um 1 – 2 Größenordnungen bei der Winkeldrift überlegen. Aufgrund der technologischen Verbesserungen – insbesondere DRIE (Deep Reactive Ion Etching) – haben sich aber Oberflächenmikromechanik-Drehratensensoren bei diesem Kriterium den mit Bulk-Mikromechanik hergestellten Sensoren angenähert. Extrapoliert man die entsprechenden Trendlinien [3-31], so ist ab ca. 2006 damit zu rechnen, dass sich diese beiden Sensortypen bei der Winkeldrift kaum mehr unterscheiden werden. Sehr vorteilhaft kann auch sein, die Vorteile beider Verfahren zu kombinieren, wie es Bosch für einen Präzisionssensor getan hat, der weiter unten (s. Bild 3.35) noch behandelt wird [3-33].

Eine andere Möglichkeit zur Klassifizierung ist die Unterscheidung nach den verwendeten Anregungsprinzipien für die Primärschwingung. Hierbei unterscheidet man elektrostatisch [3-37], piezoelektrisch [3-40] und elektromagnetisch [3-33]. Vergleicht man die verschiedenen präsentierten Lösungen, so stellt man fest, dass überwiegend elektrostatische Antriebe verwendet werden.

Schließlich ist es auch möglich nach Art und Richtung der Anregungs- bzw. Sekundärbewegung zu unterscheiden: So können beide linear sein (Typ linear-linear [3-33]), beide rotatorisch (Typ rotatorisch-rotatorisch, [3-41]) oder es sind auch Kombinationen möglich. Bei linear-linear-Sensoren kann man wiederum zwei Fälle unterscheiden: Detektionsrichtung (also Richtung der Sekundärbewegung) in der selben Ebene wie die Primärschwingung (englisch: lateral detection) oder aber senkrecht dazu (vertical detection) [3-42].

Beide Bewegungsmöglichkeiten (linear-linear bzw. rotatorisch-rotatorisch) sind heute etwa gleich häufig zu finden. Während es bei linear-linear-Anordnungen wie gesagt möglich ist, die Bewegungsrichtungen in einer Ebene zu halten, stehen die Rotationsebenen bei rotatorisch-rotatorisch-Anordnungen senkrecht aufeinander (»Torkelbewegung«). Diese beiden Lösungen unterscheiden sich auch im Hinblick auf den Entwurfsaufwand: Während früher der Entwurfsaufwand bei linearen Anordnungen erheblich geringer war als bei rotatorischen Anordnungen (Boxen statt Kreisen bzw. Kreissegmenten), lassen sich mit speziellen, für die Mikrosystemtechnik optimierten Layoutwerkzeugen heute auch kreisförmige Strukturen mit vertretbaren Aufwand entwerfen.

Für die in diesem Abschnitt ausgewählten Beispiele wurde die Eignung für die Serienfertigung bereits gezeigt. Ihnen ist vielmehr gemeinsam, dass sich deren Eignung bereits durch Serienfertigung bestätigt hat. Ein von Bosch [3-33], entwickelter Drehratensensor kombiniert die Vorteile der Oberflächenmikromechanik mit denen der Volumenmikromechanik. Eine Übersicht über diesen Sensor wird in Bild 3.35 gegeben. Der Aufbau und die Bewegungsrichtungen sind in den schematischen Darstellungen (oben) gezeigt. Ein Detail des Sensors (insbesondere die Federarme als Aufhängung der seismischen Massen) und ein Teil des Beschleunigungssensors ist im Bild unten links gezeigt. Unten rechts erkennt man den Einbau des Sensors (Mitte, kopfüber) ins Gehäuse.

Der Drehratensensor wird durch zwei Massen gebildet, in die jeweils Beschleunigungssensoren eingelassen sind. Für große Amplituden der Primärschwingung wird ein elektromagnetischer

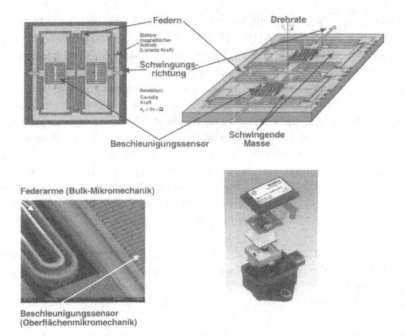

Bild 3.35: Drehratensensor für hohe Genauigkeit der Firma Bosch. Die Herstellung erfolgt in einer Kombination von Oberflächen- und Volumenmikromechanik unter Verwendung eines DRIE-Prozesses (›Bosch-Prozess‹). Die Anregung der Primärschwingung wird durch einen elektromagnetische Antrieb erreicht. Die Auswertung der Sekundärschwingung erfolgt mit 2 Beschleunigungssensor-Strukturen. Oben: schematischer Aufbau, unten links: Detail mit Federarmen und Beschleunigungssensor, unten rechts: Einbau in Gehäuse. Mit freundlicher Genehmigung von Dr. Finkbeiner, Bosch GmbH, Reutlingen.

Antrieb verwendet. Hierzu wird über der Sensoroberfläche im Gehäuse ein Permanentmagnet platziert. Ein Strom durch Aluminiumleiterbahnen auf den Massen erzeugt in dem Magnetfeld des Permanentmagneten eine Lorenzkraft, die zu einer Schwingung mit einer Amplitude von etwa $50\,\mu$m führt. Mit einer zweiten Leiterbahn werden die bei der Primärschwingung induzierten Spannungen aufgenommen, so dass man die Geschwindigkeit v der Primärschwingung erfassen kann (vgl. Gl. (3.38)). Besonderes Augenmerk wurde auf die optimale mechanische Auslegung des Systems gelegt. Da die aufgrund der Primärbewegung schwingenden Massen eine Stimmgabel ausbilden, ist es wichtig, die zwei Schwingungsmoden (gegenphasig und gleichphasig) möglichst gut zu trennen. Dies wird durch geeignete Auslegung der Aufhängungen der Massen zum Rahmen bzw. untereinander erreicht. Die entsprechenden Schwingungsfrequenzen liegen bei 1,6 kHz (gleichphasig) bzw. 2,0 kHz (gegenphasig), so dass bei einer Betriebsfrequenz von 2 kHz eine saubere Stimmgabelschwingung vorliegt. Durch die gegenphasige Schwingung der beiden Massen sind die resultierenden Coriolisbeschleunigungen ebenfalls entgegengesetzt gerichtet. Hierdurch ist es mit dieser Sensorstruktur sehr einfach möglich, die Coriolisbeschleunigung von überlagerten linearen (externen) Beschleunigungen zu trennen. Da die Beschleunigungssensoren in den durch Volumenmikromechanik definierten Massen eingelassen sind, ergibt sich eine gute mechanische Entkopplung der Primärschwingung von der Sekundärschwingung.

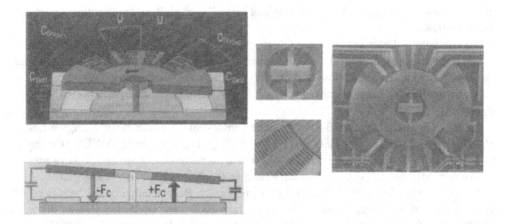

Bild 3.36: Drehratensensor vom Typ rotatorisch-rotatorisch der Firma Bosch. Links: Anregung (oben) und Auswertung (unten), rechts: REM-Aufnahmen der Sensorstruktur. Die Struktur ist über 4 Biegebalken an einem Anker im Zentrum aufgehängt. Mit freundlicher Genehmigung Dr. Finkbeiner, Bosch GmbH, Reutlingen.

Der Beschleunigungssensor wird im »closed-loop«-Modus betrieben. Dadurch ist es möglich, hohe Empfindlichkeit bei großer Bandbreite (Messfrequenz 2 kHz) zu erzielen. Der Gütefaktor des Schwingungssystems in Luft wird mit Q=1200 angegeben, so dass dieses System sehr empfindlich ist. Der Sensor wurde für einen Messbereich von $\pm100°$/s ausgelegt, die Empfindlichkeit wird mit 18 mV/°/s angegeben [3-43]. Bei einer externen Beschleunigung der Oszillatorstruktur von 800 g tritt eine Querempfindlichkeit von 100 mg in den Beschleunigungssensoren auf, was etwa dem halben Signal entspricht, das durch eine Drehbewegung von 100°/s aufgrund der Corioliskraft erzeugt wird. Der Sensor ist mit einer Empfindlichkeit von 0,2°/s und einer Offsetdrift von ≤ 4°/s spezifiziert.

Ein anderer von der Firma Bosch entwickelter Drehratensensor ist vom Typ rotatorisch-rotatorisch und für Anwendungen mit geringen Genauigkeitsanforderungen gedacht [3-32]. Der Aufbau dieses Sensors wird anhand von Bild 3.36 erklärt. Die freitragende Sensorfläche wird in diesem Fall über 4 Balken an den Ankerpunkt im Zentrum der Kreisscheibe aufgehängt. Die Anregung der quasi-rotatorischen Primärschwingung erfolgt hier elektrostatisch über außen liegende Kammelektroden, die in Form von Kreissegmenten angeordnet sind (oben links in Bild 3.36, mit Steuerspannung U). Je nach dem welche der beiden Elektroden angesteuert wird, ergibt sich eine Drehung mit oder gegen den Uhrzeigersinn. Benachbarte Kammelektroden dienen dazu, die Geschwindigkeit der Primäroszillation kapazitiv zu messen ($C_{DrvDet1}$ bzw. $C_{DrvDet2}$). Die Sekundärbewegung (Kippen/Torkeln der Scheibe) aufgrund der Corioliskraft wird auch in diesem Fall kapazitiv gemessen und zwar gegenüber Substratelektroden (C_{Det1} bzw. C_{Det2}). Es handelt sich also um eine so genannte vertikale Detektionsanordnung. Je nach Drehrichtung der Primärbewegung kippt dabei die Sensorfläche nach links oder nach rechts ab.

Die optimale frequenzmäßige Abstimmung (vgl. Gl. (3-39c) wird durch eine geeignete Wahl der Federgeometrie (Breite zu Dicke) erreicht. Für eine Drehrate von 1°/s wird eine Verkippung von $1{,}45 \cdot 10^{-5}$ Grad in [3-32] angegeben. Der Gütefaktor des Sekundärschwingkreises liegt bei über 20. Unter dieser Bedingung stellt sich bereits eine Sättigung der Schwingungsamplitude der

Sekundärschwingung ein, so dass die Dämpfung keine Rolle spielt, so lange nur der Gütefaktor oberhalb 20 bleibt.

Die Herstellung dieses in kompletter Oberflächenmikromechanik hergestellten Drehratensensors erfolgt über eine relativ dicke Polysiliziumschicht, die epitaktisch aufgewachsen (so genanntes epi-poly) und unter Verwendung von DRIE (»Bosch-Prozess«) strukturiert wird.

Der Sensor hat eine Empfindlichkeit von ca. 1,3 mV/($^\circ$/s), das Rauschen wird mit 0,4 $^\circ$/(s$\sqrt{\text{Hz}}$) angegeben.

Die auf dem Titelbild dieses Buches gezeigte Sensorstruktur ist der zuvor gezeigten Lösung sehr ähnlich und wurde vom HSG-IMIT entwickelt [3-41]. Für dieses DAVED (Decoupled Angular Velocity Detector) genannte Sensorlayout wird mittels einer speziellen Auswertetechnik in einem Messbereich von $\pm 200^\circ$/s ein Rauschen (Auflösung) von 0,2 $^\circ$/s angegeben.

Als Weiterentwicklung ihrer Produktlinien im Bereich Beschleunigungssensoren (vgl. Abschnitt 3.2.3) hat die Firma Analog Devices im Jahr 2002 auch Drehratensensoren der Serie ADXRS300/150 vorgestellt [3-44], [3-45], die mit der gleichen Prozesstechnik (»iMEMS«) wie die Beschleunigungssensoren der ADXL-Serie hergestellt werden. Der Sensor ist in Bild 3.37 gezeigt: oben links das Prinzip der mechanischen Entkoppelung, unten links ein Detail der eigentlichen Sensorstruktur mit innen liegender Antriebseinheit für die Primärschwingung und außen liegenden Kammelektroden zur kapazitiven Messung der Sekundärschwingung. Rechts in Bild 3.37 ist der gesamte Sensorchip gezeigt: Bei diesem monolithisch integrierten Mikrosystem nimmt die Auswerteelektronik den Großteil der Chipfläche ein.

Die verwendete Sensorstruktur dieser Sensoren ist vom Typ linear-linear (Primär- und Sekundärbewegung in einer Ebene) mit elektrostatischer Anregung der Primärschwingung und kapazitiver Auslesung der drehratenabhängigen Sekundärschwingung. Auch die Primärbewegung wird kapazitiv vermessen (mit Kapazitäten an den Ecken der seismischen Masse). In diesem Fall wurde eine einfache mechanische Entkoppelung gewählt. Alle mechanischen Strukturen werden aus 6 μm dicken poly-Si erzeugt. Die Resonanzfrequenz beträgt 14 kHz. Der Sensor wird in einem 0,8 μm-CMOS Prozess mit komplett integrierter Auswerteelektronik realisiert.

Es werden zwei Sensortypen angeboten: für einen Messbereich von $\pm 150^\circ$/s und $\pm 300^\circ$/s. Die Empfindlichkeit des Sensors ADXRS150 wird mit 12,5 mV/($^\circ$/s), das Rauschen (Auflösung) mit 0,05 $^\circ$/(s$\sqrt{\text{Hz}}$), die Bandbreite mit 40 Hz angegeben. Aus einer Grafik im Datenblatt für die Nullpunktsstabilität entnimmt man, dass die Signaländerung bei konstanter Drehrate kleiner als 0,07%/h sein sollte [3-46]. Die Schockfestigkeit wird mit 2000 g (innerhalb 0,5 ms) spezifiziert.

In einer weiteren Veröffentlichung von Analog Devices in Zusammenarbeit mit der UC in Berkeley aus dem Jahre 2003 [3-47] wird berichtet, dass eine weitere Verbesserung des Sensorverhaltens durch eine Designänderung erreicht wurde: Statt den elektrostatischen Antrieb innen und die Auslesungselektroden außen zu platzieren (so genannte IDOS-Anordnung), wurde eine neue Anordnung untersucht, bei der die Sensorelektroden im Inneren und der elektrostatischen Antrieb außen liegt (so genannte ISOD-Anordnung]. Bei sonst gleichen Geometrien und Herstellungsbedingungen wird auf diese Weise das Quadratursignal, das ein Maß für die ungewollte Überkoppelung (und damit für den ZRO) ist, um einen Faktor 3 reduziert. Das Rauschen wird sogar um einen Faktor 5 verringert.

Insgesamt wurden damit in den letzten Jahren sehr leistungsstarke mikromechanische Drehratensensoren entwickelt und auf den Markt gebracht. Damit sind in einem neuen Anwendungsgebiet noch einmal deutlich die Stärken der Mikrosystemtechnik demonstriert worden. Weitere qualitative Verbesserungen sind zu erwarten, wenn in Zukunft die technologischen Fortschritte

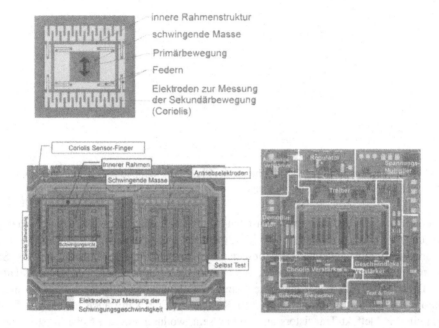

Bild 3.37: Drehratensensor ADXRS150 der Firma Analog Devices hergestellt mit dem gleichen Herstellungsprozess wie die Beschleunigungssensoren ADXL [3-45]. Oben: Prinzip der mechanischen Entkoppelung, unten links: Detail der eigentlichen Sensorstruktur, rechts: Chip mit integrierter Elektronik, mit freundlicher Genehmigung John Geen Analog Devices

aus dem FuE-Bereich ihren Weg in die produktionstechnische Umsetzung finden. Insbesondere die SOI-Technik dürfte auch für Drehratensensoren zu deutlichen Verbesserungen führen, wie verschiedene Forschungsergebnisse zeigen [3-35], [3-30].

3.3.4 Mikromechanische Mikrofone

Für den Einsatz in Hörgeräten ist die Miniaturisierung von Mikrofonen eine funktionale Forderung. Für den Nutzer ist weiterhin die intelligente Bewertung von Rausch- bzw. Untergrundgeräuschen von hoher Bedeutung für die Akzeptanz eines Hörgeräts. Voraussetzung für eine solche elektronische Signalaufbereitung und -bewertung ist auch hier eine leistungsstarke Elektronik in unmittelbarer Umgebung des Sensors. Auch für Hörgeräte sind daher mikrosystemtechnische Lösungen sehr interessant. Wie in Kapitel 1, Bild 1.4, gezeigt, liegt in diesem Bereich ein großes Wachstumspotential, wobei das mengenmäßige Wachstum natürlich im Wechselspiel mit einer Kostenreduktion bei mikrosystemtechnischer Lösungen zu sehen ist.

Mikrofone messen den Luftschall. Dies wird meistens durch mit dem Luftschall mitschwingende Membranen in einer Kondensator-Anordnung erreicht. Anders als bei einfachen Drucksensoren ist aber noch zusätzlich ein hoher Dynamikbereich (bis 20 kHz) erforderlich. Zur Reduktion der Luftdämpfung müssen daher z.B. Öffnungen oder Luftschlitze vorgesehen werden, durch die die von der schwingenden Membran bewegte Luft entweichen kann. Luftdämpfung tritt insbesondere bei sehr kleinen Luftspalten zwischen Elektrode und Gegenelektrode auf.

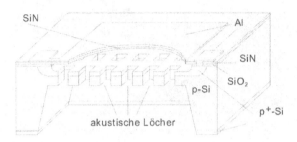

Bild 3.38: Typischer Aufbau eines mikromechanischen Ein-Chip-Mikrophons, mit freundlicher Genehmigung von Prof. Stoffel, FH Furtwangen]

Die bisher entwickelten mikromechanischen Kondensator-Mikrofone lassen sich grob in zwei Klassen einteilen: Zwei-Chip-Mikrofone [3-48] und Ein-Chip-Lösungen [3-49]. Bei Zwei-Chip-Mikrofonen wird ein sogenannter Membranchip, der eine sehr dünne Membran z.B. aus Si_3N_4 zur Aufnahme des Schalldrucks enthält, auf einen Chip mit einer Gegenelektroden-Platte gebondet. Diese rückseitige Platte muss die oben bereits erwähnten Öffnungen oder Schlitze zur Reduktion der Luftdämpfung enthalten. Der Rückseiten-Chip kann auch als aktives Element in Form eines Feldeffekt-Transistors ausgebildet sein, wodurch eine einfache Verstärkung und die weitgehende Vermeidung von Streukapazitäten erreicht wird [3-50]. Zur Herstellung von Ein-Chip-Mikrofonen bedient man sich der Opferschichttechnik in Verbindung mit der Oberflächenmikromechanik. Ein Beispiel für ein solches kapazitiv arbeitendes Ein-Chip-Mikrofon ist in Bild 3.38 gezeigt [3-51]. Der Schalldruck wirkt auf die sehr dünne Siliziumnitrid-Membran (hier etwa 0,3 μm dick) mit einer Al-Beschichtung zur Ausbildung der flexiblen, auf den Luftdruck reagierenden Elektrode. Die Gegenelektrode besteht aus der gelochten, 20 μm dicken und daher biegesteifen Si-Platte. Der Elektrodenabstand beträgt nur 1,3 μm, die Löcher in der Gegenelektrode verbessern das dynamische Verhalten. Zum Erzielen einer hohen Empfindlichkeit sollten die Schichten, die die bewegliche Elektrode bilden, möglichst frei von mechanischem Stress sein. Im gezeigten Fall wird dies durch ein spezielles stressarmes Nitrid gewährleistet. Der Luftspalt zwischen der beweglichen SiN-Elektrode und der vergrabenen einkristallinen Schicht (Gegenelektrode mit akustischen Löchern) wurde durch lokales Anodisieren von kristallinem Silizium unter Bildung von mikroporösem Si ermöglicht. Diese Opferschicht aus porösem Silizium (vgl. 2.4.5.2) lässt sich in einer schwachen KOH-Lauge einfach entfernen.

Typischerweise besitzen mikromechanische Mikrophone eine flache Kennlinie bis zu Frequenzen von etwa 20 kHz und decken damit den Empfindlichkeitsbereich des menschlichen Ohrs vollständig ab.

Durch eine Integration von sensornaher Elektronik [3-50], [3-52] und geschickten, den Geometrien des menschlichen Gehörganges angepassten Sensorgeometrien [3-53] sind die Voraussetzungen für den Einsatz mikrosystemtechnisch hergestellter Mikrofone in Hörgeräten sehr günstig.

3.4   Aufgaben zur Lernkontrolle

Aufgabe 3.1:

In die Oberfläche einer Membran aus n-dotiertem (100)-Si sind p-Si-Widerstände jeweils am Rand der runden Membran parallel oder senkrecht zum Flat (d.h. in <110>-Richtung) angeordnet und zur Wheatstonschen Brücke verschaltet ($\pi = \pi_L = -\pi_T = 70 \times 10^{-11}$ Pa^{-1}). Der Membranradius beträgt R = 2 mm, die Membrandicke d = 40 μ m.

a) Man berechne die bei einer Druckdifferenz von Δ p = 100 kPa auftretende Brückenspannung U_a bei einer Versorgungsspannung der Brücke von U_{cc} = 10 V.

b) Wie groß ist die radiale Dehnung und zugehörige Spannung auf der Membranoberfläche

- am Membranrand (r = R)
- in der Mitte der Membran (r = 0)?

c) Man begründe die Anordnung/Ausrichtung der Widerstände.

d) Der beschriebene Drucksensor liefert bei T = 0° C bei einer gegebenen Druckdifferenz eine Ausgangsspannung von 5 mV, wie groß ist die Ausgangsspannung bei gleicher Druckdifferenz und -75° C (Dotierkonzentration der Widerstände N = 10^{17} cm^{-3})?

Aufgabe 3.2:

Ein Beschleunigungssensor ist als Biegebalken mit punktförmiger Zusatzmasse am Balkenende ausgelegt. Die Ausrichtung des Balken erfolgt auf (100)-Si in <110>-Richtung. Die Auswertung erfolgt mit einem Piezowiderstand (p-Si) am Übergang des Balkes zur festen Aufhängung. Der Widerstand ist ebenfalls in der <110>-Richtung angeordnet ($\pi_L = 70 \cdot 10^{-11}$ Pa^{-1}). Der Sensor soll beim Aufprall eines mit 90 km/h fahrenden PKW's (»Bremszeit« auf v = 0 km/h in t = 1 s) eine relative Widerstandsänderung von 10^{-4} erzeugen.

a) Welche Länge L des Balkens ist notwendig, falls die Zusatzmasse 1 μg, die Balkenbreite b = 50 mm und die Balkendicke d = 5 μm beträgt?

b) Was ist der wesentliche Unterschied im Aufbau des ADXL50 zu diesem Beschleunigungssensor?

Aufgabe 3.3:

Man berechne für Silizium:

a) den E-Modul in Richtung [210]

b) den longitudinalen piezoresistiven Koeffizienten π_L für n-dotiertes Si in [312]-Richtung (T = 295 K).

Aufgabe 3.4:

Ein Si-Vibrationssensor wird durch einzelne Beschleunigungssensoren nach dem Biegebalkenprinzip realisiert. Wie groß ist die notwendige Balkenlänge für nachzuweisende Frequenzen von f = 500 Hz, f = 100 Hz und f = 1000 Hz, falls die punktförmige Zusatzmasse

$m = 10^{-4}$ g beträgt, die Breite des Balkens mit $b = 20\,\mu m$ und die Dicke des Balkens mit $d = 5\mu m$ festgelegt sind (const $= 3$). Die Ausrichtung soll auf einen (110)-Wafer in [111]-Richtung erfolgen.
Welche Signalwandlungsprinzipien kommen in Frage?

Aufgabe 3.5:

Ein Drucksensor soll aus einer runden Si-Membran gefertigt werden, deren Radius aus Gründen der Baugröße mit $R_m = 5$ mm festgelegt ist. Die Signalwandlung soll piezoresistiv mit Hilfe einer Vollbrückenschaltung erfolgen. Der Sensor ist für einen Nenndruck (maximaler Differenzdruck) von 10^5 Pa auszulegen.

a) Man wähle zunächst eine geeignete Oberfläche der Si-Membran und eine geeignete Dotierung der piezoresistiven Widerstände aus (große Empfindlichkeit).

b) Man zeichne die Anordnung der Widerstände auf der Membran ein. Welche Ausrichtung der Widerstände ist zu wählen?

c) Man berechne für den gewählten Fall die minimale Membrandicke, falls der Sensor bei einem Druck von 10^5 Pa eine maximale Dehnung von 10^{-4} erfahren soll.

d) Wie groß sind die relativen Änderungen der vier Widerstände bei Nenndruck für die gewählte Anordnung?

Aufgabe 3.6:

Ein Beschleunigungssensor besteht aus einem Biegebalken, der aus (100)-Si in [110]-Richtung gefertigt wurde. Die Länge des Biegebalkens beträgt $L = 2$mm, die Breite $b = 50\,\mu m$ und die Dicke $d = 10\mu m$. An der Balkenspitze ist eine punktförmige Masse von 10^{-6} kg aufgebracht. Die Auswertung erfolgt mit einem in [110]-Richtung orientierten p-dotierten Si-Widerstand, der auf der Biegebalkenoberseite ($z = d/2$) definiert wurde. Der Sensor zeigt eine relative Widerstandsänderung von $\Delta R/R = 10^{-3}$.

a) Man berechne die wirkende (konstante) Beschleunigung a.

b) Wie ist der Sensor zur Beschleunigungsrichtung zu positionieren, was kann man zur Querempfindlichkeit gegenüber Seitenaufprall sagen?

c) Beim Beschleunigungssensor ADXL50 erfolgt die Auswertung kapazitiv. Auf welche Weise wird bei diesem Sensor erreicht, dass auch bei Beschleunigung praktisch keine Auslenkung aus der Ruhelage auftritt?

Aufgabe 3.7:

Ein (sehr einfacher!) Drucksensor wird auf (100)-Si durch eine dünne, runde Membran realisiert, auf deren Oberfläche ein p-Si-Widerstand genau in der Mitte der Membran in [110]-Richtung erzeugt wird. Die Membrangeometrien sind: $R_m = 1$ mm (Membranradius), $d = 50\,\mu m$ (Membrandicke, homogen).
Man berechne die relative Widerstandsänderung $\Delta R/R$ bei einem Differenzdruck zwischen Vor- und Rückseite von $\Delta p = 100$ kPa.

Aufgabe 3.8:

Ein Vibrationssensor soll bei den beiden Frequenzen $f_1 = 500\,Hz$ und $f_2 = 2000\,Hz$ ansprechen. Die Realisierung soll mit einer Si-Zunge erfolgen ((100)-Oberfläche, [110]-Ausrichtung), deren Spitze mit einer idealisiert punktförmigen Masse belastet wird.

Gesucht sind (vernünftige) Geometriedaten eines solchen Sensors.

Aufgabe 3.9:

Man berechne mit Hilfe der Pseudovektorschreibweise die zugehörigen Spannungen im Werkstoff (Si-Einkristall-Würfel) für den folgenden Verzerrungszustand:

$$\varepsilon_1 = 1 \cdot 10^{-4}, \varepsilon_2 = \varepsilon_3 = -3 \cdot 10^{-5}, \varepsilon_4 = \varepsilon_6 = 0, \varepsilon_5 = 2 \cdot 10^{-4}$$

Aufgabe 3.10:

Ein Si-Drucksensor wird durch den piezoresistiven Effekt mit einer Si-Membran realisiert. Dazu wird ein p-dotierter Si-Widerstand genau in der Mitte der kreisrunden Membran definiert (Membranradius $R_m = 1\,mm$, Membrandicke $d = 10\,\mu m$). Die Membran hat eine (111)-Oberfläche, der Widerstand liegt in [110]-Richtung ($E = 5{,}91 \cdot 10^{10}\,Pa$, $v = 0{,}262$, isotrop in dieser Ebene).

a) Man berechne die relative Widerstandsänderung für $\Delta P = 10^4\,Pa$ und die zugehörige Dehnung an der Oberseite der Membran in der Mitte.

b) Warum ist diese Realisierung ungeeignet? Wie sieht eine übliche Realisierungsform von Si-Drucksensoren an (Verschaltung, Anordung, Ebene, Ausrichtung, Dotierung, mit Skizze).

Aufgabe 3.11:

Auf einem Si-Biegebalken ($l = 500\,\mu m$, $b = 100\,\mu m$, $d = 5\,\mu m$) ist wie skizziert ein Widerstand (p-dotiert) quer zur Längsrichtung des Biegebalkens angebracht. Man berechne die relative Widerstandsänderung bei einer Beschleunigung von $a = 50\,g$ der punktförmigen Masse $m = 1 \cdot 10^{-6}\,kg$ am Biegebalkenende ($T = 295\,K$).

(Tip: Es handelt sich um eine reine Biegespannung).

• Welche anderen Ausleseprinzipien für Beschleunigungssensoren sind möglich?

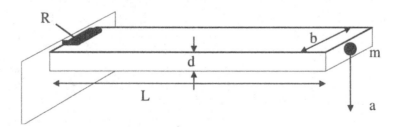

Aufgabe 3.12:

Welche anderen Sensortypen gehen wie Beschleunigungssensoren auf Inertialprinzipien zurück?

Aufgabe 3.13:

Warum eignen sich mikrosystemtechnische Lösungen besonders gut für Mikrofone in Hörgeräten?

Aufgabe 3.14:

Ein Beschleunigungssensor wird durch eine vierfach aufgehängte zentrale seismische Masse, die als bewegliche Elektrode dient, und einer festen Gegenelektrode ausgebildet (s. Bild). Die Aufhängungsbalken haben dabei folgende Geometrie: Länge l=300 μm, Breite b=10 μm, Dicke d=2 μm. Die seismische Masse sei m=1·10^{-8} kg. Der Abstand der Elektroden im Ruhezustand sei 5 μm. Berechnen Sie die relative Kapazitätsänderung bei einer Beschleunigung von 50 g senkrecht zur seismischen Masse.

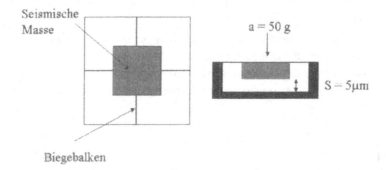

Weitere Aufgaben und Lösungen zu den Aufgaben:
http://www.fh-furtwangen.de/~meschede/Buch-MST.

4   Aktorik in der Mikrosystemtechnik

In Anlehnung an DIN 19226 (Regelungs- und Steuerungstechnik) werden in diesem Buch unter Aktoren Steller, Stellglieder oder Stellgeräte verstanden. Im engeren Sinne werden hier Aktoren behandelt, die auf einer Wandlung von elektrischer in mechanischer Energie beruhen (Elemente der Leistungselektronik gehören also nicht dazu). Eine weitere Einschränkung des Begriffs betrifft die Möglichkeit zur Miniaturisierung und damit zur Einbindung in ein Mikrosystem. Da Aktoren in Mikrosystemen erst am Beginn der Entwicklung stehen, werden im ersten Abschnitt dieses Kapitels auch solche Aktorkonzepte vorgestellt, für die z. Zt. zwar noch keine marktreifen Mikrosystem-Realisierungen vorhanden sind, bei denen dies jedoch heute schon prinzipiell gezeigt wurde. Günstig sind dabei Aktorprinzipien, bei denen die erforderlichen Aktorelemente bzw. Werkstoffe mit Dünnschichttechniken (vgl. 2.4.1.1) erzeugt werden können.

Im Vergleich zur Sensorik handelt es sich bei der Aktorik um ein noch relativ junges Teilgebiet der Mikrosystemtechnik. Der Entwicklungsstand in Bezug auf Marktreife ist bei mikrosystemtechnischen Aktoren gegenüber Sensoren etwa um 10 Jahre zurück. Dennoch gibt es bereits heute eine ganze Reihe von interessanten und auch vom Marktvolumen bedeutungsvollen Anwendungsbeispielen. Ein großes Potential für miniaturisierte Aktoren wird dabei v.a. in der Informationstechnik gesehen (vgl. Kap. 1.2). Typische Beispiele für Mikroaktoren sind miniaturisierte Pumpen (im Bereich der sogenannten »Mikrofluidik«) Schalter, Verstellvorrichtungen, Motoren, Drehspiegel und v.a. Druckköpfe.

Für Mikroaktoren kommen Antriebsprinzipien in Frage, die in der »Makrowelt« keine Bedeutung haben. Andererseits spielen elektromagnetische Antriebe bei Mikroaktoren nur eine untergeordnete Rolle. Die unterschiedlichen Einsatzmöglichkeiten beruhen auf dem sogenannten Skalierungsgesetz: Danach nehmen bei elektromagnetischen Antrieben die erzeugbaren Kräfte (bzw. das Arbeitsvermögen) um m^4 bei einer Reduktion der Bauteilgröße um den Faktor m ab. Genau umgekehrt verhält es sich mit elektrostatischen Antrieben; diese spielen in der Makrowelt kaum eine, in der Mikrowelt dagegen eine große Rolle. Bei elektrostatischen Antrieben verringern sich die erzeugbaren Kräfte um einen Faktor m^2 bei Reduktion der Bauteilgröße um den Faktor m. Bedenkt man, dass durch Reduktion der Bauteilgröße um den Faktor das Volumen und damit in erster Näherung die Masse des Aktors um den Faktor m^3 abnimmt, so wird die Bedeutung des elektrostatischen Antriebs für Mikroaktoren verständlich.

Allgemein ist ein wichtiges Auswahlkriterium für Mikroaktoren die sogenannte Energiedichte, d.h. das Arbeitsvermögen pro Bauteilvolumen des Aktors. Die vom Aktor nutzbaren Ausgangskräfte resultieren aus einer Änderung der im Aktor gespeicherten Energie. Bezogen auf die Fläche des Mikroaktors ergeben sich große Kräfte bei großen Strukturhöhen d. Dies gilt gleichermaßen für elektrostatische und magnetische Aktoren. Mikroaktoren werden daher bevorzugt mit Verfahren der Tiefenlithographie (s. Abschnitt 2.4.4.1) und der Abformung (Abschnitt 2.4.4.2) hergestellt.

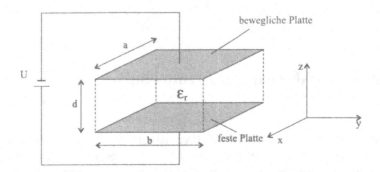

Bild 4.1: Prinzip des elektrostatischen Antriebs am Beispiel eines einfachen Plattenkondensators.

4.1   Antriebsprinzipien

4.1.1   Elektrostatische Antriebe

Bei dieser Antriebsart werden die elektrostatischen Kräfte ausgenutzt, die sich z.B. zwischen zwei Kondensatorplatten aufbauen. Dabei ist eine Platte meist feststehend, die andere beweglich. Grundsätzlich kann man drei lineare Bewegungsarten gemäß Bild 4.1 unterscheiden: Änderung des Plattenabstands d (durch Bewegung in z-Richtung) und laterale Verschiebung der Kondensatorplatten der Fläche a · b gegeneinander (x- und y-Bewegung). Die zugehörigen Kräfte ergeben sich durch Ableitung der im Kondensator gespeicherten Energie W gemäß Gl. (4.1a–d) unter Vernachlässigung von Randeffekten.

$$W = \frac{1}{2} \cdot C \cdot U^2 = \frac{1}{2} \cdot \varepsilon_r \cdot \varepsilon_0 \cdot U^2 \cdot \frac{a \cdot b}{d} \tag{4.1a}$$

$$F_z = -\frac{\delta W}{\delta d} = \frac{1}{2} \cdot \varepsilon_r \cdot \varepsilon_0 \cdot U^2 \cdot \frac{a \cdot b}{d^2} \tag{4.1b}$$

$$F_x = -\frac{\delta W}{\delta a} = -\frac{1}{2} \cdot \varepsilon_r \cdot \varepsilon_0 \cdot U^2 \cdot \frac{b}{d} \tag{4.1c}$$

$$F_y = -\frac{\delta W}{\delta b} = -\frac{1}{2} \cdot \varepsilon_r \cdot \varepsilon_0 \cdot U^2 \cdot \frac{a}{d} \tag{4.1d}$$

In (4.1a–d) ist ε_0 die absolute Permeabilität ($\varepsilon_0 = 8{,}854 \cdot 10^{-12}$ F/m) und ε_r die relative Dielektrizitätskonstante des im Plattenkondensator befindlichen Mediums. Der Plattenabstand ist d, die Plattenfläche a · b. In den Gl. (4.1) wurden Einflüsse der Ränder der Kondensatorplatten vernachlässigt. Diese Randeffekte treten besonders bei fehlendem oder vollständigem Überlapp der Plattenflächen auf [4-1].

Aus den obigen Gleichungen folgt, dass man im Falle der Bewegung in x- oder y-Richtung die Gesamtkraft eines elektrostatischen Aktors bei gleicher Baugröße um den Faktor n steigern kann, wenn man in Bewegungsrichtung statt einer großen Kondensatorplatte n kleinere parallel schaltet. Daher werden zur Reduktion der Steuerspannungen meist kamm- oder auch zahnradartige Elektrodengeometrien verwendet. Kammstrukturen eignen sich für Linearantriebe, Zahngeometrien werden in Stator-Rotor-Anordnungen bei drehenden Motoren verwendet. Eine typische

Bild 4.2: Realisierungsbeispiel eines elektrostatischen Kammantriebs aus poly-Si [4-2]. Mit freundlicher Genehmigung des Verlags Elsevier

Anordnung für einen elektrostatischen Antrieb ist in Bild 4.2 gezeigt. Die Elektroden bestehen in diesem Fall aus Poly-Silizium, das mit Hilfe einer Opferschicht in einem Abstand von ca. 1 μm frei über dem Substrat stehend strukturiert wurde. Diese mikromechanische Realisierung entspricht im Elektrodenaufbau daher dem in 3.2.3 vorgestellten Beschleunigungssensor von Analog devices.

Trotz dieser optimierten Elektrodenanordnung sind Steuerspannungen bis zu 100 V bei Plattenabständen von ca. 2 μm zur Erzielung von Stellwegen von einigen wenigen Mikrometern erforderlich.

Für Motoranwendungen verwendet man Plattenkondensatoren, deren Platten einen bestimmten Versatz gegeneinander haben. Dieser Plattenversatz ändert sich zwischen zwei benachbarten Plattengruppen. Durch eine phasenweise Ansteuerung übernimmt dann immer eine Kondensatorgruppe den Antrieb in einer Phase (s. Bild 4.3). Dieses Prinzip wird sowohl für lineare wie auch für rotierende Motoren verwendet.

Elektrostatische Antriebsprinzipien sind wegen der starken Abhängigkeit der erzielbaren Kräfte vom Plattenabstand ausschließlich für mikromechanische Aktoren geeignet, da nur bei diesen Plattenabstände in der Größenordnung Mikrometer herstellbar sind. Sie zeichnen sich durch geringe Leistungsaufnahme und durch eine hohe Dynamik aus. Nachteilig bei elektrostatischen Antrieben ist die große Empfindlichkeit gegenüber Mikropartikeln, die kleine erzielbare Hubweite und die große notwendige Steuerspannung. Zusätzlich ergibt sich das Problem, dass in der Praxis die Durchbruchspannung aufgrund von Oberflächenrauhigkeiten auf 10 – 100 V gesenkt wird. Trotz dieser Einschränkungen ist der elektrostatische Antrieb für Mikroaktoren der in vielen Fällen geeignetste.

Die Energiedichte von elektrostatischen Antrieben, die nach dem Kondensatorprinzip aufgebaut sind, ist gegeben durch:

$$w_{es_{max}} = -\frac{\varepsilon_0 \varepsilon_r \cdot U_{max}^2}{2d^2} \tag{4.2}$$

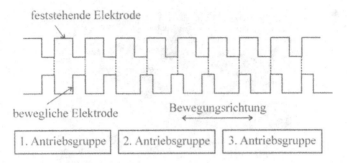

Bild 4.3: Realisierung eines kontinuierlichen Antriebs durch Versatz des Überlapps zwischen zwei benachbarten Plattenkondensatoren.

Die maximale Spannung hängt von der Durchbruchfeldstärke ab. Diese kann im Bereich großer Plattenabstände d (>1mm) mit etwa $3 \cdot 10^6$ V/m abgeschätzt werden, während aufgrund des Paschen-Effekts bei Plattenabständen von $1\,\mu$m sogar bis zu $1 \cdot 10^9$ V/m möglich sind. Daraus resultiert für »makroskopische« Anwendungen (d > 1 mm) eine maximale Energiedichte von ca. $40\,$J/m^3, bei mikroskopischen Anwendungen (d = $1\,\mu$m) kann man in der Praxis (Berücksichtigung der Oberflächenrauhigkeit) mit einer 100–1000 mal höheren Energiedichte rechnen (vgl. Bild 4.15).

4.1.2   Piezoelektrische Antriebe

Unter dem piezoelektrischen[1] Effekt versteht man die Umwandlung einer mechanischen Energie (z.B. durch eine Deformation oder mechanische Spannung) in eine elektrische Energie (dargestellt z.B. in einem elektrisches Feld oder einem Verschiebungsstrom). Die Umkehrung (elektrisch $\rightarrow$ mechanisch) nennt man den inversen oder reziproken piezoelektrischen Effekt. Die Piezoelektrizität wurde von den Brüdern Jacques und Pierre Curie im Jahre 1880 entdeckt.

Dieser Effekt wird durch die Maxwellgleichungen der Elektrostatik und durch die Gleichungen der Thermodynamik beschrieben. In dieser Darstellung werden die thermischen Einflüsse vernachlässigt, indem angenommen wird, dass jeweils Temperatur oder Entropie des Systems konstant bleiben (isotherme oder adiabatische Zustandsänderungen).

Man beschreibt zunächst die dielektrischen Eigenschaften eine Werkstoffes:

$$\vec{D} = \varepsilon_0\vec{E} + \vec{P} \tag{4.3a}$$

Diese Gleichung verknüpft die dielektrische Verschiebung $\vec{D}$ mit der wirkenden elektrischen Feldstärke $\vec{E}$ und der elektrischen Polarisation $\vec{P}$ im Werkstoff, wobei wiederum:

$$\vec{P} = (\varepsilon_r - 1) \cdot \varepsilon_0 \cdot \vec{E} \tag{4.3b}$$

und damit:

$$\vec{D} = \varepsilon_0\varepsilon_r \cdot \vec{E} \tag{4.3c}$$

---

1 Piezo: griechisch »ich drücke«

Im allgemeinsten Fall muss die dielektrische Verschiebung aber nicht parallel zum äußeren elektrischen Feld sein. Statt der skalaren Werkstoffkonstanten $(\varepsilon_0\,\varepsilon_r)$ verwendet man dann den Permittivitätstensor $(\hat{\varepsilon})^2$, der eine 3×3-Matrix bildet:

$$\vec{D} = \begin{bmatrix} \widehat{\varepsilon_{11}} & \widehat{\varepsilon_{12}} & \widehat{\varepsilon_{13}} \\ \widehat{\varepsilon_{21}} & \widehat{\varepsilon_{22}} & \widehat{\varepsilon_{23}} \\ \widehat{\varepsilon_{31}} & \widehat{\varepsilon_{32}} & \widehat{\varepsilon_{33}} \end{bmatrix} \cdot \vec{E} \tag{4.3d}$$

Im Sonderfall isotroper Werkstoffe hat der Permittivitätstensor Diagonalform, Gleichung (4.3d) geht dann wieder über in (4.3c). Eine Richtungsabhängigkeit kann in anisotropen Kristallen oder durch äußere Einwirkungen (Zerstörung der Isotropie) auftreten.

Eine Komponente i der dielektrischen Verschiebung berechnet sich gemäß (4.3d) zu:

$$D_i = \sum_{j=1}^{3} \widehat{\varepsilon_{ij}} \cdot E_j \tag{4.3e}$$

Zur Berechnung des piezoelektrischen Effektes müssen die Abhängigkeiten der Zustandsgrößen dielektrische Verschiebung D, mechanische Spannung σ, mechanische Deformation ε, elektrische Feldstärke E, Temperatur T und Entropie S des Körpers ermittelt werden. Wie oben erwähnt, sollen hier nur isotherme oder adiabatische Zustandsänderungen betrachtet werden [3]. Es sind dann vier Zustandsgrößen zu betrachten (σ, ε, E, D), deren Verknüpfungsrelationen gerade den piezoelektrischen bzw. reziproken piezoelektrischen Effekt ausmachen. Hierbei sind jeweils 3 Zustandsgrößen vorgegeben (und konstant gehalten), die verbleibende kann dann daraus abgeleitet werden. Je nach Kombination der freien und abhängigen Zustandsgrößen werden unterschiedliche Materialkonstanten zur Beschreibung der Effekte benutzt, die jedoch untereinander verknüpft sind. Die Abhängigkeiten und zugehörigen Materialkonstanten sind im Diagramm 4.4 schematisch dargestellt. Die Pfeile weisen dabei jeweils von der freien zur abgeleiteten Zustandsgröße. Pfeile von einer mechanischen zu einer elektrischen Zustandsgröße (schwach durchgezogene Linie) stehen daher für den direkten piezoelektrischen Effekt, Pfeile von einer elektrischen zu einer mechanischen Größe (dick durchgezogen) für den reziproken piezoelektrischen Effekt, die gestrichelten Pfeile stellen Verknüpfungen in einem Regime dar (z.B. Hookesches Gesetz).

Für die Anwendungen des piezoelektrischen Effekts in der Sensorik und Aktorik sind insbesondere die folgenden 4 Fälle interessant:

mechanisch frei: die mechanische Spannung σ bleibt konstant (z.B. realisierbar durch ungehinderte Deformation des Körpers).

elektrisch frei: das elektrische Feld bleibt konstant (z.B. realisierbar durch Kurzschließen der Abnahmekontakte oder durch Eintauchen des piezoelektrischen Elements in eine leitfähige Umgebung).

mechanisch geklemmt: die Deformation ε wird durch starre Ummantelung verhindert, also konstant gehalten.

---

2 Die Schreibweise $\hat{\varepsilon}$ wird zu Unterscheidung der dielektrischen Konstanten von den Komponenten der mechanischen Dehnung verwendet.

3 Viele piezoelektrische Werkstoffe sind auch pyroelektrisch, d.h. die Polarisation ändert sich mit der Temperatur.

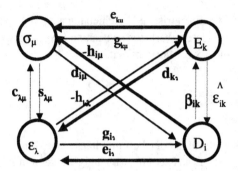

Bild 4.4: Zusammenhang zwischen den Zustandsgrößen und zugehörigen Werkstoffkonstanten zur Beschreibung des piezoelektrischen Effekts

elektrisch geklemmt: die dielektrische Verschiebung D bleibt konstant, d.h. die freien Ladungen in der Umgebung des piezoelektrischen Elements bleiben konstant (z.B. durch Isolation von Abnahmeelektroden in bestimmten Fällen realisierbar).

Die elektrisch freien und geklemmten Zustände können nun jeweils mit den mechanisch freien oder geklemmten kombiniert werden. Es ergeben sich dann vier Gleichungssysteme, die in Tabelle 4.1 zusammengestellt sind (Gl. 4.4a–d). Die dabei verwendeten Werkstoffkonstanten und deren Einheiten sind durch die folgenden Definitionen charakterisiert (die nicht eingehenden Zustandsgrößen sind jeweils konstant):

$d_{i\mu} = \partial D_i / \partial \sigma_\mu = \partial \varepsilon_\mu / \partial E_i$, piezoelektrischer Koeffizient [C/N]

$g_{i\mu} = -\partial E_i / \partial \sigma_\mu = \partial \varepsilon_\mu / \partial D_i$, piezoelektrischer Koeffizient [m²/C]

$h_{i\mu} = -\partial E_i / \partial \varepsilon_\mu = \partial \sigma_\mu / \partial D_i$, piezoelektrischer Modul [N/C]

$e_{i\mu} = \partial D_i / \partial \varepsilon_\mu = -\partial \sigma_\mu / \partial E_i$, piezoelektrischer Modul [C/m²]

β_{ik}: Umkehrung der Permittivitätskoeffizienten

Die in der zweiten Spalte von in Tabelle 4.1 aufgeführten Gleichungen werden bei Aktoren benutzt (reziproker piezoelektrischer Effekt). So ergibt sich z.B. im unbelasteten Fall:

$$\varepsilon_\lambda = \sum_{k=1}^{3} d_{k\lambda} \cdot E_k \tag{4.4}$$

Die beteiligten Konstanten $e_{i\mu}$, $h_{i\mu}$, $d_{i\mu}$ und $g_{i\mu}$ bilden 3×6-Matrizen. Auch hier steht ein lateinischer Index für Zahlen von 1 bis 3 und ein griechischer Index für Zahlen von 1 bis 6. Die jeweiligen Werte hängen vom Material ab und sind häufig nicht konstant, sondern ändern ihren Wert in Abhängigkeit von einer beteiligten Zustandsgröße. Dies führt zu nichtlinearen Kennlinien und Hystereseeffekten (s.u.).

Grundsätzlich tritt der piezoelektrische Effekt in Kristallen nur bei fehlender Punktsymmetrie und beim Vorhandensein ionischer Bindungsanteile auf. Bei bestimmten polykristallinen Werkstoffen kann man den piezoelektrischen Effekt durch Vorpolarisierung in einem starken elektrischen Feld erzeugen. Wichtig sind dabei insbesondere bestimmte Keramiken; die größten Effekte werden z. Zt. mit PZT (Blei-Zirkon-Titanat) erzielt.

Durch die unterschiedlichen Größen der piezoelektrischen Koeffizienten $d_{i\mu}$ bei unterschiedlichen Materialien ist eine jeweils auf das Material angepasste Anordnung notwendig, um möglichst große Effekte zu erzielen. So vermitteln d_{11} d_{22} und d_{33} den sogenannten Longitudinalef-

Tabelle 4.1: Verknüpfungsrelationen der Zustandsgrößen beim direkten und reziproken piezoelektrischen Effekt mit Materialkonstanten

Zustandsart	direkter piezoelektr. Effekt	reziproker piezoelektr. Effekt	
elektrisch u. mechanisch frei	$D_i = \sum\limits_{k=1}^{3} \widehat{\varepsilon_{ik}} \cdot E_k +$ $\sum\limits_{\mu=1}^{6} d_{i\mu} \cdot \sigma_\mu$	$\varepsilon_\lambda = \sum\limits_{k=1}^{3} d_{k\lambda} \cdot E_k +$ $\sum\limits_{\mu=1}^{6} s_{\lambda\mu} \cdot \sigma_\mu$	(4.5a)
elektrisch geklemmt, mechanisch frei	$E_k = \sum\limits_{i=1}^{3} \beta_{ik} \cdot D_i +$ $\sum\limits_{\mu=1}^{6} g_{k\mu} \cdot \sigma_\mu$	$\varepsilon_\lambda = \sum\limits_{i=1}^{3} g_{i\lambda} \cdot D_i +$ $\sum\limits_{\mu=1}^{6} s_{\lambda\mu} \cdot \sigma_\mu$	(4.5b)
elektrisch frei, mechanisch geklemmt	$D_i = \sum\limits_{k=1}^{3} \widehat{\varepsilon_{ik}} \cdot E_k + \sum\limits_{\lambda=1}^{6} e_{i\lambda} \cdot \varepsilon_\lambda$	$\sigma_\mu = \sum\limits_{k=1}^{3} e_{k\mu} \cdot E_k +$ $\sum\limits_{\lambda=1}^{6} c_{\lambda\mu} \cdot \varepsilon_\lambda$	(4.5c)
elektrisch u. mechanisch geklemmt	$E_k = \sum\limits_{i=1}^{3} \beta_{ik} \cdot D_i +$ $\sum\limits_{\lambda=1}^{6} h_{k\lambda} \cdot \varepsilon_\lambda$	$\sigma_\mu = -\sum\limits_{i=1}^{3} h_{i\mu} \cdot D_i +$ $\sum\limits_{\lambda=1}^{6} c_{\lambda\mu} \cdot \varepsilon_\lambda$	(4.5d)

fekt, bei dem die Polarisation P und die mechanische Belastung parallel gerichtet sind und die Belastung als Normalbelastung wirkt. d_{12}, d_{13}, d_{23}, d_{32} und d_{21} vermitteln den Quer- oder Transversaleffekt, bei dem Polarisation und mechanische Belastung senkrecht (normal) aufeinander stehen. Die Koeffizienten d_{14}, d_{15}, d_{16}, d_{24}, d_{25}, d_{26}, d_{34}, d_{35} und d_{36} schließlich werden für den sogenannten Scher- oder Schubeffekt verwendet, bei dem eine Scherspannung wirkt und die Polarisation parallel oder senkrecht zur Schubspannungsachse (d.h. senkrecht oder parallel zur Schubebene) steht. Die verschiedenen Fällen sind in Bild 4.5 skizziert. Man erkennt aus dieser Darstellung die formale Ähnlichkeit zur Beschreibung der mechanischen bzw. piezoresistiven Eigenschaften eines Kristalls in Abschnitt 3.1.1 und 3.1.2.

Für konkrete Anwendungen ist häufig eine skalare Näherung erlaubt, wenn ein piezoelektrischer Koeffizient betragsmäßig die anderen überragt und eine Geometrie gewählt wird, die gerade auf diesen Koeffizienten abgestimmt ist. Für den elektrisch und mechanisch freien Fall kann man dann z.B. schreiben:

$$\varepsilon = d \cdot E_{el} + \sigma/E \tag{4.6}$$

Tabelle 4.2: Ausgewählte Materialdaten wichtiger piezoelektrischer Werkstoffe nach [4-3]

Werkstoff	$d_{i\mu}$ [10^{-12} C/N]	Kopplungs-konstante $k_{i\mu}$	elast. Koeff. $s_{\lambda\mu}$ [10^{-12} m²/N]	relative DK ε_{ij}	Curie-tempe-ratur [°C]
Einkristall					
a-Quarz	$d_{11}=2,3$	$k_{11}=0,1$	12,8	$\varepsilon_{11}=4,5$	
Lithiumniobat	$d_{15}=68$	$k_{15}=0,64$	$s_{44}=17$	$\varepsilon_{11}=84$	1150
	$d_{22}=21$	$k_{22}=0,34$	$s_{11}=5,8$	$\varepsilon_{33}=30$	
	$d_{33}=6$	$k_{33}=0,17$	$s_{33}=5,0$		
Zinkoxid		$k_{31}=0,34$		$\varepsilon=8$	
		$k_{33}=0,45$			
Keramik					
Bariumtitanat	$d_{15}=550$	$k_{15}=0,47$	$s_{11}=8,5$	$\varepsilon_{11}=1620$	120
	$d_{31}=-150$	$k_{31}=0,20$	$s_{33}=8,9$	$\varepsilon_{33}=1900$	
	$d_{33}=374$	$k_{33}=0,49$			
PZT (normal)	$d_{15}=584$	$k_{15}=0,68$	$s_{44}=48$	$\varepsilon_{11}=1730$	330
	$d_{31}=-171$	$k_{31}=0,33$	$s_{11}=16$	$\varepsilon_{33}=1700$	
	$d_{33}=374$	$k_{33}=0,69$	$s_{33}=19$		
Polymere					
PVDF	$d_{31}=20$	$k_{31}=0,1$	$s_{11}=400$	$\varepsilon_{33}=12$	
	$d_{33}=30$	$k_{33}=0,15$	$s_{33}=400$		
Nylon	$d_{31}=3$				

Ein Materialvergleich für die Bewertung der Eignung als Piezoaktor ist durch den sogenannten elektromechanischen Kopplungsfaktor $k_{i\mu}$ möglich, z.B. k_{33} für den Longitudinaleffekt:

$$k_{33}^2 = \frac{d_{33}^2}{s_{33} \cdot \hat{\varepsilon}_{33}} \tag{4.7}$$

wobei d_{33} der piezoelektrische Koeffizient, s_{33} der mechanische Koeffizient und $\hat{\varepsilon}_{33}$ der Permittivitätskoeffizient (relative DK) ist

Besonders gut geeignet für Aktoren sind Materialien mit großem $k_{i\mu}$.

Zur Zeit bestehen die meisten (konventionellen) Piezoaktoren aus PZT (Blei-Zirkon-Titanat, Perovskit-Struktur). Zur Herstellung wird ein passendes Pulvergemisch gebrannt und anschließend durch Pressen in die gewünschte Form gebracht und schließlich durch eine Polarisierung in einem starken elektrischen Feld piezoelektrisch gemacht. Für Stabelemente werden mehrere dünne PZT-Schichten zu Stapel zusammengefaßt. Die Herstellung dieser Stapelaktoren ist der von Schichtkondensatoren sehr ähnlich. Für den Betrieb unterscheidet man in Hochvolt-Piezos (Betriebsspannungen bei ca. 1000 V) und in Niedervolt-Piezos (Betriebsspannung um 150 V). Weitere technologische Verbesserungen haben in den letzten Jahren zu piezoelektrischen Aktoren geführt, die mit wenigen Volt betrieben werden können. Damit sind diese Aktoren grundsätzlich systemfähig, wenn auch bei dynamischen Anwendungen hohe Ladeströme notwendig sind.

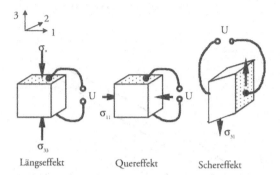

Bild 4.5: Wichtige Anordnungen zur Nutzung des piezoelektrischen Effekts bei Sensoren oder Aktoren nach [4-3]

Die erwähnten niedrigen Steuerspannungen (< 60 V) lassen sich mit der sogenannten Multi-Layer-Technik ereichen. Bei diesen Elementen werden die einzelnen, nur einige Dutzend Mikrometer dicken piezoelektrischen Schichten aus speziellen Pasten mit Siebdruckverfahren hergestellt [4-4].

Interessante Anwendungen in der klassischen Technik finden neben PZT auch bestimmte Kunststoffe wie z.B Polyvinyliden-Fluorid (PVDF).

Aufgrund der hysteresebehafteten Abhängigkeit der Polarisation P von der angelegten elektrischen Feldstärke E_{el} kommt es beim Ansteuern von Piezoaktoren zu Nichtlinearitäten im Antriebsverhalten. Ein typisches Messergebnis im Falle eines Piezostapels zeigt Bild 4.6. Die hohe, durch Schlupffreiheit erzielbare Genauigkeit erkennt man in Bild 4.6 aus der Wiederholgenauigkeit, die hier bei einigen nm liegt und durch das Messverfahren (Interferometer) bedingt ist. Nichtlinearitäten und Hysterese kann man durch Betrieb im Kleinsignalbereich oder durch eine Regelung, die über eine Positionsmessung erfolgt, reduzieren.

Elektrisch wird ein piezoelektrischer Aktor als Kapazität dargestellt (Ersatzschaltbild 4.7). Bei Stabaktoren führen Kapazitäten von Mikro- bis Nanofarad bei dynamischen Anwendungen (z.B. mit f = 100 Hz) zu Ladeströmen von einigen hundert Milliampere.

Typische feinwerktechnische Anwendungen von Piezoaktoren sind Präzisionsverschiebetische (Stellgenauigkeiten etwa 10 nm), Faserpositionierungen, Laserdioden-Stabilisierungen, Schwingungserreger, Teleskop-Justierungen und Motoren nach dem sogenannten Inch-Worm-Prinzip.

Für Mikroaktoren kommen i.d.R. nur piezoelektrische Dünnschichtsysteme wie ZnO oder AlN in Frage. Diese können durch Sputtern auf ein Substrat (Si) aufgebracht werden. Bei ZnO-Schichten treten in der Anwendung häufig Stabilitätsprobleme auf. In jüngster Zeit wurde auch über die erfolgreiche Herstellung von piezoelektrischen Dünnschichten aus PZT berichtet [4-5]. In dieser Arbeit werden die Schichten zunächst aufgesputtert, getempert und anschließend durch ein elektrisches Feld ausgerichtet. Bei den Realisierungsbeispielen von Mikroaktoren (Kap. 4.2) werden aber auch konventionelle Piezoelemente hybridisch integriert. Klein bauen hier insbesondere Piezoscheiben und Piezofolien.

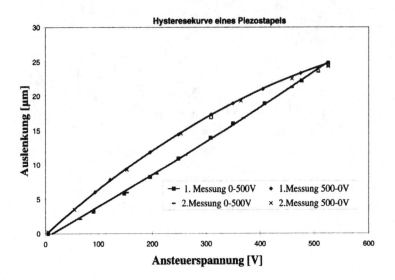

Bild 4.6: Hysterese und Nichtlinearität eines Piezostapels

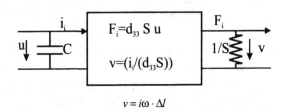

$$v = i\omega \cdot \Delta l$$

Bild 4.7: Ersatzschaltbild eines Piezoaktors. Das Piezoelement wird elektrisch als Kapazität C, mechanisch mit der Steifigkeit S dargestellt, nach [4-6]

4.1.3   Magnetostriktive Antriebe

Magnetostriktion tritt in vielen ferromagnetischen Werkstoffen auf. Die Ausdehnung oder auch Kontraktion (positive oder negative Magnetostriktion) eines Stabes in einem statischen, longitudinal zur Stabachse wirkenden Magnetfeld wird auch als Joule-Effekt bezeichnet [4-7].

Magnetostriktive Aktoren haben mit der Entwicklung der sogenannten »giant« magnetostriktiven Legierungen starke Impulse erhalten. Wichtigster Vertreter aus dieser Gruppe ist Terfenol-D: $Tb_{0.3}Dy_{0.7} Fe_{1.9}$. Diese hauptsächlich aus Eisen mit geringen Anteilen der Seltenen Erden Dysprosium und Terbium bestehende Legierung zeigt bei Raumtemperatur und Magnetfeldern um $100\,kA/m$ relative Dehnungen von bis zu $2 \cdot 10^{-3}$ [4-8].

Magnetostriktion ist ein quadratischer Effekt, die Längenänderung hängt nicht vom Vorzeichen bzw. der Richtung des Magnetfeldes ab, das Pendant im elektrischen Fall ist die sogenannte Elektrostriktion. Da in der Praxis jedoch meist lineares Verhalten gefordert wird, werden die magnetostriktiven Materialien mit einer mechanischen Vorspannung und einem magnetischen Gleichfeld beaufschlagt, was sich auch positiv auf das dynamische Verhalten auswirkt.

Für diese Betriebsart (mechanische Vorspannung und »bias«-Magnetfeld) lässt sich der magnetostriktive Effekt in der Umgebung der Anfangszustände quasilinear und völlig analog zu den entsprechenden Gleichungen beim piezoelektrischen Effekt beschreiben (vgl. Tabelle 4.1):

$$\varepsilon_\mu = \sum_{i=1}^{3} d_{i\mu}^H \cdot H_i + \sum_{\lambda=1}^{6} s_{\mu\lambda} \cdot \sigma_\lambda \qquad (4.8a)$$

$$D_j = \sum_{i=1}^{3} \mu_{ij} \cdot H_i + \sum_{\lambda=1}^{6} d_{j\lambda}^H \cdot \sigma_\lambda \qquad (4.8b)$$

Hierbei sind $d_{j\lambda}^H$ die sogenannten piezomagnetischen Konstanten und μ_{ij} die Komponenten des Permeabilitätstensors für den Fall konstanter mechanischer Spannung. Die $s_{\mu\lambda}$ sind wieder die elastischen Koeffizienten.

Für einen schnellen Materialvergleich definiert man wieder eine Kopplungskonstante k_{33} für den Sonderfall eines langen Stabes, der in Längsachse einem äußeren Magnetfeld H_3 ($H_1 = H_2 = 0$) ausgesetzt wird. Unter Vernachlässigung radialer Spannungskomponenten ($\sigma_1 = \sigma_2 = 0$) ergibt sich:

$$k_{33}^2 = \frac{d_{33}^{H\,2}}{s_{33} \cdot \mu_{33}} \qquad (4.9)$$

Für Terfenol-D erhält man selbst unter hoher mechanischer Vorspannung und magnetischem Bias Energiewandlungswirkungsgrade von bis zu 67 % ($s_{33} = 4{,}3 \cdot 10^{-11}\,\text{Pa}^{-1}$, $\mu_{33} = 3{,}8\,\mu_0$, $d_{33} = 9{,}6 \cdot 10^{-9}\,\text{m/A}$ [4-9]).

Die erzielbaren Dehnungswerte hängen von der mechanischen Vorspannung und den magnetischen Bias-Werten ab. Typisch sind Werte von $3 \cdot 10^{-3}$ als relative Dehnungswerte für dynamische, lastfreie Anwendungen und etwa $6{,}5 \cdot 10^{-4}$ unter statischen Bedingungen.

Wird die magnetische Anregung über Spulen vorgenommen, so sind die erforderlichen Stromdichten mit 15 A/mm^2 recht hoch, es ergeben sich nicht zu vernachlässigende Temperatureffekte [4-10].

Während magnetostriktive Antriebe in der Makrowelt bereits kommerziell verwendet werden, beschränken sich Mikrosystemlösungen z.Zt. noch auf F+E-Arbeiten.

Zur Herstellung magnetostriktiver Dünnschichten kann insbesondere die Sputtertechnik (s. 2.4.1) verwendet werden. Die sehr kritische Legierungszusammensetzung der Schicht kann bei einer sogenannten Multitargetanordnung einfach über die Verhältnisse der Sputterleistung bei den jeweiligen Targets eingestellt werden [4-11]. Alternativ wurden magnetostriktive Dünnschichten auch mit sogenannten Mosaiktargets oder auch mit bereits vorbereiteten Legierungstargets gesputtert. Je nach Sputtertemperatur ergaben sich amorphe oder polykristalline Schichten bei Schichtdicken zwischen 0,1 und 15 μm.

Magnetostriktive Dünnschichten wurden von Flik näher untersucht [4-12]. Im Vergleich zu Makroanwendungen ergeben sich im Dünnschichtbereich mit größeren Legierungsanteilen der Seltenen Erden bessere magnetostriktive Eigenschaften (z.B. $(\text{Tb}_{0.27}\,\text{Dy}_{0.73})_{0.42}\,\text{Fe}_{0.58}$). Bei Sättigungsfeldstärken von $\mu_0 \cdot H_{\text{ext}} = 0{,}2$ T können für solche magnetostriktiven Dünnschichten Dehnungswerte bis zu etwa 800 ppm erzielt werden. Probleme bereitet dabei die noch sehr niedrige Curietemperatur, die z.B. bei amorphen Filmen um 135 °C liegt, was eine Anwendung im typischen Temperaturbereich von $-30\,°\text{C} - 90\,°\text{C}$ schwierig macht. Auf der anderen Seite weisen polykristalline Schichten zwar eine wesentlich größere Curie-Temperatur auf (ca. 350 °C), zei-

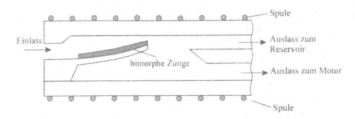

Bild 4.8: Mikromechanisches Flüssigkeitseinspritzsystem mit magnetostriktiven Dünnschicht-Aktor auf der Si-Zunge und externem Magnetfeld zum Schalten, nach [4-12]

gen aber eine relativ große Remanenz und Koerzivität. Ein weiteres großes Problem stellt auch eine langzeitstabile Passivierung der magnetostriktiven Schicht dar. Zumindest bei (TbDy)Fe-Schichten bietet das sich bildende natürliche Oxid (30 – 40 nm) anscheinend einen ausreichenden Schutz.

Magnetostriktive Dünnschichten können auf Si oder auch anderen Substraten abgeschieden werden. Je nach thermischem Ausdehnungskoeffizient des Substrates im Vergleich zur Schicht ergeben sich aber unterschiedliche magnetostrikive Eigenschaften [4-12].

Als mögliche Mikrosystemanwendung wurde in [4-12] ein Flüssigkeitseinspritzsystem vorgestellt. Ein Beispiel zeigt Bild 4.8. Durch ein äußeres Magnetfeld (erzeugt über eine außen liegende Spule) wird eine Si-Zunge, die mit Methoden der Volumenmikromechanik gefertigt wurde, nach oben oder unten gebogen. Damit lässt sich die Richtung eines Flüssigkeitsstroms zwischen den beiden Auslässen (z.B. zum Motorraum oder zum Tank) steuern. Typische Auslenkungen einer 2 mm langen, 1mm breiten und 20 μm dicken Zunge bei einem Magnetfeld von 20 mT sind ca 15 μm. Die Betriebsfrequenz dieses fluidischen Elements liegt oberhalb von 1 kHz.

4.1.4 Antriebe mit Formgedächtnis-Legierungen

Bei Formgedächtnislegierungen (englisch: memory-alloys) werden allotrope Umwandlungen bestimmter Legierungen ausgenutzt. Allotrope Umwandlungen sind mit einer Änderung der Kristallstruktur des Werkstoffes verknüpft. Hierzu ist der Werkstoff über die Umwandlungstemperatur aufzuheizen. Es handelt sich also um eine thermomechanische Wandlung. Solche allotropen Umwandlungen sind mit einer Änderung der Gitterstruktur und einem resultierenden Dichtesprung verbunden.[4]

Große Dichtesprünge, also große Dehnwerte bei der Umwandlung, erzielt man mit Cu-Al-Zn und v.a. mit NiTi. Bei NiTi liegt bei hohen Temperaturen (oberhalb ca. 150 °C) eine Austenit-Struktur vor, diese wandelt sich bei Abkühlung in Martensit um.[5] Das Martensit bei NiTi liegt in einer sogenannten Zwillings-Struktur vor. Dadurch ist das Material im martensitischen Zustand gut und leicht plastisch verformbar (Dehnungen bis 8 %). Ein Antrieb kann dann so hergestellt werden: Das Material wird im martensitischen Zustand plastisch verformt und dann erwärmt. Bei

---

4 Bekannt sind die allotropen Umwandlungen des Eisens, die als Übergänge zwischen kfz- und krz-Gittern auftreten (α-Fe und γ-Fe).

5 Die Begriffe Austenit und Martensit werden bei Formgedächtnis-Legierungen in Anlehnung an Bezeichnungen beim Stahl verwendet und stehen für eine kfz-Struktur bzw. eine verzerrte krz-Struktur. Beim Stahl wird die Kristallstruktur durch C-Gehalt und Temperaturbehandlung beeinflusst (z.B. Abkühl- und Haltezeit).

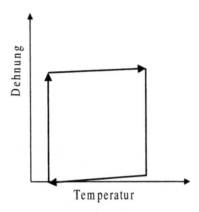

Bild 4.9: Dehnungs-Temperatur-Diagramm zur Erläuterung des Einmal-Formgedächtnis-Effekts, vollständiger Rücksprung in den unverformten Ausgangszustand oberhalb der Martensit-Austenit-Umwandlungstemperatur.

Überschreiten der Austenitumwandlungstemperatur (Start) A_s springt das Material in den unverformten Ausgangszustand zurück (Es »erinnert« sich an seine Vorform, daher der Name; diese thermisch angeregte, ohne äußere Last ablaufende Transformation wird als spontan bezeichnet). In Bild 4.9 ist dies schematisch in einem Verformungs-Temperatur-Diagramm dargestellt. Der Dehnungsrücksprung kann für einen Antrieb (z.B. Schalter) verwendet werden. Allerdings ist damit nur ein Schaltvorgang möglich, ein neuer Zyklus setzt eine erneute Verformung im Martensitzustand voraus. Man nennt diesen Vorgang daher auch Einmaleffekt.

Eine Austenit-Martensit-Umwandlung kann auch oberhalb der Austenitstart-Temperatur A_s durch einen äußeren Stress induziert werden (SIM: stress induced Martensit [4-13]).

Zum Verständnis der Abläufe beim Memory-Effekt ist in Bild 4.10 ein Spannungs-Dehnungsdiagramm durch eine dritte Achse – für die Temperatur T – ergänzt. Bei tiefen Temperaturen (unterhalb der »Starttemperatur« A_s für die Austenitumwandlung) liegt das Material in martensitischer Struktur vor. Das Martensit zeichnet sich aufgrund seiner Zwillingsstruktur – kristallographisch betrachtet handelt es sich um ein stark tetragonal verzerrtes kubisches Gitter – durch eine einfache Verformbarkeit im mittleren Spannungsbereich aus (Pfad 1 im hinteren Teil von Bild 4.10).

Mit zunehmender Dehnung nimmt dann aber der für eine weitere Dehnung notwendige Stress im Material entlang des Pfades 1 wieder zu. Nach Rücknahme des Belastungsstresses bleibt das Material verformt (Pfad 2). Erst durch Temperaturerhöhung entlang Pfad 3 wird dieser Verformungszustand ab der Austenitstarttemperatur (A_s) mit der beginnenden Martensit $\rightarrow$ Austenitumwandlung abgebaut. Bei der Temperatur A_f ist schließlich der unverformte Ausgangszustand wieder erreicht: Das Material hat sich an seine unverformte Ausgangsordnung »erinnert«. Wird nun das Material bei einer Temperatur deutlich oberhalb A_f gedehnt, so kann es nach Überschreiten des elastischen Bereichs relativ einfach um weitere $5-10\,\%$ gedehnt werden (Pfad 4), diese Verzerrung geht allerdings anders als diejenige im Martensitzustand bei Stressrücknahme sofort wieder auf Null zurück, wobei allerdings eine Hysterese im Spannungs-Dehnungs-Diagramm auftritt (Pfad 5). Dieser Effekt wird auch als pseudoelastischer (PE) oder superelastischer (SE) Effekt bezeichnet.

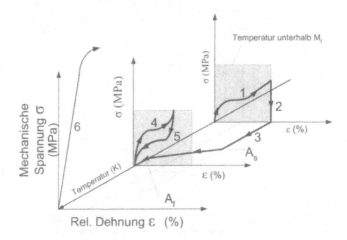

Bild 4.10: Spannungs-Dehnungsdiagramm einer Formgedächtnislegierung mit der Temperatur als dritte Achse, nach [4-13]. Die Pfeile kennzeichnen die Richtung der Zustandsänderungen, die Zahlen (Pfade) sind im Text erläutert.

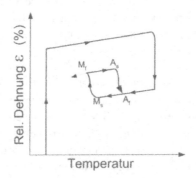

Bild 4.11: Dehnungs-Temperaturdiagramm zur Erläuterung des wiederholbaren Formgedächtnis-Effekts.

Bei ganz hohen Temperaturen zeigt das Material dann eine »normale« Spannungs-Dehnungs-kurve mit einem steilen elastischen Bereich (Pfad 6). Bei hohen Temperaturen kann durch Stress auch keine Martensitumwandlung induziert werden. Der superelastische Effekt erschließt viele interessante Anwendungen, da die Rückstellkraft des Materials in diesem Fall nahezu unabhängig vom Dehnungszustand ist («intelligente« Werkstoffe).

Während beim sogenannten »Einmal-Effekt« nach erfolgter thermisch induzierter Umwandlung das Material erst wieder erneut verformt werden muss, um bei einem weiteren Temperaturzyklus eine Verformung rückerinnern zu können, ist der wiederholbare oder auch Mehrweg-Formgedächtnis-Effekt technisch interessanter. Für diesen Effekt müssen die Legierungen jedoch einer speziellen thermomechanischen Behandlung unterzogen, »trainiert« werden. Hierzu wird ein Temperaturzyklus wiederholt durchlaufen (z.B. 10x) und der Werkstoff belastet. Dadurch wird in der Martensitform ein Mikrostress aufgebaut.

Ein typisches Spannungs-Dehnungsdiagramm für den Fall des Mehrwegeffekts ist in Bild 4.11 zu sehen: Durch die Vorbehandlung wird bei tiefen Temperaturen eine große Verformung im Martensit aufgebaut, bei Erwärmung wird dieser Verformungszustand nur teilweise freigesetzt. Durch Abkühlung der Legierung wird nun ab einer Temperatur M_s (Martensitstart) ein Teil der Verformung zurückerinnert. Dieser Vorgang ist bei der Temperatur M_f abgeschlossen. Bei erneuter Erwärmung erfolgt dann wieder eine Austenitumwandlung (beginnend bei der Temperatur A_s und endend bei A_f). Dieser letzte Zyklus kann nun beliebig oft durchlaufen werden, d.h. es liegt ein thermomechanischer Wandler vor. Die Dynamik dieses Aktors wird durch seine Temperaturhysterese ($A_f - M_f$) bestimmt. Der bei den wiederholten Umwandlungen freigesetzte Dehnungswert ist in eine Bewegung oder aber auch in eine Kraft (beim unterdrückten Formgedächtnis-Effekt) umwandelbar.

Bei der Materialwahl sind verschiedene Kriterien heranzuziehen. Neben einem möglichst großen Effekt (rückerinnerter Dehnungswert, bei NiTi z.B. 6 % für den Mehrwegeffekt) sind dies Preis des Materials, Verarbeitbarkeit und Korrosionsbeständigkeit. NiTi-Legierungen sind sehr korrosionsbeständig, haben gute biologische Verträglichkeit (medizinische Anwendungen insbesondere in der Kieferorthopädie) und zeigen große Dehnungseffekte, sind aber sehr teuer und schwer zu bearbeiten. Alternativ kommen auch noch die Cu-Al-Systeme CuZnAl und CuAl-Ni in Frage. Der Formgedächtniseffekt beträgt bei diesen Legierungen ca. 1 %, die Materialien sind relativ billig und lassen sich recht gut mechanisch bearbeiten, sind allerdings nicht korrosionsbeständig und nicht biologisch kompatibel. In klassischen, makroskopischen Anwendungen wird daher trotz des relativ hohen Preises meist NiTi verwendet.

Die Nutzung des Formgedächtnis-Effekts in Mikrosystemanwendungen setzt die Herstellbarkeit mittels Dünnschichttechnik voraus. Auch für Mikrosysteme ist NiTi bzw. TiNi wegen seiner hohen Arbeitsdichte das bevorzugte Material. Johnson et. al berichten von einem Arbeitsvermögen von $5 \cdot 10^7$ J/m^3 auch in Dünnschicht-Formgedächtnislegierungen aus TiNi [4-14]. Erste Ergebnisse wurden bereits 1990 von Walker et al. vorgestellt [4-15]. Die durch Sputtern auf einer Polyimid-Schicht abgeschiedenen Nitrolschichten wurden dabei in einem Opferschichtprozess als Federelemente freigelegt. Die Herstellungssequenz einer solchen mikromechanischen Formgedächtnis-Feder ist in Bild 4.12 gezeigt. In Aufsicht (oben) erkennt man die spätere Feder, die durch Methoden der Oberflächenmikromechanik mit Hilfe einer Polyimid-Opferschicht freigelegt wird (untere Teilbilder).

Die tatsächliche Nutzung des Effekts in arbeitenden Mikroaktoren wird von Benard et al. [4-16] und Kohl et. al [4-17] beschrieben.

In der erstgenannten Arbeit wird eine Mikropumpe vorgestellt, deren anregende Membran aus einer mit rf-Magnetron-Sputtern hergestellten, 3 μm dicken TiNi-Schicht besteht. Die nutzbare Dehnung wird mit 3 % angegeben, die Transformationstemperatur liegt um 65 °C und die Anregung erfolgt durch eine direkte Strombeheizung der Aktorschicht. Typische Betriebsfrequenzen liegen bei 1 Hz.

Lineare Aktoren mit Hilfe des Formgedächtniseffekts wurden von Kohl vorgestellt. Nutzbare Dehnungen von etwa 1 % führen zu Hüben der Mikroaktoren (z.B. Mikroschalter) bis zu 500 μm. Auch hier liegt allerdings die maximale Arbeitsfrequenz im Bereich von Hz.

Die letztgenannten Autoren verwenden auch noch eine andere Methode zur Herstellung von Mikroaktoren nach dem shape-memory-Effekt: Die Aktoren werden durch Kaltwalzumformung aus NiTiCu hergestellt und durch Laserschneiden strukturiert. Damit sind auch größere Dicken herstellbar (30 – 100 μm). Bei maximalen Dehnungen bis 1,3 % können dann die oben genannten

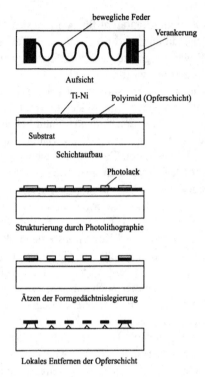

Bild 4.12: Mikroaktor nach dem Formgedächtnis-Prinzip, oben: Aufsicht auf Elemente, unten: Herstellungssequenz (Opferschichttechnik) nach [4-18]

Hübe bis 500 μm erzielt werden. Genutzt wird dabei der Einweg-Effekt. Die Rückstellung erfolgt mechanisch durch geeignete superelastische Federn aus NiTi oder durch einen zweiten aktiven Aktor mit entgegengesetztem Hub.

4.1.5   Thermische Aktoren

In Abgrenzung zum ebenfalls thermisch ausgelösten Formgedächtniseffekt werden in diesem Abschnitt unter thermischen Aktoren solche Antriebsprinzipien behandelt, bei denen die mechanische Bewegung durch die normale Wärmeausdehnung eines Materials erzeugt wird. In diesem Sinne kommen zwei Wirkprinzipien in Betracht: Bimetalleffekt und Dehneffekt. Auch wenn schon sogar eine miniaturisierte Si-Dampfmaschine vorgestellt wurde [4-19], so ist der Bimetalleffekt für mikrosystemtechnische Lösungen aufgrund der Realisierbarkeit in planaren Anordnungen besser geeignet.

Ein großer Bimetalleffekt tritt für Werkstoffe mit unterschiedlichen Wärmeausdehnungskoeffizienten auf. Technisch wird der Bimetalleffekt gemäß DIN 1715 über die sogenannte thermische Krümmung k_{therm} charakterisiert, die sich aus der Durchbiegung DB eines Bimetallpaares der Dicke d und der Länge l bei Auflage auf 2 Stützen und gegebener Temperaturdifferenz ΔT

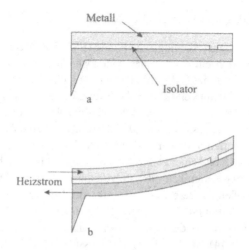

Bild 4.13: Thermischer SiC-Al-Bimetall-Aktor nach dem Bimetall-Effekt, a: Aufbau, b: in Funktion

ergibt:

$$k_{therm} \equiv \frac{8 \cdot DB \cdot d}{l^2 \cdot \Delta T} \tag{4.10}$$

Die Durchbiegung und damit die thermische Krümmung k_{therm} folgt proportional der Differenz der Wärmeausdehnungskoeffizienten der beteiligten Materialien. Für lineare Anordnungen und isotropes Werkstoffverhalten ergeben sich für zwei verschiedene Werkstoffe folgende Längenänderungen bei Temperaturänderung ΔT gegenüber einer Referenzlänge l:

$$\Delta l_{1,2} = \alpha_{th_{1,2}} \cdot l \cdot \Delta T \tag{4.11}$$

In makroskopischen Anwendungen wählt man Materialkombinationen mit $\alpha_{th_1} > 15 \cdot 10^{-6}/\text{K}$ und $\alpha_{th_2} < 5 \cdot 10^{-6}/\text{K}$, günstig ist z.B. eine Materialkombination aus der Eisen-Nickellegierung Invar (FeNi$_{36}$) und der Eisen-Nickel-Mangan-Legierung (FeNi$_{20}$Mn$_6$) mit $k_{therm} = 28,5 \cdot 10^{-6}/K$ (TB1577 nach DIN 1715). Für mikrosystemtechnische Lösungen tritt neben der Forderung nach einem möglichst großem k_{therm} noch die Notwendigkeit der möglichst einfachen und stabilen Schichterzeugung. Daher werden in der Praxis nur geringere Werte für k_{therm} erreicht. Mögliche Materialkombinationen sind z.B. Si und Al [4-20] oder auch SiC und Al ([4-21]. In dieser Arbeit wird das bimorphe Aktorelement für ein IR-Bilderkennungssystem verwendet). Der Vorteil von mikromechanischen Bimetall-Aktoren gegenüber konventionellen Bimetall-Stellelementen liegt in der geringen Wärmekapazität bei optimaler Geometrieauslegung (dünne Membranen, kleine Biegebalken) der das Bimetall-System tragenden Elemente. Dadurch ist eine für thermische Aktoren ungewöhnlich hohe Dynamik erzielbar. So wurden mikromechanische Bimetall-Aktoren mit einer Zeitkonstanten von einigen Millisekunden vorgestellt [4-22]. Die Anregung des Bimetall-Effekts erfolgt meist über direkte Strombeheizung. Ein Prinzipbild eines solchen thermischen Aktors zeigt Bild 4.13.

4.1.6   Elektro- und Magnetorheologische Aktoren

Elektrorheologische oder magnetorheologische Fluide (ERF oder MRF) sind besondere Flüssigkeiten, deren Viskosität durch ein elektrisches oder magnetisches Feld um Größenordnungen erhöht wird. Auch wenn der prinzipielle Effekt schon im letzten Jahrhundert beobachtet wurde, so wurde eine technische Nutzung erst durch die Entwicklung von Suspensionen möglich, die aus nichtmetallischen, hydrophilen Teilchen, adsorbiertem Wasser und elektrisch isolierenden Ölen oder auch Lösungsmitteln bestehen [4-23]. ERF bestehen heute meist aus Siliconölen oder chlorierten Kohlenwasserstoffen mit einer Viskosität von $10-5000\,cSt$, einer Dielektrizitätskonstanten im Bereich von $2-15$ und einer elektrischen Leitfähigkeit unter $10^{-10}(\Omega m)^{-1}$. Als Feststoffpartikel verwendet man Keramiken oder Polyurethane mit einer Dielektrizitätskonstanten von $2-50$ und Partikelgrößen im Bereich von $1-100\,\mu m$. Der Volumenanteil der Feststoffpartikel beträgt zwischen 20% und 60%. Das Verhalten von ERF und MRF lässt sich am besten an einem Diagramm erläutern, bei dem die Scherspannung τ über der Schergeschwindigkeit γ' aufgetragen wird (Bild 4.14). Während sich die Flüssigkeit ohne elektrisches Feld wie eine Newtonsche Flüssigkeit verhält, bei der die Scherspannung τ (entspricht einer mechanischen Spannungskomponente σ_{ij} mit $i \neq j$ in der Tensorschreibweise) mit zunehmender Schergeschwindigkeit γ' (zeitliche Änderung der Scherkomponente ε_{ij}) zunimmt, wird durch ein elektrisches oder magnetisches Feld die Viskosität stark erhöht: Der Werkstoff verhält sich wie ein »Binghamscher Körper«, bei dem zunächst wie in einem Festkörper die Scherung proportional zur Scherspannung ist und erst bei Überschreiten einer Grenzspannung τ_0 eine Schergeschwindigkeit γ' auftritt. Ohne Feld beschreibt der Quotient aus Scherspannung und Schergeschwindigkeit die Viskosität der Flüssigkeit (Gl. (4.11a)), im elektrischen Feld ergibt sich eine »scheinbare« Viskosität η_{df} gemäß

$$\eta = \frac{\tau}{\gamma'} \tag{4.12a}$$

$$\eta_{eff} = \frac{\tau}{\gamma'} = \frac{\tau_0 + \eta \cdot \gamma'}{\gamma'} = \frac{\tau_0}{\gamma} + \eta \tag{4.12b}$$

Oberhalb τ_0 verhält sich der Werkstoff auch in einem elektrischen oder magnetischen Feld wie eine Flüssigkeit.

Das elektrorheologische oder magnetorheologische Verhalten wird durch Verbindung von polaren Molekülen zu Molekülketten oder Molekülclustern im äußeren Feld erzeugt. Die notwendigen Feldstärken liegen bei etwa 3 KV/mm bzw. bei Flussdichten von 0,2 T.

Ein mögliches Antriebsprinzip beruht auf der Nutzung des sogenannten Ventil- und Kupplungsmodes. Hierbei befindet sich die ERF oder MRF in einer Kammer (die auch Elektroden oder Spulen enthalten kann) und wird durch ein elektrisches oder magnetisches Feld in der Viskosität verändert. Dadurch schaltet man um von einem Durchflussmodus (»Ventil«), bei dem ein äußerer Druck das Fluid durch die Kammer drückt, zu einem Kupplungsmode, bei dem das viskose Fluid die Kraft auf die Kammer umlenkt.

Wenngleich sich die Entwicklungsarbeiten auf dem Gebiet der ERF und MRF z.Zt. auf Makroanwendungen insbesondere im Bereich der aktiven Schwingungsdämpfung konzentrieren, macht die geringe Steuerfeldstärke und die Prozessierbarkeit durch Aufschleudern die Fluide als Antriebsprinzip auch für den Bereich Mikrosystemtechnik interessant.

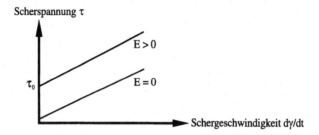

Bild 4.14: Scherdiagramm einer elektrorheologischen oder magnetorheologischen Flüssigkeit. Ohne elektrisches oder magnetisches Feld nimmt die Scherspannung mit der Schergeschwindigkeit direkt proportional zu. Mit elektrischem Feld zeigt der Werkstoff einen Offsetwert τ_0, oberhalb dessen Fließverhalten einsetzt.

4.1.7   Elektromagnetische Aktoren

Elektromagnetische Antriebe dominieren in Makroanwendungen. Dies ist in der um ca. vier Zehnerpotenzen größeren Energiedichte der magnetischen ($1/2$ ($H\cdot B$)) gegenüber elektrostatischen ($1/2$ ($E\cdot D$)) Antrieben begründet. Bei kleineren Strukturgrößen nimmt zwar der Unterschied deutlich ab, da die Durchbruchfeldstärke bei kleinen Spaltbreiten zunimmt, beträgt aber immer noch ca. eine Größenordnung. Erst bei Luftspaltbreiten unterhalb 1 μm wird die Energiedichte für elektrostatische Antriebe günstiger [4-18]. Die maximale Energiedichte ergibt sich für einen magnetischen Antrieb aus der Sättigung der Magnetisierung des magnetischen Materials ($B_{max} = M_s$).

$$w_{mag\,max} = \frac{B_{max}^2}{2\mu_0} = \frac{M_s^2}{2\mu_0} \tag{4.13}$$

Für Eisen ist $M_s = 2,15\ T = 2,15\ Vs/m^2$, so dass hier eine Energiedichte von $1,84 \cdot 10^6\ J/m^3$ im magnetischen Feld gespeichert ist. Ein Vergleich der Energiedichten elektrostatischer und magnetischer Antriebe als Funktion des Abstandes d (Plattenabstand beim Kondensator) ist im Bild 4.15 dargestellt. Man erkennt, dass oberhalb eines Plattenabstandes von etwa 2 μm die Energiedichte des magnetischen Antriebs um Größenordnungen über der des elektrostatischen liegt. Im Falle des Eisensystems (obere Linie) liegt die sogenannte *figure of merit* bei 1,75 μm.

Magnetfelder können im Sinne der Magnetostriktion (vgl. Abschnitt 4.1.3) oder durch Verwendung der Kräfte zwischen zwei Magnetfeldern für Antriebe genutzt werden. Beim letztgenannten Fall unterscheidet man zwischen dem elektrodynamischem oder induktiven Prinzip (Lorenzkraft auf bewegte Ladungen durch eine magnetische Induktion B) und dem Reluktanzprinzip (elektromagnetisch, Kraft durch Reluktanzänderung zwischen zwei weichmagnetischen Teilen). Die meisten Mikroaktoren dieser Klasse beruhen auf dem Reluktanzprinzip, da induktive Antriebe eine vollständige 3D-Strukturierung erforderlich machen.

Das in Reluktanzaktoren benötigte Magnetfeld wird in Spulen erzeugt, die entweder konventionell gewickelt und hybridisch in den Mikroaktor integriert oder durch geeignete Abformtechniken monolithisch integriert werden. Als Beispiel ist im Bild 4.16 das Photo eines linearen Reluktanzantriebs gezeigt [4-18]. Hier wird das Magnetfeld durch eine hybridisch integrierte Spule erzeugt, die eine Kraft im NiFe-Magneten erzeugt.

Alternativ kann man jedoch auch die Spule monolithisch integrieren und einen Permanentmagneten auf oder zwischen flexibel beweglichen mikromechanischen Elementen plazieren. Ein

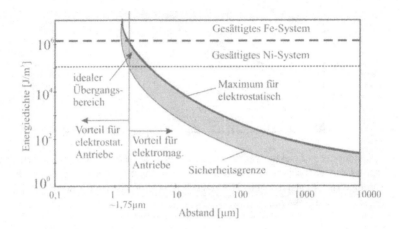

Bild 4.15: Vergleich der maximalen Energiedichte magnetischer und elektrostatischer Aktoren als Funktion des Luftspalts, nach [4-24]

Bild 4.16: Beispiel eines linearen mikromechanischen Aktor nach dem Reluktanzprinzip, das Element besteht aus 78 % Ni und 22 % Fe [4-18].

Beispiel ist in Bild 4.17 dargestellt. Die äußere Wickelung besteht in diesem Fall aus galvanisch abgeschiedenen Au-Bahnen mit einer Höhe von ca. 30 μm. Aufgrund der besseren Wärmeabfuhr werden diese auf dem festen Rand definiert. Ein durch Mikromontage eingebrachter Permanentmagnet bewegt sich durch einen geeigneten Steuerstrom der Spule und führt die spiralartigen, flexiblen Si-Elemente mit. Mit solchen Aufbauten konnten Verstellwege von etwa 100 μm oder auch Winkelverstellungen bei Torsionselementen von 10° bei einer Steuerleistung von 1,3 W erzielt werden. Die Dynamik ist im Wesentlichen durch die mechanische Resonanzfrequenz von etwa 1000 Hz bestimmt.

Bild 4.17: Elektromagnetischer Antrieb mit monolithisch integrierter, galvanisch abgeformter Spule [4-25]. Mit freundlicher Genehmigung Verlags Elsevier.

4.2 Realisierungsbeispiele für Mikroaktoren

Wie im vorherigen Abschnitt bereits erwähnt, gibt es auf dem Sektor der mikrosystemtechnischen Aktoren im Vergleich zur Sensorik nicht so viele bereits konkrete kommerzielle Lösungen. Bereits heute von großer kommerzieller Bedeutung sind Mikrospiegel-Systeme (s. Abschnitt 4.2.3) und Tintenstrahldruckköpfe (Abschnitt 4.2.2). Mikroventile und -pumpen (Abschnitt 4.2.1) haben einen hohen F+E-Stand erreicht, der einen kommerziellen Durchbruch im Bereich fluidischer Mikrosysteme in den nächsten Jahren erwarten lässt. Demgegenüber werden sich wohl Mikromotoren (Abschnitt 4.2.5) auch mittelfristig nur in Nischenanwendungen durchsetzen können.

In den folgenden Abschnitten werden neben kommerziellen Beispielen auch F+E-Arbeiten vorgestellt, die interessante Lösungsansätze von Mikroaktoren aufzeigen.

4.2.1 Mikroventile und Mikropumpen

Mikroventile und Mikropumpen sind die zentralen Komponenten in fluidischen Mikrosystemen. Benötigt werden diese Komponenten bei Dosiersystemen in der Analysetechnik und bei implantierbaren Dosiersystemen (»künstliche Bauchspeicheldrüse«). Weiterhin ist der Einsatz solcher Mikroaktoren bei allgemeinen regelungstechnischen Aufgaben und auch im Kfz-Bereich beispielsweise in Bypass-Leitungen denkbar.

Auch zur Herstellung von Mikroventilen und Mikropumpen wird überwiegend Si-Technologie verwendet. Dies beruht u.a. auf den hervorragenden mechanischen Materialdaten von Silizium, die bereits in Abschnitt 2.1 behandelt wurden. Die daraus resultierenden Möglichkeiten werden beispielhaft aus einem sehr frühen Lösungsvorschlag für ein Mikroventil deutlich, das in Bild 4.18 in Aufsicht (links) und im Querschnitt (rechts) dargestellt ist. Es handelt sich um ein Si-Element, das mit Methoden der Mikromechanik hergestellt wurde. Die Oberfläche eines (100)-Si-Wafers wird zunächst zur Ausbildung einer ätzresistenten Schicht stark mit Bor dotiert. Darauf wird eine dünne, kristalline Si-Schicht mittels Epitaxie aufgebracht. Den Abschluss bildet wieder eine starke Bordotierung (p^+). Die p^+-Schichten haben hierbei eine doppelte Funktion: Sie wirken als Elektroden für den elektrostatischen Antrieb und als ätzbegrenzende Schichten. Mit verschiedenen Ätzschritten werden Ventilöffnung, Ventilkammer und der Deckel mit spiralartiger Aufhängung hergestellt. Durch ein elektrisches Feld wird der Ventildeckel auf die

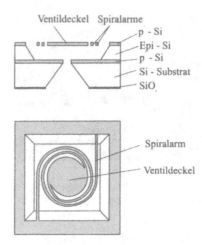

Bild 4.18: Einfaches Konzept für ein elektrostatisch arbeitendes Si-Mikroventil, oben: Querschnitt, unten:
Aufsicht, nach [4-26]

darunterliegende Öffnung gedrückt und schliesst dadurch das Ventil. Zunutze macht man sich hier die sehr guten mechanischen Eigenschaften des Siliziums, die eine ermüdungsfreie und ausreichend große Dehnung der Si-Spirale zum Absenken des Ventildeckels auf die v-förmige Ventilöffnung zulässt. Nachteilig bei dieser sehr frühen Form eines Mikroventils ist der fehlende Ventilsitz zur Erhöhung der Dichtheit und das Fehlen einer automatischen Rückschlagfunktion des Ventils. Weiterhin besteht bei der flächigen Form des Ventils die Gefahr des Festklebens des Ventildeckels.

Die Dichtheit von Mikroventilen wird wie bei klassischen Lösungen durch Ventilsitze verbessert. Die mikrotechnische Herstellung eines Ventilsitzes wurde in [4-27] demonstriert. Das in dieser Arbeit vorgestellte Drei-Wege-Ventil mit piezoelektrischem Antrieb zeigt Bild 4.19. Der mittlere Teil dieses Ventils besteht wieder aus Si, das auch hier von Vor- und Rückseite bearbeitet wurde. Der Si-Chip wird im Randbereich auf ein einseitig bearbeitetes Pyrex-Glas gebondet. Im Glas werden drei Öffnungen erzeugt (zwei Einlässe und ein Auslass). Die Zu- und Abführung der Flüssigkeit oder des Gases erfolgt über die angeklebten Röhrchen. Ein Piezostapel wird mit Hilfe zweier Glasbügel, die sich direkt auf dem Si-Chip abstützen, mit dem Si-Element verbunden. Im nicht gelängten Zustand des Piezostapels (Bild 4.19 oben links) ist dadurch der rechte Einlass mit dem Auslass in der Mitte verbunden, während durch eine Längung des Piezostapels der linke Einlass auf den Auslass gegeben wird (Bild 4.19 unten links). Ein spezieller Ventilsitz aus Ni (1,5 μm dick) erhöht die Dichtheit. Der Ventilsitz wird über eine PSG-Opferschichttechnik gefertigt (Bild 4.19 rechts).

Nachteile dieser Lösung sind die extrem große Bautiefe des Ventils und die komplizierte Verbindungstechnik wegen der Verwendung eines konventionellen Piezostapels, der über die äußeren Glasbügel mit der eigentlichen Ventilkammer verbunden ist (Hybridtechnik). Eine wichtige Eigenschaft eines Mikrosystems sollte die Herstellbarkeit in sogenannten Batch-Prozessen sein.

Jeder individuelle Montageschritt ist aufwendig und kostenintensiv und sollte daher möglichst vermieden werden oder zumindest einfach automatisierbar sein. In dieser Hinsicht ist die zuletzt beschriebene Lösung kaum für eine Massenfertigung geeignet.

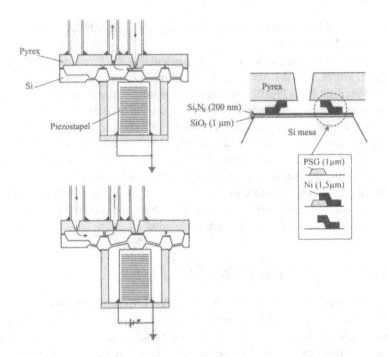

Bild 4.19: Drei-Wege-Ventil mit piezoelektrischem Antrieb, links oben: im ungelängten Zustand (a) des Piezostabes ist der rechte Einlass mit dem Auslass verbunden, links unten: durch Längung (b) des Piezostabs wird die rechte Einlassöffnung geschlossen und die linke geöffnet, rechts: Querschnitt durch den Ventilsitz aus Ni, nach [4-27]

Mit elektrostatischen Antrieben kann man die genannten Nachteile vermeiden (vgl. Bild 4.18). Weiterhin ermöglicht ein elektrostatischer Antrieb eine relativ einfache und v.a. kostengünstige Montage zu einem Gesamtsystem, da man alle Komponenten aus Silizium fertigen und auf Waferebene montieren kann.

Eine in diesem Sinne sehr interessante Mikropumpe wird in [4-28] beschrieben. Der Querschnitt durch die Membranpumpe ist in Bild 4.20 dargestellt.

Diese Pumpe besteht aus vier Si-Chips, von denen zwei baugleich sind. Im Querschnitt erkennt man die zwei unteren Ventil-Chips, die Einlass- und Auslassventil bilden. Konstruktionsbedingt wirken diese als Rückschlagventile. Die Pumpenkammer wird durch den Membran-Chip gebildet, dessen mittlerer Bereich bis auf eine Membran freigeätzt wurde. Die Membran bildet die bewegliche Elektrode des elektrostatischen Antriebs. Die Gegenelektrode wird durch den oberen Chip definiert. Die Aussparungen in der Gegenelektrode sind für einen pneumatischen Betrieb der Pumpe zu Testzwecken gedacht. Durch Trennung von Pumpvolumen und elektrostatischer Antriebseinheit ist die Pumpe universeller einsetzbar als früher vorgestellte, ähnlich arbeitende Pumpen [4-29].

Die äußeren Abmessungen dieser Pumpe betragen nur $7 \times 7 \times 2 \text{ mm}^3$. Die Austrittsöffnungen der Ventile sind 400 μm groß, sie werden von ca. 1 mm^2 großen und wenige Mikrometer dicken Klappen geschlossen. Die Pumpmembran ist $4 \times 4 \text{ mm}^2$ groß und etwa 25 μm dick. Einen Eindruck gibt die Photographie der Rückseite der Membranpumpe, die schwarzen Öffnungen sind die beiden Ventile (Bild 4.20 unten).

Der Pumpzyklus beginnt durch elektrostatische Auslenkung der Pumpmembran zur Gegenelektrode. Dadurch erhöht sich das Volumen in der Pumpkammer, aufgrund des Unterdrucks öffnet das Einlassventil, es fließt Flüssigkeit in die Pumpkammer hinein, wobei das Auslassventil aufgrund des noch herrschenden Unterdrucks geschlossen bleibt. Beim Abschalten des Feldes verringert sich das Volumen wieder, die Kammer entleert sich über das Auslassventil, wobei das Eingangsventil automatisch geschlossen wird. Zur Charakterisierung der Pumpe wird der elektrostatisch durch die Membranauslenkung erzeugte Druck p_{el} berechnet, aus diesem ergibt sich die maximale Druckdifferenz, gegen den die Pumpe anpumpen kann (beispielsweise Höhe der Flüssigkeitssäule in einem Ausgangsstutzen). Aus Gl. (4.1b) folgt für eine Kapazität, bei der die Elektroden mit zwei Materialien 1 und 2 (charakterisiert durch die relativen Dielektrizitätskonstanten ε_1 und ε_2 und die Dicken d_1 und d_2) beschichtet sind:

$$p_{el} = \frac{\delta F_z}{\delta A_{Membran}} = \frac{1}{2} \cdot \varepsilon_0 \left(\frac{\varepsilon_2}{\varepsilon_1 d_2 + \varepsilon_2 d_1} \right)^2 \varepsilon_1 \cdot U^2 \qquad (4.14)$$

Die skizzierte Pumpe erreicht bei U = 200 V einen Pumpdruck von etwa 100 mbar.

Das Betriebsverhalten kann anhand von Bild 4.21 erläutert werden. Die Messung des statischen Durchflusses erfolgte hier unter definiertem pneumatischen Druck, der auf die Membran wirkte (dazu die Aussparungen in der Gegenelektrode). Das Verhältnis von Vorwärtsfluss zu Rückfluss beträgt etwa 5000:1, die Leckrate liegt selbst bei sehr großen pneumatischen Drücken unter 2 μl/min. Bei einer Pumpfrequenz von 100 Hz wird eine Pumprate von 100 μl/min erreicht.

In der gezeigten Realisierung der Pumpe ist noch kein Ventilsitz integriert. In einer Weiterentwicklung wurde hierzu eine Struktur in das Ventil integriert, die der in Bild 4.19b gezeigten entspricht [4-30].

Ein Nachteil der zuletzt vorgestellten Pumpe ist, dass nicht gleichzeitig Pumpvolumen, Betriebsspannung und Flächenbedarf optimal gestaltet werden können. So benötigt die gezeigte Pumpe trotz relativ kleiner Pumprate noch immer große Steuerspannungen (typisch 200 V). Weiterhin ist auch diese Pumpe wie die meisten bisher entwickelten Mikropumpen anfällig gegenüber Gasblasen und arbeitet nicht selbstansaugend. Als wesentliche Kenngröße zur Verbesserung einer Pumpe in Bezug auf die zuletzt genannten Eigenschaften dient das Kompressionsverhältnis einer Pumpe, das durch das Verhältnis von Hub- zu Totvolumen definiert ist. Anzustreben ist ein Kompressionsverhältnis von mehr als 13:1 [4-30]. Um die erforderliche große Auslenkung der Pumpmembran zu erreichen, wurde die in Bild 4.20 gezeigte Pumpe daher mit einer Piezoscheibe als Antriebselement versehen. Neben einer deutlich höheren Membranauslenkung (über 8 μm) können bei Betriebsfrequenzen um 200 Hz auch relativ große Pumpraten von über 1 ml/min erzielt werden. In Bild 4.22 ist diese Pumpe schematisch im Querschnitt gezeigt.

Eine andere Möglichkeit, ein großes Kompressionsverhältnis bei Mikropumpen zu erzielen, ist in Bild 4.23 dargestellt: Hierbei wird die Pump- und Ventileinheit durch einen s-förmigen Film realisiert. Durch eine passende Spannung zwischen diesem Film und der oben- bzw. untenliegenden Gegenelektrode kann damit die s-förmige Biegestelle elektrostatisch nach links oder rechts bewegt werden. Damit wird dann jeweils der obere oder untere Ausgang mit dem im Bild nicht eingezeichneten, von vorne kommenden Einlass verbunden (Bild 4.23 oben, Prinzip des variablen Abstandes: variable gap mechanism) [4-32]. Mit diesem Ventil kann man auch

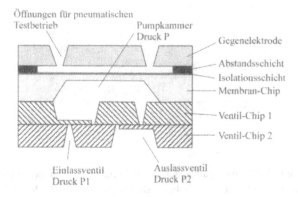

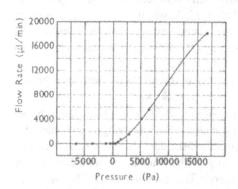

Bild 4.20: oben: Querschnitt einer elektrostatisch oder pneumatisch arbeitenden Si-Membranpumpe, nach
[4-28], unten: Photographie der Rückseite der Pumpe zur Darstellung der Größenverhältnisse
mit Auslassventil (großes Quadrat) und Einlassventil (kleines Quadrat unten rechts), aus [4-31].
Mit freundlicher Genehmigung von R. Zengerle.

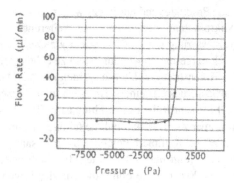

Bild 4.21: Durchfluss der in Bild 4.20 gezeigten Pumpe bei pneumatisch auf die Membran aufgebrachtem
Druck. Im rechten Bild erkennt man die große Dichtheit des Systems, aus [4-31]. Mit freundlicher Genehmigung von R. Zengerle.

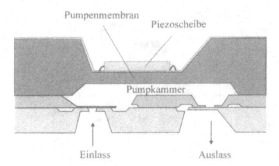

Bild 4.22: Weiterentwickelte Si-Membranpumpe aus Bild 4.20 für großes Kompressionsverhältnis durch Verwendung einer piezoelektrischer Scheibe als Antriebselement, nach [4-30].

unter Niederdruckbedingungen einen großen Gasfluss erzielen. Wegen des geringen Abstandes (Dicke der Isolationsschicht) zwischen Metallzunge und jeweiliger Elektrode arbeitet dieser Aktor bei kleinen Betriebsspannungen. Die s-Form der Zunge erlaubt dennoch die Realisierung einer großen Pumpenkammer. Der Einlass erfolgt von vorn, das zu pumpende Medium kann je nach Beschaltung durch den oberen oder unteren Auslass herausgedrückt werden. Dieses an sich sehr interessante Antriebsprinzip konnte allerdings bisher nicht in eine fertigungsgerechte Form (etwa zur Realisierung der s-förmigen Zunge mit Opferschichttechnik) gebracht werden.

Die Verbesserung des Selbstansaugverhaltens und der Dichtheit bei gleichzeitiger Reduktion der Komplexität des Herstellungsprozesses einer Mikropumpe ist Inhalt zahlreicher neuerer F+E-Arbeiten. So wurden völlig neuartige Pumpprinzipien für Mikropumpen entwickelt, beispielsweise nach dem Prinzip eines elastischen Puffers [4-33], bei dem der Pumpvorgang durch Speicherung von mechanischer Energie in einem elastischen Medium (gegeben durch eine Membran oder die Pumpflüssigkeit selbst) gesteuert wird.

4.2.2   Tintenstrahldruckköpfe

Die heute überwiegend auf dem Markt befindlichen Tintenstrahldruckköpfe sind mikrotechnische Produkte; und nur in der weiter gefassten Definition (vgl. Abschnitt 1.1) kann man diese als Mikrosysteme bezeichnen. Die Weiterentwicklung der vorhandenen Konzepte insbesondere zur Verbesserung der Auflösung bei gleicher Anzahl von externen Kontakten hat aber inzwischen auch in diesem Anwendungsfeld zu echten Mikrosystem-Lösungen geführt.

Tintenstrahldruckköpfe werden hier als Aktoren behandelt, da mit ihnen Tinte unter hohem Auslassdruck aus einem Tintenkammer-Zwischenvolumen gedrückt wird.

Eine sehr frühe Entwicklung ist in Bild 4.24 gezeigt. Aus (110)-Si werden nasschemisch eine Kammer zur Tintenaufnahme (einige Millimeter Kantenlänge) und Sollbruchgräben herausgearbeitet. Im Kammerbereich wird der gesamte Wafer durchgeätzt, der Abschluss nach oben und unten erfolgt über Glasplatten. Ein halbrunder, isotrop geätzter Graben von etwa $50\,\mu m$ Breite und $20\,\mu m$ Tiefe bildet die von der Kavität ausgehende Tintenstrahldüse. Der Si-Chip wird auf einen Glasträger gebondet, nach oben ist die Kavität durch eine dünne Glasmembran abgeschlossen, die wiederum durch einen Piezokristall ausgelenkt werden kann. Bei diesem Aktor verwendet man also einen piezoelektrischen Antrieb. Der unter Druck ausgestoßene Tintenstrahl zerfällt nach einer durch Geometrie und Druck festgelegten Flugbahn in einzelne Tröpfchen.

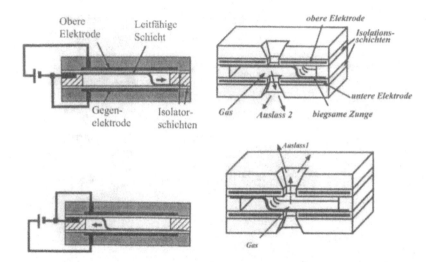

Bild 4.23: Elektrostatisch arbeitendes Ventil- und Pumpsystem für großen Durchfluss im Niederdruckbereich, links: Funktionsprinzip mit wechselnder Spannung zwischen äußeren Elektroden und
mittlerer Gegenelektrode, rechts: schematischer Aufbau, aus [4-32]

Funktion und Aufbau sind ähnlich wie bei der in Bild 4.22 dargestellten Mikropumpe. Als Besonderheit wird in diesem Beispiel (110)-Si verwendet, um nasschemisch senkrechte Wände in
der Zwischenkammer zu erzeugen, die eine saubere Austrittskante des Tintenausgangskanals
(rechts unten im Bild) bilden. Der Überdruck in der Si-Zwischenkammer zum Herausschleudern
der Tinte wird mit der piezoelektrischen Kristallscheibe über eine Glasmembran erzeugt. Für
die Verbindungstechnik werden in dieser frühen Studie sowohl waferbasierte und batchfähige
Prozesse wie das anodische Bonden als auch chipbasierte Klebung verwendet. Ein Nachteil des
Konzepts ist, dass wegen der relativ großen Piezoscheibe keine individuelle Anregung mehrerer
eng benachbarter Tintenstrahlen erfolgen kann.

Eine Weiterentwicklung dieses Konzepts besteht darin, viele Tintendüsen herzustellen und die
Tintenstrahlen individuell in zugehörigen Ladungselektroden elektrostatisch aufzuladen. Dabei
können die verschiedenen Tintenstrahlen gesteuert werden, indem man die elektrisch aufgelade-
nen Tintenstrahlen durch eine elektrostatische Ablenkeinheit schickt. Die Steuerungsmöglichkeit
ergibt sich durch den Ladungszustand [4-34].

Aktive Tintenstrahlablenkung bzw. -steuerung wird insbesondere für den großtechnischen Einsatz in Markierungsgeräten etwa zur Beschriftung von Dosen verwendet. Bei diesen Geräten
handelt es sich also um echte Tintenstrahldrucker (»continuous-jet«-Verfahren), während sich
in Konsumer-Anwendungen Tintendrucker nach dem »drop-on-demand«-Prinzip durchgesetzt
haben. Während erstere meist piezoelektrisch arbeiten, wird bei letzteren ein Tropfendampf thermisch erzeugt (»Bubble-jet«).

Als Klassifizierung innerhalb der thermisch arbeitenden Tintenstrahldrucktechnik unterscheidet man sogenannte »edge-shooter«, bei denen wie in Bild 4.24 die Tinte an der Kante senkrecht zur Entstehungsrichtung der Tintenblase ausgestoßen wird (Canon und Xerox), und »side-
shooter«, bei denen durch ein unter der Tintenkammer befindliches Heizelement eine Dampfblase erzeugt wird, die die Tinte in die gleiche Richtung wie die Dampfblase aus den Tinten-

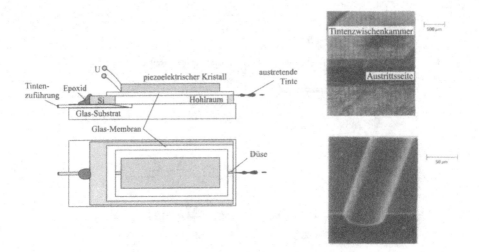

Bild 4.24: links: schematischer Aufbau eines piezoelektrisch angetriebenen Tintenstrahldruckkopfes, das
Zwischenkammervolumen wird anisotrop aus Silizium herausgearbeitet und durch eine dicke
untere und dünne obere Glasplatte abgeschlossen nach [4-35], rechts: Detail-Aufnahme des
Austrittsbereichs mit senkrechten Austrittskanten (oben) und wenige Mikrometer großer Austrittsdüse (unten) [4-36]

kanal treibt (Hewlett Packard und Olivetti). Bei »side-shootern« ist es einfacher als bei »edge-
shootern«, Düsenplatten mit definierten Tintenbenetzungsverhältnissen zu erzeugen. Allerdings
lassen sich bei »edge-shootern« mehr Düsen auf gleicher Fläche unterbringen, was bei höherer
Auflösung Vorteile bringt.

Die beiden genannten Prinzipien sind in Bild 4.25 dargestellt (links oben: »edge-shooter«,
links unten: »side-shooter«). Bei beiden befindet sich auf einem Silizium-Substrat ein Heizelement, das mit Dünn- oder Dickschichtverfahren hergestellt werden kann. Beim side-shooter werden die Tintendüsen in einer Ni/Au-Düsenplatte definiert. Eine elektronenmikroskopische Aufnahme der Düsenplatte eines HP-Druckkopfes (side-shooter) ist in Bild 4.25 rechts gezeigt. Die
Düsenöffnung von ca. 80 μm entspricht einer Auflösung von 300 dpi (die Tintenfleckgröße ist
dann ca. 110 μm groß). Bei diesem Druckkopf wird in Silizium ein etwa 4,5 mm langes und
0,8 mm breites Tintenzwischenreservoir geätzt. Von diesem führen in einer Zwischenschicht definierte enge Kapillare seitlich weg zu den eigentlichen Düsenöffnungen, die in ein den Si-Chip
abdeckendes Metallplättchen geätzt werden (ca. 50 pro Druckkopf beim alten Deskjet 500).

Beim Bubble-jet-Vefahren wird durch die Heizung die Tinte auf etwa 500 °C erhitzt, die entstehende Dampfblase treibt die Tinte mit extrem hohen Druck (10 bar) aus der Kammer heraus.
Nach einer von der Austrittsgeschwindigkeit und der Düsengröße abhängigen Fluglänge von
ungefähr 0,4 mm zerfällt der Tintenstrahl in einzelne Tropfen. Durch Kapillarkräfte wird die Tinte aus dem Zwischenreservoir in den Düsenbereich nachgezogen. Nach etwa 250 μs kann der
Vorgang wieder neu beginnen.

Seit einigen Jahren kommen nun auch bei Tintendruckköpfen verstärkt echte Mikrosystemlösungen auf den Markt. Hauptmotiv ist hierbei die Beibehaltung oder sogar Reduktion der notwendigen externen Kontakte trotz der zum Erzielen einer besseren Auflösung und einer höheren Schreibgeschwindigkeit erforderlichen größeren Anzahl von Düsen. So werden beim Xer-

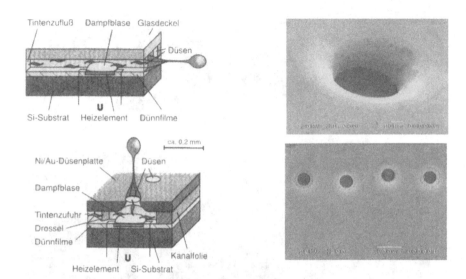

Bild 4.25: Zwei Formen des bubble-jet-Prinzips, links oben: edge-shooter, links unten: side-shooter, aus [4-37] mit freundlicher Genehmigung des Carl Hanser Verlags, rechts: REM-Aufnahmen der Düsenöffnungen einer HP-Deskjet-Tintenpatrone.

ox128 für 128 Düsen nur zehn externe Kontakte benötigt. Möglich wird dies durch eine integrierte CMOS-Elektronik, die die Steuerung der Düsen übernimmt. Beim Canon DJ-10 erfolgt die Ansteuerung über eine Diodenmatrix. Auch beim HP 1600C ist inzwischen eine Elektronik im Druckkopf integriert. Eine andere Mikrosystemlösung beim Tintendruckkopf wird im Bild 4.26 illustriert. Bei dieser Entwicklung unter der Federführung von Siemens handelt es sich um das sogenannte »back-shooter«-Prinzip: Die Dampfblase schießt die Tinte in die genau entgegengesetzte Richtung heraus wie sich die Blase bewegt (Rückstoßprinzip). Oben in Bild 4.26 ist der schematische Aufbau gezeigt. Pro Düse arbeiten zwei Heizelemente als Aktoren zur Erzeugung einer Dampfblase. Die Ansteuerung übernimmt eine monolithisch integrierte CMOS-Schaltung auf der Oberseite des Chips. Die Schichtfolge ist in der Mitte von Bild 4.26 dargestellt. Die Herstellungssequenz entspricht einem Standard-CMOS-Prozess, an den die mikromechanischen Fertigungschritte angeschlossen werden (»back-end«). Zur Herstellung der senkrechten Düsenkanäle wird (110)-Si anisotrop geätzt. Die seitlichen, flach verlaufenden Wände ergeben sich durch die unter einem Winkel von 35,26° zur (110)-Oberfläche geneigten (111)-Ebenen (vgl. Bild 2.13). Details des Druckkopfs sind in den Aufnahmen im Bild 4.26 unten zu sehen: Deutlich erkennt man die für (110)-Si charakteristischen senkrechten Kanäle, wobei bei der 600 dpi-Version benachbarte Tintenkanäle seitlich nach hinten gegeneinander versetzt angeordnet sind. Das Detail einer Austrittsdüse ist rechts im Bild gezeigt. Bei der 600 dpi-Version ist die Düsenöffnung 17 μm breit. Die Oberseite des Chips wird am Prozessende mit einer galvanischen Deckschicht versehen, die als Versteifung der Düsenmembran und zum Schutz der CMOS-Schaltung dient. Die Rückseite des Chips wird mit einer 20 μm dicken Kunststofffolie abgeschlossen (im schematischen Aufbau Bild 4.26 Mitte zu erkennen), die Schlitzstrukturen enthält, durch die die Tinte gedrosselt nachfließen kann.

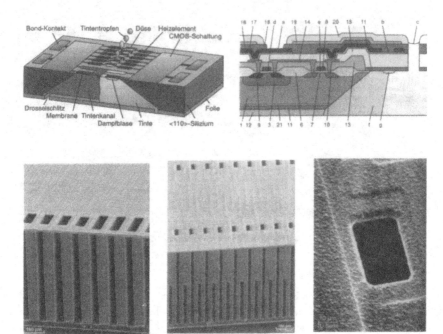

Bild 4.26: Druckkopf nach dem »Back-shooter«-Prinzip mit integrierter CMOS-Schaltung. Oben links: Schematischer Aufbau, oben rechts: Schichtaufbau; (1) p-dotiertes (110)-Substrat, (3) n-Wanne, (4) thermisches Oxid, (5) Si_3N_4-Maske, (6) Feldoxid, (7) gate-Oxid, (8) poly-Si, (9) PMOS Drain-Source, (10) NMOS Drain-Source, (11) Si_3N_4-Ätzstoppschicht, (12) SiO_2-Rückseitenmaskierung, (13) BPSG, (14) Al, (15) Planarisierungsschicht (SiO_2), (16) Widerstandsschicht, (17) Al, (18) Si_3N_4-Drosselschicht (thermisch), (19) Galvanikschutzschicht, (20) Ni/Au-Trägerschicht, (21) SiO_2, (a) Al-Bondpad, (b) Heizelement, (c) Düse mit Tinte, (d) PMOS-Transistor, (e) NMOS-Transitor, (f) Tintenkammer mit Tinte, (g) Dampfblase, unten links: REM-Aufnahme 300 dpi-Chip, unten Mitte: 600 dpi-Chip, unten rechts: Düse eines 600 dpi-Chips [4-38]. Mit freundlicher Genehmigung des Carl Hanser Verlags.

4.2.3   Mikrospiegel

Die Entwicklung von Mikrospiegeln hat völlig neue Möglichkeiten bei optischen Projektionsverfahren eröffnet. Die Leistungsfähigkeit solcher Systeme wird in diesem Abschnitt insbesondere anhand des sogenannten DMD (»digital-micromirror-device«) von Texas Instruments (DLP) erläutert.

Auch bei der Entwicklung von Mikrospiegeln wurden die ersten Vorarbeiten schon in den siebziger Jahren geleistet. Beispielhaft ist in Bild 4.27 der schematische Aufbau eines frühen Projektionsdisplays gezeigt. In diesem Fall wurde Saphir als optisch hochwertiges Substrat verwendet, auf das eine Si-Schicht epitaktisch aufgewachsen wurde. Zur Ätzung der Si-Schicht wurde SiO_2 als Maskierung eingesetzt. Nach Strukturierung des Siliziums erfolgt eine Beschichtung mit Aluminium, das als Reflexionsschicht und Ansteuerungsbahn dient. Jede Si-Säule trägt dabei vier einzeln ablenkbare Spiegelflächen (oben in Bild 4.27). Die Ansteuerung erfolgt nach dem Xerographie-Prinzip: Hierzu werden die Spiegel mit einem Elektronenstrahl abgetastet und dabei

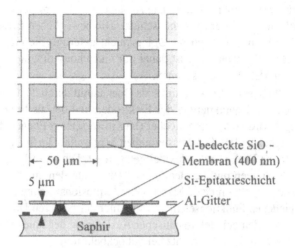

Bild 4.27: Frühes Beispiel für ein Projektionsdisplay in Mikromechanik, nach [4-40]

positiv aufgeladen[6]. Durch Anlegen einer negativen Steuerspannung an die Al-Bahnen werden die Spiegel dann ausgelenkt. Eine direkte elektrostatische Ansteuerung war bei diesem Aufbau nicht möglich, da zum damaligen Stand der Technik keine Kontaktierung der oben liegenden Spiegelflächen über das Substrat erfolgen konnte.

Bei dem gezeigten Projektionssystem wurden $4 \cdot 10^5$ Reflektoren zu einem System zusammengefasst, der erreichbare Kontrast wurde mit 10:1 angegeben.

Die technologischen Entwicklungen Ende der achtziger Jahre – insbesondere Mehrlagenmetallisierung und Oberflächenmikromechanik – erlaubten dann auch die direkte elektrostatische Ansteuerung der beweglichen Spiegel, die gleichzeitig als Gegenelektroden in einer Kondensatoranordnung fungieren. Dieses Konzept wurde bei der Entwicklung des sogenannten DMD (Digital Micromirror Device) unter der Federführung von Texas Instruments seit 1987 verfolgt [4-39] und hat zu einem der interessantesten Mikrosysteme geführt, die in den letzten Jahren auf den Markt gekommen sind.

Das DMD wurde ursprünglich für professionelle Projektionsgeräte etwa in Videokonferenz-Anwendungen entwickelt. Inzwischen zeigen sich aber weitere bedeutende Märkte im Konsumenten-Bereich wie etwa PC-gestützte Projektionssysteme und Projektions-TV. Auch im »low cost«-Bereich sind Anwendungen denkbar: als sogenannte »Display buttons«, bei denen ein Bedienungsknopf etwa in einer Werkzeugmaschine als veränder- und programmierbare Informationsanzeige über den Betriebszustand der Maschine oder über die Funktion des Betätigungsknopfs selbst dient.

Auch das DMD ist ein monolithisch integriertes Si-Mikrosystem. Die Ansteuerungselektronik (SRAM-Adressierung) wird in einem $0,8\,\mu$m CMOS-Prozess mit Einfach-Poly-Silizium und zwei Metalllagen gefertigt. Die beweglichen Spiegelstrukturen werden auf dieser Schaltung nach Planarisierung und mechanisch-chemischer Vorbehandlung der Oberfläche zum Erzielen einer

---

6 Die positive Aufladung ergibt sich aufgrund der hohen Sekundärelektronen-Emission bei der gewählten Elektronenenergie.

optischen Oberflächenqualität gefertigt. Die Ansteuerung der Spiegel erfolgt dabei durch entsprechende Kontaktlöcher in dieser Zwischenschicht. Die beweglichen Elemente werden in Oberflächenmikromechanik mit Polyamid als Opferschicht gefertigt, die Herstellungssequenz für die mikromechanischen Elemente umfasst dabei nur vier Photolithographieschritte und zwei Oxidschichten mit zwei Metallisierungsebenen.

Der Schichtaufbau ist in Bild 4.28 links als Querschnitt durch die Oberfläche des DMD (ohne Gehäuse) gezeigt. Die Kontaktierung der Elektroden und der als bewegliche Gegenelektroden wirkenden Spiegel wird über Kontaktlöcher (hier in versetzten Ebenen dargestellt) durch die polierte Abdeckschicht zur CMOS-Adressiereinheit hergestellt. Die Spiegelstruktur steht auf einem Joch, das über dünne Drehgelenke flexibel gelagert ist. Die Ausbildung der metallischen Drehgelenke erfolgt zusammen mit der Herstellung der Elektroden und Spiegel.[7] Schematisch wird der Aufbau und die Funktion des DMD aus der Explosionszeichnung in Bild 4.28 rechts deutlich: Die verschiedenen Funktionselemente sind hier der besseren Übersicht wegen aufgetrennt. Die Drehgelenke werden bei elektrostatischer Auslenkung der Spiegel auf Torsion belastet. Anschlagspitzen wirken als Überlastschutz bei Schockbelastung.

Photos des DMD (Bild 4.29) zeigen links ein Detail des Chips mit mehreren Spiegelelementen, wobei einige Spiegel ausgelenkt sind, und rechts eine Aufsicht auf einen kompletten Chip (Blickwinkel unter Projektionsbedingungen mit vom Chip erzeugtem Bild). Ein einzelnes Spiegelelement ist ca. $17 \times 17 \, \mu m^2$ groß; insgesamt werden in der sogenannten Ein-Chipversion 864×515 Spiegel zu einem System zusammengefasst (Stand 3/95). Im Betrieb werden die Spiegel durch elektrostatische Kräfte um $\pm 10°$ ausgelenkt. Diese Auslenkung erzeugt mit einer entsprechenden Projektionsbeleuchtung und passenden Blenden Bilder auf der Projektionsfläche. Farbprojektion wird durch eine Ein-Chip-Lösung mit Beleuchtung über ein Farbrad oder durch eine Drei-Chip-Lösung zur getrennten Darstellung der RGB-Farben ermöglicht. Die Drei-Chip-Lösung ist dabei für Hochauflösung ausgelegt. Durch extrem kurze Spiegeleinschwingzeiten ($10 \, \mu s$) können bei der Drei-Chip-Lösung bis zu 16777216 Farben über die »Aus-/Anzeit« eines Spiegels innerhalb einer Videosequenz erzeugt werden (8 bit für 3 Farben).

Die Kontrastverhältnisse von besser als 100:1 werden durch eine Ausnutzung von 77 % der Chipfläche zur Reflektion von Licht und der sicheren Unterdrückung von Streulicht ermöglicht. Dies wird wiederum durch das Konzept der verdeckt unter den Spiegelflächen liegenden Torsionsbalken erreicht. Gegenüber LCD-Projektionsgeräten werden von TI beim DMD um etwa 2 – 3 fach größere Leuchtstärken angegeben.

Auch bei diesem Mikrosystem folgen auf die eigentliche Chipherstellung wesentliche systemspezifische Verarbeitungsschritte mit einer speziellen Gehäusetechnik. So kann wegen der empfindlichen Oberfläche der Chips keine normale »Pick-and-Place«-Handhabung der vereinzelten Chips erfolgen. Selbst das Vereinzeln (mittels Sägen) erfolgt unter guten Reinraumbedingungen (Klasse 100), die anschließende Chip-Verdrahtung einschließlich des Aufbringens eines optischen Fensters erfolgt sogar im Reinraum der Klasse 10.

Neben der dargestellten Anwendung in Projektionssystemen können schaltbare Spiegel auch in der Telekommunikation in optischen Breitband-Übertragungssystemen eingesetzt werden. So wurde ein bidirektionales optisches Verbindungsstück für die Telekommunikation geschaffen, das Übertragungsraten von über 155 Mbit/s zulässt [4-41]. Das Element besteht aus zwei Poly-

---

7 Durch die Trennung der beweglichen Elemente und der optisch aktiven (reflektierenden) Oberfläche sind bessere Oberflächenqualitäten und höhere optische Effizienz möglich.

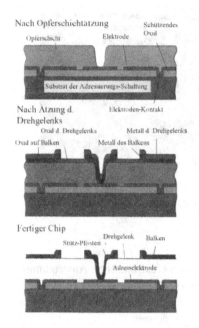
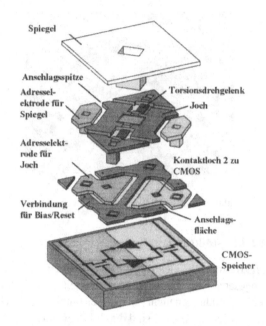

Bild 4.28: DMD von Texas Instruments, links: Schichtaufbau im Querschnitt, rechts Explosionszeichnung der verschiedenen Ebenen des mikromechanischen Spiegelfeldes, nach [4-42].

Silizium-Mikrospiegeln, deren Abstand durch eine Steuerspannung modifiziert werden kann. Da die Spiegel ein Fabry-Perot-Interferometer bilden, führt eine Abstandsänderung zu einer Verschiebung der Resonanzfrequenz.

4.2.4 Mikroschalter

Mikroschalter gehören zur Klasse der mikromechanischen Aktoren. Entsprechend den unterschiedlichen Anwendungen werden im Folgenden 3 Typen von Mikroschaltern unterschieden:

- Mikrorelais
- RF-Schalter/RF-MEMS
- Faserschalter

Insbesondere der Bereich so genannter RF-MEMS (u.a. mikromechanische RF-Schalter) hat im Zuge der drahtlosen Kommunikation in den letzten Jahren einen großen Aufschwung erlebt. Es wird erwartet, dass dieser Anwendungsbereich für Mikrosysteme/MEMS ab ca. 2005 zu einem der wichtigsten Anwendungsgebiete der Mikrosystemtechnik werden wird [4-43], [4-44], [4-45]. Etwas vorsichtiger ist die Einschätzung in der in Kapitel 1 vorgestellten NEXUS-Studie aus dem Jahr 2002. Aber auch in dieser Studie wird den RF-MEMS mit einer Zuwachsrate von $10^4\,\%$ eine große Bedeutung im Bereich der in der Entwicklung befindlichen MST-Produkte eingeräumt (Umsatz ca. 0,5 Mrd. $ im Jahr 2005) [4-46].

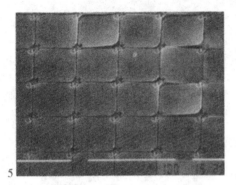 

Bild 4.29: links: Detail des DMD mit drei ausgelenkten Spiegeln, rechts: kompletter Chip [4-42]

4.2.4.1 Mikrorelais

Makroskopische elektromechanische Relais werden in zahllosen elektronischen Anwendungen eingesetzt. Noch immer können Halbleiterbauelemente (CMOS-Gatetransistor oder JFET) in vielen Anwendungen nicht mit den Leistungsdaten von konventionellen elektromechanischen Relais konkurrieren. Letztere sind durch folgende Eigenschaften ausgezeichnet:

- Sehr hohe elektrische Isolation im »Aus-Zustand« ($R_{iso} \rightarrow \infty$)
- Geringes Übersprechen (Last- und Steuerkreis galvanisch getrennt)
- Niedriger Widerstand im »Ein-Zustand« ($R_K \rightarrow 0\,\Omega$)
- Geeignet für große Ströme (> 20 A)

Mikromechanische Mikrorelais sollen diese genannten Eigenschaften mit der Möglichkeit der Integration auf einem Chip vereinen. Dabei stellen sich jedoch eine Reihe von technischen Herausforderungen:

- die hohe Kontaktkraft von konventionellen Relais (typisch 20 mN) ist bei mikromechanischen Lösungen kaum erreichbar
- aufgrund der geringen Kontaktfläche ist insbesondere das Gleichstromverhalten und das Verhalten bei niederfrequenten Wechselströmen problematisch
- Haftkräfte und geringe Rückstellkräfte erschweren ein sicheres Öffnen

Es ist daher nicht verwunderlich, dass zwar bereits Ende der 70er Jahre Si-Mikrorelais von Petersen[8] vorgestellt wurden [4-47], aber bis heute der kommerzielle Durchbruch in dieser Anwendung noch nicht gelungen ist. Neben technischen Problemen ist dies darin begründet, dass konventionelle Relais die oben genannten Anforderungen hervorragend abdecken, dass sie auch bereits stark miniaturisiert sind (Bauvolumina von weniger als 0,3 cm^3 sind möglich) und dass daher mikrotechnische Schalter als separate Bauelemente nur über einen geringeren Preis konkurrenzfähig sind. Etwas anders stellt sich die Situation in Anwendungen dar, in denen Mikrorelais

---

8 Kurt E. Petersen hat in seinen Arbeiten bei IBM Ende der siebziger und Anfang der achtziger Jahre bereits viele später aufgegriffene Möglichkeiten der Si-Mikromechanik beschrieben und geradezu visionär vorgezeichnet.

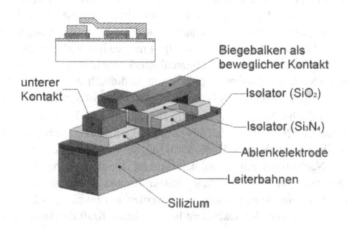

unterer
Kontakt

Biegebalken als
beweglicher Kontakt

Isolator (SiO₂)

Isolator (Si₃N₄)

Ablenkelektrode

Leiterbahnen

Silizium

Bild 4.30: Prinzip eines elektrostatisch betätigten Mikrorelais

als Teil eines Systems gebraucht werden. Eine Übersicht zu Problemen und Lösungen von Mikrorelais findet man in [4-48].

Im einfachsten Fall wird ein mikromechanisches Relais durch einen einseitig eingespannten Biegebalken realisiert, der durch einen elektrostatischen Antrieb einen elektrischen Kontakt schließt (Bild 4.30). In diesem Bild ist die Gegenelektrode unter dem als bewegliche Elektrode wirkenden Biegebalken angeordnet. Denkbar sind auch seitlich und symmetrisch ausgeführte Elektroden für das elektrostatische Schließen des Kontakts, wobei die beiden seitlichen Elektrodenflächen über einen Metallbügel, der isoliert über den Strom führenden Bereich des Biegebalkens geführt wird, verbunden sind. Eine solche Anordnung wurde erstmals von Petersen beschrieben, der in dieser Arbeit auch die erforderliche Schaltspannung für mikromechanische Schalter untersucht hat [4-47]. Unter Verwendung von Gleichung (4.1b) sowie der Gleichung für die Biegelinie eines einseitig eingespannten Biegebalkens erhält man durch Integration die kritische Spannung V_{pi} (pull-in), bei der der Biegebalken schnappartig auf die Gegenelektrode gezogen wird, zu:

$$V_{pi} = \sqrt{\frac{18 \cdot E \cdot I_F \cdot s^3}{5\varepsilon_0 \cdot l^4 \cdot b}} \qquad (4.15)$$

Hierbei ist E wieder der Elastizitätsmodul, I_F das Flächenträgheitsmoment für die gegebene Belastungsrichtung (I_z, I_x oder I_y), das insbesondere durch die Dicke d des Biegebalkens bestimmt ist, l die Länge und b die Breite des Biegebalkens. Einen wesentlichen Einfluss auf die erforderliche kritische Spannung hat der Abstand s der Elektroden. Da für die Abschätzung von einer Luft gefüllten Kapazität ausgegangen wurde, wird nur die absolute Dielektrizitätskonstante ε_0 berücksichtigt. Bei Gleichung (4.15) handelt es sich um eine Nährung, bei der die Randfelder, die insbesondere bei schmalen Balken einen relativ großen Anteil an den Gesamtfeldern haben, vernachlässigt werden (Modell eines einfachen Plattenkondensators).

Verschiedene Autoren haben die Schaltkräfte, die für eine sichere Kontaktgabe erforderlich sind, experimentell ermittelt. Diese Kräfte sind erforderlich, um sicher zu stellen, dass auf den Kontaktflächen befindliche Fremdschichten aufgebrochen werden (sonst muss der Strom diese Fremdschichten durchtunneln, Modell nach [4-49]). Eine gewisse Verbesserung der Kontaktproblematik kann einerseits durch hermetisch abgeschlossene Gehäuse, wie sie in der Mikrotechnik mit den entsprechenden Bondverfahren möglich sind, und durch das so genannte »Schaltreinigungsverfahren« [4-50], das auch für Mikroschalter anwendbar ist, erreicht werden.

Für die Kontaktkräfte bei Mikrorelais fanden Schimkat et al. [4-51], dass für Au bzw. AuNi$_5$-Kontakte bereits mit 0,1 mN (Au) bzw. 0,3 mN (AuNi$_5$) die Kontaktgabe bei Mikrorelais erreicht wird. Dieser Wert liegt deutlich unter der Kontaktkraft, die für konventionelle Relais empfohlen wird (20 mN). Ein Nachteil der reinen Goldkontakte ist jedoch die hohe Haltekraft von bis zu 2,7 mN (für AuNi$_5$ nur etwa 0,3 mN). Diese Haltekraft muss durch die Geometriegebung der Kontaktfedern (steife Kontaktfedern) überwunden werden, um ein sicheres Öffnen der Relais zu gewährleisten. Da aber steifere Kontaktfedern bei gegebener Kraft des verwendeten Aktorprinzips kleinere Kontaktkräfte bedeuten, erkennt man die technische Schwierigkeit für die Realisierung von Mikrorelais. Hier können neue Lösungswege, insbesondere die Auslegung als bistabiler Schalter [4-52], [4-53] einen Ausweg liefern.

Weiterhin ist auch für Mikrorelais die Kontakttheorie von Holm [4-49] bestätigt worden, nach der der Kontaktwiderstand von der Kontaktfläche abhängt [4-51]:

$$R_k \propto \frac{1}{\sqrt[3]{F_K}} \qquad\qquad (4.16)$$

Daher sind wegen der kleineren Kontaktflächen F_K (die in der Realität durch Rauhigkeit der Kontaktflächen noch einmal reduziert werden) bei Mikrorelais grundsätzlich höhere Kontaktwiderstände Rk zu erwarten als bei Makrorelais.

Der maximale Laststrom in Mikrorelais wird in [4-54] untersucht. Die Autoren zeigten, dass mit Mikrorelais 100 mA-Lastströme möglich sind. Die Lebensdauer der Schalter wird mit zunehmendem Laststrom drastisch verkürzt. So wird in [4-55] gezeigt, dass trotz Verwendung einer speziellen Schaltung zur Reduzierung des Lichtbogenüberschlags beim Schalten (arc suspression) bei Strömen von 0,35–1 A nur ca. 5100 Zyklen geschaltet werden konnten, während bei geringeren Strömen (50 mA) die Lebensdauer des Schalters mechanisch begrenzt ist und ca. 10^6 Schaltzyklen beträgt. Eine ähnliche Lebensdauer wird von Hiltmann et. al [4-56] für einen Membrandruckschalter berichtet, der mit Bulkmikromechanik in Kombination mit Glasbonden realisiert wurde. Hierbei wurden bei Spannungen von 100 V und Strömen von 10 mA ca. 10^5 Schaltzyklen erreicht.

Der elektrische Ausfall wird meist durch Kontakterosion verursacht. Diese Ergebnisse zeigen, dass Mikrorelais derzeit v.a. für Anwendungen mit geringen Lastströmen (z.B. Telekom-Relais) interessant sind.

In [4-57] wird ein elektrostatisches Mikrorelais der Fa. Siemens vorgestellt, dessen elektrostatischer Antrieb nach dem so genannten Wanderkeil-Prinzip ausgelegt ist: Durch eine gebogene Federzunge wird zunächst ein variabler, ortsabhängiger Kontaktabstand eingestellt. Bei angelegter Steuerspannung macht die Feder eine Art Abrollbewegung, so dass sich ein konstanter Elektrodenabstand einstellt, der durch die Dicke der verwendeten Isolationsschichten gegeben ist (die gleiche Idee liegt dem Ventil in Bild 4.23 zugrunde). Auf diese Weise lässt sich eine kleine

Schaltspannung (20 V) erzielen. Durch eine getrennt ausgeführte Kontaktfeder, die im Kontakt-fall auf einen auf der Gegenelektrode befindlichen Kontaktpunkt trifft, ist die Kontaktkraft von der verwendeten Steuerspannung unabhängig. Die Geometriedaten dieses elektrostatisch arbei-tenden Mikrorelais sind: Federlänge 1300 μm, Federbreite 1000 μm, Federdicke 10 μm, mini-maler Kontaktabstand 5 μm.

Ein anderes Beispiel für ein kommerzielles Mikrorelais findet man in [4-58]. Bei diesem von der Firma MEMSCAP (ehemals Cronos) vorgestellten Mikroschalter werden Au- bzw. Rh-Kontakte verwendet. Die Baugröße des in zwei Formen angebotenen Prototypen wird mit 1,5 mm$\times$3 mm$\times$0,5 mm angegeben. Die Schaltspannung (minimales V_{pi}) beträgt ca. 3 V, die erforderliche Schaltleistung 150–250 mW. Der Laststrom wird zwar mit 0,3 A spezifiziert (1 A Spitzenstrom), allerdings wird nur für 10 mA eine Lebensdauer angegeben ($> 4 \cdot 10^6$ Schaltzy-klen). Auch der recht hohe Kontaktwiderstand von 400 mΩ zeigt, dass die in diesem Abschnitt behandelten grundsätzlichen Auslegungsprobleme bei Mikrorelais noch nicht vollständig gelöst werden konnten.

4.2.4.2 RF-Schalter/RF-MEMS

In diesem Abschnitt werden speziell Schalter behandelt, die für den Frequenzbereich von 0,1–100 GHz einsetzbar sind. RF-Schalter bilden eine wesentliche Komponente in RF-Systemen. Nach verschiedenen Studien werden aus mikromechanischen RF-fähigen Mikroschaltern zu-sammen mit mikromechanischen RF-Filtern (abstimmbare und nicht abstimmbare), Varaktoren (ebenfalls abstimmbar) und Indukturen zukünftig ganze RF-Schaltungen mit Methoden der Mi-krosystemtechnik aufgebaut werden. Ein Überblick über dieses Themengebiet wird in verschie-denen Übersichtsartikeln [4-43], [4-44], [4-45] sowie in einem Buch [4-59] gegeben. In diesem Abschnitt werden speziell RF-Schalter behandelt.

Im Vergleich zu Standard-RF-Schaltern (MESFETs und PIN Dioden) bieten mikromechani-sche (MEMS) RF-Schalter folgende wesentliche Vorteile [4-60], [4-44]:

- geringe Einfügedämpfung (ca 0,1 dB gegenüber 0,5–1 dB bei MESFET und PIN-Diode) selbst bei sehr hohen Frequenzen
- hohe Isolation (> 40 dB gegenüber 20–40 dB bei MESFET oder PIN Dioden)
- hohe Linearität und damit geringes Intermodulationsprodukt
- geringe Leistungsaufnahme (10–100 nJ/Schaltvorgang)

Grundsätzlich lassen sich im RF-Bereich Schalter auf zwei verschiedene Weisen realisieren:

- als serieller Schalter mit direktem Metall-Metall-Kontakt
- als kapazitiv gekoppelte Schalter

Die erste Form entspricht dabei im Aufbau einem Mikrorelay, nur dass die speziellen Anfor-derungen für die Verwendung des Schalters in einer RF-Leitung zu berücksichtigen sind. Mit Hilfe eines geeigneten Aktors wird hierbei ein mikromechanisches Element (Biegebalken oder Membran) so bewegt, dass eine metallische Verbindung zwischen zwei Kontaktstellen hergestellt wird. Beim seriellen Schalter werden wiederum zwei Bauformen unterschieden: der so genannte ›Querseiten‹(englisch: broadside)-Schalter und der ›Längs‹ (inline)-Schalter. Bei Ersterem steht

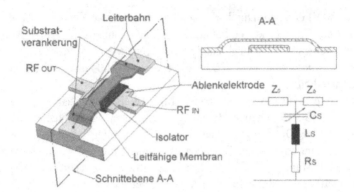

Bild 4.31: Kapazitiver RF-Schalter im Shunt-Betrieb, links: schematischer Aufbau, oben rechts Querschnitt, unten rechts: Ersatzschaltbild, nach [4-44].

die Achse des beweglichen Elements senkrecht zum Strompfad, der geschlossen wird; beim zweiten liegt die Achse des beweglichen Elements in gleicher Richtung wie der Strompfad. Wie bereits im vorherigen Abschnitt beschrieben, kann es bei einem Metall-Metall-Kontakt leicht zum
Verschmelzen der Kontakte kommen, was die Lebenszeit dieses Relais herabsetzt (von 10^9 im
Fall von lastfreien Schalten auf 10^7 Zyklen für Lastströme um 40 mA). Darüber hinaus nimmt
die Isolation dieses Schaltertyps von Werten im Bereich -60 dB bei Frequenzen unterhalb 1 GHz
auf Werte von -25 dB bei 10 GHz ab [4-45].

Bei einem kapazitiven mikromechanischen RF-Schalter (vgl. Bild 4.31) handelt es sich um eine spezielle Form eines einstellbaren Varaktors. Die Verschaltung erfolgt meist im so genannten
Shunt-Betrieb (Bild 4.31 unten rechts) . Unter der erforderlichen Betriebsspannung (s.u.) wird
die bewegliche Elektrode zur feststehenden Elektrode gezogen, so dass sich die Kapazität im
Shunt-Kreis deutlich erhöht. Ein Dielektrikum (ε_r) zwischen den Platten verhindert den elektrischen Kurzschluss der Platten. Da der kapazitive Schalter als Shunt zur RF-Übertragungsstrecke
geschaltet ist, wird der Kreis im angezogenen Zustand bei sehr hohen Frequenzen (RF) durch
die Kapazität überbrückt. Folglich arbeitet dieser RF-Schalter besonders gut bei sehr hohen Frequenzen (typisch oberhalb 10 GHz).

Im nicht angezogenen Zustand (›up‹) bzw. im angezogenen Zustand (›down‹) berechnet sich
die Kapazität zu:

$$C_{up} = \frac{1}{\frac{d_{Dk}}{\varepsilon_0 \cdot \varepsilon_{Dk} \cdot A} + \frac{s}{\varepsilon_0 \cdot A}} \tag{4.17a}$$

$$C_{down} = \frac{\varepsilon_0 \varepsilon_{Dk} A}{d_{Dk}} \tag{4.17b}$$

Hierbei ist d_{Dk} und ε_{Dk} die Dicke bzw. Dielektrizitätskonstante der isolierenden Dielektrizitäts-
chicht zwischen den beiden Metallelektroden, s der Elektrodenabstand ohne Steuerspannung und
A die überlappende Fläche zwischen den Elektroden. Das Verhältnis der Kapazität des ›geöffneten‹ Zustand (in diesem Fall ist die RF-Leitung geschlossen) zum ›geschlossenen‹ Zustand (ange-
zogene Kondensatorplatte) bestimmt die Isolation des Schalters. Ein solcher Schalter wurde von

Texas Instruments (jetzt Raytheon) [4-61] entwickelt. Typische Werte sind 25–75 fF im geöffneten Zustand und ungefähr 1–4 pF im geschlossenen Zustand. Damit lassen sich Isolationswerte von mehr als 30 dB realisieren. Der mit Oberflächenmikromechanik hergestellte RF-Schalter der Firma Raytheon hat eine Größe von $120 \times 280 \, \mu$m. Aufgebaut wird er auf einem Si-Substrat mit hohem spezifischen Widerstand ($> 5000 \, \Omega$cm), auf das 1 μm thermisches Oxid aufgebracht wird. Die untere Schaltelektrode wird aus einem Metall mit hoher Schmelztemperatur (hier W, 0,5 μm dick) gefertigt, um die Bildung so genannter Hillocks in nachfolgenden Hochtemperaturprozessen zu minimieren. Die Isolation der Elektroden wird durch eine dünne (0,2 μm) Siliziumnitridschicht erreicht, die bewegliche Membran ist in Aluminium (4 μm) ausgeführt. Als Opferschicht zum Freiätzen des Aluminium in einem Plasmaprozess wird Photolack (etwa 5 μm dick) verwendet.

Wie aus der Prinzipzeichnung in Bild 4.31 und dem vorgestellten Beispiel des kapazitiven RF-Schalters zu sehen ist, eignet sich die Oberflächenmikromechanik besonders gut zur Herstellung von RF-Schaltern. Zwar kommen auch bei dieser Anwendung grundsätzlich mehrere Aktorprinzipien in Frage, verwendet werden allerdings auch hier nahezu ausschließlich elektrostatische Antriebe, da diese zum Einen einfach zu integrieren sind und sich zum Anderen durch geringe Leistungsaufnahme und ausreichender Dynamik auszeichnen.

Für einen elektrostatischen angetriebenen Schalter ist die erforderliche Schaltspannung (Plattenkondensator), bei der der Schalter vom offenen Zustand in den geschlossenen Zustand umschaltet, abhängig von der Steifigkeit k des mikromechanischen Bauelements (Membran oder Biegebalken):

$$V_{pi} = \sqrt{\frac{8 \cdot k \cdot d_0^{\,3}}{27 \varepsilon_0 \cdot \varepsilon_r \cdot A}} \tag{4.18}$$

Hierbei ist A die Fläche des Kondensators und d_0 der Plattenabstand im unbelasteten Fall. Im Sonderfall eines Biegebalkens ist die kritische Schaltspannung V_{pi} daher durch Gl. (4.15) gegeben.

Bei typischen Geometriewerten beträgt die Schaltspannung etwa 20 V [4-44].

4.2.4.3   Mikromechanische Faserschalter

Unter Faserschalter werden hier Schaltelemente zum gezielten Schalten von Licht in und aus Glasfasern verstanden. Anwendungen findet man in der optischen Datenübertragung, insbesondere zur Rekonfiguration optischer Netzwerke (Monomode-Fasern, üblicherweise als 2×2-Schalter) oder in der optischen Messtechnik (Multiplexing/ Demultiplexing, meist Multimode-Fasern). Grundsätzlich können Faserschalter in zwei Klassen eingeteilt werden:

- Direkte Faserschalter, bei denen zumindest eine Faser bewegt wird

- Indirekte Faserschalter, bei denen abbildende optische Elemente bewegt werden

Bei den direkten Faserschaltern müssen gegenüber den quasi masselosen Schaltern, die in den beiden vorherigen Abschnitte behandelt wurden, relativ große mechanische Lasten bewältigt werden, da die Glasfasern aufgrund ihrer Dicke (Durchmesser 100–125 μm) sehr biegesteif sind. Hierzu bedarf es besonderer Antriebsprinzipien.

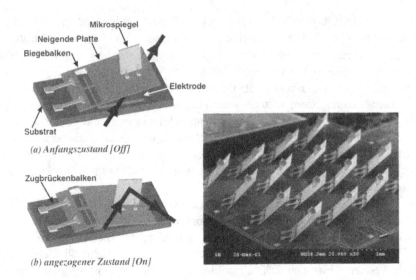

Bild 4.32: 4×4 optischer Schalter. Die insgesamt 16 Träger mit den senkrecht daraufstehenden Spiegeln
können individuell elektrostatisch in den Strahlengang gekippt werden, nach [4-62], mit freundlicher Genehmigung Prof Liu Ai Qun, Nanyang Technological University (NTU), Singapore.

Bei den indirekten Faserschaltern werden zumeist Spiegel durch geeignete Aktorkomponen-
ten in den Strahlengang gebracht. Bei der in [4-62] beschriebenen Lösung wird eine Matrix von
Spiegeln auf elektrostatisch bewegbaren Mikroplattformen angeordnet. Bei Anregung werden
diese Spiegel in den Strahlengang geschwenkt. Auf diese Weise wurden 4×4-Schalter realisiert.
Über die Genauigkeit der optischen Zustellung (Einfügedämpfung) wird keine Aussage gemacht,
allerdings sind aufgrund der großen Freistrahllänge in diesem Fall große Verluste zu erwarten.
Die Anordnung der insgesamt 16 Spiegel ist deutlich in Bild 4.32 zu erkennen. Über geeignete
Gelenke (Zugbrückenbalken) können die Spiegelträger elektrostatisch aus der Ebene gekippt werden, wie aus dem schematischen Bild links zu erkennen ist. Im Jahre 2002 wurde eine ähnliche
Lösung für einen 16×16-Schalter von der amerikanischen Firma OMM Inc. vorgestellt [4-63].
    Eine bereits kommerziell erhältliche Lösung [4-64] ist dagegen robuster aufgebaut. Bei die-
sem Schalter wird ein Mikrospiegel elektrostatisch unter 45° zum Lichtstrahl in den Strahlengang gefahren, so dass eine Strahlablenkung um 90° erfolgt. Da Eingangs- und Ausgangsfaser
sehr dicht beieinander liegen, sind Strahlaufweitungen zu vernachlässigen, was sowohl die Einfügedämpfung wie auch die Übersprechproblematik reduziert. Das Prinzip zusammen mit zwei
SEM-Bildern ist in Bild 4.33 [4-65] gezeigt. Spiegel, bewegliche Elemente und Führungsgräben für die Glasfasern werden mit einem einzigen DRIE-Ätzschritt in einen SOI-Wafer definiert.
Die freibeweglichen Strukturen werden durch Ätzung der vergrabenen Oxidschicht freigelegt.
Die Führungsgräben sind etwa 75 μm tief in das Substrat geätzt, so dass der lichtführende Kern
der Faser etwa 25 μm (Monomodefaser) bzw. 12,5 μm (Multimodefaser) unterhalb des Silizium-
Substrats liegt. Durch eine spezielle Bedampfungstechnik werden die Spiegel mit einer hochreflektierenden Goldschicht versehen. Durch Verwendung abgeschrägter Faserenden können die
Fasern bis auf etwa 35 μm Abstand gebracht werden, wodurch eine geringe Strahlaufweitung
des Lichts nach Verlassen der Glasfaser erreicht wird (theoretischen Verlust im durchlaufenden

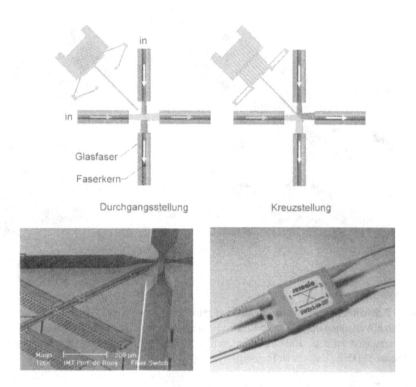

Bild 4.33: Faserschalter der Firma Sercalo, entwickelt in Zusammenarbeit mit dem IMT in Neuchatel. Oben: Schaltprinzip, unten links: Detail mit eingeschobenen Spiegel, unten rechts: Schalter mit Faser-Pigtails [4-65], mit freundlicher Genehmigung Prof. de Rooji, IMT, Universität Neuchatel.

Zustand von unter 0,3 dB). Bedingt durch die endliche Breite des Spiegels tritt in mindestens einem der gekreuzten Strahlengänge ein Mittenversatz des Lichts gegenüber dem Faserkern auf (im Prinzipbild: unterer Faserausgang). Die Spiegel werden etwa um 20 μm elektrostatisch bewegt, was bei den verwendeten Kammantrieben eine Spannung von 60 V erfordert. Der Faserschalter wird in Öl betrieben, wodurch eine Anpassung des Brechungsindizes (index matching) und ein besseres Dämpfungsverhalten zum Unterdrücken von Faserschwingungen erreicht wird.

Den von der Firma Sercalo hergestellten Faserschalter gibt es in unterschiedlichen Anordnungen (1×2 bis 1×16 bzw. 2×2 bis 8×8) und sowohl für Monomode- wie für Multimodefasern. Bei dem 1×2-Schalter wird eine Einfügedämpfung von 0,5 dB und eine Übersprechdämpfung von -50 dB angegeben.

Bei den direkt angetriebenen Faserschaltern sind besondere Aktorlösungen erforderlich, um einen Mindeststellweg von $100-125$ μm (1×2-Schalter) zu realisieren. Hierfür wurden verschiedene Konzepte entwickelt. So wurden Aktoren aus Formgedächtnislegierungen [4-66], thermomechanische Aktoren [4-67] oder magnetische Aktoren [4-68] untersucht. Diese Lösungen sind entweder schwer in einen Standardprozess zu integrieren oder zeigen nur eine geringe Dynamik. Auf elektrostatischen Antrieben beruhende Faserschalter, die selbst die großen, für Mulitmodefasern erforderlichen Stellwege von 125 μm erreichen, werden in [4-69] und [4-53] vorgestellt. Im

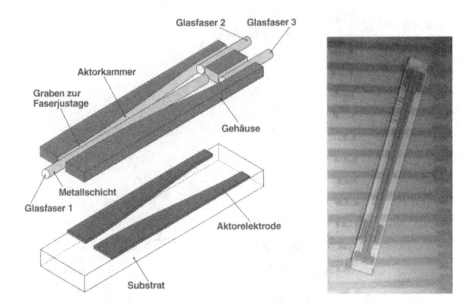

Bild 4.34: 1×2-Schalter mit elektrostatisch direkt angetriebener Faser. Links: Schematische Zeichnung. Durch Auslegung der seitlichen Elektroden nach dem Wanderkeilprinzip können die Schaltspannungen auf unter 100 V reduziert werden, [4-69], mit freundlicher Genehmigung Prof. P. Woias, IMTEK, Universität Freiburg.

ersten Fall wird eine metallisch beschichtete Eingangsglasfaser elektrostatisch nach dem Wanderkeilprinzip (s.o.) vor zwei Ausgangsfasern bewegt. Auf diese Weise sind außer der bewegten Faser keine zusätzlich bewegten Elemente erforderlich, die Fertigung ist sehr einfach und besteht im Wesentlichen aus einem mit einer leitfähigen Beschichtung und einer Isolationsschicht versehenen Führungsgraben, in den die Fasern eingelegt werden.

Dies kann sehr einfach in SOI-Technologie oder sogar in Kunststofftechnik erfolgen. In der schematischen Zeichnung in Bild 4.34 ist der Faserschalter nach dem Wanderkeil-Prinzip gezeigt. Bei anliegender Spannung schmiegt sich die bewegliche Faser der ebenfalls keilförmig ausgebildeten Gehäusewand an, die als Anschlag dient. Da die unterhalb des Gehäuses liegenden Elektroden die Faser in die jeweiligen Ecken ziehen, ist auch ein definierter z-Anschlag gewährleistet. Rechts in Bild 4.34 ist ein Prototyp des Faserschalters gezeigt. Die Baulänge bestimmt die erforderliche Schaltspannung (V_{pi}: pull-in-Spannung). Bei einer freien Faserlänge von rund 30 mm ergeben sich für V_{pi} Werte um 150 V.

Eine andere, ebenfalls elektrostatisch arbeitende Lösung nutzt einen durch mechanische Vorspannung bistabilen Kniehebel. Hiermit sind einmal Kraft-Weg-Übersetzungen einstellbar, zum anderen können die Rückstellkräfte der bewegten Faser durch eine passende Auslegung des bistabilen Schalters so kompensiert werden, dass nur geringe Schaltkräfte zum Schalten zwischen den beiden bistabilen Stellungen des Schalters erforderlich sind. Das Prinzip und der Aufbau wird anhand von Bild 4.35 erläutert: ein mikromechanischer Kniehebel (gestrichelt in Bild 4.35 oben) wird durch vier Rahmenstrukturen, die über einen biegesteifen Balken verbunden sind, gebildet. Durch eine mechanische Vorspannung von außen, die z.B. über das Gehäuse auf die äußeren Haltestrukturen ausgeübt wird, wird der Kniehebel in den bistabilen Zustand überführt, wodurch er

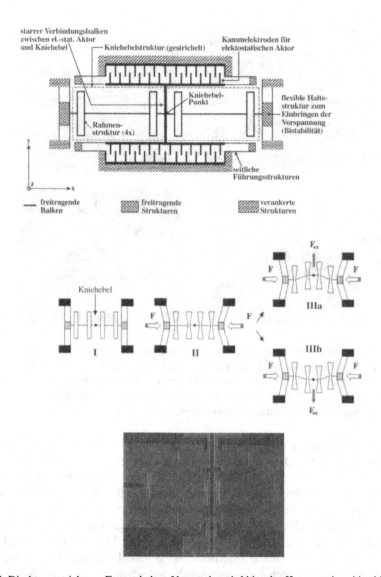

Bild 4.35: Direkt angetriebener Faserschalter. Verwendet wird hier das Konzept eines bistabilen Kniehebels, oben schematischer Gesamtaufbau, Mitte: die Bistabilität wird durch eine äußere mechanische Kraft eingeleitet, geschaltet wird elektrostatisch, unten: in SOI-Technik gefertigter
Schalter.

Bild 4.36: Mikromechanischer xy-Tisch, oben links: Übersicht mit vier Kammelektroden mit Stützstruktur und langen Aufhängungsbalken, an denen der Tisch (Bildmitte) hängt, oben rechts: Detail einer Antriebseinheit mit Abstützstruktur. Die Strukturen bestehen aus poly-Si [4-75]. Unten links: Tisch mit Spitze, unten rechts: Detail einer Messspitze für die Tunnelmikroskopie [4-76]. Mit freundlicher Genehmigung des Verlags Elsevier.

durch kleinste Kräfte aus der zentralen instabilen Position in eine der beiden stabilen Positionen umschaltet (Bild 4.35, mitte). Die seitlich angebrachten Kammelektroden erlauben ein Schalten zwischen diesen stabilen Positionen. Unten im Bild 4.35 befindet sich der Schalter in der unteren bistabilen Position. Der Schalter wurde mit Hilfe der SOI-Technik realisiert. Die freibeweglichen Elemente aus kristallinem Si sind $10\,\mu$m dick, die Länge des zentralen Balkens beträgt $800\,\mu$m. Nur bei richtiger Wahl der Geometrien, insbesondere der Länge des zentralen Balken, ist der Schalter bistabil. Die Rahmenstrukturen sind typisch $6\,\mu$m breit. Der Schaltweg beträgt $100\,\mu$m. Diese Lösung ist gegenüber dem direkt angetriebenen Faserschalter (Bild 4.34) mechanisch sehr viel empfindlicher, kann aber auch auf andere Schalteranforderungen wie z.B. Mikrorelais, bei denen hohe Schalt- und Rückstellkräfte erforderlich sind, angepasst werden. Weitere bistabile Faserschalter werden in [4-70], [4-71], [4-72], [4-73], [4-74] vorgestellt.

4.2.5   Mikromechanische Verstelleinheiten

Im Gegensatz zu den bisher behandelten mikromechanischen Elementen werden in diesem Abschnitt Verstelleinheiten vorgestellt, mit denen Lasten bzw. Objekte transportiert werden können. Solche Verstelleinheiten können beispielsweise in Tunnelmikroskopen die sensorischen Spitzen über die abzutastende Oberfläche führen oder auch optische Elemente sehr genau positionieren.

Zur Realisierung einer xy-Verstelleinheit kann man einen kammartigen elektrostatischen Antrieb verwenden. Hauptproblem hierbei ist, eine weitgehende Entkopplung der Bewegungen entlang der beiden Achsen zu erzielen. Dieses erreicht man z.B. durch geeignete Stützstrukturen und sehr lange Aufhängungsbalken, an denen der zu bewegende Tisch befestigt ist. Ein Realisierungsbeispiel ist in Bild 4.36 dargestellt. In der Übersicht (Bild 4.36 oben links) erkennt man vier elektrostatische Kammantriebe, wobei jeweils zwei gegenüberliegende für eine Achse zuständig sind. Die äußeren Kammelektroden sind fest mit dem Substrat verbunden, während die innengelegenen Gegenelektroden beweglich über der Oberfläche schweben. Dünne Balken (je zwei pro Seite und Gegenelektrode) führen von der beweglichen Elektrode zu einer Verankerungsstelle. Diese Balken dienen als Stützstruktur gegen die seitliche Mitbewegung einer Antriebseinheit, wenn die dazu senkrecht stehende Einheit arbeitet. Eine weitere Entkopplung der Bewegungsachsen wird durch die langen Federarme erreicht (Kraftuntersetzung), an denen der in der Mitte befindliche kleine Tisch aufgehängt ist. Ein Detail einer Kammelektrode zeigt die REM-Aufnahme oben rechts in Bild 4.36. Die Stützbalken (links abgehend) sind nur 1 μm breit, der Abstand zwischen den Elektroden und auch zur Oberfläche beträgt 2 μm. Alle beweglichen Elemente bestehen aus poly-Si, das über eine 2 μm dicke Opferschicht aus phosphor-dotiertem CVD-Siliziumoxid abgeschieden wird.

Aufgrund der Stützstruktur und der Kraftuntersetzung beträgt die Entkopplung der Bewegungsrichtungen ca. 35 dB, d.h. bei einer gewünschten Bewegung von 1 μm in die eine Richtung bewegt sich der Tisch (ungewollt) um 0,018 μm in die andere Richtung mit. Trotz des aufgrund der Bewegungsentkoppelung möglichen kleinen Elektrodenabstands sind die erreichbaren Verstellwege sehr gering: bei einer Steuerspannung von etwa 200 V wird eine Verschiebung von nur 2,5 μm bei diesem Prototypen erzielt. Rein mechanisch kann der Tisch allerdings um 30 $\times$ 30 μm^2 bewegt werden. Da die Resonanzfrequenz des Systems bei 10 kHz liegt, sind auch dynamische Anwendungen möglich.

Eine Anwendung ist in Bild 4.36 unten gezeigt: Der Tisch trägt eine feine Si-Spitze mit einem Spitzenradius von nur 40 nm bei einer Länge der Spitze von 8 μm. Diese Spitze wird mit der Verstelleinrichtung über die gewünschten Positionen bewegt. Die Herstellung der Spitze kann in den Fabrikationsablauf des Tisches integriert werden. Weiterhin kann ein Tisch mehrere Spitzen tragen, um größere Bereiche schneller abzuscannen. Eine solche Vorrichtung wird für Tunnelmikroskopie eingesetzt. Die Auswertung der Auslenkung kann optisch, resistiv oder kapazitiv erfolgen.

Die oben beschriebene Verstelleinheit führt nur Bewegungen innerhalb einer Ebene aus. Prinzipiell lassen sich aber mit der Oberflächenmikromechanik auch xyz-Tische realisieren.

Ein sehr interessanter Ansatz für eine Dreiachsen-Verstelleinheit ist in Bild 4.37 gezeigt. Die z-Bewegung wird hierbei durch Scharniere erreicht, die eine Bewegung in der Ebene in eine Höhenverstellung umlenken. Links im Bild ist eine elektronenmikroskopische Aufnahme gezeigt, rechts das Prinzip der z-Bewegung. Die xy-Bewegung wird durch Gleitlager entkoppelt. Die beweglichen Elemente bestehen auch in diesem Fall aus poly-Si, wobei hier zwei Lagen mit entsprechenden Opferschichten benötigt werden. Dieser Antrieb arbeitet ebenfalls elektrostatisch. Der Verfahrweg wird mit 120 $\times$ 120 μm^2 in der Ebene und sogar 250 μm in der z-Richtung bei einer Auflösung von 27 nm angegeben. Die Steuerspannung liegt bei 100 V.

Im Bild 4.37 werden Fresnel-Linsen für ein optisches Abbildungssystem durch die Verstelleinheit bewegt. Diese Fresnel-Linsen lassen sich monolithisch mit der Bewegungseinheit herstellen. Daneben kann man aber auch konventionelle optische Elemente wie Kugellinsen, Glasfasern usw. mit diesem Antrieb bewegen. Damit werden Anwendungen dieses xyz-Tisches auch im Konsumer-Bereich möglich.

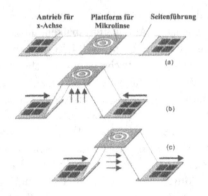

Bild 4.37: xyz-Tisch für optische Anwendungen, links: Photographie des Tisches zur Auslenkung von
vier Fresnellinsen auf der Einheit in z-Richtung, rechts: Bewegungsprinzip für die z-Achse: Die
Bewegung in der Ebene wird durch spezielle Scharniere in die z-Achse umgesetzt [4-77]

Bild 4.38: Elektrostatisch angetriebener LIGA-Motor, links: Übersicht, die sechs äußeren Statoren treiben
den innen liegenden Rotor an, rechts: Detail der Elektrodenstruktur, der zahnartige Aufbau
erhöht die Kapazität. Durch Phasenversatz zweier benachbarter Statorelemente entsteht ein
kontinuierlicher Antrieb, aus [4-78].

4.2.6   Mikromotoren

Mikromechanische Motoren lassen sich im Vergleich zu xyz-Verstelleinheiten schwieriger realisieren, da mindestens ein Element (z.B. der Rotor in einem drehenden Motor) völlig frei laufen muss. Hierzu werden in diesem Abschnitt zwei Lösungswege vorgestellt: Oberflächenmikromechanik mit Opferschichttechnik in Verbindung mit einer angepassten Gehäusetechnik und
Mehrlagen-Montage.

Auch wenn Mikromotoren spektakuläre Elemente der Mikrosystemtechnik darstellen, ist die
wirtschaftliche Bedeutung heute noch eher klein, zumal die bisher vorgestellten Motoren aufgrund von Reibung großen Verschleiß und damit kleine Lebensdauer aufweisen.

Mikromotoren werden elektrostatisch und bei größeren Bauformen (mm) auch elektromagnetisch angetrieben. Dampfgetriebene Mikromotoren [4-19] lassen zwar Erinnerungen an die Früh-
zeit der Motorentwicklung aufkommen, dürften sich aber kaum großtechnisch durchsetzen.

Zahlreiche F+E-Arbeiten beschäftigen sich mit der Herstellung von Mikromotoren mittels der LIGA-Technik (vgl. Abschnitt 2.4.4). Das LIGA-Verfahren ist in diesem Zusammenhang von großer Bedeutung, da sich damit dreidimensionale Strukturen bei nahezu freier Formgebung herstellen lassen, etwa runde Elemente.

Bild 4.38 zeigt dazu beispielhaft einen elektrostatisch angetriebenen LIGA-Motor. Durch den zahnartigen Aufbau der Elektrodenflächen und deren große Tiefe (hier 100 μm Nickel durch galvanische Abformung) können relativ große Drehmomente erzielt werden. Gleichzeitig ermöglicht die freie Formgebung der LIGA-Technik, das Verhältnis von Zahnweite zu Zahnabstand so einzustellen, dass ein maximales Drehmoment erreicht wird (das Verhältnis Zahnweite zu Zahnabstand beträgt hierzu 0,4, der Motor arbeitet dann als »Wobble«-Motor) [4-78]. Der Antrieb erfolgt hierbei entsprechend dem in Bild 4.3 vorgestellten Prinzip über die sechs äußeren Statoren, indem zwei benachbarte Statoren gegenüber den Rotorzähnen einen Phasenversatz aufweisen. Zwei gegenüberliegende Statoren haben wieder die gleiche Phasenlage (»wobble«-Prinzip). Durch sequentielle Ansteuerung der drei Statorpaare mit einer elektrischen Spannung wird dann ein kontinuierlicher Antrieb erreicht, wobei in dem leitfähigen Rotor eine Gegenladung influenziert wird. Der Rotor muss also nicht elektrisch kontaktiert werden. Der innenliegende Rotor dreht sich um die Nabe in Bildmitte. Im Detailbild (rechts in Bild 4.38) erkennt man die große Tiefe der zahnartigen Elektroden, den Phasenversatz benachbarter Statoren und die geringe Rauhtiefe an den Wänden (die Rauhigkeit der Oberfläche ist typisch für die galvanische Abformung und beeinflusst das Betriebsverhalten nicht). Ebenfalls zu erkennen ist der kleine effektive Elektrodenabstand, der in diesem Fall 4 μm beträgt. Damit erreicht man bei Steuerspannungen von etwa 100 V Drehmomente von $1{,}5 \cdot 10^{-12}$ Nm. Der Motor zeigt im Betrieb relativ große Reibungsverluste, was auf Probleme mit Langzeitverschleiß hinweist. Dennoch konnten mit ähnlichen Lagern bis zu 100 Millionen Umdrehungen im Laborbetrieb nachgewiesen werden [4-80].

Im Betrieb muss der Rotor durch eine geeignete obere Abdeckung vor dem »Abheben« gesichert werden. Dies kann z.B. eine auf den Motorchip aufgebrachte Abdeckung gewährleisten. Alternativ ist auch denkbar, bei der galvanischen Abformung des mittleren Lagers durch Übergalvanisieren eine Radnabe zu definieren.

Das zuletzt beschriebene Konzept erlaubt eine batchorientierte Fertigung. Eine andere Möglichkeit zur kostengünstigen Fertigung von Mikromotoren beruht auf dem Prinzip der waferorientierten Mehrlagen-Montage. Hierbei werden die verschiedenen Funktionskomponenten verschiedenen Waferlagen zugeordnet, die getrennt bearbeitet, zueinander justiert und anschließend gebondet werden. Erst nach dem Bondprozess erfolgt durch einen nasschemischen Ätzschritt das Ablösen der beweglichen Teile vom tragenden Substrat (hier Silizium).

Die Herstellungssequenz ist in Bild 4.39 gezeigt. Mit dem ersten Wafer werden die Funktionselemente Stator, Rotor, Lager und Getriebe gefertigt. Dazu wird die Oberfläche zunächst strukturiert (anisotrop, meist mit RIE) und anschließend ganzflächig stark mit Bor dotiert (zur Herausbildung ätzresistenter Stellen). Mit einem Trockenätzschritt werden dann Strukturen in die stark bordotierte Schicht hineingeätzt. Der zweite Silizium-Wafer, aus dem später die Getriebestangen gefertigt werden sollen, wird ähnlich behandelt, wobei der erste Trockenätzschritt zur Ausbildung von langen Durchführungen sehr anisotrop erfolgen muss. Der erste Wafer wird anodisch auf eine Glasplatte gebondet, die mit lokalen Metallisierungen in Rezessen versehen ist. An metallisierten Stellen erfolgt keine Verbindung: diese Stellen bilden Gleitflächen auf denen Abstandshalter geführt werden. Nach dem Bonden wird das Siliziumträgermaterial des ersten Wafers nasschemisch weggeätzt, womit aus den stark bordotieren Gebieten die Strukturelemen-

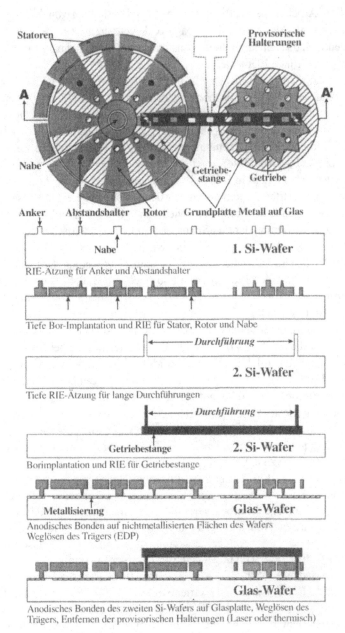

Bild 4.39: Herstellungssequenz eines Mikromotors in Mehrlagenmontage. Der erste Silizium-Wafer enthält Rotor, Stator, Lager, Getriebe und Abstandshalter, aus dem zweiten Wafer werden Getriebestangen gefertigt. Als gemeinsame Montageplattform dient eine Glasplatte. Die versenkten metallisierten Flächen dienen als Gleitlager und verhindern das Festsetzen der beweglichen Elemente beim anodischen Bonden der Si-Wafer auf die Glasplatte [4-79].

Bild 4.40: Detailansichten des Motors aus Bild 4.39, oben links: elektrostatischer Motor und Getriebe
werden über Getriebestangen verbunden. Vor Inbetriebnahme wird die Getriebestange durch
Halterungen (restraints) gesichert, oben rechts: Detail der Getriebestange und eines Getriebes.
Die Stange wird durch Justierung in entsprechende Öffnungen des Getriebes und des Motors
gesteckt; unten links: Detail des anisotrop geätzten Getriebes; unten rechts: Übersicht über ein
komplexes System (2 direkt gekoppelte Motoren, 2 über Getriebe gekoppelte Motoren) [4-79].

te herausgebildet werden. Später völlig frei bewegliche Elemente werden zu diesem Zeitpunkt
durch spezielle Halterungen gesichert. Durch die bei der Ätzung freigelegten Aussparungen wird
anschließend der zweite Wafer mit den Durchführungen ebenfalls auf die Glasplatte justiert.
Auch in diesem Fall wird der Siliziumträger nasschemisch entfernt. Die Vereinzelung der Motoren erfolgt dann im letzten Schritt. Die Halterungen zur Sicherung der freibeweglichen Teile
müssen am Ende durch Strombeheizung oder durch Laserstrahlung an den vorgesehenen Veren-
gungen entfernt werden. Einen Eindruck vom Motor gibt Bild 4.40. Man erkennt, dass über die
Getriebestange eine Kraftübertragung vom Motor in das Getriebe erfolgt (oben links). Ein Detail
mit den Halterungen (restraints) ist im Bild oben rechts zu erkennen. Das anisotrop herausgeätzte
Getriebe ist im Bild 4.40 unten links zu sehen. Durch die Abstandshalter wird ein Abstand von
4 μm zur Oberfläche gewährleistet. Die Übersicht unten rechts zeigt schließlich, dass auf diese
Weise relativ komplexe Motor-Getriebe-Systeme aufgebaut werden können.

Auch dieser Motor wird elektrostatisch über außenliegende Statoren angetrieben, wobei das
kontinuierliche Drehmoment auch hier durch Phasenversatz sichergestellt wird. In diesem Fall
sind die Statoren in sechs Elemente geteilt.

Elektrostatisch arbeitende Motoren zeichnen sich durch eine sehr kompakte Bauweise und relativ einfache Fertigung aus (insbesondere geringer Montageaufwand). Sie erzeugen jedoch trotz
hoher Betriebsspannung (typisch 100 V) nur extrem kleine Drehmomente. Elektromagnetisch angetriebene Motoren weisen um viele Größenordnungen höhere Drehmomente auf, daher werden

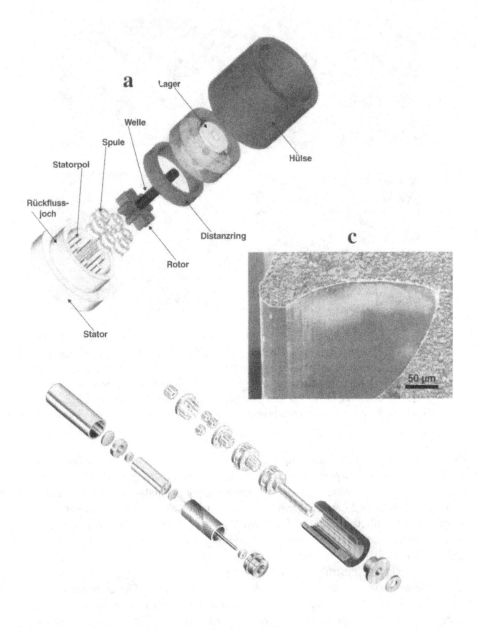

Bild 4.41: Elektromagnetisch angetriebene Kleinstmotoren, oben: Entwicklungsstudie eines Reluktanz-
motors, mitte: kommerziell verfügbarer Synchronmotor mit passendem Getriebe, unten: Detail
eines galvanisch abgeformten Getriebezahnrads [4-82] und [4-83]

auch Mikromotoren mit elektromagnetischem Antrieb entwickelt, die sogar schon kommerziell angeboten werden.

Aufbau bedingt erfordern elektromagnetisch angetriebene Motoren einen hohen Montageaufwand. Die Baugröße liegt typischerweise im Bereich von Millimetern und damit deutlich oberhalb der von elektrostatisch angetriebenen Motoren. Einen Eindruck von solchen Motoren gibt Bild 4.41: Oben (a) ist ein Motor dargestellt, der nach dem Reluktanzprinzip angetrieben wird, darunter (b) ein kommerziell angebotener Synchronmotor mit permanent erregtem Läufer (Durchmesser 1,9 mm, Länge 5,5 mm) und dem dazu passendem Getriebe (rechts). Aus den Explosionszeichnungen erkennt man, dass die Motoren aus Einzelkomponenten montiert werden. Dieser Motor erzielt bei 0,5 V Nennspannung maximale Drehzahlen von 10^5 min^{-1}, eine Abgabeleistung von 340 mW und ein Drehmoment von immerhin 7,5 μNm. Durch das für den Motor entwickeltes Planetengetriebe wird sogar ein Antriebsdrehmoment von 150 μNm bereitgestellt. Der Außendurchmesser des Getriebes beträgt auch hier 1,9 mm. Die Herstellung der feinen Getriebeteile und des Getriebes erfolgt mit dem LIGA-Verfahren, dadurch sind sehr kleine, präzise zentrierte Zahnräder mit sehr glatten Oberflächen erreichbar (Bild 4.41 unten). Erste Erfahrungen mit der Kleinserienfertigung zeigen, dass die Montage solcher kleinen Elemente möglich und auch wirtschaftlich ist [4-81]. Damit ist dieses Konzept eine interessante Alternative zu den elektrostatisch angetriebenen Mikromotoren.

4.3   Fragen zur Lernkontrolle

Aufgabe 4.1:

Ein Piezostapel (d_{max} = d_{33} = $3 \cdot 10^{-10}$ As/N, Dicke einer einzelnen Stapelschicht 1 mm, mit zwischenliegenden Kontakten, Gesamtlänge des Piezos l = 1 cm) wird mit 800 V betrieben, die Polarität ist so gewählt, dass eine Längung ohne Last auftritt.

- Zu berechnen ist die Dehnung des Gesamtstapels (relativ und absolut)
    - a) im unbelasteten Fall
    - b) mit einer äußeren Drucklast von 10000 N/m^2 (E = $1 \cdot 10^{11}$ Pa).
- Wie hoch ist die maximale Betriebstemperatur eines PZT-Aktors?
- Was ist bei Betrieb eines Piezostellers für hochgenaue Positionierungen zu beachten?

Aufgabe 4.2:

- a) Gesucht ist die nötige Steuerspannung einer elektrostatisch arbeitenden Mikropumpe für eine Druckdifferenz p_{el} von 100 mbar = 10^4 Pa bei dem nachfolgend beschriebenen Aufbau (2 Schichten zwischen Kondensatorplatten: Luft (Index 1) und SiO$_2$ (Index 2)). Isolationsschicht aus SiO$_2$: $d_2 = 0{,}1\ \mu$m, $\varepsilon_2 = 3{,}9$, Abstandsschicht $d_1 = 2\ \mu$m, Zwischenraum Luft ($\varepsilon_1 = 1$). $\varepsilon_0 = 8{,}854 \cdot 10^{-12}$ F/m.
- b) Welche anderen Aktorkonzepte sind für eine solche Mikropumpe möglich?

Aufgabe 4.3:

Man beschreibe und erläutere den Tintenstrahldruckkopf des HP-Deskjet. Welches Aktorkonzept liegt der Tintenstrahlerzeugung zugrunde?

Aufgabe 4.4:

Ein Piezostab aus PZT mit der Gesamtlänge von L = 1 cm Länge und einer Querschnittsfläche von A = 0,2 cm² besteht aus 100 Einzelscheiben (Dicke der Zwischenschichten vernachlässigbar klein). Der Piezostab soll eine Last von F = 100 N um 10 µm anheben. Man berechne in skalarer Näherung die dazu notwendige Spannung U (Longitudinaleffekt, Spannung an Querschnittsflächen), falls $d_{max} = 3 \cdot 10^{-10}$ m/V, $E = 1 \cdot 10^{11}$ N/m².

Welche maximalen Wege lassen sich mit Piezostapeln typischerweise erzielen, welche Genauigkeit ist dabei möglich?

Aufgabe 4.5:

Um welches Wandlungsprinzip handelt es sich beim memory-alloy-Aktor?

Die Wirkungsweise ist an einem geeigneten Diagramm zu erläutern. Was ist der typische Arbeitsbereich von NiTi?

Aufgabe 4.6:

Der gezeichnete elektrostatische Aktor soll in Querrichtung bei U = 1000V eine Kraft von 2 N erzeugen (a = b = 1mm).

Man berechne den notwendigen Plattenabstand ($\varepsilon_r = 1$).

Was kann man zum sich ergebenen Wert sagen?

Wie kann man die Kraft bei gleichem Abstand, gleicher Spannung und gleichem Flächenbedarf erhöhen?

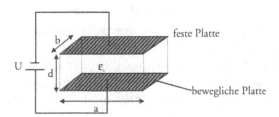

Aufgabe 4.7:

Warum finden elektrostatische Antriebe keine Verwendung in der »Makrowelt«?

Aufgabe 4.8:

Was sind wichtige Merkmale von piezoelektrischen Antrieben (Betriebsdaten, Besonderheiten, Werkstoffe, Anwendungen)?

Aufgabe 4.9:

Die eingezeichnete elektrostatisch arbeitende Membran-Mikropumpe soll bei einer Steuerspannung von 200 V und einer Membranfläche von 10 mm² einen Differenzdruck von

1m-Wasseräule aufbringen. Man berechne und bewerte den notwendigen Elektrodenabstand ($\varepsilon_0 = 8,85 \cdot 10^{-12}$ F/m, $\varepsilon_w = 81$).

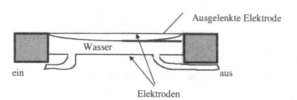

Aufgabe 4.10:

Wie erreicht man beim DMD die große Farbtiefe bzw. den großen Grauwertbereich? Welche Kenngröße ist hierzu zu optimieren?
Welche Größen sind für den Kontrast des DMD entscheidend?

Aufgabe 4.11:

Mit welchen Maßnahmen kann man bei Mikropumpen den Durchfluss erhöhen?

Aufgabe 4.12:

Wie erzeugt man beim »bubble-jet« Tintendruckkopf den Tintenaustrittsdruck, welche Werte werden typisch erreicht?
Welche physikalische Größe des Tintendruckkopfes bestimmt die Auflösung des Druckergebnisses mit?

Aufgabe 4.13:

Bis zu welcher Geometrie (Maß z.B. des Plattenabstands) sind elektrostatische Antriebe gegenüber elektromagnetischen im Vorteil?

Aufgabe 4.14:

Was versteht man unter ERF oder MRF? Wie realisiert man einen Antrieb mit diesen Fluiden?

Aufgabe 4.15:

Mikromotoren können mit elektrostatischem oder elektromagnetischem Antrieb realisiert werden. Was sind die wichtigsten Merkmale, Vor- und Nachteile dieser Prinzipien beim Antrieb von Mikromotoren?

Aufgabe 4.16:

Was sind geeignete Materialien für die nachfolgenden Aktortypen:

- magnetostriktive Aktoren,
- Formgedächtnis-Legierungen,
- piezoelektrische Dünnschicht-Aktoren und
- mikromechanische kapazitive Aktoren?

Weitere Aufgaben und Lösungen zu den Aufgaben:
`http://www.fh-furtwangen.de/~meschede/Buch-MST`.

5   Optik in der Mikrosystemtechnik

Optische Funktionalität ist wie in Abschnitt 1.1 erläutert eine von mehreren möglichen Funktionen, die ein Mikrosystem ausmachen. Optik wird in diesem Buch in einem eigenständigem Kapitel behandelt, da anders als bei z.B. mechanischer Funktionalität die hier behandelte Optik nur mit Mikrostrukturierungsmethoden hergestellt werden kann.

Während bei der Mikroelektronik Kostenreduktion und Komplexität der benötigten Schaltungen Hauptmotivation zur fortschreitenden Miniaturisierung sind, erfordern die in diesem Kapitel behandelten Elemente der integrierten und diffraktiven Optik aus physikalischen Gründen Mikrostrukturierung. Die Komplexität der »Schaltungen« ist dagegen relativ gering. So werden in einer sogenannten »integriert-optischen Schaltung« (s. Abschnitt 5.1.3) typisch nur einige dutzend optische Bauelemente integriert. Entsprechend ist der Systemcharakter bei optischen Mikrosystemen z.Zt. noch gering ausgeprägt. Dies gilt insbesondere für die diffraktive Optik (Abschnitt 5.2). Hierbei handelt es sich meist eher um reine »Mikrostrukturelemente« entsprechend der weit gefassten Begriffsbestimmung von Mikrosystemen in Abschnitt 1.1. Durch intelligente Integrationstechniken dürften aber auch hieraus schon in naher Zukunft echte optische Mikrosysteme entstehen. In der integrierten Optik (Abschnitt 5.1) gibt es dagegen bereits heute kommerzielle Systemlösungen.

5.1   Integrierte Optik

Integrierte Optik ist ein Konzept, das bereits in den 70ger Jahren entwickelt wurde [5-1], also lange bevor der Begriff Mikrosystemtechnik geprägt wurde. Es gibt aber gute Gründe, die integrierte Optik heute der Mikrosystemtechnik zuzurechnen: ähnliche technologische Basis, ähnliche Werkstoffe (neben Silizium spielen aber auch andere Werkstoffe eine wichtige Rolle) und die große Bedeutung der Aufbau- und Verbindungstechnik bei der Realisierung von integriert-optischen Produkten. Auch in der integrierten Optik unterscheidet man hybride und monolithische Bauformen.

Mangelnder kommerzieller Erfolg der integrierten Optik hatte in den 80ger Jahren zu einer gewissen Ernüchterung bezüglich der zuvor sehr positiv eingeschätzten Einsatzmöglichkeiten geführt. Der Aufbau optischer Nachrichtenübertragungs-Systeme (in Deutschland z.B. im OPAL-Projekt der Telekom) hat das Interesse an der integrierten Optik in den neunziger Jahren neu belebt. Insbesondere beim weiteren Vordringen der optischen Nachrichtenübertragung (»fiber to the home«, »local area networks«) werden die Stückzahlen für integriert-optische Komponenten zunehmen. Aber auch in der Sensorik sind integriert-optische Elemente interessant. Die Verbindung mit der Si-Mikromechanik führt zu neuen Sensorprinzipien [5-2]. Allerdings dürften sich die Anwendungen im Sensorbereich nur auf Nischen beschränken, bei denen weniger die Kosten als vielmehr bestimmte, anders nicht zu erfüllende Anforderungen im Vordergrund stehen (hohe Genauigkeit, berührungslose Messung, EMV-Anforderungen, Anwendungen in explosionsgeschützten Bereichen).

In der integrierten Optik findet Lichtführung in Wellenleitern statt, die auf geeigneten Substraten in Form von sehr dünnen Schichten aufgebracht werden. Neben den lichtführenden Elementen werden auch andere optische Bauteile (Strahlteiler, Linsen, Koppler, Spiegel) auf diesem Substrat integriert. Die verschiedenen Bauteile bilden dann ein optisches System, das man auch in
Anlehnung zur integrierten Schaltung der Mikroelektronik als IOS oder IOC (Integriert-optische
Schaltung bzw. integrated optical circuit) bezeichnet. In Verbindung mit elektronischen oder auch
mikromechanischen Elementen bilden IOCs dann Mikrosysteme. Die Herstellungsverfahren der
integriert-optischen Elemente entsprechen weitestgehend denen der Mikroelektronik.

In der Anwendung müssen integriert-optische Elemente immer mit Lichterzeugern (Emit-
tern) und Lichtempfängern (Detektoren) bestückt werden. Abhängig von der Materialbasis ist
dies monolithisch oder auch als Hybridlösung möglich. Auf eine Darstellung dieser zusätzlichen
Funktionselemente wird in diesem Buch verzichtet und statt dessen auf vorhandene Lehrbücher
verwiesen [5-3].

5.1.1   Grundlegende Konzepte der integrierten Optik

5.1.1.1   Prinzipien der Lichtführung in integrierten Lichtwellenleitern

Bei integrierten Lichtwellenleitern beruht die Lichtführung wie bei den Glasfasern auf der Totalreflexion beim Übergang des Lichts von einem optisch dichteren in ein optisch dünneres Medium.
Integrierte Lichtwellenleiter und Fasern unterscheiden sich allerdings bezüglich der verwendeten
geometrischen Formen und Materialien.

Erste grundlegende Gleichungen können mit Hilfe der Strahlenoptik anhand von Bild 5.1
aufgestellt werden:

$$\frac{\sin \alpha}{\sin \beta} = \frac{n_2}{n_1} \tag{5.1a}$$

$$\alpha_{krit} = \arcsin \left(\frac{n_2}{n_1} \right) \tag{5.1b}$$

$$\alpha_{inkrit} = \arcsin \left(\frac{n_1}{n_0} \sqrt{\left(1 - \frac{n_2^2}{n_1^1} \right)} \right) \tag{5.1c}$$

mit dem Brechungsindex n_1 des lichtführenden Mediums, dem Brechungsindex n_2 der umgebenden Schicht, dem Brechungsindex n_0 des Mediums, von dem aus in den Wellenleiter eingekop-
pelt wird. α_{krit} ist dabei der kritische Winkel. Für $\alpha > \alpha_{krit}$ tritt Totalreflexion und damit Lichtführung in Lichtwellenleitern auf. Für die Einkopplung in einen Lichtwellenleiter über sogenannte
Stoßkopplung ist α_{inkrit} der Grenzwinkel: Nur für $\alpha_{in} < \alpha_{inkrit}$ ist dann im Lichtwellenleiter die
Bedingung für Totalreflexion erfüllt.

In Anlehnung an die geometrische Optik definiert man eine numerische Apertur N_A des Wel-
lenleiters durch:

$$N_A = n_0 \sin (\alpha_{inkrit}) = \sqrt{(n_1^2 - n_2^2)} \tag{5.2}$$

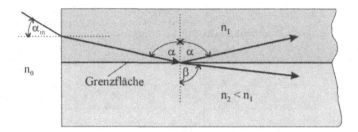

Bild 5.1: Brechungs- und Reflexionsverhältnisse bei einem Übergang zwischen Materialien mit unterschiedlichem Brechungsindex und Stoßkopplung vom Medium mit Brechungsindex n_0 aus.

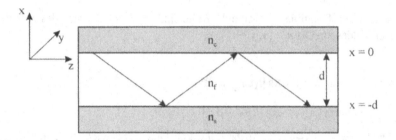

Bild 5.2: Aufbau eines planaren Lichtwellenleiters, effektive Lichtausbreitung in z-Richtung

Je größer die numerische Apertur eines Lichtwellenleiter-Systems ist, um so einfacher kann Licht effizient in den Wellenleiter eingekoppelt werden.

Ein planarer optischer Lichtwellenleiter besteht aus einem System von drei Schichten mit den zugehörigen Brechungsindizes n_2, n_2' und n_1 (sogenannter 2D-Lichtwellenleiter), wobei $n_2' < n_1$ und $n_2 < n_1$.[1] Man spricht daher auch von Schichtwellenleitern. Totalreflektion findet an den Schichten mit den Brechungsindizes n_2' und n_2 statt. Wegen der Schichtstruktur verwendet man für die verschiedenen Brechungsindizes auch anschaulichere Indizes. Es gilt folgende Nomenklatur:

$n_1 = n_f$ Brechungsindex der lichtführenden Schicht (film)

$n_2 = n_c$ Brechungsindex der oberen begrenzenden Schicht (cover)

$n_2' = n_s$ Brechungsindex der unteren begrenzenden Schicht (substrate)

Für $n_c = n_s$ liegt ein symmetrische Lichtwellenleiter vor.

Modenausbildung in Lichtwellenleitern

Für ein besseres Verständnis der Besonderheiten der Lichtausbreitung in einem Lichtleiter muss man Licht als elektromagnetische Welle betrachten. Zunächst berechnet man die Anteile des elektrischen und magnetischen Feldes der Lichtwelle, aus denen dann die Intensität abgeleitet wird. Im folgenden wird der elektrische Anteil $\vec{E}$ des Lichts betrachtet. Die Lichtintensität I ist proportional zum Quadrat des Absolutbetrags des elektrischen Feldes:

---

1 Für den Sonderfall $n_2' = n_2$ spricht man von einem symmetrischen Lichtwellenleiter. Die mathematische Beschreibung ist dann einfacher.

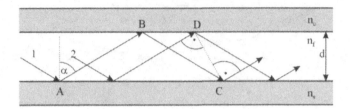

Bild 5.3: Veranschaulichung der Modenausbildung in Schichtwellenleitern

$$I \propto |\vec{E}|^2 \tag{5.3}$$

Für eine sich in z-Richtung ausbreitende Welle sind die Komponenten des elektrischen und magnetischen Feldes am Ort $r = (x, y, z)$:

$$\vec{E}(x, y, z, t) = \vec{E}_0(x, y) \cdot \exp[i(\omega t - \beta z)] \tag{5.4a}$$

$$\vec{H}(x, y, z, t) = \vec{H}_0(x, y) \cdot \exp[i(\omega t - \beta z)] \tag{5.4b}$$

mit: $\omega = 2\pi/T$, $c = \frac{1}{\sqrt{(\varepsilon_0 \varepsilon_r \cdot \mu_0)}}$, β: Ausbreitungskonstante der ebenen Welle in z-Richtung.

Oberhalb des Grenzwinkels α_{krit} für Totalreflexion sind nun keine beliebigen Winkel für die geführten Wellen möglich, es treten vielmehr diskrete Winkel α_m auf: Es kommt zur Ausbildung sogenannter Moden. Zum Verständnis betrachtet man Bild 5.3. Hier ist eine ebene Welle anhand der Wellennormalen (senkrecht zu den jeweiligen Wellenfronten) dargestellt. Damit sich Licht verlustfrei im Medium ausbreiten kann, ist nicht nur die Bedingung für Totalreflexion sondern auch für Phasenkohärenz zu beachten. Konstruktive Interferenz eines Wellenpakets mit den Teilstrahlen 1 und 2 (s. Bild 5.3) ergibt sich, wenn der optische Gangunterschied zwischen den Teilstrahlen in den Punkten D und C ganzzahliges Vielfaches der Wellenlänge beträgt:

$$
\begin{aligned}
(\overline{AB} + \overline{BC}) \cdot \frac{2\pi}{\lambda} \cdot n_f - \phi_c - \phi_s = \\
(2d \cdot \cos\alpha) \cdot \frac{2\pi}{\lambda} n_f - \phi_c - \phi_s = \\
m \cdot 2\pi, \ m \in \mathbb{Z}
\end{aligned}
\tag{5.5}
$$

ϕ_c, ϕ_s: halber Phasensprung bei Reflexion an Deck- bzw. Substratschicht.

Wie aus Bild 5.3 zu sehen, sind für diese Winkel α_m die Teilstrahlen in den Punkten A, C und D in Phase, überlagern sich also konstruktiv.

Da die Phasensprünge vom Einfallswinkel abhängen, ist Gl. (5.5) eine transzendente Gleichung und als solche nicht einfach analytisch lösbar.

Es bietet sich ein grafisches Lösungsverfahren an (Bild 5.4). Hierzu trägt man in einem Diagramm zwei Kurven auf: Die Abhängigkeit des Phasensprungs $\phi = \phi_s + \phi_c$ vom Einfallswinkel (Fresnelgleichungen, rechte Achse) und eine Kurve für den Faktor

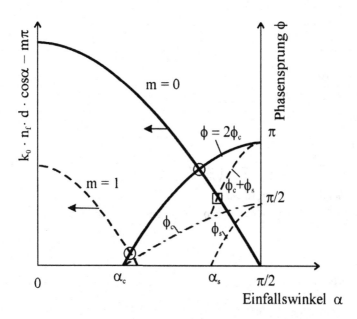

Bild 5.4: Grafische Lösung der transzendenten Gleichung (5.5), nach [5-4], $k_0 = 2\pi/\lambda$

$\{(d \cdot \cos \cdot \alpha)2\pi n_f/\lambda - m \cdot \pi\}$ (linke Achse). Die markierten Schnittpunkte in den Kurven sind die Lösungen der obigen Gleichung.

Für symmetrische Lichtwellenleiter wird die Grundmode (m = 0) unabhängig von der Dicke d stets übertragen, da es immer einen Schnittpunkt gibt. In unsymmetrischen Lichtwellenleitern ($n_c \# n_s$) ergibt sich dagegen eine Mindestdicke, ab der bei gegebener Wellenlänge Licht geführt wird.

Oberhalb des kritischen Winkels sind Lichtwellen also nicht unter beliebigen Winkeln sondern nur für bestimmte Winkel α_m ausbreitungsfähig:

$$\cos \alpha_m = \frac{(m \cdot \pi + \phi)\lambda}{2\pi \cdot n_f \cdot d}, \text{ mit } \alpha_{krit} \leq \alpha_m < \pi/2 \tag{5.6}$$

Aus Gl. (5.6) erkennt man, dass nur endlich viele Moden in einem Lichtwellenleiter geführt werden können. Die Anzahl der Moden ist abhängig von der Dicke d, der Wellenlänge λ und den Brechungsindizes in den Schichten. Eine anschauliche Bedeutung der Modenzahl m ergibt sich, wenn man beachtet, dass senkrecht zur Ausbreitungsrichtung – d.h. zwischen den totalreflektierenden Schichten – eine stehende Welle entsteht. Die Zahl m entspricht der Anzahl der Knoten der Feldverteilung zwischen oberer und unterer Grenzschicht (s.u.).

Feldverteilung und evaneszentes Feld

Die Komponenten der elektrischen und magnetischen Felder aus Gl. (5.4) sind über die Maxwell-Gleichungen verknüpft:

$$\vec{\nabla} \times \vec{E} = -\frac{\delta \vec{B}}{\delta t} \qquad (5.7a)$$

$$\vec{\nabla} \times \vec{H} = \vec{j} + \frac{\delta \vec{D}}{\delta t} \qquad (5.7b)$$

$$\vec{\nabla} \cdot \vec{D} = \rho \qquad (5.7c)$$

$$\vec{\nabla} \cdot \vec{B} = 0 \qquad (5.7d)$$

mit $\vec{B} = \mu_0 \cdot \mu_r \cdot \vec{H}$, $\vec{D} = \varepsilon_0 \cdot \varepsilon_r \cdot \vec{E}$, $\vec{\nabla} = \left(\frac{\partial}{\partial x}, \frac{\partial}{\partial y}, \frac{\partial}{\partial z} \right)$,

$\vec{j}$: *Flächenstromdichte*, ρ: *Ladungsdichte*

In dielektrischen Medien gilt $\vec{j} = 0$ und $\rho = 0$ und es folgt dann für die in Gl. (5.4) angegebenen Wellen:

$$\vec{\nabla} \times \vec{E} = i\omega\mu_0\mu_r \cdot \vec{H} \qquad (5.8a)$$

$$\vec{\nabla} \times \vec{H} = -i\omega\varepsilon_0\varepsilon_r \cdot \vec{E} \qquad (5.8b)$$

$$\vec{\nabla} \cdot \vec{D} = 0 \qquad (5.8c)$$

$$\vec{\nabla} \cdot \vec{H} = 0 \qquad (5.8d)$$

In planaren Lichtwellenleitern entsprechend Bild 5.2 sind die Feldkomponenten in y-Richtung konstant:

$$\frac{\delta E_y}{\delta y} = 0 \qquad (5.9a)$$

$$\frac{\delta H_y}{\delta y} = 0 \qquad (5.9b)$$

Aus Gl. (5.8a) und (5.8b) entnimmt man, dass zwei Arten von Wellen in Schichtwellenleitern übertragen werden: transversal elektrische (TE, bestehend aus den Komponenten E_y, H_x, H_z) und transversal magnetische (TM, bestehend aus E_x, E_z, H_y) Wellen.

Die Wellengleichungen für ebene Wellen lauten dann nach Einsetzen von Gl. (5.8a) in Gl. (5.8b) unter Beachtung von Gl. (5.4a) und (5.4b) sowie der Beziehungen $n = \sqrt{(\varepsilon_r \cdot \varepsilon_0)}$, $c = 1/\sqrt{(\varepsilon_0 \varepsilon_r \cdot \mu_0)}$ und $k_0 = 2\pi/\lambda = \omega/c$ (λ: Vakuumwellenlänge, nicht magnetische Werkstoffe: $\mu_r = 1$):

TE-Wellen (Komponenten E_y, H_x, H_z):

$$\frac{\delta^2 E_y}{\delta x^2} + (k_0{}^2 \cdot n^2 - \beta^2) \cdot E_y = 0 \qquad (5.10a)$$

$$H_x = -\frac{\beta}{\omega \cdot \mu_0} E_y \qquad (5.10b)$$

$$H_z = -\frac{1}{i\omega \cdot \mu_0} \cdot \frac{\delta E_y}{\delta_x} \qquad (5.10c)$$

TM-Wellen (Komponenten H_y, E_x, E_z):

$$\frac{\delta^2 H_y}{\delta x^2} + (k_0^2 \cdot n^2 - \beta^2) \cdot H_y = 0 \qquad (5.11a)$$

$$E_x = \frac{\beta}{\omega \cdot \varepsilon_0 \cdot n^2} H_y \qquad (5.11b)$$

$$E_z = \frac{\beta}{i\omega \cdot \varepsilon_0 \cdot n^2} \cdot \frac{\delta H_y}{\delta x} \qquad (5.11c)$$

Gl. (5.10) und Gl. (5.11) sind die Helmholtz-Gleichungen für planare Lichtwellenleiter. Die Lösung dieser Differentialgleichungen beim Übergang des Lichts von einem Medium zu einem anderen (Sprung von ε_r und μ_r) erhält man unter der Randbedingung, dass die Transversalkomponenten der elektromagnetischen Felder (E_y, H_y) am Ort der Grenzfläche stetig sind. Als Ansatz wählt man für die x-Abhängigkeit des transversal elektrischen Anteils E_y:

$$E_y(x) = E_c \cdot \exp(-\gamma_c \cdot x), \text{ für } x > 0 \qquad (5.12a)$$

$$E_y(x) = E_f \cdot \cos(k_x \cdot x + \phi_c), \text{ für } -d < x < 0 \qquad (5.12b)$$

$$E_y(x) = E_s \cdot \exp(\gamma_s \cdot (x+d)), \text{ für } x < -d \qquad (5.12c)$$

In Gl. (5.12) wird durch ϕ_c wieder der Phasensprung der Welle bei Reflexion an der Deckschicht berücksichtigt. Die transversale elektrische Komponente E_y entspricht also einer stehenden Welle mit exponentiell abfallenden Anteilen ($\gamma_{c,s}$) in die angrenzenden Schichten hinein. Auch diese Gleichungen führen zu den Moden (charakterisiert durch ganze Zahlen m), mit denen die Wellengleichungen gelöst werden (s.o.).

Eine grafische Vorstellung von der Lichtausbreitung in einem Schichtwellenleiter und vom Verlauf des elektrischen Feldes liefert Bild 5.5. Die angegebene Nummerierung gibt die Modenzahl für transversal elektrische Wellen (TE) an. Der Feldverlauf kann in einer Intensitätsaufnahme am Ausgang des Lichtwellenleiters auch optisch sichtbar gemacht werden.

Gl. (5.12a und c) sowie Bild 5.5 zeigen, dass auch bei Totalreflexion Feldkomponenten in den angrenzenden optisch dünneren Medien auftreten. Dieser Sachverhalt soll hier näher betrachtet werden.

Zur richtigen Auslegung von integriert-optischen Bauelementen ist die quantitative Bestimmung des exponentiell abfallenden sogenannten evaneszenten Feldes notwendig. Die entsprechenden Parameter (γ_c und γ_s) hängen vom Brechungsindexsprung und vom Führungswinkel α des Lichts ab. Man führt dazu zunächst den effektiven Brechungsindex sowie die Ausbreitungskonstanten k_x in x- und k_z in z-Richtung ein:

$$n_{eff} \equiv n_f \cdot \sin \alpha = \frac{k_z}{k_0} = \beta \cdot \frac{\lambda}{2\pi} \qquad (5.13a)$$

$$k_x = k_0 \cdot n_f \cdot \cos \alpha, \; k_0 = \frac{2\pi}{\lambda} \tag{5.13b}$$

wobei β wieder die Wellenausbreitungskonstante des Lichts ist.

Aus Gründen der Stetigkeit bei $x = 0$ und $x = d$ sind die Amplituden und Phasen der Welle an den jeweiligen Grenzflächen verknüpft:

$$E_c = E_f \cdot \cos \phi_c, E_s = E_f \cdot \cos(k_x \cdot d - \phi_c) \tag{5.14a}$$

$$\tan \phi_c = \frac{\gamma_c}{k_x}, \tan \phi_s = \frac{\gamma_s}{k_x} = \tan(k_x \cdot d - \phi_c)^2 \tag{5.14b}$$

Damit ergibt sich dann:

$$\gamma_c = k_0 \sqrt{(n_{eff}^2 - n_c^2)} \tag{5.14b}$$

$$\gamma_s = k_0 \sqrt{(n_{eff}^2 - n_s^2)} \tag{5.14d}$$

Je größer der Brechungsindexsprung an der Grenzfläche, desto kleiner ist der evaneszente Ausläufer. Man spricht dann auch von stark geführten Moden. Definiert man als typische Abklinglänge des evaneszenten Feldes die Länge x_e, nach der das evaneszente Feld auf $1/e$ des Werts direkt am Übergang abgefallen ist, so erhält man

$$x_e = \frac{\lambda}{2\pi} \sqrt{(n_{eff}^2 - n_{s,c}^2)} \tag{5.14e}$$

Typische Werte von x_e liegen im Bereich von Mikrometern.

Trotz des evaneszenten Ausläufers geht unter der Bedingung der Totalreflexion keine Energie verloren. Die entsprechenden Komponenten des elektrischen und magnetischen Feldes sind vielmehr um $\pi/2$ gegeneinander phasenverschoben. Die Energie schwingt im evaneszenten Feld daher verlustfrei zwischen elektrischem und magnetischem Anteil hin und her. Nur wenn die Substrat- oder Deckschicht im Vergleich zu x_e zu klein gewählt wird oder bei Streifenwellenleitern zwei Lichtwellenleiter sehr dicht aneinander vorbeigeführt werden, tritt ein Nettoenergiefluss aus der Filmschicht auf. Über das evaneszente Feld ist daher eine Kopplung benachbarter Lichtwellenleiter möglich; es entstehen sogenannte gekoppelte Moden, bei denen Licht wie die kinetische Energie bei gekoppelten mechanischen Pendeln zwischen den Lichtwellenleitern hin- und herschwingt. Auf dieses Phänomen wird in Abschnitt 5.1.2 näher eingegangen.

Für transversal-magnetische Moden ergibt sich ein analoges Verhalten, nur treten hier andere Phasensprünge bei Reflexion und andere Randbedingungen bezogen auf die in diesem Fall relevanten Feldkomponenten E_x, E_z und H_y auf.

In diesem Abschnitt wurde stets von einer sprunghaften Änderung der Brechungsindizes an den Grenzflächen Film/Substrat bzw. Film/Deckschicht ausgegangen. In der Praxis ist der Über-

---

2 Die Eigenwertgleichung zur Berechnung der Moden m lautet dann: $k_x d = (m+1)\pi - \tan^{-1}(k_x/\gamma_s) - \tan^{-1}\frac{k_x}{\gamma_c}$

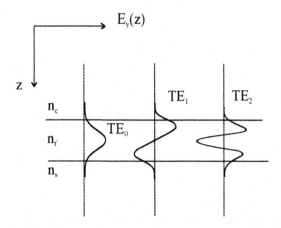

Bild 5.5: Feldverteilung der stehenden TE-Welle in einem planaren Lichtwellenleiter nach [5-5]

gang allerdings herstellungsbedingt (Abschnitt 5.1.1.3) nicht sprunghaft sondern kontinuierlich. Auf die mathematische Behandlung solcher Gradientenlichtwellenleiter wird hier verzichtet und auf die Spezialliteratur verwiesen ([5-5], [5-6]).

Zur Berechnung der Lichtausbreitung stehen heute leistungsfähige numerische Berechnungs- programme zur Verfügung, so dass auch komplexe Strukturen mit beliebigen Brechungsindex- Übergängen gelöst werden können.

5.1.1.2 Bauformen von Streifenwellenleitern

Bisher wurden reine Schichtsysteme (planare Lichtwellenleiter) betrachtet, bei denen Totalre- flexion nur in einer Richtung (z.B. x) gegeben ist, senkrecht hierzu und senkrecht zur Ausbrei- tungsrichtung z der geführten Welle (in diesem Fall also in y-Richtung) tritt in planaren Licht- wellenleitern keine Lichtführung auf. Damit auch seitliche Lichtführung erreicht wird (Streifen- wellenleiter), muss der lichtführende Bereich vollständig mit Materialien umgeben sein, deren effektiv wirksam werdenden Brechungsindizes niedriger sind als der effektive Brechungsindex des lichtführenden Bereichs.

Es gibt mehrere Realisierungsmöglichkeiten für Streifenwellenleiter. Diese sind in Bild 5.6 zusammengestellt. Bei vergrabenen Streifenwellenleitern (a) wird die Filmschicht als Streifen auf einem Substrat definiert und ist vollständig von einer weiteren Schicht umgeben. Im skizzier- ten Fall ist $n_l = n_r = n_c$. Beim aufliegenden Streifenwellenleiter (b) ist das umgebende Medium Luft (n = 1). Beim bündig versenkten Streifenwellenleiter (c) wird die Filmschicht im Substrat definiert. Hier ist $n_l = n_r = n_s$. Die seitliche Lichtführung kann aber nicht nur durch einen Materi- alsprung (mit entsprechendem Brechungsindexsprung) sondern auch durch Ausnutzung der Ab- hängigkeit der Lichtmode im Wellenleiter vom Phasensprung ϕ und von der Dicke d (Gl. (5.6)) erreicht werden. Der effektive Brechungsindex (Gl. (5.13a)) hängt über den übertragungsfähigen Modenwinkel α_m von verschiedenen Größen ab (ϕ, d, λ). Licht, das in unterschiedlichen Moden geführt wird, »sieht« damit unterschiedliche effektive Brechungsindizes. Entsprechend kann ein Sprung im effektiven Brechungsindex dazu führen, dass Licht an einer solchen »Grenzfläche« totalreflektiert wird. Durch eine Verringerung der Dicke in der Filmschicht wird links und rechts

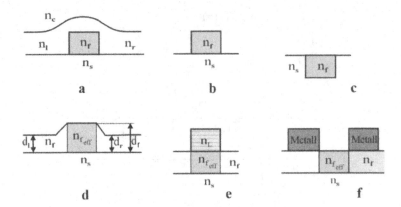

Bild 5.6: Mögliche Bauformen von Streifenwellenleitern, Erläuterungen s. Text, der lichtführende Bereich ist hellgrau markiert.

der sogenannte effektive Brechungsindex herabgesetzt, man nennt diesen Typ auch Rippenwellenleiter (Bild 5.6d). Durch Änderung des Phasensprungs wird ebenfalls der Gangunterschied und damit der effektive Brechungsindex beeinflusst. Beim streifenbelasteten Lichtwellenleiter (Bild 5.6e) ist der Brechungsindex n_L des Laststreifens nur wenig kleiner als der des Films (n_f). Der Fall entspricht etwa dem des Rippenwellenleiters. Daher ist auch hier der Brechungsindex links und rechts kleiner als direkt unter dem Laststreifen. Ein seitlich belasteter Streifenwellenleiter schließlich entsteht durch Aufbringen zweier Streifen einer hochreflektierenden Schicht (Metall). Der Phasensprung um $\pi/2$ des Lichts an der Grenzfläche Film-Metall reduziert hier den effektiven Brechungsindex unter den Metallstreifen (Bild 5.6f).

Die laterale Breite der integriert-optische Lichtwellenleiter liegt bei einigen wenigen Mikrometern (typisch: $2\,\mu m$). Die Schichtdicke beträgt zwischen 1 und $10\,\mu m$, die Stufe bei den Rippenwellenleitern ist häufig nur $200-500\,nm$ hoch.

Die theoretische Beschreibung sogenannter 3D-Lichtwellenleiter ist komplex und nur mit Hilfe von Näherungsmethoden durchführbar (z.B. Marcatili-Methode, Effektive-Index-Methode [5-5]). Da dem Entwurfsingenieur integrierter Lichtwellenleiter mittlerweile mehrere Entwurfs- und Simulationswerkzeuge zur Verfügung stehen (vgl. Kap. 6), wird hier auf die theoretische Beschreibung verzichtet. Ergebnisse von Simulationen nach dem sogenannten BPM-Verfahren (beam propagation method [5-7]) sind in Bild 5.7 am Beispiel eines Rippenwellenleiters dargestellt, dessen Geometrieparameter variiert wurden. Durch die Größe des Dickensprungs kann die Güte der Lichtführung von starker (Bild 5.7 links) zu schwacher Lichtführung mit entsprechend größeren evaneszenten Ausläufern (Bild 5.7 rechts) deutlich verändert werden.

Da bei 3D-Lichtwellenleitern Lichtführung in zwei Richtungen (x und y) stattfindet, entstehen sogenannte hybride Moden, die durch einen vorgestellten Buchstaben H sowie zwei Modenzahlen m und n gekennzeichnet werden (z.B. HE_{01}, HM_{11} usw.).

5.1.1.3 Werkstoffe der Integrierten Optik

In der integrierten Optik gibt es anders als bei den bisher behandelten Mikrosystemen, bei denen stets Silizium dominierte, mehrere gleichbedeutende Werkstoffkonzepte. Für IOCs in Glas liegen dabei die längsten Erfahrungen vor. Standardgläser der optischen Industrie (TiF6, K8, SV2, BK7,

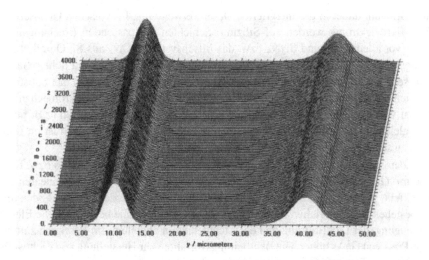

Bild 5.7: Lichtführende Eigenschaften eines Rippenwellenleiters bei Variation der »Rippenhöhe«. Für den linken Wellenleiter gilt: $\Delta d = d_f - d_{r,l} = 0{,}2\,\mu m$ (starke Lichtführung), für den rechten Wellenleiter gilt: $\Delta d = 0{,}05\,\mu m$ (schwache Lichtführung), für beide Lichtwellenleiter ist $\Delta n = n_f - n_c = n_f - n_s = 0{,}02$, Breite der Lichtwellenleiter: $5\,\mu m$, $d_r = d_l = 1\,\mu m$; die Lichtintensität wird durch den Höhenverlauf dargestellt. Berechnet mit dem BPM-Simulator Optonex.

Pyrex usw.) finden Verwendung. In diese hinein werden Lichtwellenleiter durch sogenannte Ionenaustauschverfahren definiert. Hierbei werden die speziell vorbehandelten Gläser (eine dünne Metallschicht schützt das Glas an den nicht zu modifizierenden Bereichen) in eine Salzschmelze gebracht. Bei Temperaturen um $300\,^\circ C$ werden dann die Kationen des Glases (v.a. Na^+ und K^+) durch Kationen im Salz ausgetauscht (z.B. Li^+ oder Ag^+). Im Gebiet des Ionenaustausches wird dadurch der Brechungsindex erhöht, es entsteht der Lichtwellenleiterkanal mit niedrigbrechender Umgebung. Der Ionenaustausch-Prozess kann durch ein angelegtes elektrisches Feld noch gezielt beeinflusst werden.

Glas-Lichtwellenleiter sind mit ihrem Brechungsindex sehr gut an Fasern angepasst, so dass eine verlustarme Kopplung von Fasern in integriert-optische Lichtwellenleiter durch Stoßkopplung möglich ist. Im sichtbaren Spektralbereich und im nahen Infrarot (IR) besitzen Glas-Lichtwellenleiter auch geringe Dämpfungswerte [5-8].

Ein anderes Material für IOCs ist Lithiumniobat ($LiNbO_3$). Hierbei handelt es sich um einkristallines Material, das mit dem Czochalski-Verfahren gezogen wird (dieses Drehtiegelverfahren wird ebenfalls zur Herstellung von einkristallinem Si benutzt). In die $LiNbO_3$-Substrate werden durch Eindiffusion von Titan oder durch Protonenaustausch Lichtwellenleiter definiert. Aufgedampftes Titan diffundiert bei $1000-1100\,^\circ C$ in die Oberfläche hinein und erhöht den Brechungsindex um $\Delta n \sim 0{,}01$. Beim Protonenaustausch wird das Material dazu ähnlich wie beim Glas in eine Flüssigkeit – hier Benzoesäure – getaucht; durch Austausch von Li^+ durch H^+ erhöht sich der Brechungsindex. Der große Vorteil von $LiNbO_3$ liegt darin, dass dieses Material einen großen elektrooptischen Effekt besitzt (s. 5.1.2). Hierdurch sind Modulatoren herstellbar. Trotz eines sehr hohen Materialpreises haben IOC-Elemente aus $LiNbO_3$ daher am Markt insbesondere in der Nachrichtentechnik eine große Bedeutung.

Auch Silizium findet in der integrierten Optik Verwendung. In typischen Dünnschichtverfahren der Mikroelektronik werden auf Silizium Schichten mit passenden Brechungsindex abgeschieden (vor allem SiO_2 und Si_3N_4 bzw. das Mischsystem $SiON_x$ aus Si, O und N mit einem Brechungsindex zwischen 1,5 und 1,9). Insbesondere Lichtwellenleiter mit hohem Sauerstoffanteil sind sehr gut an Quarzfasern angepasst. Die Fertigungsverfahren und das Substratmaterial werden sicher beherrscht. Die Integration von mikroelektronischen und mikromechanischen Elementen zu vollständigen Mikrosystemen ist möglich. So sind Si-Detektoren (z.B. pin-Dioden) auf dem gleichen Substrat herstellbar. Hauptanwendungsfeld für IOCs auf Si ist im Bereich der Sensorik zu sehen [5-2].

Ein anderes in der Mikroelektronik genutztes Material ist kristallines GaAs bzw. Legierungssysteme mit GaAs (III/V-Halbleiter). Dieses Material besitzt nicht nur einen linearen elektrooptischen Effekt, sondern kann auch zur Lichterzeugung benutzt werden (Leuchtdioden und Laserdioden bestehen aus Materialien diesen Typs). Damit sind Systeme herstellbar, die Elemente der Lichterzeugung, der Lichtführung und der Lichtdetektion enthalten. Im Vergleich zum Si ist der Substrat-Preis von GaAs höher. Die Bearbeitungsverfahren zur Herstellung von Lichtwellenleiter, Lichtquellen und Detektoren sind relativ aufwendig (Epitaxie).

In den letzten Jahren wurden von der chemischen Industrie Polymere entwickelt, die für die Integrierte Optik verwendet werden können. Diese organischen Materialen sind sehr preiswert und einfach verarbeitbar. Es gibt sogar Polymere, die einen elektrooptischen Effekt zeigen, so dass auch steuerbare Elemente herstellbar sind. Allerdings liegen noch nicht genügend Erfahrungen zur Langzeitstabilität dieser Systeme vor. Insbesondere für »Einweg-Sensoren« könnten polymere Lichtwellenleiter allerdings in Zukunft von Interesse sein. Auch das mit Hilfe der LIGA-Technik strukturierbare PMMA kann als Lichtwellenleitermaterial verwendet werden. Durch entsprechende Zusätze sind auch optisch erzeugbare Brechungsindex-Sprünge in PMMA herstellbar [5-9].

5.1.2   Grundelemente der Integrierten Optik

5.1.2.1   Gradlinige Streifenlichtwellenleiter

Die einfachste Struktur ist der gradlinige Streifenwellenleiter. Die Kenngrößen dieses Elements sind neben der Absorption (Verluste im Wellenleiter) der Brechungsindexsprung vom lichtführenden Bereich zu den umgebenden Schichten (bezogen auf den effektiven Brechungsindex) sowie Dicke und Breite des Lichtwellenleiters. Zusammen mit der Arbeitswellenlänge λ bestimmen die letztgenannten Kenngrößen die Anzahl der Moden und die Wirkung der Polarisation des Lichts auf die Lichtführung. Man unterscheidet wie bei Glasfasern zwischen Monomode- und Multimode-Lichtwellenleiter. Während bei Monomode-Lichtwellenleitern die Geometriewerte (Breite, Dicke) unter $5\,\mu m$ liegen, sind die entsprechenden Maße bei Multimode-Lichtwellenleitern deutlich größer als $5\,\mu m$. Durch spezielle Bauformen (z.B. mit metallischer »Last«, vgl. Bild 5.6f) können polarisierende bzw. polarisationserhaltende Lichtwellenleiter realisiert werden. Die Verluste des Lichtwellenleiters hängen von seiner Länge, der Absorption bei der gegebenen Arbeitswellenlänge und von der Rauheit der Grenzfläche ab.

Typische Absorptionsverluste betragen $0,1 - 1$ dB/cm. Die Streuverluste aufgrund der Rauheit der Grenzfläche hängen sehr stark von der Art des Lichtwellenleiters (s. Bild 5.6) und über das Rayleigh-Gesetz stark von der Wellenlänge ab ($\propto \lambda^{-4}$). Die Größe des Brechungsindexsprungs

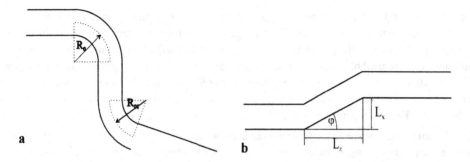

Bild 5.8: Definiton wichtiger Kenngrößen für gebogene Lichtwellenleiter.

bestimmt die Höhe der Streuverluste mit: Je größer Δn ist, um so stärker wirken sich Oberflächen-rauheiten aus [5-6]. Die Rauheit wird oft durch die Autokorrelationslänge σ der Grenzfläche vom lichtführenden Streifen zur Umgebung charakterisiert. Die Autokorrelationslänge entspricht der mittleren Wellenlänge der Oberfläche. Während für Autokorrelationslängen σ unter $0{,}2\,\mu m$ die Streuverluste typischerweise deutlich über 1 dB/cm liegen, gehen die Streuverluste bei $\sigma > 2\,\mu m$ auf Werte unter 1 dB/cm zurück. Die angegebenen Werte beziehen sich dabei auf einen Bre-chungsindexsprung von $\Delta n = 0{,}1$. Bei sonst gleichen Verhältnissen sind die Streuverluste bei kleineren Brechungsindexsprüngen (z.B. $\Delta n = 0{,}01$) zwanzigmal kleiner.

5.1.2.2   Gebogene Lichtwellenleiter

Integriert-optische »Schaltungen« erfordern gekrümmte Elemente zur Richtungsänderung. Ne-ben den bereits beschriebenen Verlustmechanismen durch Absorption und Rauheit der Grenz-flächen beeinflusst der Krümmungsradius der gebogenen Struktur die Verluste. In einer geboge-nen Struktur trifft Licht einer Mode unter sich ändernden Winkeln auf eine Grenzfläche. Daher kommt es zu Modensprüngen und im Extremfall zum Unterschreiten des kritischen Führungswin-kels α_{krit} mit der Folge, dass Licht gar nicht mehr geführt werden kann. Verluste treten jedoch nicht nur im gekrümmten Bereich, sondern auch bei jedem Übergang von gekrümmten zu ge-radem Bereich (und umgekehrt) auf. Die Krümmung eines Lichtwellenleiters wird durch den Krümmungsradius R_0 nach Bild 5.8 gekennzeichnet. Je größer der Krümmungsradius, umso län-ger muss der Lichtwellenleiter sein, um einen bestimmten Versatz zwischen Eintritt und Austritt des Lichtwellenleiters zu erhalten. Verluste unter 1 dB erfordern Krümmungsradien von größer 1 cm ($\Delta n < 0.01$). Entsprechend lang bauen integriert-optische Schaltungen. Auch »Knicke« am Übergang sind möglichst zu vermeiden. Die Winkel an einer Knickstelle (Bild 5.8b) sollten un-ter $0{,}5°$ liegen, falls Verluste unter 1 dB gefordert sind. Bei Knickwinkeln über $2°$ steigen die Verluste sehr stark auf Werte über 10 dB an. Aus diesen Angaben lässt sich ableiten, wie lang ein Lichtwellenleiter sein muss, um einen gewünschten Versatz senkrecht zur Ausbreitungsrichtung (z) zu erzielen. Man benötigt Baulängen von einigen Millimetern, um einen Versatz (L_x) von 0,1 mm mit einem Verlust unter 1 dB zu erzielen. Bei dünnen Schichten ($< 0{,}1\,\mu m$) erhöht sich die erforderliche Länge noch einmal deutlich.

Die Wirkung des Krümmungsradius R_0 auf die Güte der Lichtführung erkennt man aus Bild 5.9. Dargestellt sind im Bild oben die Layouts der Lichtwellenleiter in Aufsicht und unten im Bild die Intensitätsverläufe über die Länge der Lichtwellenleiter (nicht maßstäblich). Für die angegebenen Parameter erkennt man, dass beim Layout eines IOCs Krümmungsradien über $R_0 = 10$ mm (abhängig auch vom Brechungsindex-Sprung) gewählt werden müssen, um die Verluste klein zu halten. Je kleiner der Brechungsindexsprung an der Grenzfläche ist, umso größer muss der Krümmungsradius gewählt werden. Den Einfluss des Brechungsindexsprungs erkennt man aus Bild 5.10: Hier ist der Brechungsindexsprung (stufenförmig) mit 0,03 deutlich kleiner als bei Bild 5.9 ($\Delta n = 0,1$). Bei einem Krümmungsradius von 10 mm ist die Lichtführung zwar noch gut, bei einem Krümmungsradius von 4,25 mm allerdings kaum mehr vorhanden.

Zur Reduktion der Verluste an gekrümmten Lichtwellenleitern gibt es mehrere Möglichkeiten: Man kann eine Krümmung in viele einzelne, gradlinige Einzelelemente mit nur kleinen Winkeln zwischen den Einzelelementen zerlegen. Eine andere Methode zur Reduktion der Abstrahlungsverluste an Krümmungen ist die sogenannte »Crowning«-Methode[3], bei der entlang der äußeren Begrenzung eines gekrümmten Lichtwellenleiters eine zacken- oder kerbenartige Struktur mit erhöhtem Brechungsindex definiert wird. Durch diese Maßnahme wird der optische Weg auf der Innen- und Außenseite des Lichtwellenleiters angeglichen, so dass Modensprünge nicht mehr oder zumindest seltener auftreten. Durch die letztgenannten Maßnahmen kann man die Verluste in einem Krümmungsradius-Bereich von unter $R = 15$ mm um bis zu einem Faktor zehn verringern.

5.1.2.3   Verzweigungselemente

Die Verteilung von Licht an bestimmte Orte ist neben der Führung eine zentrale Aufgabe in IOCs. Bild 5.11 zeigt zwei Beispiele von Verzweigungselementen, die man als »Y-Verzweiger« bezeichnet. Charakteristisch für diese Elemente ist, dass der Übergang von einem gradlinigen Streifenwellenleiter über einen stetig in der Breite zunehmenden Bereich (den sogenannten Taper mit der Länge L_{Taper}) erfolgt. Man unterscheidet symmetrische y-Verzweiger (Bild 5.11a), bei denen die Ausgangslichtleistung in den beiden Zweigen gleich groß ist und unsymmetrische y-Verzweiger (Bild 5.11b), bei denen die Ausgangsleitung über den Verzweigungswinkel α_Y beeinflusst werden kann. Eine solche Struktur kann z.B. zur Überwachung der Lichtleistung im Hauptzweig dienen. Dann ist die Struktur so auszulegen, dass ein Lichtwellenleiter (hier der obere) möglichst kleine Leistung aufnimmt. Für den Taper ist ein ausreichend kleiner Aufweitungswinkel α_T erforderlich, um im Übergangsbereich einen Modensprung zu vermeiden. Für $\alpha_T < 0.2°$ sind die mit dem Modensprung verbundenen Verluste kleiner als 3 % [5-5]. Aus den bereits im vorherigen Abschnitt behandelten Gründen muss auch der Verzweigungswinkel α_Y einerseits möglichst klein gehalten werden, anderseits gibt es aufgrund der Theorie gekoppelter Moden aber auch eine Mindestgröße für den Verzweigungswinkel, ab dem Leistungsteilung einsetzt. Der genaue Wert hängt wie α_T zwar von Breite des Lichtwellenleiters und dem Brechungsindexsprung ab, für eine erste Abschätzung kann man aber mit $\alpha_Y \approx 1°$ rechnen.

Durch Hintereinanderschalten verschiedener y-Verzweiger baut man $1 \times N$-Koppler auf. Bild 5.12 zeigt als Beispiel einen kommerziellen 1×16-Verzweiger aus Glas mit einer Eingangsfaser zur Lichteinkopplung und 16 Ausgangsfasern zur Lichtauskopplung. Solche Komponenten stellen Grundbausteine der optischen Nachrichtenübertragung dar.

---

3 Crowning: Controlling Radiation from Optical Waveguides by Notching the Index in the Guide

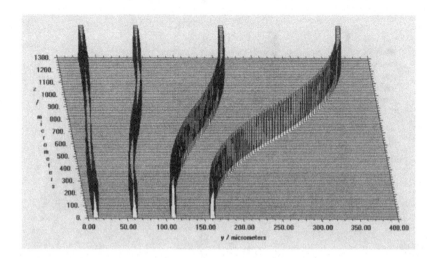

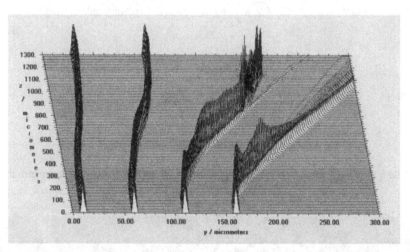

Bild 5.9: Einfluss des Krümmungsradius R_0 auf die lichtführenden Eigenschaften von Wellenleitern mit unterschiedlichen Krümmungsradien, oben: Layout der Lichtwellenleiter mit stufenförmigen Brechungsindexsprung, unten: Verlauf der relativen Intensitäten als Funktion der Ausbreitung im Wellenleiter bei Krümmungsradien von $R_0 = 21$ mm, $R_0 = 10$ mm, $R_0 = 4{,}25$ mm, $R_0 = 2{,}16$ mm (von links nach rechts), berechnet mit einem BPM-Programm (Optonex) für einen Brechungsindexsprung von 0,1 und einer Breite der Lichtwellenleiter von 6 μm.

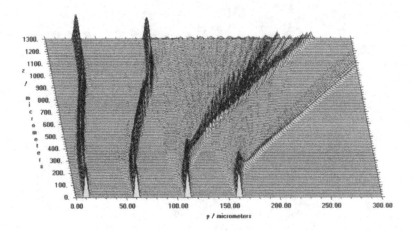

Bild 5.10: Verhältnisse wie in Bild 5.9, jedoch mit kleinerem Brechungsindexsprung von nur 0,03.

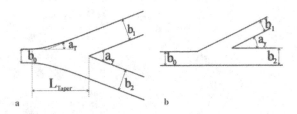

Bild 5.11: Zwei Formen von y-Verzweigern, links: symmetrisch, rechts: unsymmetrisch

Bild 5.12: 1→16-Breitband-Monomode-Verzweiger aus Glas, [5-10]

5.1.2.4 Richtkoppler

Die bisher behandelten Verzweigungselemente neigen zu Modensprüngen und arbeiten deshalb oft instabil. Ein daher häufig als Verzweigungs-Struktur eingesetztes Element ist der in diesem Abschnitt behandelte Richtkoppler, dessen Arbeitsweise auf dem evaneszenten Feld beruht.

Mit Richtkopplern lassen sich integriert-optische »Strahlteiler« realisieren, mit deren Hilfe Licht von einem Streifenwellenleiter in einen anderen gelenkt werden kann. In Richtkopplern wird dazu das evaneszente Feld um den lichtführenden Lichtwellenleiter ausgenutzt (s. Abschnitt 5.1.1.1). Hierzu werden zwei Streifenwellenleiter a und b in einer bestimmten Zone sehr dicht aneinander vorbeigeführt (Bild 5.13). Dadurch kann Lichtintensität vom einen Lichtwellenleiter in den anderen überkoppeln. Das mechanische Analogon ist das System gekoppelter Pendel[4] . Die gleiche Erscheinung tritt bei Lichtwellenleitern auf, die dicht zusammen liegen: Die Lichtintensität wandert zwischen den beiden Lichtwellenleiter hin und her. Aus der Kopplungszeit und der Lichtgeschwindigkeit ergibt sich in diesem Fall die Kopplungslänge, die für eine nennenswerte Energieübertragung erforderlich ist. Mathematisch wird ein solches System durch die sogenannte gekoppelte Moden-Theorie beschrieben, indem man die Kopplung als »Störung« betrachtet, die zu einer Mischung der ohne Störung vorliegenden Modenstruktur führt. Die Moden in der »gestörten« Struktur berechnet man durch Summation der vorher linear unabhängigen Grundmoden F_a und F_b gemäß Gl. (5.15) (die Lösungen der Grundmoden als Lösung des Eigenwertproblems sind orthogonal). Zur Quantifizierung der Kopplungsstärke zwischen zwei Lichtwellenleitern a und b führt man die Kopplungskonstanten k_{ab} bzw. k_{ba} ein, die sich aus dem Überlappungsintegral (Gl. (5.16a)) der normalisierten Feldverteilungen senkrecht zur Lichtausbreitungsrichtung $f_a(x,y)$ und $f_b(x,y)$ bzw. deren konjugiert komplexem Wert ergeben. Im Überlappungsintegral geht weiterhin die Störung ein, die der eine Wellenleiter beim effektiven Brechungsindex des anderen erzeugt (Δn_b als Störung des Brechungsindex n_a durch den Lichtwellenleiter b bzw. Δn_a für den umgekehrten Fall). Diese Störung $\Delta \varepsilon_{a,b}$ ergibt sich aus den zusammengefassten Brechungsindizes gemäß Gl. (5.16b) (vgl. Bild 5.13 unten). Aus den Kopplungskonstanten berechnet man wiederum eine Kopplungslänge L_K, nach der die Lichtleistung vollständig von dem einen in den anderen Wellenleiter über getreten ist (Gl. (5.16c)):

ungestörte Grundmoden:

$$F_a(x,y,z,t) = A \cdot e^{-i\beta_a z} \cdot f_a(x,y) \cdot e^{i\omega t} \tag{5.15a}$$

$$F_b(x,y,z,t) = B \cdot e^{-i\beta_b z} \cdot f_b(x,y) \cdot e^{i\omega t} \tag{5.15b}$$

Kopplungskoeffizienten:

$$k_{ab} = const \cdot \iint \Delta \varepsilon_a f_a^* f_b \, dx \, dy \tag{5.16a}$$

$$k_{ba} = const \cdot \iint \Delta \varepsilon_b f_b^* f_a \, dx \, dy \tag{5.16b}$$

---

4 Die Pendel sind über eine Feder gekoppelt. Regt man eines der beiden Pendel zum Schwingen an, so wird nach und nach die Schwingungsenergie auf das andere übertragen. Das anfangs angeregte Pendel kommt eine Zeit lang zur Ruhe, dann verläuft der Prozess rückwärts ab. Ohne Dämpfung wechselt die Schwingung ständig von einem Pendel zum anderen. Die Kopplungszeit wird dabei durch die Federkonstante bestimmt (starr gekoppelt: Zeit $t \rightarrow 0$, vollständig entkoppelt: $t \rightarrow \infty$.

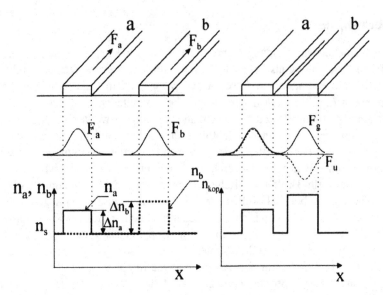

Bild 5.13: Die getrennten Moden F_a und F_b zweier Lichtwellenleiter koppeln bei Annäherung, so dass zwei gekoppelte Moden F_g (gerade) und F_u (ungerade) entstehen. Bei Annäherung ergibt sich ein Brechungsindex n_{kop} im Kopplungsbereich als Summe der Brechungsindizes in den getrennten Lichtwellenleitern (unten nur für die x-Richtung dargestellt).

wobei die Konstante eine Normierungskonstante ist und die Störung $\Delta\varepsilon_{a,b}$ durch den Lichtwellenleiter b (bzw. a) im Lichtwellenleiter a (bzw. b) gegeben ist durch:

$$\Delta\varepsilon(x,y)_{a(b)} = n^2_{kop}(x,y) - n^2_{a(b)}(x,y)$$

$$mit\, n_{kop}(x,y) = n_s + \Delta n_a(x,y) + \Delta n_b(x,y)$$

daraus berechnet man die Kopplungslänge $L_K(a \rightarrow b)$

$$L = \frac{\pi}{2k_{ab}} \tag{5.16c}$$

Gl. (5.16c) gilt für den Sonderfall symmetrischer Lichtwellenleiter, bei denen die Ausbreitungskonstanten gleich sind: $\beta_a = \beta_a$ (realisiert durch Lichtwellenleiter aus gleichem Material und gleicher Geometrie).[5]

Die Kopplungskonstante hängt stark vom evaneszenten Feld und damit von der Größe und dem Verlauf des Brechungsindexsprungs ab.

Für eine qualitative Abschätzung typischer Kopplungslängen wird der Fall stark geführter Moden (d.h. kleiner Kopplung) betrachtet. Hier gilt folgende Näherung [5-4]:

---

5 Die Kopplung führt wie bei gekoppelten mechanischen Pendeln zur Aufspaltung in zwei Moden, deren Ausbreitungskonstanten symmetrisch um die mittlere Ausbreitungskonstante $\beta_m = (\beta_a + \beta_b)/2$ liegen.

$$k_{ab} = \frac{\sqrt{8(n_f - n_s)}}{b_{eff}\sqrt{n_f}} \cdot exp\left(-\frac{2\pi(s + \frac{b}{2})}{\lambda} \cdot \sqrt{2n_f \cdot (n_f - n_s)}\right) \tag{5.17}$$

mit b_{eff}: effektive Breite der Streifenwellenleiter (mit evaneszentem Anteil), b: physikalische Breite der Streifenwellenleiter, s: Abstand der Lichtwellenleiter, n_f: Brechungsindex des lichtführenden Streifens, n_s: Brechungsindex der umgebenden Schichten (symmetrischer Aufbau). Zur genauen Dimensionierung der Kopplungslänge setzt man allerdings wieder Simulationsprogramme ein, da die Näherung gemäß (Gl. 5.17) die Abhängigkeit insbesondere von der Brechungsindexdifferenz ($n_f - n_s$) nur unzureichend wiedergibt. In dieser Gleichung wird nicht berücksichtigt, dass bei kleiner werdendem Brechungsindexsprung das evaneszente Feld weniger im Wechselwirkungsbereich konzentriert ist.

Typische Kopplungslängen liegen im Bereich einiger Millimeter, wenn der Brechungsindexsprung mit 10^{-3} und der Abstand der Lichtwellenleiter mit z.B. 3 μm genügend klein gewählt wird. Bei zunehmendem Abstand s der Lichtwellenleiter nimmt dann aber die Kopplungslänge exponentiell zu, so dass schnell praktisch nicht realisierbare Kopplungslängen entstehen.

Das Layout eines Richtkopplers ist schematisch in Bild 5.14 oben gezeigt: Unter Beachtung großer Krümmungsradien (vgl. Abschnitt 5.1.2.2) werden zwei zunächst in großem Abstand befindliche Lichtwellenleiter dicht aneinander geführt. Über die Kopplungslänge L_k verlaufen sie dann parallel, um sich danach wieder zu trennen. Die Länge L_k ist die Länge, bei der erstmalig vollständige Überkopplung von Licht, das zunächst im Lichtwellenleiter a geführt wird, zum Lichtwellenleiter b erfolgt. Ist die parallel geführte Strecke länger als L_k, so koppelt die Lichtleistung wieder zurück zum Lichtwellenleiter a. Nach einer weiteren Länge von L = L_k ist die gesamte Lichtleistung wieder in diesem Lichtwellenleiter. Das Licht schwingt also mit der Periode L_k zwischen den beiden Lichtwellenleitern hin und her. Durch geeignete Wahl der parallel geführten Strecke lassen sich somit beliebige Teilungsverhältnisse realisieren. Die Lichtleistung in den beiden Lichtwellenleitern als Funktion von z ist in Bild 5.14 Mitte dargestellt. Unten im Bild ist der Querschnitt durch einen Richtkoppler im parallel geführten Bereich schematisch dargestellt. Die Lichtwellenleiter selbst sind in diesem Fall als Rippenwellenleiter ausgelegt. Aus den angegebenen Geometrien erkennt man, dass zur Realisierung integriert-optischer Bauelemente hohe Anforderungen an die Strukturauflösung gestellt werden. Oft wird daher als Lithographieverfahren zur Strukturierung der Licht-wellenleiter die Elektronenstrahllithographie eingesetzt, mit der auch gekrümmte Strukturen einfacher zu realisieren sind.

Simulationsergebnisse verschiedener Richtkoppler mit einem BPM-Programm sind in Bild 5.15 gezeigt. Das Layout wurde hierbei so gewählt, dass am Ausgang nahezu vollständige Überkopplung (links), Strahlteilung (50:50, Mitte) und fast keine Überkopplung (rechts) auftritt. Diese Ergebnisse erhält man bei hyperbolischem Brechungsindexverlauf mit einem maximalen Brechungsindexunterschied von 0,005. Die Abstände der 5 μm breiten Lichtwellenleiter sind (von links nach rechts) $s = 3 \mu$m, $s = 5 \mu$m und $s = 7 \mu$m.

Richtkoppler finden vielseitige Anwendung in IOCs. Beispiele werden in Abschnitt 5.1.2.5 und in 5.2 vorgestellt.

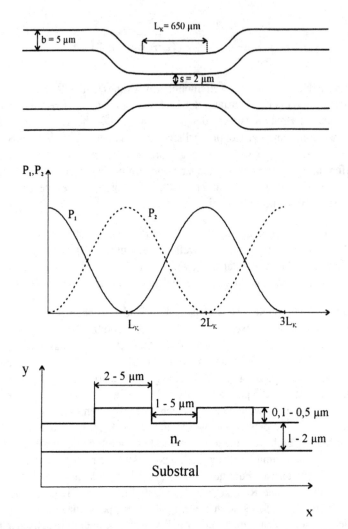

Bild 5.14: Schematischer Aufbau eines Richtkopplers mit typischen Geometriedaten (oben), Verlauf der Lichtleistung in den beiden Wellenleitern (mitte) und Querschnitt im Falle eines Rippenwellenleiters mit typischen Geometriedaten (unten).

5.1.2.5 Modulatoren

Modulatoren sind Bauelemente zur externen Steuerung der Lichtintensität bzw. der Lichtausbreitung. Die steuernde Größe sollte dabei möglichst ein elektrisches Eingangssignal sein. Bild 5.16 zeigt den prinzipiellen Aufbau eines integriert-optischen Modulators: In einer Wechselwirkungszone wird die Lichtausbreitung mit einer externen Größe verändert, es kommt zu einer Modulierung des Ausgangssignals. Als externe, modulierende Größe kommt ein elektrisches (elektro-optischer Effekt) oder magnetisches Feld (magneto-optischer Effekt), Temperaturerhöhung (thermo-optischer Effekt), eine Schallwelle (akusto-optischer Effekt) oder Licht (nichtlinear-optischer Effekt) in Frage.

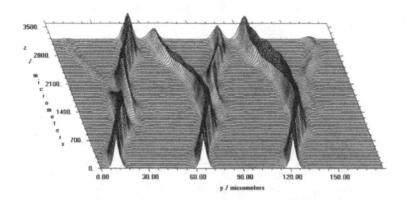

Bild 5.15: Simulation unterschiedlicher Teilungsverhältnisse von Richtkopplern.

Grundsätzlich kann man integriert-optische Modulatoren in zwei Klassen einteilen: Elemente, bei denen die lichtführenden Eigenschaften verändert werden (durch Änderung des Brechungsindex), und Elemente, bei denen die Absorp-tions- oder Reflexionseigenschaften eines Materials geändert werden (Beeinflussung der Absorptionskonstanten α bzw. des Reflexionskoeffizienten R und damit direkt der Lichtleistung).

Phasenmodulation

Zur ersten Klasse von Modulatoren gehören schaltbare Richtkoppler, bei denen der Brechungsindex im lichtführenden Zweig durch ein elektrisches Feld verändert wird. Der Einfluss des elektrischen Feldes auf den Brechungsindex eines dielektrischen Materials wird durch zwei Effekte beschrieben: dem linearen elektro-optischen oder Pockels-Effekt (untersucht von Pockels im Jahr 1894) und dem quadratischen elektro-optischen oder Kerr-Effekt (nach Kerr, 1875). In einer skalaren Näherung wird die Änderung des Brechungsindizes n abgeleitet aus der Änderung des Wertes $(1/n^2)$ gemäß Gleichung (5.18a):

$$\Delta \left(\frac{1}{n^2} \right) = r \cdot E_{el} + p \cdot E_{el}^2 \qquad (5.18a)$$

hierbei ist r der lineare und p der quadratische elektro-optische Koeffizient, E_{el} ist das wirkende elektrische Feld. Die Größe der jeweiligen Konstanten ist materialabhängig. Der lineare elektro-optische Effekt tritt wie der piezoelektrische Effekt nur in bestimmten Kristallen auf (Kristalle ohne Inversionszentrum). Der Kerr-Effekt ist zwar nicht auf eine spezielle Werkstoffgruppe beschränkt, zeigt aber meist nur so kleine Werte, dass er in Werkstoffen, die den linearen elektro-optischen Effekt besitzen, vernachlässigt werden kann (Gl. (5.18b)):

$$\Delta \left(\frac{1}{n^2} \right) = r \cdot E_{el} \qquad (5.18b)$$

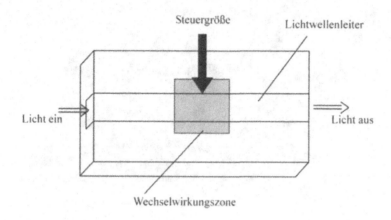

Bild 5.16: Prinzip eines integriert-optischen Modulators.

Gl. (5.18a und b) stellen skalare Näherungen dar. Tatsächlich hängen die Effekte von der Richtung des angelegten elektrischen Feldes, von der Richtung der Lichtausbreitung und von der Polarisationsrichtung ab. Die Richtungsabhängigkeit wird wieder durch Übergang von der skalaren zur Tensorschreibweise (vgl. Abschnitt 3.1.1 und 4.1.2) berücksichtigt. In der Tensorschreibweise berechnet man die Änderung der Pseudovektorkomponenten $\Delta(1/n^2)_\lambda$ durch:

$$
\begin{pmatrix}
\Delta\left(\frac{1}{n^2}\right)_1 \\
\Delta\left(\frac{1}{n^2}\right)_2 \\
\Delta\left(\frac{1}{n^2}\right)_3 \\
\Delta\left(\frac{1}{n^2}\right)_4 \\
\Delta\left(\frac{1}{n^2}\right)_5 \\
\Delta\left(\frac{1}{n^2}\right)_6
\end{pmatrix}
=
\begin{pmatrix}
r_{11} & r_{12} & r_{13} \\
r_{21} & r_{22} & r_{23} \\
r_{31} & r_{32} & r_{33} \\
r_{41} & r_{42} & r_{43} \\
r_{51} & r_{52} & r_{53} \\
r_{61} & r_{62} & r_{63}
\end{pmatrix}
\cdot
\begin{pmatrix}
E_{el_1} \\
E_{el_2} \\
E_{el_3}
\end{pmatrix}
\tag{5.19}
$$

Die $r_{\lambda i}$ bilden dabei die 6×3-Matrix der linearen elektro-optischen Koeffizienten. Welche Einträge in dieser Matrix von Null verschieden sind, hängt wieder von Kristallstruktur- und Kristallsymmetrie ab. Für GaAs (Zinkblendestruktur) hat die Matrix eine sehr einfache Form, da die auftretenden Konstanten r_{41}, r_{52} und r_{63} betragsmäßig gleich groß sind:

$$
\begin{pmatrix}
0 & 0 & 0 \\
0 & 0 & 0 \\
0 & 0 & 0 \\
r_{41} & 0 & 0 \\
0 & r_{41} & 0 \\
0 & 0 & r_{41}
\end{pmatrix}
$$

mit $r_{41} = 1{,}3 \cdot 10^{-12}$ m/V bei einer Lichtwellenlänge von 1 μm.

Im LiNbO$_3$, dem für linear-elektro-optische Modulatoren wichtigsten Material, hat die Matrix unter Berücksichtigung betragsmäßig gleich großer Konstanten dagegen die Form:

$$
\begin{pmatrix}
0 & -r_{22} & r_{13} \\
0 & r_{22} & r_{13} \\
0 & 0 & r_{33} \\
0 & r_{51} & 0 \\
r_{51} & 0 & 0 \\
-r_{22} & 0 & 0
\end{pmatrix}
$$

Für LiNbO$_3$ haben die elektro-optischen Koeffizienten bei einer Wellenlänge von $\lambda = 0{,}6328\ \mu$m folgende Werte: $r_{33} = 30{,}8 \cdot 10^{-12}$ m/V, $r_{13} = 8{,}6 \cdot 10^{-12}$ m/V, $r_{22} = 3{,}4 \cdot 10^{-12}$ m/V und $r_{51} = 28 \cdot 10^{-12}$ m/V [5-5]. Insbesondere an den großen Beträgen für r_{33} und r_{51} erkennt man die Eignung dieses Materials für Modulatoren nach dem linearen elektro-optischen Effekt.

Die grundlegende Idee zur Phasenmodulation in integriert-optischer Form ist in Bild 5.16 dargestellt. Durch eine externe Steuergröße (z.B. elektrisches Feld) werden die lichtführenden Eigenschaften (z.B. Brechungsindex) in einem bestimmten Bereich des Lichtwellenleiters geändert. Diese Änderung führt zu einer Phasenmodulation des Lichts gegenüber der Situation ohne externe Störung. Diese Phasenänderung kann man durch geeignete Bauformen der integriert-optischen Lichtwellenleitern nutzen, um Licht zu schalten.

Die Realisierung eines Modulators in Form eines schaltbaren Richtkopplers ist in Bild 5.17 dargestellt. Hierbei wird über einen oder auch beide Arme des Richtkopplers ein elektrisches Feld angelegt, das entsprechend Gl. (5.18b) oder (5.19) den Brechungsindex des Materials ändert. Dadurch ändert sich die Phase des Lichts in den beiden Ausgangsarmen des Richtkopplers. Üblicherweise wird ein Richtkoppler so ausgelegt, dass ohne elektrisches Feld eine Kreuzkopplung erfolgt (z.B. Lichteintritt in oberen Lichtwellenleiter, Lichtaustritt aus unteren Lichtwellenleiter). Durch ein elektrisches Feld genau angepasster Größe wird der Lichtweg dann umgeschaltet, so dass Licht aus dem oberen Lichtwellenleiter austritt (»Durchgang«). Da es sich beim Pockels-Effekt um einen linearen Effekt handelt, kann durch ein elektrisches Feld, das mit genau entgegengesetztem Vorzeichen über dem zweiten Arm angelegt wird, die notwendige Schaltfeldstärke halbiert werden.

Zur Abschätzung des notwendigen Schaltfeldes wird als Beispiel ein Richtkoppler aus GaAs betrachtet. Für diesen Fall lässt sich nach einer einfachen Umformung von Gl. (5.19) die Änderung des Brechungsindex in einer skalaren Näherung schreiben als:

$$
\Delta n = -\frac{1}{2} \cdot n^3 \cdot r_{41} \cdot E_{el} \tag{5.20a}
$$

Die notwendige Änderung der Brechungsindizes, um im Falle eines Richtkopplers von einer Überkreuzbedingung zur einer Durchgangsbedingung am Ausgang zu kommen, lautet:

$$
\Delta n = \frac{\sqrt{3} \cdot \lambda}{4 \cdot L_k} \tag{5.20b}
$$

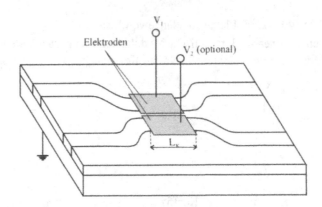

Bild 5.17: Realisierung eines Modulators mit einem Richtkoppler nach dem elektro-optischen Prinzip.

Hierbei ist L_K die oben eingeführte Kopplungslänge, nach der die gesamte Lichtintensität von dem einen zum benachbarten Zweig des Richtkopplers übergegangen ist. Damit berechnet sich das notwendige elektrische Feld (angelegt nur über einen Arm) zu:

$$E_{el} = -\frac{\sqrt{3} \cdot \lambda}{2 \cdot r_{41} \cdot n^3 \cdot L_k} \tag{5.20c}$$

Typische Schaltfeldstärken liegen bei $10 \, V/\mu m$. Solche Werte sind relativ einfach zu realisieren für Lichtwellenleiter, die z.B. als Rippenstrukturen ausgebildet sind.

Eine andere Realisierungsmöglichkeit für einen Modulator ist das Mach-Zehnder-Interferometer gemäß Bild 5.18. Hierbei wird das Licht z.B. über einen y-Verzweiger in zwei Lichtwellenleiter-Arme aufgeteilt. Die Intensität am Ausgang hängt dann von der relativen Phasenverschiebung ab, die das Licht beim Durchlaufen der beiden Arme erfährt. Durch geeignete elektrische Steuerfelder kann dann von destruktiver Interferenz (Auslöschung) auf konstruktive Interferenz (Verstärkung) umgeschaltet werden. Ein Mach-Zehnder-Interferometer ist allerdings wegen der größeren Instabilität der y-Verzweigungen ungünstiger als ein Richtkoppler. Daher werden Richtkoppler in kommerziellen Lösungen bevorzugt eingesetzt (vgl. 5.1.3.2), obwohl das Feldstärke-Kopplungslängen-Produkt bei einem Richtkoppler um den Faktor 3 größer ist als bei einem Mach-Zehnder-Interferometer.

Eine weitere Möglichkeit zur Phasenmodulation ergibt sich aus der Ladungsträgerinjektion über einen pn-Übergang, der in Durchlass betrieben wird. Die zugehörige Änderung des Brechungsindex ist proportional zur Dichte der injizierten freien Ladungsträger. Durch technisch realisierbare Ladungsträgerkonzentrationen um $10^{18} \, cm^{-3}$ können Brechungsindex-Änderungen von $\Delta n = -4 \cdot 10^{-3}$ erzielt werden [5-4]. Ladungsträgerinjektion wird von der Firma Bookham Technology of Oxfordshire bei integriert-optischen Modulatoren eingesetzt, die in SOI-Technik (silicon-on-insulator) realisiert werden [5-11].

Auch die thermisch induzierte Änderung des Brechungsindex ist in speziellen Materialien ausreichend groß zur technischen Nutzung in Modulatoren. Vom Heinrich-Hertz-Institut wurde ein thermisch arbeitender 4×4-Schalter vorgestellt, der aus fünf 2×2-Schaltern aufgebaut ist. Die Lichtwellenleiter bestehen aus einem speziellen PMMA, dessen Brechungsindex durch UV-

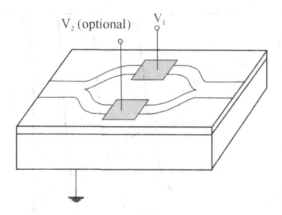

Bild 5.18: Phasenmodulation mit einem Mach-Zehnder-Interferometer. Das elektrische Feld beeinflusst den Brechungsindex und damit die Laufzeit in einem oder auch beiden Armen des Interferometers, so dass bei Überlagerung durch das elektrische Feld steuerbare Interferenzen auftreten.

Beleuchtung zur Ausbildung der Lichtwellenleiter geringfügig modifiziert wird. Der Schalter arbeitet nahezu polarisationsunabhängig und benötigt eine Schaltleistung von ca. 30 mW. Wegen der thermischen Anregung ist die Schaltzeit (Antwortzeit auf elektrisches Eingangssignal) mit einer Millisekunde verglichen mit elektrooptischen Schaltern allerdings extrem lang.

Intensitätsmodulation

Bei der zweiten Gruppe von integriert-optischen Modulatoren wird die direkte Änderung der Lichtintensität über die Änderung der optischen Kenngrößen Absorption und Reflexion erzeugt. Da wegen der Kramers-Kronig-Relation die relative Änderung der Reflexion eine Größenordnung kleiner ist als die relative Änderung des Absorptionskoeffizienten $\Delta\alpha/\alpha$, wird hier nur die sogenannte Elektroabsorption behandelt, bei der es aufgrund des Franz-Keldysh-Effekts [5-12], [5-13] durch ein elektrisches Feld zu einer Änderung der Absorption insbesondere im Bereich der Absorptionskante kommt. An der Bandkante wird die normalerweise wurzelförmig mit der Lichtenergie zunehmende Absorption eines Kristalls durch ein elektrisches Feld verändert, wobei insbesondere im Lichtenergiebereich unmittelbar vor der Absorptionskante durch ein elektrisches Feld ein exponentieller Ausläufer in der Absorption auftritt (Änderung der Übergangswahrscheinlichkeit zwischen Valenz- und Leitungsband durch Verkippen der Bänder in einem elektrischen Feld). Die Untersuchung der Elektroabsorption hat in den 70ger Jahren wesentlich zur Bestimmung der Bandstruktur in Halbleitern beigetragen.

Ein Modulator, der mit dem Prinzip der Elektroabsorption arbeitet, kann nur für Wellenlängen eingesetzt werden, die nur wenig größer sind als die Grenzwellenlänge $\lambda_g = hc/E_g$ (E_g: Bandabstand des Materials, h: Plancksches Wirkungsquantum, c: Lichtgeschwindigkeit). Nur bei diesen Wellenlängen ist einerseits die Transmission ohne elektrisches Feld ausreichend groß zur Realisierung von Lichtwellenleitern und tritt andererseits auch eine nennenswerte Absorptionsänderung im elektrischen Feld auf. Zur Verdeutlichung dieses für die Anwendung wesentlichen Sachverhalts ist in Bild 5.19 der Franz-Keldysh-Effekt aufgetragen, wie er z.B. in GaAs, InP oder auch InGaAs auftritt. Eingezeichnet ist hier nur der Energiebereich vor der Absorptionskante E_g. In diesem Bereich ist die Absorption ohne elektrisches Feld vernachlässigbar. Aus Bild

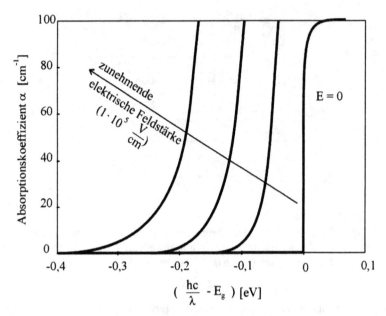

Bild 5.19: Elektroabsorption in III/V-Verbindungen für verschiedene Feldstärken im Energiebereich unterhalb der Bandkante E_g. Die Kurven ergeben sich für jeweils um etwa 10^5 V/cm zunehmender Feldstärke; nach [5-14].

5.19 entnimmt man, dass es mit Steuerfeldstärken von etwa 200 kV/cm (entspricht 20 V über ein Dielektrikum von 1 μm Dicke) möglich ist, Absorptionswerte von bis zu $\Delta\alpha = 100\,cm^{-1}$ elektrisch »zuzuschalten«. Aus der zugehörigen Transmissionsänderung in einem Lichtwellenleiter der effektiven Länge L ergibt sich damit eine relative Transmissionsänderung ΔT/T von:

$$\frac{\Delta T}{T} = e^{-L \cdot \Delta\alpha} \tag{5.21}$$

In Gl. (5.21) wurde die Absorption ohne elektrisches Feld vernachlässigt. Bei einer Modulatorlänge von 500 μm und einer Änderung der Absorption um $\Delta\alpha = 100\,cm^{-1}$ ergibt sich so eine Schwächung des durchgehenden Lichts um fast 22 dB.

Die bisher in der Integrierten Optik realisierten Elektroabsorptions-Modulatoren verwenden die erwähnten Werkstoffe der III/V-Familie. Die Bauelemente sind daher ebenso wie Bauelemente aus LiNbO$_3$ relativ teuer. Sehr viel preiswertere Intensitätsmodulatoren lassen sich mit thermischen Effekten realisieren, bei denen über die Temperatur die Absorptionskante energetisch verschoben und damit der Absorptionswert an einer gegebenen Lichtwellenlänge verändert wird. Auch hier kann man nur direkt an der Bandkante arbeiten. Die Größe des erzielbaren Effekts hängt vom Temperaturkoeffizient γ für die Rotverschiebung der Bandkante und von der Steilheit β der Absorptionskante des jeweiligen Materials ab. Mit typischen Werten ($\gamma = 4 \cdot 10^{-4}\,eV/K$ und $\beta = 2 \cdot 10^5\,cm^{-1}/eV$) lassen sich immerhin Änderungen der Absorptionskonstanten von 80 cm^{-1}/K erzielen. Thermische Modulatoren sind jedoch mit Bandbreiten im Kilohertz-Bereich relativ langsam.

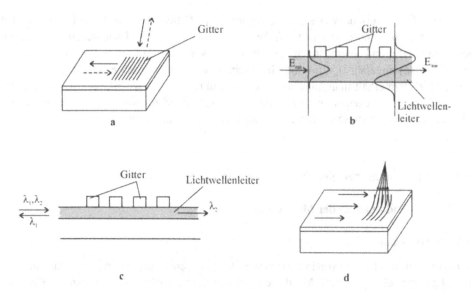

Bild 5.20: Anwendungsbeispiele von Gitterstrukturen in der integrierten Optik, a) Gitter zur Aus- bzw. Einkopplung von bzw. in integrierten Lichtwellenleiter, b) Gitter als Modenkonverter, c) Gitterstrukturen als Wellenlängenfilter (Multiplexing), d) Abbildung über Gitterstrukturen

5.1.2.6 Gitterstrukturen

Gitterstrukturen mit Gitterkonstanten in der Größenordnung des verwendeten Lichts werden für eine Vielzahl von Aufgaben in der integrierten Optik verwendet. Eine Auswahl der möglichen Anwendungen bzw. Konfigurationen ist in Bild 5.20 zusammengestellt. Als Alternative zur Stoßkopplung, die eine genaue und daher empfindliche optische Abbildung auf einen Streifenwellenleiter erfordert, kann man zur Ein- oder Auskopplung von Licht in oder aus einem integriert-optischen Lichtwellenleiter eine Gitterstruktur verwenden (Bild 5.20a). Eine solche Struktur eignet sich auch, um Licht zwischen einer Glasfaser und einem planaren Lichtwellenleiter zu koppeln. Hierzu wird zwischen die beiden lichtführenden Elemente ein auf dem integriert-optischen Chip integriertes Gitter verwendet. Gitter wirken als Modenkonverter (Bild 5.20b) oder auch Wellenlängenfilter (Bild 5.20c). Solche Wellenlängenfilter können die in der Nachrichtentechnik wichtige Funktion des Multiplexens bzw. Demultiplexens übernehmen. Mit Gittern lassen sich schließlich auch abbildende Eigenschaften in Lichtwellenleitern realisieren, wie in Bild 5.20d gezeigt. Neben diesen passiven Elementen kann man auch elektrisch steuerbare Gitter durch Ausnutzung des akusto-optischen Effekts realisieren.

Die Herstellung der Gitterstrukturen kann mit Hilfe geeigneter Strukturierungstechniken über Lithographie und Ätzung (Relief-Strukturen) oder aber durch lokale Änderung des Brechungsindex in der Oberflächenschicht erfolgen.

Die Wirkung des Gitters als Kopplungselement für Licht ergibt sich durch einen Übergang von einer Filmwelle zu einer Raum- oder Substratwelle (bzw. umgekehrt) aufgrund der gestörten Grenzfläche von Filmschicht zur Deckschicht. Dieser Übergang erfolgt bei gegebener Lichtwellenlänge und gegebenem Brechungsindex-Übergang bei bestimmten Werten für die Gitterkonstante und Gitterhöhe. Die theoretische Beschreibung beruht auf der Theorie gekoppelter Moden [5-5]. Typische Werte zur Auslegung eines Gitters zum Auskoppeln von Licht der Wellenlänge λ=632 nm unter einem Winkel von ca 15° aus einem Lichtwellenleiter mit einer Dicke von 0,6 μm und einem Brechungsindexsprung von Δn =0,08 ($n_f = 1,54$) sind: Gitterkonstante (Periode) ungefähr 0,5 μm und Gitterhöhe etwa 0,2 μm. Nach einer Gitterlänge von einigen Millimetern erhält man mit einer solchen Struktur eine Auskopplungseffizienz von etwa 50 % ([5-5], p. 93). Wegen der geringen Strukturbreite werden zur Herstellung solcher integriert-optischer Gitter hochauflösende Strukturierungsverfahren benötigt (vgl. auch 5.2.1).

5.1.3   Anwendungsbeispiele für integriert-optische Elemente

5.1.3.1   Anwendungen in der Messtechnik

Optische Gyroskope

Ein Beispiel für den Einsatz von integriert-optischen Elementen in faseroptischen Anwendungen ist der Faserkreisel (Gyroskop). Mit diesem auf dem Sagnac-Effekt beruhenden Interferometer kann die Rotation eines Körpers ohne bewegliche Teile gemessen werden. Ausgewertet wird die äußerst kleine Phasenverschiebung, die sich zwischen zwei Lichtstrahlen ergibt , die in bzw. entgegen der Rotationsrichtung des Faserkreisels die Faser durchlaufen. Integriert-optische Bauelemente können in einem Faserkreisel benötigte Funktionen wie Strahlteilung, Phasenmodulation und Phasenschieber übernehmen. Eine Realisierungsform, bei der der Phasenmodulator ein integriert-optisches Bauelement ist, zeigt Bild 5.21. Bei einem Gesamtdurchmesser von 80 mm enthält dieses Gyroskop eine Faser von 100 m Länge. In der Mitte ist der integriert-optische Phasenmodulator zu erkennen. In einem weiterentwickeltem Modell dieses Sensors werden weitere Funktionen durch integriert-optische Elemente übernommen [5-15]. Das dort vorgestellte Gyroskop ist modular aufgebaut und besteht aus einem Lichtmodul (LM) mit einer Superlumineszenzdiode und zugehöriger Elektronik, dem Detektormodul und einem integriert-optischen Modul (IOM) mit einer Schnittstelle zum LM und einer Schnittstelle zur aufgewickelten Faser. Im IOM befinden sich ein Polarisator, eine y-Verzweigung, ein Phasenmodulator und die Streifenwellenleiterstrukturen zum Lichteingang und zum Lichtausgang. Als Material wird hier LiNbO$_3$ verwendet. Das integriert-optische Modul enthält also mehrere, für die Funktion eines optischen Faserkreisel notwendige Elemente. Durch Verwendung von zwei Strahlteilern wird das Gyroskop so betrieben, dass für die beiden Lichtstrahlen gleiche Verhältnisse bezüglich des Durchgangs durch die Strahlteiler (Anzahl der Transmissionen bzw. Reflexionen) vorliegen. Hierdurch arbeitet das Gyroskop stabiler. Mit dem ebenfalls integrierten Phasenshifter prägt man zwischen den beiden Lichtstrahlen eine Phasenverschiebung von $\pi/2$ auf, so dass der Faserkreisel größte Empfindlichkeit bei kleinen Drehraten aufweist. Ein integriert-optischer Phasenmodulator (Pockels-Effekt im hier verwendeten LiNbO$_3$) ermöglicht eine phasensensitive Messung der Drehrate. Der Messbereich des gezeigten Gyroskops wird mit Drehraten von 0 °/s bis 400 °/s und die Auflösung (16 Bit) mit 0,006 °/s angegeben.

Mit einem solchen faseroptischen Gyroskop lassen sich selbst sehr kleine Drehraten noch detektieren. So wird mit einem Kreisel, der eine Faserlänge von 1000 m bei einem Außendurchmesser von 4,2 cm enthält, eine Auflösung von $3 \cdot 10^{-4}$ Grad/s erreicht [5-16]. Optische Faserkreisel sind daher verglichen mit mikromechanischen Drehratensensoren Präzisionsgyroskope.

Bild 5.21: Fasergyroskop mit integriert-optischen Modul zur Phasenmodulation (Bildmitte) [5-16]. Mit freundlicher Genehmigung des Oldenbourg-Verlags.

Refraktometer

Refraktometer werden zur Messung der Brechzahl eines Mediums (etwa einer Flüssigkeit) verwendet und z.B. in der Lebensmittel-Herstellung eingesetzt. Das Prinzip einer integriert-optischen Realisierung in Glas zeigt das Bild 5.22. Der Aufbau besteht aus einem Mach-Zehnder-Interferometer, dessen einer Arm »offen« ist. Dieser offene Arm wird direkt oder über ein nach unten geöffnetes Glasröhrchen der Flüssigkeit – etwa einer Zuckerlösung – ausgesetzt. Der zweite Arm wird dabei durch eine Schutzschicht (z.B. SiO_2) abgedeckt. In erster Näherung ist die Änderung des Brechungsindex und die sich daraus ergebende Phasenverschiebung des Lichts beim Durchlaufen der beiden Arme des Interferometers proportional zur Zuckerkonzentration der Lösung. Die Messauflösung beträgt ca. 10^{-4} bezogen auf den Zuckergehalt.

Ähnliche Sensoren wurden auch zur schnellen Messung der Überdüngung von Böden entwickelt. Hierbei ergibt sich eine von der Ammoniak-Konzentration abhängige Änderung des Brechungsindex im nicht abgedeckten Arm eines Mach-Zehnder-Interferometers.

Interferometer zur Wegmessung

Michelson-Interferometer ermöglichen die hochgenaue und berührungslose Geschwindigkeits- bzw. Wegmessung. Konventionell aufgebaute Interferometer sind teuer, groß und empfindlich (hoher Justieraufwand). Daher sind solche Interferometer für den Einsatz unter rauhen Umgebungsbedingungen wie z.B. in Werkzeugmaschinen wenig geeignet, bei denen der Sensor häufig in der Nähe des Werkzeuges sein muss und zusätzlich die Kosten pro Messachse gering sein sollten (< 1000 DM/Achse als Richtwert). Ein integriert-optisches Interferometer hat einen Platzbedarf von der Größe eines Fingernagels und ist beispielhaft im Bild 5.23 dargestellt. Bei dem abgebildeten Interferometer werden die Wellenleiter auf Si definiert (SiO_2 und Si_3N_4, sogenannte IOS1-Technik, oder SiO_2 und dotiertes SiO_2 in der IOS2-Technik [5-18]). Der 7×7 mm^2 große Chip enthält (unten in Bild 5.23) Strahlteiler, Referenzspiegel, zwei integrierte Linsen und einen Phasenschieber zur Erzeugung eines Quadratursignals, das zur Richtungserkennung gebraucht wird. In einem kleinen Messkopf (oben in Bild 5.23) werden neben dem integriert-optischen

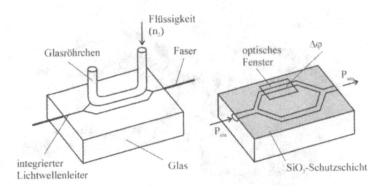

Bild 5.22: Integriert-optisches Refraktometer zur Messung des Zuckergehalts einer Lösung. Ausgewertet wird der Gangunterschied in den beiden Armen eines Mach-Zehnder-Interferometers nach [5-17]

Chip Laserdiode, Detektor, eine Linse zum Ein- bzw. Auskoppeln des Freistrahls und Elektronik untergebracht (Hybridintegration). In einer anderen Aufbauvariante wird das Laserlicht über eine Faser in den integriert-optischen Chip eingekoppelt. Damit wird die auf Störungen (u.a. Temperaturschwankungen) empfindlich reagierende Laserdiode von der oft rauhen Messumgebung ferngehalten. Die Messauflösung beträgt etwa 10 nm bei einem Messbereich bis 100 mm. Dieses integriert-optische Michelson-Interferometer wird in kommerziell erhältlichen Messsystemen eingesetzt. Allerdings ist der Preisvorteil des Gesamtsystems durch Verwendung eines mikrosystemtechnischen Bauelements noch äußerst gering, da zur Auswertung und Stabilisierung (insbesondere der Laserwellenlänge) eine aufwendige Elektronik notwendig ist. Auch die numerische Apertur des Systems ist im Vergleich zu konventionellen Lösungen z.Zt. noch relativ klein. Zum Erreichen eines oft formulierten Kostenziels von DM 1000 pro Messachse, sind daher noch weitere Systemverbesserungen (Vereinfachungen) insbesondere bei der Auswertung und der elektronischen Stabilisierung erforderlich.

Mikromechanische Sensoren mit integriert-optischen Komponenten

In verschiedenen FuE-Arbeiten wurden integriert-optische Komponenten zur optischen Signalauswertung in mikromechanischen Sensoren eingesetzt. Hierbei wird Integrierte Optik manchmal nur dazu verwendet, das Messlicht an den Messort zu leiten. Oft wirkt allerdings auch die zu messende Größe auf ein Stück eines Lichtwellenleiters ein, dessen Lichtführungseigenschaften durch die Messgröße verändert werden. Die Messgröße wird daher auf eine Änderung der Lichtintensität zurückgeführt. Auf diese Weise wurden Druck- und Beschleunigungssensoren hergestellt [5-2]. Dabei muss man Lichtwellenleiter in mikromechanischen Strukturen integrieren. Die von der Messgröße abhängige Durchbiegung der Struktur ändert dann die durch den Wellenleiter hindurchgehende Lichtintensität. Zur einfachen Integration von mikromechanischen Bauelementen in das integriert-optische System verwendet man meist auf Si-Technologie beruhende Schichtfolgen zur Realisierung der Lichtwellenleiter (z.B. $SiON_x$-Schichten, die mit PECVD abgeschieden werden und bei denen der Brechungsindex durch den Stickstoffgehalt gesteuert werden kann, s.u.).

In der industriellen Anwendung müssen diese Sensoren aber mit »konventionellen« mikromechanischen Lösungen konkurrieren. Es ist daher zu erwarten, dass solche Sensoren nur in

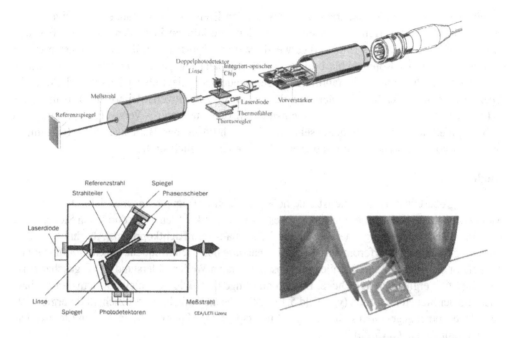

Bild 5.23: Integriert-optisches Michelson-Interferometer. Oben: Messkopf mit integriert-optischem Chip und hybrid integrierter Laser- und Empfangsdiode, unten: schematischer Aufbau des Chips mit Kennzeichnung der im Bauelement integrierten optischen Funktionen und Foto des IOCs zum Größenvergleich [5-19].

Nischenmärkten (z.B. explosionsgefährdete Bereiche, hohe geforderte Genauigkeit) Eingang finden werden.

5.1.3.2   Anwendungen in der Nachrichtentechnik

Wie bereits erwähnt hat sich durch die optische Nachrichtenübertragung das Anwendungspotential von integriert-optischen Bauelementen wesentlich erhöht. In diesem Abschnitt werden einige typische, bereits kommerziell erhältliche Komponenten dargestellt.

1→ N-Koppler

Koppler stellen eine Grundkomponente eines optischen Nachrichtennetzes dar. Im OPAL (Optical Access Line) der deutschen Telekom werden z.B. in Dialogsystemen passive optische Netzwerke (sogenannte PONs) mit einem Aufspaltungsverhältnis von 1:16 und 1:64 und im digitalen Fernsehen PONs mit 1:8 verwendet [5-20]. Solche Kopplerstrukturen können aus einer Kaskade von y-Verzweigern aufgebaut werden, bei denen in der ersten Stufe häufig noch ein 3 dB-Richtkoppler zur ersten Aufteilung verwendet wird. Ein Beispiel ist in Bild 5.24 gezeigt. Die drei abgebildeten Koppler (1:4, 1:8, 1:16) sind in diesem Fall mit integrierter Optik auf Glas gefertigt. Diese Koppler arbeiten in Verbindung mit einem Richtkoppler in der ersten Stufe nahezu polarisationsunabhängig.

Für den Einsatz in der Nachrichtentechnik werden Breitband-Monomode-Verzweiger eingesetzt (Schnittstelle zu Monomodefasern). Die Elemente können in beiden optischen Fenstern
(1260 – 1360 nm und 1480 – 1580 nm) verwendet werden. Typische Einfügedämpfungswerte werden mit 7,7 dB (1×4-Koppler) bis 14,3 dB (1×16-Koppler) angegeben. Die Rückflussdämpfung
(wichtig zur Reduktion von Instabilitäten in der Sendediode) liegt über 60 dB [5-21]. Ähnliche
Spezifikationen werden mit Kopplern erzielt, die mit SiO_2-Lichtwellenleitern auf Silizium gebildet werden [5-22]. Aufgrund des Hintereinanderschaltens mehrerer y-Verzweigungen zu einem
1xN-Koppler bauen diese Elemente sehr lang. Typisch findet man Baulängen über 100 mm, so
dass »low-cost«-Anwendungen mit dieser Technik nicht möglich sind.

Modulatoren

Für eine große Übertragungsrate ist eine hohe Modulationsfrequenz erforderlich. Die indirekte
Modulation der Lichtleistung (daneben gibt es noch die direkte Steuerung durch den Steuerstrom
des Halbleiterlasers) erfolgt meist mit elektrisch schaltbaren Richtkopplern (Abschnitt 5.1.2.5)
oder Mach-Zehnder-Interferometern. Zur Abschätzung der Grenzfrequenz beschreibt man einen
Modulator als Kapazität, die parallel zum abschließenden Wellenwiderstand R_a=Z geschaltet ist.
Die Kapazität ergibt sich aus Dicke, Breite und Länge des Lichtwellenleitersystems unter- bzw.
oberhalb der Steuerelektroden (vgl. Bild 5.17). Mit diesem einfachen Ersatzschaltbild ergibt sich,
dass der bei einer gegebenen sinusförmigen Steuerspannung U nur ein Anteil U_L am Lichtwellenleiter abfällt gemäß Gl (5.22):

$$U_L(f)/U_L(f=0) = \frac{1}{\sqrt{1+(f \cdot \pi \cdot R_a \cdot C)^2}}$$ (5.22)

Für eine typische Geometrie (Länge: 2 mm, Breite: 5 μm, Dicke: 1 μm) und bei einer relativen
Dielektrizitätskonstanten von 13 (GaAs) ergibt sich bei R_a= 50 Ω eine Grenzfrequenz von ca.
5 GHz.

Die notwendige Steuerleistung ist aufgrund der am Abschlusswiderstand auftretenden Ver-
lustleistung ebenfalls mit der Grenzfrequenz (Bandbreite des Modulators) verknüpft. Zusätzlich
geht noch die notwendige Schaltfeldstärke ein. Eine Überschlagsrechnung liefert für GaAs bei
den obengenannten Parametern eine notwendige Steuerleistung von knapp 0,4 mW/MHz.

Es werden kommerziell Modulatoren mit Grenzfrequenzen über 10 GHz angeboten. Für Anwendungen in der Nachrichtentechnik wird dabei überwiegend $LiNbO_3$ als Substratmaterial verwendet. Wegen des hohen Materialpreises sind diese Bauelemente relativ teuer (Bild 5.25, links).

Preiswertere Lösungen sind durch Verwendung eines Si-Substrats möglich. Brookham Technology Ltd. (UK) [5-23] bietet eine Lösung unter Verwendung der sogenannten SOI-Technik
(silicon on insulator) an (Bild 5.25, rechts).

Noch preiswertere Lösungen sollten durch polymere Lichtwellenleiter-Modulatoren möglich
sein. Während die Firma Akzo Modulatoren anbietet, die optisch nichtlineare Polymere verwenden und bis zu Modulationsfrequenzen von 40 GHz betrieben werden können [5-24] wurden vom
Heinrich-Hertz-Institut für Nachrichtentechnik (Berlin) thermisch arbeitende Modulatoren vorgestellt, die aus speziellen PMMA-Lichtwellenleitern auf Si-Substrat bestehen. Durch Erwärmung
wird der Brechungsindex verändert, so dass ein 2×2-Richtkoppler verstimmt wird. Allerdings
sind die erreichbaren Schaltzeiten lang (im Millisekunden-Bereich) [5-25].

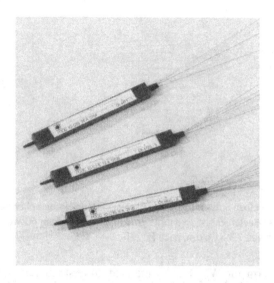

Bild 5.24: Integriert-optische 1×N-Verzweiger auf Glas. 1×4-Verzweiger (oben), 1×8-Verzweiger (Bildmitte) und 1×16-Verzweiger (unten) [5-26].

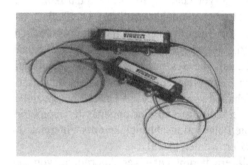

Bild 5.25: Kommerzielle integriert-optische Modulatoren, links: aus LiNbO₃ aufgebautes Mach-Zehnder-
Interferometer als Modulator bis 8 GHz Technik [5-19], rechts: mit Ladungsträgerinjektion
arbeitender Modulator in SOI [5-23]

Demultiplexer

Multiplexer bzw. Demultiplexer (WDM: wavelength devision multiplexing) sind Schlüsselele-
mente zur weiteren Erhöhung der Übertragungskapazität bestehender optischer Nachrichten-
Übertragungsnetze. Durch Einsatz dieser Bauelemente kann eine Lichtfaser gleichzeitig mehrere Datenkanäle übertragen, wobei jeder Datenkanal durch eine andere Wellenlänge realisiert
wird. Da jeder Datenkanal von einer anderen »Quelle« gespeist wird, ist am Fasereingang ein
Multiplexer und am Faserausgang ein Demultiplexer zur Aufspaltung der Informationskanäle
erforderlich.

Für WDMs kommen eine Reihe von integriert-optischen Lösungen in Frage. So kann man
Richtkoppler-Modulatoren als Wellenlängenfilter betreiben, bei denen die austretende Wellenlänge durch ein elektrisches Feld gewählt werden kann [5-15].

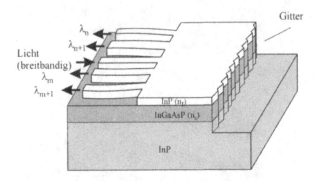

Bild 5.26: Prinzipieller Aufbau eines integriert-optischen Gitterspektrographen als Wellenlängendemul-
tiplexer. Das Bauelement ist 1×3 mm^2 groß und hat insgesamt 60 Wellenlängenkanäle im Frequenzbereich von $1,3-1,6\,\mu$m, nach [5-27]

Eine andere Bauform für WDM-Elemente sind Gitterstrukturen (s. 5.1.2.6). Ein Beispiel
zeigt Bild 5.26: Über einen streifenförmigen Eingangslichtwellenleiter wird Licht mit unterschiedlichen Wellenlängen in einen integriert-optischen Gitterspektrographen eingekoppelt. Im
als Schichtwellenleiter ausgelegten Teilstück läuft das Licht divergent auseinander, so dass die
Gitterstruktur am Ende dieses Teilstücks gleichmäßig ausgeleuchtet wird. Die Gitterstruktur wird
durch das anisotrop herausgeätzte Ende des planaren Lichtwellenleiters realisiert. Das Reflexions-
gitter ist gebogen ausgeführt. Üblicherweise werden die Gitter in einer hohen Ordnung betrieben
(z.B. 30. Ordnung). Die in Bild 5.26 nur schematisch gezeigte Struktur trennt Licht im Wellenlän-
genbereich von $1,3-1,6\,\mu$m in insgesamt 60 Kanäle auf. Die Gesamtfläche des Bauelements auf
InP-Substrat beträgt 1×3 mm^2. Ein Nachteil solcher Demultiplexer ist die große Polarisationsabhängigkeit aufgrund der doppelbrechenden Eigenschaften von InGaAs/InP. Durch eine spezielle
Schichtfolge (n^-/n^+-InP mit kleinem Brechungsindexsprung) und eine angepasste Geometrie
(relativ dicke Rippenwelleiter, $d = 3,2\,\mu$m) kann die Polarisationsabhängigkeit der Filtercharak-
teristik auf praktisch vernachlässigbare Werte reduziert werden [5-28].

Eine andere Realisierungsform von Demultiplexern beruht auf einer Anordnung von gekrümmten Lichtwellenleitern als dispersive Elemente. Aufgrund der Dispersion treten die verschiedenen Wellenlängen nach Durchlaufen der gekrümmten Lichtwellenleiter in der Aus-
gangsebene unter unterschiedlichen Neigungswinkeln aus (Bild 5.27). Dadurch wird Licht einer bestimmten Wellenlänge auf einen entsprechenden empfangenden Lichtwellenleiter proji-
ziert. Diese Art von Demultiplexer eignet sich besonders für wenige Kanäle und ist relativ un-
kritisch gegenüber Prozessschwankungen (Brechungsindex und Geometrie). Auch bei diesen
Elementen sind spezielle Maßnahmen zur Reduktion der Polarisationsabhängigkeit (verursacht
durch geringfügige Unterschiede im effektiven Brechungsindex zwischen TE- und TM-Moden)
notwendig. Geringere Polarisationsabhängigkeit erhält man durch Verwendung von Multimode-
Ausgangslichtwellenleitern nach [5-29].

5.2   Diffraktive Optik

Die Fertigungsverfahren der Mikroelektronik können auch zur Erzeugung neuartiger optischer
Elemente eingesetzt werden, die konventionelle refraktive Optiken ersetzen oder auch ergänzen

können. Man spricht hierbei von diffraktiver oder auch binärer Optik [5-30], [5-31]. Die im Abschnitt 5.1.2.6 behandelten Gitterstrukturen sind Beispiele für diffraktive Elemente, die innerhalb integriert-optischer Systeme eingesetzt werden. Daneben werden diffraktiv optische Bauelemente aber auch in Freistrahlanwendungen verwendet.

Wie bereits in der Einleitung zu diesem Kapitel erwähnt, sind diffraktive optische Elemente zunächst einmal »nur« mikrotechnische Produkte. Bereits heute können allerdings solche Einzelelemente in Systeme integriert werden [5-32]. Aufgrund dieser potentiellen Systemeignung sollen hier Konzept und einige Anwendungen der diffraktiven Optik behandelt werden. Auch außerhalb der Mikrosystemtechnik gibt es interessante Anwendungen. So können für bestimmte Anwendungen diffraktive Optiken refraktive ersetzen [5-33].

5.2.1   Grundlegende Konzepte der diffraktiven Optik

Die diffraktive Optik nutzt die Beugung von Licht aus. Beugung tritt an quasi-zweidimensionalen Formen (z.B. Gitter) mit hinreichend kleinen Strukturen (Spaltbreite in der Größenordnung der Wellenlänge des verwendeten Lichts) auf. Durch geeignete Strukturen, die in 5.2.3 näher behandelt werden, lassen sich gemäß des Huygens-Fresnelschen Prinzips nahezu beliebige Wellenfronten aus der Überlagerung der von der beugenden Struktur ausgehenden Elementarwellen erzeugen. Ein einfaches Beispiel ist das Beugungsgitter, das aus lichtdurchlässigen und lichtundurchlässigen Bereichen besteht (Amplitudengitter).

Diffraktive Bauelemente lassen sich zwar grundsätzlich mit den Verfahren der Mikrosystemtechnik herstellen, aufgrund der Wellenlänge von sichtbarem Licht sind allerdings die Anforderungen an Strukturfeinheit und zulässigen Toleranzen vergleichsweise hoch. Häufig werden daher die Strukturen durch direktschreibende Lithographie (Laser- und v.a. Elektronenstrahlen) erzeugt. Um dennoch preiswerte Elemente in großer Stückzahl herstellen zu können, nutzt man meist Replikationstechniken wie das Prägen in thermoplastischen Materialien oder das Spritzgießen aus.

Die Funktionsweise diffraktiver Elemente kann anhand des in Bild 5.28 dargestellten Elements erläutert werden. Die Ringe führen zur Beugung von Licht, durch abnehmende Breite und Abstände der Ringe nimmt der zugehörige Beugungswinkel nach außen zu. Dieses Element ist die Grundlage der in Abschnitt 5.2.3 näher beschriebenen sogenannten Fresnel-Zonenplatte. In der einstufigen Form besteht das diffraktiv optische Element (DOE) aus einer Reihe von konzentrischen Kreisen, deren Abstand und Breite mit der Entfernung vom Mittelpunkt abnimmt (Bild 5.28a). Der Radius r_m der einzelnen Ringe nimmt dabei wurzelförmig mit der Ordnungszahl m zu:

$$r_m \propto \sqrt{m} \tag{5.23a}$$

Wie man aus der Formel für Beugung am Spalt sieht, wird an einem solchen DOE Licht um so stärker gebeugt, je weiter es an den Rand der Zonenplatte auftrifft. Daher beugt dieses Element parallel einfallendes Licht wie eine gewöhnliche Linse in einen gemeinsamen Fokuspunkt f, der durch den innersten Radius r_1 bestimmt ist:

$$f = \frac{r_m^2}{m \cdot \lambda} = \frac{r_1^2}{\lambda} \tag{5.23b}$$

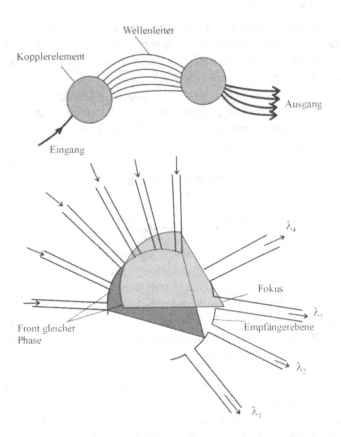

Bild 5.27: Demultiplexer nach dem Prinzip der Phasenverschiebung (Phase Arrays). Oben: prinzipieller
Aufbau: durch Kopplerelemente werden die verschiedenen Wellenlängen im Eingang auf ge-
trennte Ausgänge gelegt. Unten: Funktionsprinzip des Kopplerelements: Durch Phasenverschiebung sind die Phasenfronten am Ausgang der gekrümmten Lichtwellenleiter je nach Wellenlänge unterschiedlich geneigt und fallen auf unterschiedliche Ausgangslichtwellenleiter, nach
[5-29]

Sind die aufeinanderfolgenden Ringe lichtdurchlässig bzw. lichtundurchlässig, so spricht man
auch von Amplitudengitter. Der Wirkungsgrad eines solchen Gitters ist klein, da immer ein
Teil der Strahlung in nicht gewünschte Ordnungen gebeugt wird. Eine Verbesserung stellt das
sogenannte Phasengitter dar, bei dem durch ein stufenförmiges Profil in einem transparenten
Material (Bild 5.28b) eine Phasendifferenz zwischen Licht erzeugt wird, das die Zonenplatte
in zwei benachbarten Ringen (Stufen) durchläuft. Der Wirkungsgrad einer Fresnel-Zonenplatte
kann durch diese Maßnahme von ca. 7 % auf etwa 40 % erhöht werden. Eine weitere Verbesserung des sogenannten Beugungswirkungsgrads erhält man durch Übergang zu einer sägezahnarti-
gen Gitterstruktur (Bild 5.28c). Bei dieser, auch als Echelettegitter bezeichneten Form wählt man
als Stufen- oder Blazewinkel den Winkel der gewünschten Beugungsordnung. An einer solchen
Struktur tritt Beugung und Brechung auf. Bei ideal stufenförmigem Verlauf kann man auf diese
Weise Beugungswirkungsgrade im Bereich von fast 100 % erzielen. Bei der technischen Reali-

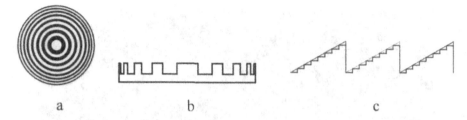

Bild 5.28: Ringförmiges diffraktiv optisches Element, a) konzentrische Kreise aus lichtdurchlässigen und lichtundurchlässigen Bereichen wirken als Amplitudengitter, b) durch ein stufiges Profil in einem lichtdurchlässigen Material entsteht ein Phasengitter, c) Ausbildung der einzelnen Ringe als Echelettegitter

sierung (Abschnitt 5.2.2) kann man allerdings eine Blazestruktur nur durch mehr oder weniger viele diskrete Einzelstufen annähren, wie in Bild 5.28c angedeutet wird. Je feiner die Stufung gewählt wird, desto größer ist der Beugungswirkungsgrad. Praktisch erzielt man bereits durch 16 Stufen pro Sägezahn Wirkungsgrade von fast 99 % [5-34].

Wie aus Gl. (5.23b) und auch aus den Formeln zur Beugung am Spalt zu sehen ist, sind diffraktive Elemente stark wellenlängenabhängig. Sie arbeiten daher entweder nur mit monochromatischem Licht oder zeigen ausgeprägte Dispersion. Da die Dispersion jedoch genau entgegengesetzt zu refraktiven optischen Elementen wirkt (kurzwelliges Licht wird weniger gebeugt als langwelliges Licht, in Materialien mit normaler Dispersion wird kurzwelliges jedoch stärker gebrochen als langwelliges Licht), können diffraktive Elemente zur Korrektur der chromatischen Aberration verwendet werden (vgl. 5.2.3).

5.2.2 Herstellungsverfahren für diffraktiv optische Bauelemente

Grundsätzlich können die Standardverfahren der Mikrotechnik zur Herstellung von diffraktiv optischen Elementen eingesetzt werden. Aufgrund der geringen Breiten der funktionsbestimmenden Strukturen benötigt man zur Strukturerzeugung allerdings hochauflösende Verfahren, bevorzugt Elektronenstrahllithographie. Die nachfolgenden Ätzschritte erfordern hohe Aspektverhältnisse, hier kommen insbesondere RIE- oder Ionenätzverfahren in Frage [5-35]. Häufig verwendet man sogenannte Bi- oder Trilevel-Aufbauten, um Anisotropie und Selektivität des Ätzprozesses optimieren zu können.

Im Bild 5.29 ist als Beispiel für die Strukturfeinheit diffraktiv-optischer Bauelemente die rasterelektronenmikroskopische Aufnahme einer Zonenplatte gezeigt [5-35]. Die primäre Strukturerzeugung erfolgte in diesem Fall mit Elektronenstrahllithographie, wobei PMMA als Lack verwendet wurde. Die Lackstrukturen wurden mittels Sputterätzen in eine 100 nm dicke Au-Schicht übertragen. Noch feinere Strukturen werden für Fresnel-Zonenplatten benötigt, die in der Röntgenmikroskopie eingesetzt werden[6]. Da für die meisten Werkstoffe der Brechungsindex im Röntgenbereich einen Wert von ungefähr eins hat, können refraktive Elemente nicht zur Abbildung verwendet werden. Fresnel-Zonenplatten können hier als Alternative eingesetzt werden. Die Breite der äußeren Ringe liegt in diesem Fall bei einigen Nanometern [5-36].

---

6 Röntgenmikroskope eignen sich insbesondere für die Untersuchung biologischer Substanzen.

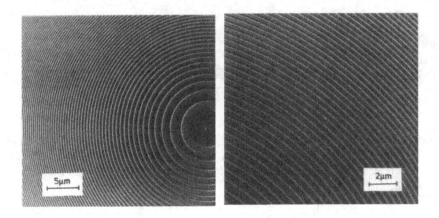

Bild 5.29: Fresnel-Zonenplatte mit 100 nm breiten Ringen im Außenbereich [5-37].

Die für diffraktiv optische Elemente typischen Stufenwinkel (s. 5.2.1) kann man dadurch erzeugen, dass über die Stufe gesehen eine angepasste Belichtungsdosis gewählt wird. Hierfür kann man Grautonmasken verwenden oder auch Mehrfachbelichtungen durchführen.

Regelmäßige Strukturen mit Submikrometer-Linienbreiten lassen sich auch durch Holographie-Verfahren unter Verwendung von UV-Licht herstellen.

Direktschreibende Lithographie wie Laser- oder Elektronenstrahlschreiben ist allerdings nur bei kleinen Stückzahlen wirtschaftlich. Für die Massenfertigung werden Abformtechniken eingesetzt, bei denen die Original-Ausgangsformen (»Master«) durch Abformung vervielfältigt werden. Die Masterformen können z.B. durch Galvanik hergestellt werden.

Aus der Masterform werden mittels Prägen, Heißprägen oder Spritzgießen dann Kunststoffabformen erzeugt (vgl. Abschnitt 2.4.4.2). Qualitativ gute Ergebnisse erzielt man dabei mit dem Spritzguss, wie er z.B. bei der Herstellung von compact discs (CDs) erfolgreich verwendet wird.

5.2.3   Diffraktiv-optische Bauelemente

Echelette-Gitter

Mit Echelette-Gittern ist es möglich, das am Gitter gebeugte Licht fast vollständig in einer Ordnung zu konzentrieren (vgl. Abschnitt 5.2.1 und Bild 5.28c). Der grundlegende Aufbau ist in Bild 5.30 am Beispiel eines Reflexionsgitters gezeigt. Die reflektierende Fläche ist um den Winkel α (Blazewinkel) geneigt. Ein eintreffender Strahl wird daher wie gezeigt regulär an der geneigten Blazestruktur reflektiert (Strahl R). Fällt der gebeugte Strahl (bei gegebener Wellenlänge und Ordnung) in die gleiche Richtung, so wird die Lichtintensität nahezu vollständig auf diese Ordnung konzentriert.

Die Herstellung eines Echelette-Gitters erfordert, wie bereits erwähnt, spezielle Techniken (z.B. bei der Lithographie Grauton-Masken oder Doppelbelichtungen). Eine andere Möglichkeit besteht darin, die vielfältigen Strukturierungsverfahren der Mikrotechnik zu nutzen. So kann man z.B. in einem (100)-Si-Wafer mit einer definierten Fehlorientierung der Oberfläche nahezu beliebig geblazte, asymmetrische Echelette-Gitter erzeugen [5-38].

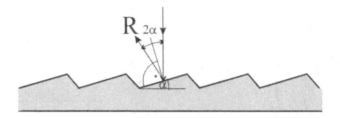

Bild 5.30: Echelette Gitter mit dem Blazewinkel α

Zonenplatten

Die Grundstruktur von Fresnel-Zonenplatten wurde bereits im Abschnitt 5.2.1 behandelt. Es gibt Zonenplatten für unterschiedliche Wellenlängenbereiche, entsprechend sind die Ringbreiten anzupassen. Für gute Beugungswirkungsgrade sollten bei Zonenplatten Blazestrukturen mit feiner Stufung eingesetzt werden (wie bei Echelette-Gittern, dann kann nahezu die gesamte Lichtleistung in die gewünschte Beugungsordnung gebracht werden).

In optischen Anwendungen ist häufig ein großes Öffnungsverhältnis des optischen Elements (hier der Zonenplatte) erwünscht. Bei einer gegebenen minimal auflösbaren Strukturbreite ist die Größe (Durchmesser) des Elements aufgrund der nach außen abnehmenden Strukturbreite der Ringe zunächst begrenzt. Ist die minimale Strukturgröße z.B. $0,5\,\mu$m und realisiert man den Blazewinkel durch 8 Stufen, so ergibt sich eine minimale Ringbreite von $4\,\mu$m. Abhängig von der verwendeten Wellenlänge, dem Brechungsindex des Materials und der gewünschten Wellenlänge erreicht man dann die Auflösungsgrenze bei Durchmessern um 5 mm. Die Apertur des Elements kann durch Einführung eines sogenanntem Phasensprungs gemäß Bild 5.31 vergrößert werden. Bei Erreichen der minimalen Ringbreite erhöht man für den folgenden Ring die Beugungsordnung (etwa von erster zur 2. Ordnung): Das Element wird also in unterschiedliche Zonen aufgeteilt, daher der Name Zonenplatte. Auf diese Weise kann man das Element weiter vergrößern (z.B. Verdoppelung des Durchmessers) und die Apertur verbessern. Zonenplatten mit einem für den Einsatz in konventioneller Optik vernünftigen Radius von 10 mm wurden bereits hergestellt. Der Beugungswirkungsgrad der äußeren Phasensegmente ist allerdings kleiner als der des innersten Segments. Den Gesamtwirkungsgrad kann man durch flächenanteilige Wichtung der Einzelwirkungsgrade pro Phasensegment abschätzen. Typisch sind Werte um $70\,\%$ für den Gesamtwirkungsgrad einer Zonenplatte mit drei Zonen. Ein weiterer Nachteil der Aufteilung in Zonen ist das Auftreten mehrerer Nebenbrennebenen. Man kann zwar die Zonen so wählen, dass z.B. der Brennpunkt der 2.Beugungsordnung der 2.Zone mit dem Brennpunkt der 1. Beugungsordnung der 1. Zone zusammenfällt, es tritt aber noch ein nennenswerter Lichtanteil auf, der als 1. Beugungsordnung der 2. Zone in einen längeren Brennpunkt fokussiert wird. In konkreten Anwendungen muss man die Nebenbrennpunkte durch passende Blenden abschwächen.

Hologramme

Holographisch-optische Elemente (HOE) stellen eine Sonderform in der Klasse der DOE dar. Die bekannteste Anwendung von Hologrammen ist die dreidimensionale Rekonstruktion eines Objektes bei Beleuchtung oder Betrachtung eines Hologramms (z.B. Scheckkartenkennzeichnung). Allgemein können aber Hologramme zur beliebigen Wellenfront-Modifikation eingesetzt wer-

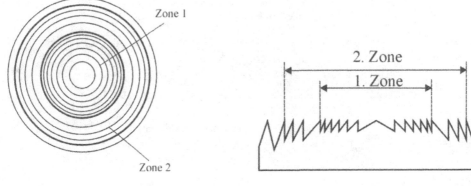

Bild 5.31: Fresnel-Zonenplatte, durch Phasensprünge an den Zonengrenzen erreicht man eine Vergröße-
rung des Elements und damit des Öffnungswinkels, links Aufsicht, rechts Querschnitt

den, etwa Ersatz eines rotierenden Facettenspiegels durch eine ruhende Scheibe aus Hologramm-
Segmenten [5-31].

Hologramme werden durch die Überlagerung einer kohärenten Referenzwelle mit einer zweiten, z.B. von einem Objektpunkt gestreuten Welle erzeugt. Es entsteht dann ein unregelmäßiges
Muster auf der Hologramm-Photoplatte. Die Rekonstruktion des Objektes erfolgt dann wieder
durch Beleuchtung mit einer Referenzwelle. Aufgrund dieser Besonderheit ist eine direkte Ein-
bettung von HOEs in Mikrosystemen vermutlich nicht möglich.

Linsen mit diffraktiver Oberfläche

Die chromatische Aberration refraktiver Linsen lässt sich konventionell nur durch aufwendige
Anordnungen von Linsen mit unterschiedlichen dispersiven Eigenschaften korrigieren. Da sich
diffraktive Elemente bezüglich der Wellenabhängigkeit der Brennweite genau entgegengesetzt
verhalten wie refraktive Elemente (s.o.), kann man durch eine DOE auf einer Linse die chromatische Aberration korrigieren.

Die Aufbringung der DOEs kann dabei relativ einfach auf die plane Seite plankonvexer Linsen
erfolgen. Prinzipiell ist aber auch die Integration in einen Herstellungsprozess von Mikrolinsen
[5-39] denkbar. Hierdurch gelangt man zu mikrosystemgerechten Lösungen im Einsatz von diffraktiv optischen Elementen.

5.3   Aufgaben zur Lernkontrolle

Aufgabe 5.1:

Wie groß ist der Integrationsgrad bei integriert-optischen Schaltungen im Vergleich zu integrierten Mikroelektronik-Schaltungen?

Aufgabe 5.2:

In einen Lichtwellenleiter aus SiO$_2$ ($n_f = 1,5$) soll von Luft kommend mit einer Stoßkopplung Licht in die Stirnseite eingekoppelt werden.

Gesucht ist:

- der notwendige Brechungsindex der umgebende Schicht, damit Licht, das unter einem Öffnungswinkel von $\alpha_{in} = 10°$ einfällt, im Lichtwellenleiter noch durch Totalreflexion geführt wird.
- α_{krit} für diese Situation.
- das evaneszente Feld in einer Entfernung von 1 μm von der Grenzfläche bei einem Modenwinkel von 85° (= 1 μm)

Aufgabe 5.3:

Was versteht man unter Modenausbildung bei einem Lichtwellenleiter, wie kann man die Moden sichtbar machen?

Aufgabe 5.4:

Gesucht wird das Abklingverhalten des evaneszenten Feldes an einer Grenzfläche n_c/n_f bei einer Wellenlänge von $\lambda = 1\ \mu m$, einem Modenwinkel von $\alpha = 75°$ und $n_f = 1,6$, $n_c = 1,5$.

Aufgabe 5.5:

Welche Parameter bestimmen bei einem Rippenwellenleiter die lichtführenden Eigenschaften?

Aufgabe 5.6:

Was sind typische Krümmungsradien für integriert-optische Lichtwellenleiter, bei denen sich die Lichtführungseigenschaften noch nicht wesentlich verschlechtern? Durch welche Maßnahmen kann man die Streuverluste an gekrümmten Lichtwellenleitern reduzieren?

Aufgabe 5.7:

An eine gradlinige Lichtwellenleiter-Struktur aus LiNbO$_3$ ($n_f = 2,29$, $n_c = n_s = n_r = n_l = 2,25$) wird eine elektrische Spannung U angelegt. Wie groß ist die maximal zulässige Spannung, die angelegt werden kann, ohne dass die seitliche Lichtführungseigenschaft der Lichtwellenleiter-Struktur verlorengeht ($r_{max} = 30 \cdot 10^{-12}$ m/V, $\lambda = 500$ nm, homogenes Feld über n_c, n_f und n_s)?

Aufgabe 5.8:

In einem GaAs-Lichtwellenleiter liegt über eine Strecke L ein elektrisches Feld von $E_{el} = 10^5$ V/cm an ($r_{41} = r_{max} = 1,3 \cdot 10^{-12}$ m/V $n_0 = n_f = 3,6$, $\lambda = 1\ \mu$m).

Gesucht ist die notwendige Länge L, um einen optischen Gangunterschied von $\lambda/2$ nach Durchlaufen von L durch das elektrische Feld zu erzeugen.

Aufgabe 5.9:

Welche Möglichkeiten gibt es zur Realisierung von integriert-optischen Modulatoren?

Aufgabe 5.10:

Wie ist ein Mach-Zehnder-Interferometer zu konstruieren, das nur aus Richtkopplern und einfachen Lichtwellenleitern aufgebaut ist?

Aufgabe 5.11:

a) Wie ist Aufbau und die Funktion eines integriert-optischen Richtkopplers als Modulator von Licht (Skizze, Aufbau mit typische Geometrien)?

b) Welche Grenzfrequenzen können nach Stand der Technik mit solchen Modulatoren erreicht werden?

c) Aus welchen Materialien kann man solche schaltbaren Richtkoppler fertigen, aus welchem Material werden sie in der Praxis hauptsächlich gefertigt?

Aufgabe 5.12:

Ein Fabry-Perot-Interferometer (Phasenresonator) aus GaAs ($r_{41} = 1{,}3 \cdot 10^{-12}$ m/V, $n_0 = n_f = 3{,}2$) ist so ausgelegt, dass bei einer Länge von $L = 6$ mm konstruktive Interferenz auftritt.

Gesucht ist das notwendige elektrische Feld, das am Filmlichtwellenleiter anliegen muss, damit am Ausgang Auslöschung erreicht wird ($\lambda = 1\,\mu$m). Wie groß sind die entsprechenden elektrische Spannungen für übliche Wellenleiterdicken?

Aufgabe 5.13:

Ein vergrabener integriert-optischer Lichtwellenleiter ($n_f = 1{,}5$) soll bei einer Einkopplung von Luft eine numerische Apertur von $NA = 0{,}3$ haben. Gesucht ist der dazu notwendige Brechungsindex der umgebenden Schicht.

Aufgabe 5.14:

Wie sieht der Aufbau eines Rippenwellenleiters aus, in welchem Bereich wird das Licht geführt?
Wie kommt die seitliche Lichtführung zustande?

Aufgabe 5.15:

Es liegen zwei Streifenwellenleiter mit einem Abstand (Abstand der zugewandten Kanten) von 3 μm vor. Gesucht sind die notwendigen Brechungsindizes n_f und n_c, so dass folgende Anforderung erfüllt sind:

- kritischer Führungswinkel $\alpha_{krit} = 60°$
- das evaneszente Feld des einen Lichtwellenleiter soll am Rand des anderen Lichtwellenleiter für eine Mode, deren Führungswinkel $10°$ über α_{krit} liegt, auf 10^{-4} abgeklungen sein ($\lambda = 1\,\mu$m).

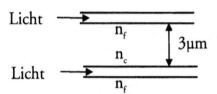

Aufgabe 5.16:

Bei welchen Funktionskomponenten eines Fasergyroskops ist der Einsatz von integriert-optischen Elementen vorteilhaft?

Aufgabe 5.17:

Wie groß ist die Grenzfrequenz (3 dB) eines 3 mm langen, 5 μm breiten und 1 μm dicken Lichtwellenleiters ($\varepsilon_r = 5$) bei einem Abschlusswiderstand von $R_a = 50\,\Omega$?

Aufgabe 5.18:

Gesucht ist die Brennweite einer Fresnellinse mit einem Durchmesser des innersten Rings von 100 μm bei einer Wellenlänge von 1 μm.

Aufgabe 5.19:

Mit welchen Verfahren kann man stufige Profile bei einem Echelettegitter mit Blaze erzeugen?

Weitere Aufgaben und Lösungen zu den Aufgaben:

http://www.fh-furtwangen.de/~meschede/Buch-MST.

6 Systemtechniken

Unter dem Begriff Systemtechnik werden in diesem Buch sehr unterschiedliche Aspekte behandelt: Aufbau- und Verbindungstechnik, Schnittstellen und Mikrosystementwurf sind die hierunter fallenden Themengebiete. Der verbindende Aspekt bei diesen Themen ist die Forderung nach Realisierung eines multifunktionalen Systems. Gerade der Aufbau- und Verbindungstechnik wird für die Qualität und Wettbewerbsfähigkeit einer Mikrosystemlösung gegenüber konventionellen Lösungen die entscheidende Bedeutung beigemessen [6-1], [6-2]. Hierfür sind folgende Gründe maßgeblich verantwortlich:

- Ein Mikrosystem (z.B. Sensor) kann aufgrund der geforderten Funktionalität häufig nicht vollständig von der Umgebung abgekapselt werden (Einleitung der Messgröße).
- Die Art der nachgeordneten, im sogenannten back-end des Herstellungsprozesses realisierten Aufbau- und Verbindungstechnik kann eventuell Einfluss auf vorherige Fertigungsschritte haben (Fertigungsschritte auf Waferebene im sogenannten front-end).
- Die Aufbau- und Verbindungstechnik stellt die Schnittstelle des Mikrosystems zum Anwender her.
- Häufig findet die eigentliche Wertschöpfung bei der Aufbau- und Verbindungstechnik statt. Eine geeignete Wahl ist nicht nur qualitäts- sondern häufig auch preisbestimmend.
- Die Aufbau- und Verbindungstechnik kann meist auch in einem klein- oder mittelständisch geprägten Industriebetrieb realisiert werden. Damit ist die kundenspezifische Gehäusung von Mikrosystemen eine große Wettbewerbschance gerade für KMUs.

Eine Übersicht der wichtigsten Begriffe der Aufbau- und Verbindungstechnik sowie ihres Zusammenhangs gibt Abbildung 6.1. Wie bereits in Abschnitt 1.1 erwähnt unterscheidet man bei der Realisierung von multifunktionalen Systemen zwischen hybrider und monolithischer Integration. Während bei der monolithischen Integration der Chip selbst der Träger der unterschiedlichen Funktionseinheiten (Sensoren, Aktoren, Elektronik) ist, benötigt man bei einem hybriden Mikrosystem immer einen zusätzlichen Träger als gemeinsame Plattform für die einzelnen Funktionselemente (Bild 6.1 unten links). Der Träger oder Chip wird dann auf ein Gehäuse montiert und mit elektrischen Anschlüssen versehen, so dass eine Kommunikation mit dem Mikrosystem über standardisierte Schnittstellen möglich ist. Manchmal ist jedoch als Zwischenschritt noch die Verbindung des Chips oder Trägers mit einem Zwischenträger als Substrat erforderlich. Dieser Zwischenträger kann beispielsweise bei Pumpen Vorrichtungen zum Einleiten von Medien enthalten oder auch störende Wechselwirkungen zwischen Gehäuse und Chip reduzieren (etwa bei Drucksensoren, s. Abschnitt 6.3.3).

In einer weiteren Integrationsstufe (Bild 6.2) werden verschiedene Mikrosysteme über einen Bus zusammengeschlossen, so dass ein Austausch von Daten, eine Initialisierung oder eine Neukonfiguration des Gesamtsystems möglich wird.

Neben den beiden grundsätzlichen Integrationsmöglichkeiten (Abschnitt 6.1) wird in diesem Kapitel die Verbindungstechnik auf Wafer- oder Chipebene (Abschnitt 6.2), die Gehäusetechnik (Abschnitt 6.3) und die Verknüpfung verschiedener Mikrosysteme (Abschnitt 6.4) behandelt.

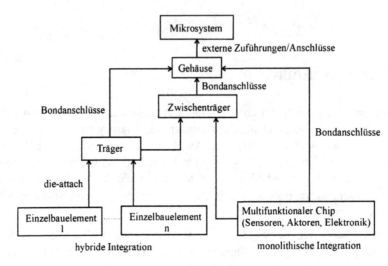

Bild 6.1: Stufen der Aufbau- und Verbindungstechnik beim Weg vom Einzelchip zum anwendungsberei-
ten Mikrosystem.

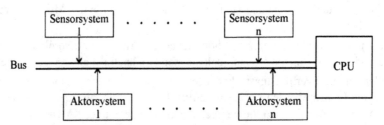

Bild 6.2: Mögliche Verknüpfung von zunächst unabhängigen Mikrosystemen über Busleitungen zu einem
Gesamtsystem

Zum Abschluss des Kapitels wird auf den Mikrosystementwurf und die damit eng zusammen-
hängende Simulation von Mikrosystemen eingegangen (Abschnitt 6.5).

6.1   Integrationstechniken auf Chipebene

6.1.1   Hybridintegration

Die Integration von Einzelbauelementen, die aus unterschiedlichen Materialien oder mit unterschiedlichen Prozessen hergestellt wurden, zu einem hybriden Mikrosystem folgt dem Konzept
der sogenannten integrierten Schichtschaltung, die ausführlich in [6-1] behandelt wird.

Bei integrierten Schichtschaltungen (DIN 41848, Teil 1, 1984) werden insbesondere durch
Verwendung der Dickschichttechnik analoge und digitale Bauelemente (z.B. Widerstände, Kondensatoren, Elektronikchips) zu einer Schichtschaltung zusammengefasst. Sind einige dieser
Komponenten mikromechanische Sensoren oder Aktoren, so gelangt man auf diese Weise zum
hybriden Mikrosystem (Bild 6.3).

Neben der Dickschichttechnik werden bei rein elektronischen Hybridschaltungen heute auch Dünnschichtverfahren, Oberflächenmontage sowie »silicon on silicon«-Substrate verwendet.

Die Hybridintegration von Mikrosystemen zeichnet sich durch folgende Merkmale im Vergleich zur monolithischen Integration aus:

- höhere Flexibilität zur Optimierung der Herstellungsprozesse für die Einzelbauelemente

- Einzelbauelemente aus unterschiedlichen Werkstoffen möglich

- einfache Austauschbarkeit von Einzelkomponenten zur Systemverbesserung durch modularen Aufbau (beispielsweise wenn ein besserer Signalprozessor-Chip zur Verfügung steht)

- geringere anteilige Entwicklungskosten bei kleinen und mittleren Stückzahlen (kleiner 100000/Jahr)

- wirtschaftlichere Ausnutzung der Si-Fläche bei großer Technologiedifferenz für elektronische und nichtelektronische Bauelemente (unterschiedliche Technologiekosten/Si-Fläche)

Wie aus Bild 6.3 zu erkennen ist, stellen Chipverbindung und nachfolgende Gehäusetechnik die Schlüsseltechnologien zur Herstellung hybrider Mikrosysteme dar. Diese werden in Abschnitt 6.2 und 6.3 näher behandelt. Nicht immer erlauben aber Mikrosysteme einen nahezu planaren Aufbau wie in Bild 6.3. Häufig entstehen Systeme mit tatsächlich dreidimensionalem Aufbau.

Beispiele für in diesem Buch bereits behandelte hybridisch integrierte Mikrosysteme oder Mikrostrukturelemente (zum System fehlt hier die Elektronik) sind der hybride Beschleunigungssensor (Bild 3.29), das integriert optische Michelson-Interferometer (Bild 5.23, in den Messkopf werden der integriert-optische Chip, Laserdiode, Detektor, Kühlelement und Signalverstärkung integriert), das mikromechanische Ventil (Bild 4.19, Integration von piezolektrischem Aktor, mikromechanischen Ventilen und Anschlüssen für Medienzu- bzw. Abfuhr), die mikromechanische Pumpe (Bild 4.22, integrierte Komponenten wie bei Ventil) oder der bubble-jet Tintenstrahldruckkopf (Bild 4.25, mit Heizelementen, mikromechanischen Düsen und Kanälen sowie Tintenzuführungsvorrichtung).

Gerade diese sehr unterschiedlichen Beispiele zeigen, dass man im Bereich der Mikrosystemtechnik noch weit von einer Standardisierung entfernt ist, wie man sie etwa für den Einsatz von SMD (surface mounted devices) benötigt.

Langfristig sollte es allerdings möglich sein, bestimmte Klassen von Mikrosystembauelementen soweit in ihrer äußeren Form zu standardisieren, dass eine Handhabung als SMD-Bauteil zur Konfiguration eines übergeordneten Systems im Sinne eines Baukastensystems möglich ist.

6.1.2   Monolithische Integration

Zwingende Voraussetzung für die monolithische Integration eines Mikrosystems ist, dass alle Funktionen auf einem Substrat und mit kompatiblen Herstellungsverfahren realisiert werden können. Die Kompatibilität der Einzelprozesse ist dabei eine Minimalforderung. Aus ökonomischen Gesichtspunkten sollten möglichst viele Prozessschritte auch gemeinsam genutzt werden. So kann beispielsweise eine Oxidschicht als Passivierungs- oder Isolationsschicht beim elektronischen und als Opferschicht beim mikromechanischen Element dienen. Weiterhin sollten bei möglichst vielen Einzelschritten große Anteile der Chipfläche aktiv bearbeitet werden (müssen), damit ein hoher Wertschöpfungsgrad entsteht.

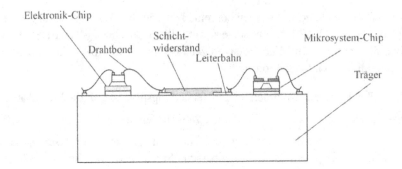

Bild 6.3: Schematischer Aufbau eines hybriden Mikrosystems, nach [6-1]

Monolithische Mikrosysteme werden fast ausschließlich auf Silizium aufgebaut, für integriert-optische Systeme ist auch GaAs als Substratmaterial geeignet. Die möglichen und zur Verfügung stehenden Prozesse hängen von der jeweiligen Schaltkreistechnologie ab. Die Voraussetzungen zur monolithischen Integration haben sich durch die Entwicklung der Oberflächenmikromechanik deutlich verbessert. Bei der früher üblichen Bulkmikromechanik besteht entweder die Gefahr der Verschleppung von Alkaliionen (aus der Kalilauge), wenn mikromechanische Bearbeitung im Fertigungsprozess für die Mikroelektronik eingebettet wird (im front-end) oder es sind spezielle Verfahren zum Schutz der bereits prozessierten Vorderseite erforderlich, wenn die Mikromechanik im »back-end« hinzugefügt wird. Ein Vorderseitenschutz kann außer durch spezielle Beschichtungen auch durch speziell konstruierte Ätzanlagen erreicht werden [6-3].

Die heute aufgrund geringer Verlustleistungen und kurzer Schaltzeiten wichtigste Schaltkreistechnologie ist die komplementäre MOS-Technologie (CMOS). Bei der Integration der nicht-elektronischen Funktionen ist insbesondere die Einführung eines Hochtemperaturschritts (etwa zum Eintreiben der Dotierung in mehrere Mikrometer Tiefe zur Definition einer Membran mit pn-Ätzstopp) und die Verwendung stark dotierter Schichten (eine hochbordotierte Schicht wirkt als Ätzstoppschicht beim anisotropen Ätzen) im Hinblick auf den Latchup-Effekt [6-4] als besonders kritisch anzusehen. Beispiele für monolithische Mikrosysteme in CMOS-Technik sind der Beschleunigungssensor ADXL von Analog Devices (Bild 3.26) und der DMD von Texas Instruments (Bild 4.28). Beim DMD handelt es sich um einen typischen back-end-Prozess bezüglich der Herstellung des mikrosystemtechnik-spezifischen Bauteils: Die Mikrospiegel werden auf die vollständig prozessierte CMOS-Adressiereinheit aufgebaut, indem zunächst die bis dahin aufgebaute Oberfläche planarisiert und eine Verbindung der beiden Funktionselemente über Kontaktlöcher hergestellt wird. Durch den Planarisierungsschritt ergibt sich eine hochwertige Oberfläche für die später abzuscheidende Spiegelschicht.

Eine zunehmend an Bedeutung gewinnende Schaltkreistechnologie ist die aus dem CMOS abgeleitete BiCMOS-Technik, mit der CMOS- und Bipolartransistoren in einem Chip hergestellt werden können. Voraussetzung hierfür ist die Einführung einer Doppelwanne [6-4]. Ein Beispiel für ein integriertes Mikrosystem in BiCMOS-Technik ist der in Abschnitt 3.1.7 vorgestellte Drucksensor (Bild 3.20) von Infineon.

Trotz der Dominanz von CMOS im Bereich digitaler Schaltungen werden Bipolarschaltungen noch immer gebraucht. Dies liegt insbesondere an der hohen Signalverarbeitungsgeschwindigkeit, die mit bipolarer Elektronik erreicht wird. Einfache piezoresistive Drucksensoren (Abschnitt 3.1.3) oder auch Beschleunigungssensoren werden in Bipolartechnik hergestellt und z.B. mit einer einfachen Verstärkerschaltung versehen [6-5].

Monolithische Integration stellt zwar die eleganteste (und in sehr großen Stückzahlen oft auch die preiswerteste) Lösung zur Realisierung eines Mikrosystems dar, doch ist zu vermuten, dass auch in naher Zukunft hybride Lösungen dominieren werden. Grund hierfür ist die größere Flexibilität bezüglich der Konfektionierung bei kundenspezifischen Mikrosystemen kleinerer Stückzahlen sowie die mitunter erheblichen Änderungen im Herstellungsablauf des Schaltkreis-Prozesses im Falle monolithischer Integration. Solche Änderungen im Prozessablauf bergen stets große Risiken und lange Entwicklungszeiten in sich. Die in Veröffentlichungen zu Mikrosystemen häufig zu findende Wendung »CMOS-kompatibel« erfordert in der tatsächlichen industriellen Umsetzung erhebliche, oft mehrjährige Entwicklungsarbeit, die nur von großen Halbleiterfirmen erbracht werden kann.

Bei großen Stückzahlen und »einfachen« Mikrosystemen (nur mechanische und elektrische Funktionen wie beim kapazitiven Beschleunigungssensor für den Airbag-Senosr von Analog Devices) sind jedoch monolithische gegenüber hybriden Lösungen der Integration vorzuziehen.

6.2 Verbindungstechnik auf Wafer- und Chipebene

Mit den in diesem Abschnitt vorgestellten Verbindungstechniken werden entweder ganze Wafer oder aber Chips mit geeigneten Trägern oder Zwischenträgern verbunden (vgl. Bild 6.1). Die Verbindung auf Waferebene bietet hierbei nicht nur Kostenvorteile, sondern kann auch unter Ausbeutegesichtspunkten erforderlich sein. Die Vereinzelung eines Wafers mit empfindlichen mikromechanischen Bauelementen ist oft nur möglich, wenn der Sensorwafer zuvor zwischen schützende Boden- und Deckelwafer gebracht wird. Dies erfordert dann Verbindungstechniken im Waferverbund.

Die Wahl einer Verbindungstechnik erfolgt unter verschiedenen Gesichtspunkten:

- zu verbindende Werkstoffe (Materialkombination)
- erforderliche Bindungsfestigkeit
- Dichtigkeitsanforderung (Referenzkammer bei Drucksensoren)
- Langzeitstabilität
- Übertragung externer mechanischer Spannungen auf den Sensorchip
- Anforderungen in Hinblick auf die Funktion der Mikrosystemchips (Abstandsschicht, Aufnahme einer Gegenelektrode)
- zur Verfügung stehendes Temperaturbudget
- Einfluss der Verbindung auf den Mikrosystemchip

Beim letztgenannten Aspekt sind insbesondere Übertragung bzw. Erzeugung mechanischer Spannungen zu beachten, die sich schädlich auf die Funktion eines Mikrosystems auswirken können. Bezüglich des Übertragungsverhaltens von mechanischen Belastungen, die über Gehäuse und Träger auf den Systemchip wirken, unterscheidet man zwischen harter und weicher Chipverbindung. Während bei einer weichen Verbindung wie etwa Klebung die mechanische Belastung teilweise von der Zwischenschicht aufgenommen wird, wird diese bei einer harten Montage auf den Systemchip weitergegeben. Auf der anderen Seite sind harte Verbindungen häufig langzeit-stabiler, dichter (z.B. für Absolutdrucksensoren wichtig bei der Erzeugung einer Referenzdruck-kammer) und weisen größere Festigkeitswerte auf.

Mit der Verbindung werden mechanische Spannungen erzeugt, die sich dann auf die Funktion des Mikrosystems auswirken können. Die Spannungen entstehen durch unterschiedliche Tempe-raturausdehnungskoeffizienten bei Abkühlung von der Bondtemperatur auf Zimmertemperatur. Die resultierende maximal auftretende Spannung bei einer Temperatur T kann man für Silizium abschätzen [6-6]:

$$\sigma \approx 2 \cdot (\alpha_{sub} - \alpha_{Si}) \cdot (T_V - T) \sqrt{E_V \cdot E_{sub} \cdot \frac{L}{d}} \qquad (6.1)$$

Die angegebene Formel wurde zur Beschreibung der mechanischen Spannung bei Klebung abge-leitet. In diesem Falle ist die Verbindungstemperatur T_V die Glasübergangstemperatur des Kle-bers. α_{sub} ist der Temperaturausdehnungskoeffizient des Substrats, auf das gebondet wird, α_{Si} der Ausdehnungskoeffizient für Si, E_V und E_{sub} sind die Elastizitätsmodule von Verbindungs-schicht und Substrat, L ist die Kantenlänge des (quadratischen) Chips und d die Dicke der Ver-bindungsschicht. Geringe mechanische Spannungen entstehen demnach bei einer Verbindung zwischen Materialien mit gleichem oder zumindest ähnlichem Temperaturausdehnungskoeffizi-ent, bei kleiner Differenz zwischen Verbindungs- und späterer Arbeitstemperatur, großer Verbin-dungsschichtdicke und weichen Verbindungsschichten beziehungsweise Substratmaterialien.

Die Festigkeit der Verbindung hängt nicht nur von den verwendeten Materialien und Pro-zessbedingungen ab, sondern auch von der Güte der zu verbindenden Oberflächen. Diese kann durch spezielle Reinigungsschritte und passende Beschichtungen verbessert werden. Ebenso wichtig sind aber plane Oberflächen. Zur Charakterisierung der Oberflächenqualität wird dabei häufig der sogenannte TTV-Wert verwendet (total thickness variation). Da die Güte der Verbin-dung stark von der Verformung der Oberfläche abhängt, empfiehlt es sich, statt der üblichen Inspektion von nur fünf Messstellen pro Wafer den gesamten Wafer zur Ermittlung des wahren TTV-Werts zu vermessen.

Ein Beispiel für die oben erwähnte funktionale Aufgabe der Verbindung ist die Realisierung von mechanischen Anschlägen durch Gegenplatten in einem geeignetem Abstand. In einer ande-ren Funktion können Deckel- oder Substratwafer die Elektroden für eine differentielle Signalaus-wertung kapazitiver Sensoren bilden.

6.2.1   Anodische Verbindung

Die Verbindung zwischen Glassubstraten und Silizium über die sogenannte anodische Verbin-dung ist eine insbesondere bei Drucksensoren häufig eingesetzte Verbindungsart. Sie stellt eine harte Verbindung her, die fest und langzeitstabil ist. Der Aufbau einer Anlage zur anodischen Ver-bindung (anodic bonding) ist schematisch in Bild 6.4 gezeigt. Silizium- und Glaswafer werden durch eine Andruckkraft in innigen Kontakt gebracht. Die Verbindungspartner werden dann auf Temperaturen zwischen 200 °C und 500 °C aufgewärmt und mit einer Spannung von einigen hun-dert Volt beaufschlagt, wobei an das Glas eine negative Spannung angelegt wird. Die Prozesszeit beträgt wenige Minuten. Das elektrische Feld zwischen den Verbindungspartnern bereitet eine nachfolgende chemische Bindung vor. Daher ist die anodische Verbindung irreversibel und kann nicht durch ein elektrisches Gegenfeld gelöst werden. Der Bindungsvorgang wird durch eine Driftbewegung der Na^+-Ionen des Glases zur Kathode eingeleitet. Diese Drift ist erst bei höherer Temperatur im Glas möglich. Die an der Grenzfläche Si-Glas zurückbleibenden unbeweglichen, negativ geladenen Ionen formen eine Verarmungszone und erzeugen ein hohes elektrisches Feld zwischen Silizium und Glas. Aufgrund der geringen Ausdehnung der Raumladungszone ist das entstehende elektrostatische Feld sehr hoch, der zugehörige elektrostatische Anpressdruck beträgt mehr als 10 bar. Durch den resultierenden innigen Kontakt zwischen den Grenzflächen und den unter Wirkung des elektrischen Feldes vom Glas an die Si-Grenzfläche transportierten Sauerstoff kommt es schließlich zur Ausbildung von SiO_2 und damit zu einer festen Verbindung zwischen Glas und Silizium. Der Verbindungsvorgang kann durch den zwischen den Bondpartnern fließenden Strom überwacht werden. Dieser fällt nach Ausbildung der Raumladungszone zeitlich nahezu exponentiell ab. Als Glas wird wegen der günstigen thermischen Anpassung an Silizium meist Pyrex (Corning 7740) oder Tempax (Schott) verwendet. Der Prozess kann auch unter Schutzgas oder Vakuum durchgeführt werden, so dass bei der Verbindung entsprechende Druckbedingungen in Hohlräumen zwischen den Verbindungspartnern eingestellt werden können. Die erreichbare Festigkeit der Verbindung hängt stark von der Oberflächenqualität ab. Es wurden Zugfestigkeitswerte von 14 – 33 MPa erreicht, Scherversuche ergeben niedrigere Werte [6-7].

Die Verbindung kann auch über eine auf Silizium gesputterte Pyrexschicht erfolgen. Typische Schichtdicken sind dabei 4 μm. Aufgrund der geringen Dicke sind die erforderlichen Spannungen mit ca. 50 V deutlich kleiner als bei der Verwendung von Pyrexwafern. Die Sputterbedingungen sind so einzustellen, dass genügend Na^+-Ionen in der Verbindungsschicht vorhanden sind. Dazu muss eine kleine Sputterrate gewählt werden, die Schichtabscheidung dauert entsprechend lang.

Auch gesputterte Borsilikat-Gläser werden zum anodischen Bonden verwendet. Beschichten von zwei Si-Oberflächen mit 1 – 5 Mikrometern eines solchen Glases (z.B. Corning #7740 [6-8]) führt nach anodischem Bonden bei 400 °C und einer Spannung von 50 – 200 V zu Bindungsstärken von ca. 2,5 MPa.

Der für die Auswertung von Gl. (6.1) benötigte Elastizitätsmodul des Verbindungsmaterials beträgt für Pyrex etwa $6,3 \cdot 10^{10}$ Pa.

In [6-1] wird über Testmessungen zur Langzeitstabilität der anodischen Verbindung anhand von Absolutdrucksensoren berichtet. Innerhalb der Messgenauigkeit war über einen Zeitraum von 100 Tagen keine Änderung feststellbar.

6.2.2   Glaslotverbindung

Für Glaslotverbindungen werden niedrigschmelzende Gläser wie PbO oder $ZnOB_2O_3$ eingesetzt. Je nach Zusammensetzung findet man typische Schmelztemperaturen zwischen 400 und 650 °C.

Die Verbindung kann durch unterschiedliche Verfahren erreicht werden.

Bei der Chipverbindung wird das mit dem Glaslot beschichtete Substrat erwärmt und der Chip in die angeschmolzene Schicht gedrückt. Bei guter Benetzung der Chipoberfläche ergibt sich nach Abkühlung eine feste Verbindung zwischen Chip und Substrat. Statt der Beschichtung kann auch ein Einlegeteil aus Glaslot zwischen Chip und Substrat gelegt werden.

Für die waferbasierte Verbindung kann das Glaslot in Form einer Paste oder Suspension auf einen der Bindungspartner (z.B Si-Wafer) aufgebracht werden. Hierzu wird Glaspulver in eine

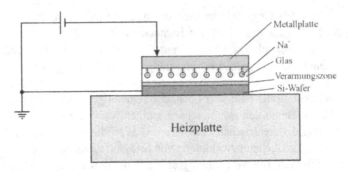

Bild 6.4: Aufbau einer Anlage zur anodischen Verbindung mit Andeutung der Ionendrift und Ausbildung einer Verarmungszone an der Grenzfläche Silizium-Glas.

organische Trägersubstanz eingemischt, die nach Aufbringen z.B. mittels Siebdruckverfahren getrocknet und dann zum Sintern aufgeheizt wird. Die Bindungspartner werden dann aufeinander gedrückt und auf die zum Aufschmelzen des Glaslots erforderliche Temperatur erwärmt. Alternativ kann das Glaslot auch aufgesputtert werden, dann entfällt der Sinterschritt. Auch Spin-on-Verfahren (Aufschleudertechnik) sind schon erfolgreich zum Aufbringen von Glasloten auf Wafern eingesetzt worden [6-9].

Die Glaslotdicken variieren zwischen $10\,\mu$m für die Siebdrucktechnik und nur $1\,\mu$m für die Sputtertechnik.

Bei der Beschichtung sollten die zu verbindenden Wafer z.B. durch ein Gewicht aneinander gepresst werden.

Durch Wahl der Zusammensetzung ist es möglich, den Temperaturausdehnungskoeffizienten des Glaslotes gut an den von Silizium anzupassen.

Der Elastizitätsmodul von Pb-Glaslot als typisches Verbindungsmaterial beträgt etwa $6 \cdot 10^{10}$N/m^2 [6-1].

Festigkeitswerte für gesputterte Glaslote liegen bei $2-4$ MPa [6-10].

6.2.3   Eutektische Verbindung

Bei der eutektischen Verbindung wird die Schmelzpunkterniedrigung geeigneter Legierungssysteme bei bestimmten Legierungskonzentrationen ausgenutzt. Für die Si-basierte Mikrosystemtechnik sind insbesondere das Si-Au- und das Si-Al-System von großer Bedeutung [6-11].

Das eutektische Bonden basiert auf Metall-Legierungen mit einem Phasendiagramm wie in Bild 6.5 schematisch gezeichnet. Charakteristisch für eutektische Legierungssysteme ist, dass der Schmelzpunkt der Legierung bei der eutektischen Konzentration c_E deutlich unter dem der Einzelkomponenten liegt. Im festen Zustand besitzen die Legierungskomponenten nur eine kleine, nahezu zu vernachlässigende Löslichkeit ineinander. Beim Erstarren einer Legierung mit eutektischer Konzentrationszusammensetzung kommt es daher zu einer starken Unterkühlung der Einzelkomponenten und infolgedessen zur Ausbildung typischer eutektischer Gefügebilder (feinkörnige Struktur, Platten oder Nadeln). Die Kenndaten der für die Mikrosystemtechnik wichtigsten eutektischen Legierungssysteme Si/Au und Si/Al sind in Tabelle 6.1 zusammengestellt. Die Angaben der erreichten Festigkeitswerte schwanken in der Literatur sehr stark, da Reini-

Tabelle 6.1: Zusammenstellung der wichtigsten Kenndaten von eutektischen Legierungssystemen mit Si. Werte für typische Bindungsfestigkeit, * [6-12], + [6-13], # für intermetallische Phase Au-Al [6-14]

Material	c_E [Gewichts-prozent]	T_E [°C]	typ. Bear-beitungstemp. [°C]	typ. Bindungs-festigk. [MPa]
Si/Al	11,3	577	>570	70[#]
Si/Au	3	363	360–400	65*, 5500[+]

gungsprozesse und zusätzliche Schichten, die als Haftschichten oder Diffusionsbarrieren wirken, die Festigkeit der Verbindung stark beeinflussen.

Für das eutektische Bonden kann eine Seite mit Au oder Al beschichtet werden. Üblicherweise wird zuvor eine Diffusionsbarriereschicht aufgebracht (z.B. 30 nm Ti für den Fall von Au), die auch gleichzeitig die Adhäsion der eigentlichen eutektischen Bindungskomponente verbessert. Die zu verbindenden Wafer werden zusammengedrückt und bei Temperaturen oberhalb der jeweiligen eutektischen Temperatur zwischen 5 und 4000 Minuten verbunden [6-11]. Bei Verwendung der Schichtkombination Si/Cr/Au-Si wurden nach Bonden deutlich oberhalb der eutektischen Temperatur Bindungsstärken von 65 MPa beobachtet [6-12]. Eine vollständige Verbindung über die gesamte Bondfläche ergab sich dabei jedoch erst, wenn die Bondtemperaturen 100° oberhalb der eigentlichen eutektischen Temperatur lagen.

Wird Aluminium als Metallisierung verwendet, so scheidet das eutektische Bonden im Si-Al-Eutektikum aufgrund der hohen Temperatur aus, da auch die Metallisierung beim Bonden verändert wird. Das Au-Si-System hat in dieser Hinsicht große Vorteile, allerdings muss die Verbindung im back-end des Herstellungsablaufs erfolgen, um eine Verschleppung von Au in Hochtemperatur-Prozesse zu verhindern.

Die eutektische Verbindungstechnik mit dem Si/Au-System wird auch beim sogenannten dieattach des Si-Chips in das Gehäuse verwendet.

6.2.4   Si-Si-Direktverbindung

Unter Si-Si-Direktverbindung wird hier eine Verbindung von zwei Si-Oberflächen ohne zusätzlich abgeschiedene Zwischenschicht verstanden. Durch die perfekte thermische Anpassung der Bindungspartner sind sehr geringe Spannungen bei dieser Verbindung zu erwarten. Nachteilig ist allerdings die zumeist sehr hohe Verarbeitungstemperatur (meist über 800 °C). Auch die Si-Si-Direktverbindung erfordert eine sorgfältige Vorbehandlung der zu verbindenden Oberflächen.

Bei der Si-Si-Direktverbindung unterscheidet man zwei Verfahrensvarianten, für die jeweils angepasste Vorbehandlungsschritte erforderlich sind. Wichtig ist dabei die Kontrolle des natürlichen Oxids. Bei Vorhandensein eines natürlichen Oxids auf den Bondflächen liegt eine hydrophile Oberfläche vor, die z.B. durch eine sogenannte RCA-Reinigung gewährleistet werden kann [6-15]. Ohne natürliches Oxid (Reinigung in Flusssäure und Spülen in Wasser) ist die Oberfläche dagegen hydrophob. Auf der hydrophilen Oberfläche bilden sich vornehmlich OH-Gruppen aus, während es auf der hydrophoben Oberfläche zu Si-H und auch Si-CH$_x$-Gruppen kommt. Ab etwa 200 °C erfolgt eine Bindung durch Dehydrisierung der OH-Gruppen zunächst über die Si-O-Si-Bindung (Bindungsstärke etwa 1 MPa [6-11]. Erst oberhalb von 400 °C erfolgt eine De-

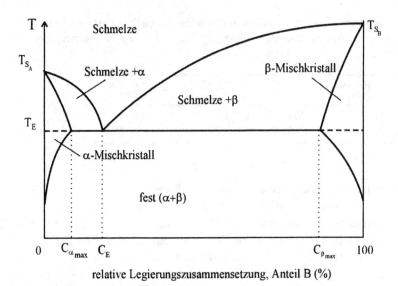

Bild 6.5: Phasendiagramm einer eutektischen Legierung mit Kennzeichnung der eutektischen Konzentration c_E und der eutektischen Temperatur T_E. Im Bereich kleiner Konzentration der beiden
Legierungsanteile können auch Gebiete sehr geringer Löslichkeit im festen Zustand auftreten,
die als »Nasen« im Phasendiagramm erkenntlich sind.

hydrisierung von Si-H-Oberflächenzuständen, wodurch eine sehr starke kovalente Si-Si-Bindung
zwischen den Wafern möglich wird [6-16].

Die Bindungsgüte wird stark durch das Auftreten von Zwischenräumen zwischen den beteiligten Oberflächen beeinflusst, die durch mangelnde Ebenheit der Oberflächen, eingeschlossene
Luft und Partikel auf den Oberflächen verursacht werden. Zur Verbesserung der Bindung sind
daher große Anpressdrücke (einige Bar) und hohe Temperaturen (über 1000 °C) erforderlich. Unterhalb 1000 °C ist die bei der Bindung entstehende Leerstellendichte so groß, dass keine zuver-
lässige Bindung aufgebaut werden kann. Darüber liegen die Bindungsstärken um etwa 20 MPa.
Aufgrund dieser hohen Bearbeitungstemperaturen ist die Si-Si-Direktverbindung in der Regel
nur im Sonderfall unprozessierter Wafer einsetzbar.

Eine sehr interessante Variante des Si-Si-Direktverbindens wird in dieser Hinsicht in [6-17]
vorgestellt. Durch einen speziellen Reinigungs- und Vorbereitungsprozess können sich zwei Si-
Oberflächen, auf denen sich ein natürliches Oxid gebildet hat, schon bei rund 120 °C so gut
verbinden, dass die Bindungsfestigkeit zwischen 15 und 20 MPa beträgt. Erklärt wird die für die
geringe Verarbeitungstemperatur erstaunlich gute Festigkeit mit einer der eigentlichen Verbindung vorgelagerten Phase, bei der zunächst die OH-Gruppen der Oberflächen die beiden Wafer
soweit zusammenhalten, dass die Oberflächen für die weitere Handhabung in einem Abstand
von nur 0,4 nm fixiert werden. Bei 120 °C entsteht dann unter Bildung von Wassermolekülen
eine sehr feste Silizium-Sauerstoff-Silizium-Verbindung.

6.2.5   Kleben

Klebeverbindungen werden derzeit überwiegend auf Die-Ebene und weniger auf Vollwaferebene eingesetzt.

Am häufigsten werden Epoxidharze verwendet, denen Härter zugegeben wird. Die Wahl des Härters bestimmt die Art der Aushärtung. Während aliphatische Polyamine bei Zimmertemperatur zu harten Klebeverbindungen führen, ergeben sich bei Verwendung von aromatischen Aminen oder Polyamiden relativ weiche Verbindungen. Mit Dizyandiamid entstehen unter Wärme aushärtende Klebeverbindungen. Mit speziellen Borverbindungen als Zusätze wird die Aushärtezeit sehr stark herabgesetzt.

Durch Zusätze von Gold-, Silber- oder Kupferpulver entstehen leitfähige Klebeverbindungen, die gleichzeitig die elektrische Kontaktierung übernehmen können. Mit zunehmendem metallischen Zuschlag nimmt die mechanische Festigkeit ab.

Zur Verbesserung der Wärmeabfuhr über die Verbindungsstelle kann die Wärmeleitung der Kleber durch Aluminiumoxidzugabe (ca. 60 % Gewichtsprozent) verbessert werden.

Der Auftrag des Klebers erfolgt im Labormaßstab per Hand mit Spatel, automatisiert oder teilautomatisiert mit einem Dispenser oder für großflächige und strukturierte Klebeverbindungen in der Serienfertigung im Siebdruck- oder auch Stempelverfahren. Bild 6.6 zeigt als Beispiel einen Diebonder mit Dispensertechnik. Handhabungsgeräte dieser Art erlauben neben der genauen Dosierung des Klebers ein sicheres Plazieren der zu verbindenden Elemente und eine genau kontrollierte z-Bewegung beim Eindrücken des Chips in die aufgebrachte Klebemasse.

Typische Klebedicken liegen heute zwischen 10 und 25 μm. Zur Aushärtung werden Öfen oder Infrarotwärmequellen eingesetzt. Auch die Härtung unter Lichteinwirkung ist möglich. Die Aushärtetemperatur bestimmt insbesondere im Bereich höherer Temperaturen die erforderliche Aushärtezeit. Während ein Kleber bei 175 °C nur 45 Sekunden zur Aushärtung benötigt, steigt die Zeit bei 120 °C auf ca. 15 min und bei 50 °C auf über 10 Stunden [6-18]. Die Scherfestigkeit wird für Epoxidkleber mit Werten zwischen 5 und 20 MPa angegeben [6-19].

Neben Zwei- werden auch Einkomponentenkleber eingesetzt, bei denen die Eintrocknung der Arbeitsgeräte (z.B. der Dispensernadel) zwar nicht so kritisch ist wie bei Zweikomponentenklebern, dafür aber die Lagerfähigkeit mit einigen Monaten auch nur etwa halb so groß ist wie bei Zweikomponentenklebern.

Die Temperaturbeständigkeit von Epoxidharzen liegt typisch unter 160 °C, kurzzeitiges Überschreiten dieser Temperatur ist jedoch erlaubt. Oberhalb der Glasübergangstemperatur des Klebers nimmt die Elastizität zu und damit die Bindungsfestigkeit ab.

Für gute Klebeverbindungen ist einerseits eine Kleberbenetzung der gesamten Chipfläche erforderlich, andererseits darf sich der Kleber nicht seitlich am Chip hochziehen, da Korrosion und Kurzschluss die Folge sein können.

Neben epoxidbasierten Klebern werden auch Polyimidkleber und neuerdings aufgrund der geringen mechanischen Stresswerte auch Silikon-Elastomere verwendet. Polyimidkleber können in einem höheren Temperaturbereich eingesetzt werden.

Wenn auch Klebung vornehmlich für Einzeldies eingesetzt wird, so könnte das Kleben aufgrund der Verbesserung beim Verarbeiten, Dosieren und Strukturieren in Zukunft auch für die Vollwaferverbindung auf ein Substrat oder einen Zwischenträger interessant werden. Nachteilig sind allerdings die gegenüber eutektischem Bonden um mehrere Größenordnungen schlechtere elektrische Leitfähigkeit. Auch im Hinblick auf Stabilität gegen Säuren und Lösungsmitteln

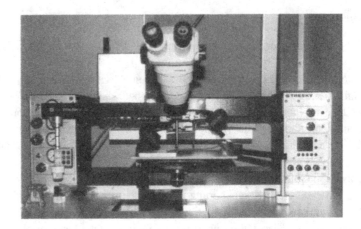

Bild 6.6: Diebondgerät mit Dispenserwerkzeug, geeignet für Kleinserienfertigung (Fa. Dr. Tresky).

sowie auf Temperaturfestigkeit sind Klebeverbindungen allerdings nicht so gut wie die bisher behandelten »harten« Verbindungstechniken.

6.2.6   Polymere Verbindungsschichten

Im Gegensatz zu Klebern werden in diesem Abschnitt polymere Materialien behandelt, die auf der in der IC-Technologie üblichen Weise aufgebracht werden. Wie die im vorherigen Abschnitt behandelten Kleber stellen Polymere weiche Verbindungsschichten dar, die v.a. mit Hilfe des sogenannten Spin-on-Verfahrens sehr einfach und gleichmäßig in Dicken von wenigen Mikrometern aufgeschleudert und bei niedrigen Temperaturen verarbeitet werden können. Da oft Standardphotolacke verwendet werden, ist neben der einfachen Handhabung auch eine Strukturierung mittels Photolithographie möglich. Die Verbindung über Polymere stellt aus diesem Grund für solche Anwendungen eine interessante Möglichkeit dar, bei denen die Anforderungen bezüglich Bindungsfestigkeit, Langzeitstabilität und Temperaturbeständigkeit nicht so hoch sind.

Die Wahl von geeigneten Lacken und die Verarbeitung hängt von den zu verbindenden Oberflächen ab. In [6-20] wurde ein Negativlack als Verbindungsschicht untersucht. Während ohne Haftvermittler Festigkeiten von etwa 1,7 MPa erreicht wurden, nahm die Festigkeit auf nur 0,8 MPa bei Verwendung des Haftvermittlers HMDS ab. Die Autoren führen die schlechteren Bindungsergebnisse mit Haftvermittler darauf zurück, dass aufgrund der hydrophoben Wirkung von HMDS die zur chemischen Bindung notwendigen OH-Gruppen fehlen, die rein physikalische Bindung aber gegenüber der chemischen kleiner ist. Die Verarbeitungstemperatur ist mit 130 °C sehr niedrig, die angegebene Bindungsfestigkeit liegt aber auch mehr als eine Größenordnung unter der sonstiger Verbindungstechniken. Auch bei anderen Standardphotolacken wie AZ 1518 liegt die Bindungsfestigkeit deutlich unter 1 MPa.

Höhere Festigkeitswerte können mit PMMA erreicht werden, einem Lack, der für Röntgen- und Elektronenstrahllithographie eingesetzt wird. Mit photoempfindlichen Zusätzen (AR-X 621.20, Allresist) kann der Lack auch mit konventioneller Photolithographie strukturiert werden, wobei allerdings der in diesem Fall negativ arbeitende Lack äußerst geringe Empfindlichkeit und niedrige Kontrastwerte aufweist. Die Bindungsfestigkeit mit 20 MPa und die Temperaturstabilität mit etwa 180 °C ist hoch [6-21].

6.3   Gehäusetechnik

In diesem Abschnitt werden einige Besonderheiten der Gehäusetechnik im Falle von Mikrosystemen behandelt, ohne dass auf die Gehäusetechnik normaler ICs hier ausführlicher eingegangen wird.

Nachdem die Verbindung der Mikrosystembauelemente auf ein Substrat oder einen Zwischenträger auf Waferebene durchgeführt wurde, folgt als nächster Schritt die Vereinzelung der Chips. Damit mechanisch empfindliche Mikrosystembauelemente beim Vereinzeln nicht zerstört werden, sind geeignete Trägeraufbauten erforderlich. So können Substrat- und Deckelwafer eben nicht nur als Endanschläge fungieren, sondern auch einen mechanischen Schutz z.B beim Sägen sicherstellen. Erst dadurch werden die Mikrosystemwafer bezüglich der Chipvereinzelung handhabbar wie Mikroelektronikwafer (etwa Ansägen mit einer Diamantsäge und Vereinzeln durch hartes Ausrollen auf einer Haltefolie). Die Säge muss in diesem Fall auf die größere Dicke des Gesamtpakets gegenüber einem einzelnen Wafer ausgelegt sein. Weiterhin muss die Verbindung ausreichende Festigkeit gegenüber den beim Sägen auftretenden Scherkräften besitzen. Neben der mechanischen Empfindlichkeit können beim Vereinzeln von Mikrosystemchips zusätzliche Randbedingungen besondere Maßnahmen beim Sägen erforderlich machen. So wurde in Abschnitt 4.2.3 der DMD von Texas Instruments vorgestellt, bei dem die Chipvereinzelung unter Reinraumbedingungen der Klasse 100 stattfindet.

Nach der Vereinzelung werden die Mikrosystemschips in ein passendes Gehäuse eingebaut.

6.3.1   Elektrische Kontaktierung

Die elektrische Kontaktierung der Mikrosystemchips erfolgt wie bei Halbleiterbauelementen meist mittels Drahtbondverfahren (Thermosonic-Ball-Bond, Thermosonic-Ball-Wedge-Bond, Ultraschall-Wedge-Wedge-Bond, Thermokompression-Ball-Wedge-Bond [6-18]). Beim Thermokompressionsbonden muss die zum Erreichen der Schweißverbindung erforderliche Energie thermisch aufgebracht werden, es sind daher recht hohe Substrattemperaturen (280 – 350 °C) erforderlich. Dieser Temperatur muss die Verbindungsschicht (s. Abschnitt 6.2) standhalten. Demgegenüber ist die Temperaturbelastung beim Ultraschall-Wedge-Wedge-Bonden (Raumtemperatur) und beim Thermosonicverfahren (unter 150 °C) gering. Nachteilig bei den letztgenannten Verfahren ist allerdings die Belastung der Bauelemente durch die Ultraschalleinwirkung.

Eine für die elektrische Kontaktierung von Mikrosystemen typische Problematik besteht darin, dass die Bondpads oft schlechter zugänglich sind als bei Standard-Halbleiterbauelementen. So muss die Kontaktierung eventuell durch den als Abdeckung dienenden Deckelwafer erfolgen. Hierzu benötigt man spezielle Bond-Werkzeuge mit sogenannter »Deep-Access«-Option. Dies ist insbesondere für Bondverfahren erforderlich, bei denen ein Wedge-Bond beteiligt ist. Zum Erzeugen des Bondkeils und der Drahtschlaufen (loops) wird entweder eine genügend große Fläche oder aber eine sichere Handhabung des Werkzeugs in z-Richtung benötigt. Ein Drahtbondgerät mit einer »Deep-Access«-Option ist im Bild 6.7 gezeigt. Neben der Form des sogenannten Bondkeils (für Wedge-Wedge-Bonden) ist die Steilheit der Drahtzuführung ein Kriterium zur Beurteilung der Eignung für schlecht zugängliche Bondflächen. Statt einer üblicherweise verwendeten

Zuführung unter 30 ° erfolgt bei Deep-Access-Werkzeugen die Drahtzufuhr unter Winkeln von 60 ° oder 90 °.

Ein weiteres Unterscheidungsmerkmal der verschiedenen Bondgeräte ist der Automatisierungsgrad. Manuelle Geräte können durchaus noch für Kleinserien (10^5-10^6 pro Jahr) und bei einer geringen Anzahl von Bondverbindungen pro Chip eingesetzt werden. Beide Bedingungen sind bei für Mikrosysteme oft gegeben.

Für die Wahl des Drahtwerkstoffes gilt das gleiche wie beim Bonden auf reinen elektronischen Halbleiterchips: Golddraht ist für Ball-Wedge-Verfahren und auch für Wedge-Wedge-Verfahren geeignet, Aluminium wird hauptsächlich für Wedge-Wedge-Verfahren eingesetzt. Für beide Werkstoffe ist eine gute Verschweißbarkeit zu Kontaktflächen aus Aluminium oder Gold gegeben. Bei der Kombination von Al-Au sollte allerdings die Temperaturbelastung des Bonds möglichst nicht weit über 150 °C liegen, um das Auftreten des sogenannten Kirkendall-Effekts und der damit verbundenen Hohlräume zwischen intermetallischer ($AuAl_2$) und reiner Metallphase zu vermeiden.

Beim Drahtbonden werden die einzelnen Anschlüsse seriell realisiert. Kürzere Bondzeiten und größere Zuverlässigkeit erreicht man mit Simultankontaktierungverfahren wie Flip-Chip-Bonden, Beam-Lead-Bonden und Film-Bonden (Tape-Automated Bonden: TAB), bei denen die Kontaktflächen auf den Chips zusätzlich mit schweiß- oder lötbaren Metallschichten versehen werden (»Bumps«).

Flip-Chip-Bonden

Die Kontaktflächen werden mit höckerförmigen Metallisierungen (den sogenannten Bumps) versehen. Die Bumps können aus Gold oder Blei/Zinn-Legierungen bestehen. Die Abscheidung der ca. 50 μm hohen Bumps erfolgt meist mittels Galvanik auf einer geeigneten Dünnschicht als Diffusionsbarriere und Startschicht (z.B. Ti, Ni oder Cr). Der so mit einem Kontakt-Höcker versehene Chip wird kopfüber auf die Substratmetallisierung gesetzt und mittels Thermokompression (bei Gold als Bump-Material), Ultraschall (Aluminium) oder Reflowlöten (Blei/Zinn) mit dieser verbunden.

Beam-Lead-Bonden

Die Kontaktierung zur Metallisierung des Substrats wird über lange Kontaktstreifen aus galvanisch abgeschiedenem Gold realisiert. Diese über 10 μm dicken Streifen ragen über die Chipkante heraus (spezielle Chipvereinzelung erforderlich). Die Verbindung zur Substratmetallisierung erfolgt, indem der Chip wieder kopfüber auf das Substrat gelegt und die Metallschichten mit Thermokompression, Ultraschall oder Reflowlöten verschweißt werden. Die Bondwerkzeuge können den Chip an den überstehenden Kontaktstreifen aufnehmen, so dass eine geringere mechanische Belastung des Chips als beim Flip-Chip auftritt.

Film-Bonden (Tape-Automated-Bonden: TAB)

Dieses Verfahren dient insbesondere zur Realisierung sehr flacher IC-Verpackungen (z.B. für elektronische Scheckkarten und Telefonkarten). Entsprechend sind Anwendungen im Mikrosystembereich bei Druckköpfen oder implantierbaren Pumpen denkbar.

Der Name des Verfahrens rührt von der Verwendung einer flexiblen Leiterplatte (Film) her, die die Funktion eines Zwischenträgers oder auch der endgültigen Schaltungsplattform übernimmt. Der Film besteht aus einem mehrlagigem Aufbau aus Polyimidfolie, Epoxydharzkleber und Kup-

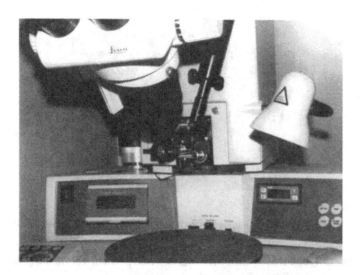

Bild 6.7: Manuelles Drahtbondgerät mit sogenannter »Deep-Access«-Option zum Bonden schlecht zugänglicher Bondflächen (Kulicke und Soffa).

ferfolie. Bei der Verwendung des Films als Zwischenträger werden die mit Bumps versehenen Chips über eine entsprechende Aussparung im Film mit der Kupferfolienbahn verbunden. Die Chips liegen also auf einem flexiblen Band vor und können von diesem auf beliebige Substrate gesetzt werden. Dann werden die Chips einschließlich der Kupferbahn mit einem Schneidwerkzeug aus dem Film gelöst und durch Thermokompression oder Reflow-Löten mit dem Substrat kontaktiert. Die Montage muss nicht kopfüber erfolgen. Das Handhaben des Films und die Abnahme der Chips vom Band erfordert genau angepasste Werkzeuge. Dieses Verfahren ist daher nur bei großen Stückzahlen wirtschaftlich einsetzbar. Ein mit Si-Drucksensoren bestückter Film ist in Bild 6.8 gezeigt. Die Sensoren sind mittig in entsprechenden Aussparungen des Films zu erkennen, vom Sensor gehen die Anschlüsse (2 bzw. 3) zu den Seiten weg. Die Filmperforation außen erlaubt einen einfachen Transport des Filmbands.

6.3.2 Gehäusetypen

Die Wahl des Gehäuses für ein Mikrosystem wird wie bei ICs nicht nur von technischen Anforderungen wie etwa Temperaturstabilität sondern v.a. auch von Kostenüberlegungen bestimmt. »Low-cost«-Anwendungen mit Systempreisen von 0,5 – 5 Euro erlauben nur den Einsatz preiswerter Kunststoffgehäuse. Bei hochwertigen temperaturfesten und vielleicht sogar säurefesten Gehäusen werden die Systempreise kaum mehr durch den Mikrosystemchip selbst sondern vom Gehäuse bestimmt.

Ein weiteres Unterscheidungsmerkmal von Gehäusetypen ist der Grad der Dichtheit des Gehäuses. Die Verwendung gegen Luftfeuchtigkeit hermetisch dichter Gehäuse kann z.B. weitere Chipabdeckungen (Abschn. 6.3.3) unnötig machen.

Wie bereits einführend erläutert wurde, nimmt man häufig mit Hilfe des Gehäuses die Anpassung des Mikrosystems an die jeweilige Anwendung vor. Beispielsweise kann die Medienzufuhr über entsprechende Anschlüsse im Gehäuse erfolgen. Sehr einfach und flexibel konfigurierbar

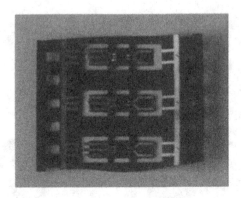

Bild 6.8: Auf einem Film montierte Si-Drucksensoren für das Tape-Automated-Bonden.

sind dabei Kunststoffgehäuse. In Bild 3.19 war als Beispiel ein Kunststoffgehäuse mit einem Anschluss für die Druckzufuhr gezeigt worden.

Bei gegenüber Feuchtigkeit empfindlichen Bauelementen werden hermetisch dichte Gehäuse (Keramik) benötigt. Weiterhin sind Maßnahmen erforderlich, die die Restfeuchte im Gehäuse herabsetzen. Dazu gehört das Ausheizen des unverschlossenen Gehäuses auf Temperaturen um 200 °C und das Schließen des Gehäuses unter Schutzgasatmosphäre. Je nach Ausheizzeit kann der Restfeuchtegehalt auf diese Weise auf einige ppm reduziert werden.

Keramik-Gehäuse

Mit Keramikgehäusen lassen sich hermetisch dichte Mikrosysteme realisieren. In der Mikroelektronik werden Keramikgehäuse eingesetzt, wenn es auf große Zuverlässigkeit unter rauhen Bedingungen ankommt. Ein Beispiel für ein solches Gehäuse ist das CERDIP (ceramic Dual-Inline-Package).

Die Verbindung zwischen Keramikgehäuse (meist Aluminiumoxid) und Chip (oft auf Zwischenträger) erfolgt z.B. über einen Glassinter-Prozess. Den schematischen Aufbau eines Keramikgehäuses mit Chip (IC, Sensor oder Mikrosystem) zeigt Bild 6.9. Die Verbindung zwischen Keramikgrundkörper und Keramikdeckel wird hier über ein Glaslot hergestellt. Die Anschlüsse werden in diesem Fall L-förmig nach außen geführt. Der Außenanschluss kann aber auch über im Gehäuseboden eingelassene Kontaktstifte erfolgen. Hierfür werden meist sogenannte Glasdurchführungen verwendet (Plug-In-Package).

Die bei der Gehäusung notwendigen Verarbeitungsschritte (z.B. Glaslotverbindungen) dürfen keine Rückwirkungen auf das zu gehäusende Mikrosystem haben. Hier ist besonders die Verarbeitungstemperatur zu beachten. Eine Alternative stellt daher die Klebung von Chip und/oder Deckel dar. Klebeverbindungen sind allerdings nicht hermetisch dicht.

Prinzipiell kann der keramische Gehäuseboden auch mit einer Dickschichtschaltung etwa zur Realisierung einer Verstärker- oder Kompensationsschaltung versehen werden.

Metallgehäuse

Hierunter fallen die weitverbreiteten TO-Gehäuse (Transistor Outline). Verwendete Materialien sind Stahl, Kovar (Fe-Ni-Co-Legierung) und Nickel. Die Kontakte sind meist über Glasdurchführungen im Gehäuseboden ausgeführt.

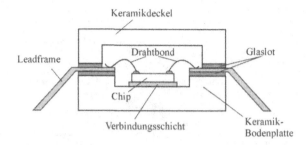

Bild 6.9: Schematischer Aufbau eines CERDIP-Gehäuses

Der Gehäuseboden kann flach (Platform Plug-In, gute Zugänglichkeit der Kontaktpads und Kontaktstifte, u-förmig geformter Deckel) oder tiefgezogen (Sidewall Plug-In, mit flachem Deckel) sein. Die Verbindung Gehäuseboden und -deckel erfolgt über Lote.

Metallgehäuse werden auch als sogenanntes Flat-Package ausgeführt. Diese Gehäuse bauen durch seitlich aus dem Gehäuse herausgeführte Stifte besonders flach. Beim Ganzmetall-Paket wird mit der Glasdurchführung der Kontaktstifte gleichzeitig die Verbindung zwischen Gehäuseboden und -deckel erreicht, beim Glas-Metall-Flat-Package besteht der Rand des Gehäuses aus Glas, der flache Deckel wird mit diesem Glasrand über einen Metallring verbunden.

Bei Glas-Metall-Kombinationen kann es aufgrund unterschiedlicher Temperaturausdehnungskoeffizienten zu Rissen oder Sprüngen im Glas oder zum Lösen der Glas-Metall-Verbindung kommen. Kovar mit einem Ausdehnungskoeffizienten von $\alpha = 5{,}1 \cdot 10^{-6}\,K^{-1}$ ist daher ein gutes Material für Glas-Metall-Flatpacks.

Neben diesen in der Halbleitertechnik verwendeten Metallgehäusen kommen in der Mikrosystemtechnik auch Spezialformen vor. Bei Hochdrucksensoren für den Einsatz unter rauhen Umgebungsbedingungen nimmt ein Edelstahlgehäuse den Sensorchip und die Öldruckvorlage auf (s. Bild 3.19).

Kunststoffgehäuse

Kunststoffgehäuse sind in der Halbleitertechnik insbesondere für den low-cost-Bereich weit verbreitet. Verwendet werden Epoxidharze, Phenolharze, Polyurethane und aufgrund geringer mechanischer Spannungen im Material auch zunehmend Silikonharze. Die Verarbeitung erfolgt meist unter Zugabe von Härtern und bei erhöhten Temperaturen. Füllstoffe können der Kunststoffgrundmasse zur gezielten Einstellung von Kenndaten (Festigkeit, Leitfähigkeit) hinzufügt werden.

Eine vollständige Umhüllung durch Tauchen, Wirbelsintern, Vergießen mit verlorener oder mit wiederverwertbarer Form [6-18] ist bei Mikrosystemen im Gegensatz zu gedruckten Schaltungen meist nicht zulässig. Insbesondere zur Einleitung von Messgrößen oder Medien kann man aber in durch Spritzguss, Prägen oder Reaktionsguss hergestellten Kunststoffgehäusen die entsprechenden Schnittstellen zu äußeren Anschlüssen kostengünstig realisieren.

Kunststoffe haften in der Regel gut auf Siliziumoberflächen. Bei Silikonharzen ist die Haftung sogar so gut, dass bei der Aushärtung Wasser von der Oberfläche verdrängt wird und die Silikonmoleküle eine starke chemische Bindung zur Halbleiteroberfläche bilden. Dieser Verdrängungsmechanismus führt dazu, dass silikonvergossene Bauelemente trotz der Feuchtedurchlässigkeit des Vergussmaterials selbst relativ gut gegen Feuchte geschützt sind.

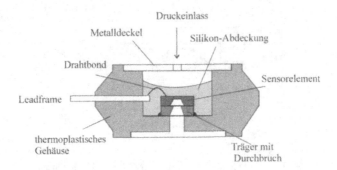

Bild 6.10: Schematischer Aufbau eines kommerziellen Referenzdrucksensors mit Gel-Abdeckung, nach [6-22].

Kunststoffgehäuse sind preiswert und einfach in vielen Formen herstellbar. Da Kunststoff nicht auf Dauer vor Eindringen von Feuchtigkeit in das System schützt, sind Maßnahmen zur Vermeidung von Korrosion der Bonddrähte, von Leckströmen oder von Migrationsvorgängen erforderlich, die im folgenden Abschnitt beschrieben werden.

6.3.3   Chipabdeckung

Bei der Chipabdeckung unterscheidet man Passivierungs- oder Schutzschichten, die meist am Ende der Waferprozessierung mittels Dünnschichttechniken appliziert werden, und Abdeckungen, die auf Die-Ebene im Zusammenhang mit der Gehäusung aufgebracht werden. Dünnschichtpassivierung ist relativ teuer und kann auch nicht alle kritischen Systemteile abdecken (beispielsweise nicht die Anschlusspads und externen Verbindungen). Daher sind weitere Maßnahmen erforderlich, mit denen der elektronische Teil des Mikrosystems abdeckt werden kann, ohne die Kenndaten des Systems selbst zu verändern. Eine typische Mikrosystemproblematik ist dabei, dass häufig eine vollständige Abkapselung des Systems nicht erlaubt ist (Einleitung der Messgröße – z.B. Druck – oder ungestörter »Austritt« einer Ausgangsgröße -z.B. Lichtaustritt beim DMD). Auch bei der Chipabdeckung sind daher auf den Anwendungsfall angepasste Lösungen erforderlich.

Eine billige und häufig eingesetzte Chipabdeckung ist Silikon-Gel. Bei einem Drucksensor überträgt das Gel den Druck nahezu ungeschwächt auf den Sensor. Die inneren Spannungen sind hinreichend klein, so dass die Offsetverschiebung des Ausgangssignals gering ist. Den Aufbau eines kommerziellen Sensors mit einer solchen Abdeckung zeigt Bild 6.10. Die Silikon-Gel-Füllung deckt den ganzen Chip einschließlich der Zuleitungen ab und verhindert insbesondere Korrosion. Bei dem gezeigten Aufbau eines Relativdrucksensors ist zu beachten, dass der Sensor nur in einer Druckrichtung zu betreiben ist: Bei einem Überdruck von der Unterseite kann das Gel aus der oberseitigen Öffnung herausgepresst werden oder aber die Abdeckung berühren und dort haften bleiben. Beide Fälle führen zu einer Beeinträchtigung des Sensors.

Die Silikon-Gel-Lösung ist eine kostengünstige Chipabdeckung. Daneben gibt es noch weitere, häufig kostspieligere Lösungen: Abdeckung mit Glas (geklebt, vgl. DMD) oder Silikonöl in einem Edelstahlgehäuse (vgl. Hochdrucksensor in Abschnitt 3.1.7). Prinzipiell sind auch Dichtungen über O-Ringe möglich. Allerdings ist diese Lösung montageaufwendig.

Spezielle Anforderungen an die Chipabeckung werden bei biomedizinischen Anwendungen gestellt. Hier verwendet man dielektrische Silikon-Gele, die nicht-toxisch, biokompatibel und nicht-allergen sind. Solche Gele sind aus der medizinischen Implantationstechnik bekannt.

6.4 Kommunikationsstrukturen innerhalb und zwischen Mikrosystemen

Während der Austausch von Daten und Signalen innerhalb eines monolithischen Mikrosystems bereits durch die Logik des Schaltkreisentwurfs festgelegt ist, erfordert ein hybrides Mikrosystem eine transparente Festlegung von Schnittstellen, um eine Kommunikation zwischen den Subkomponenten des Gesamtsystems möglich zu machen. Der oben genannte Vorteil der hybriden Integrationstechnik – nämlich die Austauschbarkeit von Subkomponenten – lässt sich nur dann ausnutzen, wenn die entsprechenden Komponenten über standardisierte Schnittstellen verfügen.

Neben den internen, für die Funktionsabläufe innerhalb eines Mikrosystems wichtigen Schnittstellen, ist aber auch eine Standardisierung hinsichtlich der Vernetzung verschiedener Mikrosysteme zu einem übergeordneten System wünschenswert (vgl. Bild 6.2).

6.4.1 Schnittstellenstandards

Wie in Abschnitt 1.1 anhand des intelligenten Sensors erläutert wurde, ist ein wesentlicher Trend vor allem in der Sensorik, dass immer mehr Elektronik, insbesondere Digitalelektronik (»Intelligenz«), an den Ort des Sensors gebracht wird. Die verschiedenen Stufen der Integration zeigt das Bild 6.11. Für die Mikrosystemkomponenten Sensoren und Aktoren wird dabei der Überbegriff Transducer verwendet. Grob können drei Stufen der Integration unterschieden werden:

1. Die Systemkomponenten Transducer, Signalbearbeitung, ADC/DAC und μC sind (örtlich) getrennt.

2. Der Transducer ist mit aufwendiger Signalbearbeitung und Eingabe-/Ausgabestandards versehen, getrennt davon sind ADC/DAC und μC.

3. Integrierter Transducer (Signalbearbeitung, ADC/DAC, PROM, μC).

Verzichtet man auf die Einbindung in digitale Netzwerke (s. Abschn. 6.4.2), so kann man für die dann rein analoge Datenstrecke auf die üblichen Standards zurückgreifen. Die traditionellen analogen Schnittstellen insbesondere in der Sensorik sind:

- 4 – 20 mA mit Zweidrahtleitung (eingeführt durch ISA, 1974), Verwendung hauptsächlich in der Prozesskontrolle und anderen industriellen Kontrollsystemen

- 0,5 – 4,5 V bei 5 V Versorgung (Anfang der neunziger Jahre eingeführt durch SAE), Verwendung hauptsächlich in der Automobilindustrie

- 5 μV/(V mmHg) (eingeführt durch AAMI 1986), Verwendung bei Blutdrucksensoren

Auch komplexe Mikrosysteme wie etwa der ADXL50g-Beschleunigungssensor folgen diesen industriell weitverbreiteten Standards (im konkreten Fall 0,5 V – 4,5 V).

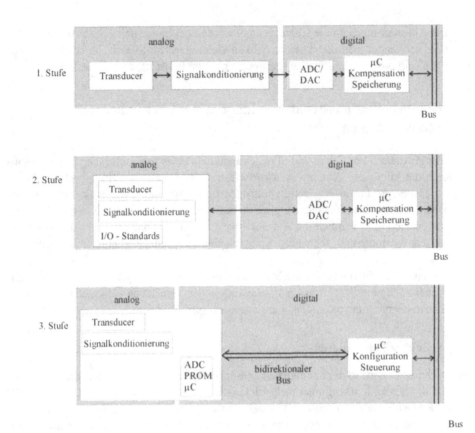

Bild 6.11: Integrationsstufen bei einem Mikrosystem von geringer Integrationsdichte (oben) bis zu vollständig integrierten digitalen Systemen (unten) am Beispiel busfähiger Mikrosysteme

Digitale Schnittstellen befinden sich demgegenüber erst in der Einführungsphase. Wie im nächsten Abschnitt erläutert wird, sind digitale Schnittstellen die Voraussetzung für eine Einbindung von Mikrosystemen in digitale Netzwerke (Bus-Systeme).

In der dritten und höchsten Stufe der Integration sind im Transducer nicht nur Signalvorbereitung und ADC/DAC, sondern auch ein PROM zum Ablegen von Kalibrationsdaten, die beim automatischen Test des Mikrosystems ermittelt werden, und ein Mikrocomputer zu einem Gesamtsystem an einem Ort zusammengefasst. Die Kommunikation über einen Bus erfolgt dann digital und bidirektional. Das Mikrosystem ist vom Host-Rechner aus adressierbar.

Standards für die digitale Schnittstelle befinden sich noch in der Entwicklung. Ein erster, auf Forschungsarbeiten basierender Vorschlag wird in [6-23] vorgestellt. Dieser sogenannte MPS (Michigan Parallel Standard) enthält 16 Leitungen, von denen acht zur bidirektionale Datenübertragung, drei zur Versorgung, vier für Kontrollaufgaben und Synchronisation, eine zur Übermittelung eines Parity-bytes vorgesehen sind. Bis auf dieses letzte Merkmal ähnelt der vorgeschlagene Standard der IEEE-488 von HP. Für eine benutzerfreundliche Einbindung wird eine Bibliothek von grundsätzlichen Anweisungen bereitgestellt. Aus den darin enthaltenen Anweisungen können Anwendungsprogramme entwickelt werden.

Ein zur Zeit in den USA in Vorbereitung befindlicher Standard ist der IEEE-P1451 [6-24]. Dieser Standard soll nicht nur für Sensoren sondern allgemein für Transducer und damit für Mikrosysteme anwendbar sein.

Bei der Entwicklung des Standards IEEE-P1451 wurden folgende Randbedingungen zugrunde gelegt:

- In Kontrollnetzwerken mit Transducern ist anders als bei Netzen der Informationstechnik häufig eine Echtzeitübertragung erforderlich.
- Die zu übertragenden Informationsmengen sind hingegen in den Kontrollnetzwerken eher klein (Byte bis kByte).
- Die Sendefrequenz ist hoch und meist periodisch.
- Ausfall und Übertragungsfehler müssen immer abgefangen werden.
- Das Netzwerk bildet den Hauptkostenanteil bei den Anschlusskosten.

Die Hauptmerkmale des in [6-24] vorgestellten Standards sind:

- Definition einer von der Netzwerk-Hardware unabhängigen Schnittstellen-Software
- Berücksichtigung und Aufnahme sogenannter TEDS (transducer electronic data sheets, spezifische Angaben für das Mikrosystem in vorgebener Form)

Durch IEEE-P1451 können sehr unterschiedliche Transducer durch ein und denselben Mikroprozessor in der Schnittstelle angesprochen werden. Dadurch sind große Stückzahlen bei der Digitalelektronik möglich, die aufzuwendenden Entwicklungskosten rechnen sich eher als bei transducer-spezifischen Einzellösungen. Weiterhin muss der Hersteller von Transducern nur noch ein Netzwerkprotokoll berücksichtigen. Zur Realisierung des Gesamtsystems können voneinander unabhängig die optimalen Transducer- und Netzwerkkomponenten ausgesucht werden.

Das Software-Protokoll besteht aus zehn binären Sequenzen mit je 1 Byte Größe. Hierin sind Informationen über das Einheitssystem (basierend auf SI-Einheiten) und den zugeordneten Exponenten enthalten. Neben absoluten Größen (etwa Pa) sind auch relative Einheiten (mV/V) und logarithmische Darstellungen von Größen möglich.

Die prinzipielle Architektur der Kommunikation zwischen netzwerkfähigem Prozessor (NCAP: Network Capable Application Prozessor) und einem intelligenten Transducer/Mikrosystem-Interface (STIM: Smart Transducer Interface Modul) wird in Bild 6.12 vorgestellt. Durch die Adressierlogik im STIM können bestimmte Transducer angesprochen werden, wobei ein DAC die Schnittstelle von einer Aktorfunktion und ein ADC die Schnittstelle von einer Sensorfunktion zur Adressierlogik bildet. Die Adressierlogik überträgt weiterhin Signale von und zum NCAP. Der Prozessor NCAP liest die transducer-spezifischen Kenndaten aus den entsprechenden Datenblattprotokollen (TEDS). Die Einbindung der Transducer in ein beliebiges Netzwerk erfolgt über Treiberprogramme, die der Netzwerkhersteller bereitstellen muss. Diese Treiber sorgen also für die netzwerkspezifische Umsetzung der Transducersignale, ähnlich der Funktion von Druckertreibern unter Windows.

Die standardisierte Betriebssoftware für NCAP enthält u.a. folgende Funktionen:

- Datenaustausch zu Transducern sowohl lokal vom NCAP/STIM wie vom Netzwerk aus
- Zugang zu TEDS-Informationen (ebenfalls lokal und vom Netz)

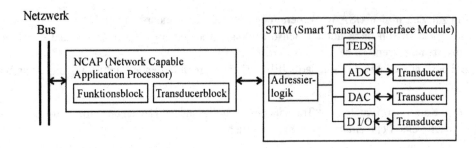

Bild 6.12: Architektur des IEEE-P1451 nach [6-24]

- Adressierungsfunktionen
- Unterstützung von Kalibration und Konfiguration
- Asynchroner Signal- und Datenaustausch
- zeitbasierte Synchronisation

Durch das netzwerkunabhängige logische Interface werden die allgemeinen Funktionen für ein virtuelles Mikrosystem beschrieben. Die netzwerkspezifischen Teile sind in von den Netzwerkherstellern bereitzustellenden Treibern enthalten. Mit dieser Strategie kann ein Mikrosystemhersteller, der eine Einbindung seines Systems in ein Netzwerk ermöglichen will, eine einheitliche, vom späteren Netzwerk unabhängige Konfiguration entwickeln. Die Anpassung an das jeweilige Netzwerk erfolgt durch Laden des Treibers.

Der wesentliche Teil der Standardisierung betrifft den STIM (IEEE-P1451.2). Im STIM wird für jede Größe, die gemessen oder beeinflusst werden soll, ein Transducer-Kanal vorgesehen. Insgesamt sind in dem Standard sechs grundsätzliche Kanaltypen vereinbart. Die einfachsten und wichtigsten Kanaltypen sind Sensoren und Aktoren.

Ein wichtiger Bestandteil des STIM ist das Datenblattprotokoll TEDS (vgl. Bild 6.12). TEDS besteht aus 92 Feldern und ist in zwei Hauptblöcke aufgeteilt: Meta-TEDS und Kanal-TEDS. Meta-TEDS enthält die Informationen, die für alle Transducerkanäle gelten; Kanal-TEDS enthält kanalspezifische Daten. In den 41 Feldern des Meta-TEDS-Blocks sind beispielsweise Informationen über Versionsummer, Anzahl der Kanäle im TEDS und maximale Wartezeiten für verschiedene Funktionen enthalten (Feld 1 – 27). In den restlichen 14 Feldern finden sich Identifizierungsdaten wie Herstellerangaben, Modell- und Seriennummer.

Bei den kanalspezifischen Feldern (42 – 92) unterscheidet man vier Unterblöcke: zur Kanalstruktur (etwa Messbereich, physikalische Einheit, Aufwärmzeit, Kanal-Anzeit und Kanalaufnahmeperiode), zur Kanalidentifikation, zur Kalibration (z.B. Kalibrationsintervall, Korrekturkoeffizienten) und schließlich zur Anwendung durch den Endnutzer.

Nur die Informationen der letzten beiden Blöcke sind zum betriebsbegleitenden Lesen und Schreiben vorgesehen, so dass vor allem Kalibrationsparameter angepasst werden können. Bei allen anderen Blöcken werden die Informationen während der eigentlichen Nutzung nur ausgelesen.

Die Transducer-Schnittstelle soll beim IEEE-1451 aus 9 physikalischen Leitungen bestehen, über die Daten ein- und ausgehen, Triggersignale gesendet werden und die Versorgung erfolgt. Bezüglich der Energieversorgung lässt der Standard eine interne Versorgung über den Bus und

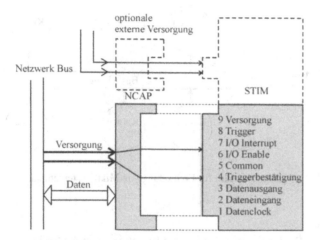

Bild 6.13: Schnittstelle zwischen NCAP und STIM beim IEEE-P1451, die zusätzliche Energieversorgung ist optional und erfolgt über einen getrennten Stecker.

auch eine externe Versorgung zu, die insbesondere bei vielen Aktoren erforderlich ist. Die interne Versorgungsspannung ist mit etwa 5 V bei maximalen Strömen von 75 mA festgelegt. Die optionale zusätzliche externe Versorgungsspannung beträgt 24 V (Gleichspannung). Zum STIM hin ist ein männlicher, zum NCAP hin ist ein weiblicher Stecker vorgesehen.

Das Schnittstellenkonzept des vorgeschlagenen Standards ist in Bild 6.13 gezeigt.

Wenn auch derzeit noch nicht klar ist, welcher Standard sich weltweit durchsetzen wird, so stellt der im Jahre 1997 vorgestellte Standard IEEE-P1451 von der Grundstruktur her zumindest ein Vorbildmodell dar.

6.4.2 Bus-Architektur

Die Einführung von Bus-Systemen zur Energie-Versorgung von und zum Informationsaustausch zwischen unterschiedlichen Funktionsgruppen wurde in der Vergangenheit insbesondere durch die Automatisierungstechnik stark vorangetrieben. Die dabei zugrunde gelegten Konzepte von »Offenheit« und »Transparenz« sind aber auch für Anwendungsfelder bedeutungsvoll, die für Mikrosystemanbindungen wichtiger sind, etwa Datenübertragung im Automobil.

Durch Offenheit (openess) der Bus-Architektur wird erreicht, dass Komponenten unterschiedlicher Hersteller zu einem Gesamtsystem zusammengestellt werden können, ohne dass eine aufwendige und extra vorzunehmende Schnittstellenanpassung im Einzelfall notwendig ist. Ein Beispiel für ein offenes Kommunikationssystem ist OSI (open system interconnection). In diesem Referenzmodell werden sieben Ebenen (layer) festgelegt, die für ein Kommunikationsnetzwerk benötigt werden.

Unter Transparenz versteht man die Möglichkeit zum Austausch von Informationen zwischen zwei verschiedenen Kommunikationssystemen. Hierfür müssen in beiden Kommunikationssystemen gleiche Regelungen für verwendete Dienste, Objekte und Modelle innerhalb der Anwendungsebene (layer 7) vorhanden sein.

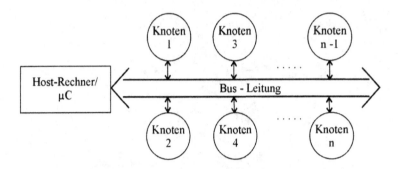

Bild 6.14: Busarchitektur für Einbindung von Mikrosystemen, nach [6-23].

Ein wesentliche Forderung an ein modernes Bus-System ist die Technologie-unabhängigkeit. Insbesondere im Bereich des Zeitverhaltens (timings) sind hierfür Vereinbarungen und Maßnahmen erforderlich, die die Einbindung unterschiedlich schneller Treiber (drivers) problemlos erlauben (etwa indem Einstellzeiten und Haltezeiten grundsätzlich mit null vereinbart werden).

Der im vorherigen Abschnitt besprochene Schnittstellenstandard IEEE1-P-1451 geht von ähnlichen Voraussetzungen aus.

Ein übergeordnetes Gesamtbus-System, beispielsweise innerhalb einer Fabrikation, umfasst verschiedene Ebenen. Ähnliche Strukturen können auch für andere Anwendungen aufgestellt werden (LAN, CAN). Die Einbindung von Mikrosystemen erfolgt insbesondere auf der untersten Ebene, der sogenannten Feldebene. Auf dieser Ebene haben sich noch keine endgültigen Standards herausgebildet (vgl. Abschnitt 6.4.1).

Auf der Ebene der Automatisierungstechnik ist der MAP-Bus (manufacturing automation protocol, eingeführt unter der Federführung von General Motors) der gemeinhin akzeptierte Standard geworden. Zu dem für die Prozessebene wichtigen Feldbus liegen dagegen noch immer unterschiedliche Entwürfe vor (etwa Profibus von Siemens, FIB-Bus von CGEE-Alsthan, Telemecanique, IEC-Bus, zurückzuführen auf den HP IB-Bus). Auf der Prozessebene erfolgt die Aktoren- und Sensorenverknüpfung über einen Bus wie in Bild 6.14 angedeutet. In diesem Fall erfolgt über einen Host-Rechner, der eventuell auch als Mikrocomputer realisiert sein kann, die Gesamtkontrolle des Systems. Nur von diesem Host-Rechner aus können in der Regel Meldungen auf den Bus gegeben werden. In dem digitalen Netz werden die an den Knoten sitzenden Mikrosysteme durch entsprechende Adressen angesprochen. Die Knotenstellen enthalten Mikroprozessoren, die die gesendeten Anweisungen interpretieren und ausführen. Nach Ausführung der Anweisungen fällt eine Schnittstelle wieder in eine Art stand-by-Modus, währenddessen aber mikrosystemrelevante Daten (bei einem Sensor sind das die Messsignale) für einen schnellen Zugriff vom Host-Rechner ständig in ein RAM abgelegt werden. Mit Hilfe dieser Architektur lassen sich auch Kalibrationsroutinen und Selbsttests durchführen. Gegebenenfalls kann ein Mikrosystem vom Host-Rechner deaktiviert und ein Ersatzsystem aktiviert werden.

Digitale Netzwerke haben folgende Vorteile:

• Kalibrations- und Korrekturverfahren können durch Software realisiert und vom Host-Rechner aus verwaltet werden.

- Die Überwachung des Systems und die zugehörige Dokumentation einschließlich der Realisierung einer statistischen Prozesskontrolle (z.B. innerhalb eines Fertigungsprozesses) ist einfacher.

- Die einzelnen Mikrosysteme können miteinander kommunizieren.

- Das Gesamtsystem kann bedarfsgerecht neukonfiguriert werden (etwa bei Ausfall einer Komponente).

- Der Verdrahtungsaufwand des Gesamtsystems wird reduziert.

Diese Vorteile müssen natürlich in Relation gesetzt werden zu den oft erheblichen Mehrkosten eines solchen digitalen Netzwerks.

Verschiedene kommerzielle Bussysteme wurden in [6-25] im Hinblick auf die Eignung für Mikrosysteme verglichen. Hierzu wurden der World FIP Feldbus, der CAN(+), Seriplex, der ISP Feldbus und der BITBUS berücksichtigt. Der Autor kommt zum Schluss, dass insbesondere der CAN+ für Mikrosystemanwendungen gut geeignet ist. Hauptvorteile dieses Bus-Systems ist die große Erfahrung und gute Verfügbarkeit (mehrere Millionen Systeme wurden bereits installiert), der relativ günstige Preis, die asynchrone Datenübertragung und die Geschwindigkeit der Datenübertragung. Insbesondere für zeitkritische Anwendungen, bei denen auch unvorhersehbarer Netzwerkverkehr – etwa für Alarm – vorkommen kann, hat der CAN-Bus Vorteile gegenüber den anderen Bussystemen aufzuweisen.

Es wird erwartet, dass digitale Bus-Systeme nicht nur in der Prozesskontrolle sondern auch in der Haustechnik und in automotiven Anwendungen mit Stückzahlen von einigen Millionen CANs (Control Area Networks) im Jahre 2000 stark an Bedeutung gewinnen [6-24].

6.5   Mikrosystementwurf

Die Möglichkeiten der Mikrosystemtechnik werden zur Zeit überwiegend von großen Unternehmen genutzt. Eine Voraussetzung dafür, dass auch KMUs Mikrosystemlösungen realisieren können, ist die Verfügbarkeit von Werkzeugen, die einen ingenieurmäßigen Entwurf von Mikrosystemen erlauben. Eine weitere Bedingung ist dann, dass die in einem KMU erzeugten Mikrosystementwürfe an anderer Stelle realisiert werden können. Durch dieses Vorgehen umgehen kleine und mittelständische Unternehmen das Problem, dass eine eigene Fertigungslinie (Reinraumtechnik) meist viel zu teuer ist und bei kleineren Stückzahlen (<100000/a) nicht ausgelastet werden kann. Die letztgenannte Bedingung wird heute durch sogenannte Foundries erfüllt. Es haben sich inzwischen Netzwerke gebildet, die unterschiedliche Technologien anbieten und sogar Mehrnutzerwafer für kleine Stückzahlen prozessieren, bei der sich verschiedene Nutzer die Si-Fläche teilen. Nicht befriedigend ist dagegen die Situation bei den Entwurfswerkzeugen. Noch immer überwiegen hierbei Insellösungen, bei denen Komponenten mit unterschiedlichen Funktionen auch in verschiedenen, häufig nicht durchgängigen Einzelprogrammen entworfen oder simuliert werden.

Für den Entwurf werden im folgenden zwei unterschiedliche Begriffe näher betrachtet [6-26].

- Modellbildung: Beschreibung des Mikrosystemverhalten (etwa durch Differentialgleichungen, Funktionen)

- Simulation: Ermittelung des Mikrosystemverhaltens anhand des Modells.

6.5.1   Entwurfsstrategien

In der klassischen Technik des Maschinenbaus oder der Feinwerktechnik ist der Entwurfsvorgang ein klar strukturierter Prozess, der stetig vom Erstellen eines Pflichtenhefts, über das Finden eines geeigneten Prinzips bis zur Gestaltungsphase abläuft. Ein wesentlicher Bestandteil des Entwurfprozesses ist die Fertigung von Prototypen, anhand derer man die Güte der Lösung beurteilen kann. Zur Herstellung dieser Prototypen stehen heute zahlreiche Verfahren zur Verfügung, die über den klassischen Musterbau bis hin zur Stereolithographie reichen und als Ziel das sogenannte rapid prototyping haben.

Diese klare Struktur des Entwurfsvorgangs lässt sich in der Mikrosystemtechnik meist nicht aufrechterhalten. So kann sich die spätere technische Realisierung auch auf das Pflichtenheft auswirken. Ein typisches Kennzeichen des Mikrosystementwurf ist daher die Iteration innerhalb des Entwurfsvorgangs.

Auch Prototypenherstellung ist in der Mikrosystemtechnik nicht in der gleichen Weise anwendbar wie in der klassischen Technik, da die hierbei benötigten Prozesse und Verfahren die gleichen sind wie in der späteren Serienfertigung. Nur in der primären Strukturerzeugung lassen sich Kosten einsparen, indem man statt mit maskengebundener Lithographie mit direktschreibenden Verfahren arbeitet. Allerdings sind die entsprechenden Geräte, etwa Elektronenstrahlschreiber oder auch Laserstrahlgeräte, sehr teuer und daher nur in speziellen Forschungseinrichtungen oder großen Unternehmen verfügbar.[1]

Der Entwurfsprozess der Mikrosystemtechnik ist daher in besonderem Maße auf die begleitende Modellierung und Simulation des Gesamtsystems angewiesen, um kostenintensive Redesign-Phasen zu vermeiden. Eine Zwischenlösung ist die Erzeugung von Teststrukturen zu besonders kritischen einzelnen Verfahrensschritten oder Komponenten.

Im Vergleich zur Mikroelektronik wird der Entwurfsvorgang durch vier Faktoren erschwert:

- Mikrosysteme enthalten analoge Komponenten mit unterschiedlichen Funktionalitäten

- Mikrosysteme sind meist von dreidimensionaler Form, die aus einem zweidimensionalen Layout entsteht

- In Mikrosystemen treten bidirektionale Kopplungen zwischen verschiedenen Größen auf

- In der Mikrosystemtechnikherstellung sind derzeit nur wenige standardisierte Designregeln und Prozesse vorhanden.

Aufgrund dieser Faktoren ist zumindest mittelfristig nicht zu erwarten, dass generell für den Mikrosystementwurf Verfahren wie VHDL zur Verfügung stehen werden, bei denen aus einer Beschreibung der Systemeigenschaften und Anforderungen entsprechende Lösungen generiert werden. Nur für bestimmte Untergruppen (etwa mikromechanische Sensoren mit Elektronik) sind vergleichbare Möglichkeiten bereits in Vorbereitung (AHDL oder HDLA, [6-27]).

Das prinzipielle Schema des idealen Entwurfsvorgangs zeigt Bild 6.15. Der Entwurfsweg führt von den Zielsetzungen/Spezifikationen über Entwurfshilfsmittel zu einem Designvorschlag. Der Designvorschlag wird mit Hilfe von Modellierung, Simulation und Verifikation mit den Spezifikationen verglichen. Anschließend wird gegebenenfalls eine Redesign-Phase durchlaufen.

---

1 Die ersten Muster moderner hochintegrierter Schaltungen werden meist über die Elektronenstrahllithographie erzeugt.

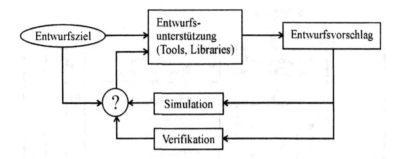

Bild 6.15: Schematischer Ablauf des Entwurfs von Mikrosystemen

Die Modellierung und Simulation übernimmt also die Rolle der Prototypenfertigung, weswegen man dieses Vorgehen auch als softwaremäßiges Rapid Prototyping bezeichnet [6-26].

Das zuletzt genannte Vorgehen wird auch als Top-Down-Strategie bezeichnet. Im Gegensatz dazu wird in der Mikroelektronik im Bereich digitaler Schaltungen die Bottom-Up-Strategie verfolgt. Durch die begrenzte Zahl und genaue Kenntnis der mathematischen Modelle sowie durch die stark standardisierten Herstellungsverfahren bildet man hierbei ein mathematisches Modell auf ein Objektmodell ab, voraus schließlich das reale Systeme erzeugt wird.

Ein Mittelweg zwischen diesen beiden Ansätzen ist die sogenannte Meet-in-the-Middle-Strategie, die Anteile des Bottom-Up- und des Top-Down-Verfahrens enthält. Hierbei werden in der frühen Entwurfsphase der Spezifikation möglichst vollständige und konsistente Entwurfsbeschreibungen erzeugt, die dann auf der Ebene der Komponenten genauer untersucht werden [6-28].

Alle bisher vorgestellten Ansätze zur Modellierung und Simulation von Mikrosystemen (vgl. Abschn. 6.5.2 und 6.5.3) verknüpfen komplexe Programme und Verfahren, um ein Gesamtsystem zu entwerfen [6-29], und genügen daher nicht den Ansprüchen eines ingenieurmäßigen Entwurfsablaufs. Eine Unterstützung im Entwurfsprozess könnten dagegen wissensbasierte Entwurfssysteme darstellen. Der Aufbau und die Funktion eines solchen Expertensystems ist schematisch in Bild 6.16 gezeigt. Der Anwender wird dabei über Abfragen zu den gewünschten Spezifikationen des Mikrosystemen zu verschiedenen Lösungsansätzen hingeführt, aus denen in einer Optimierungsphase die bezüglich Spezifikationen und Kosten am bestem geeignete Lösung herausgefiltert wird. Die Filterfunktionen werden dabei von Bibliotheken unterstützt, in denen das Expertenwissen (z.B. Modelle, Technologien, Materialbasis) vorliegt. Ein solches Expertensystem stellt zunächst nur einen formalen Rahmen dar. Für die Funktion wesentlich ist natürlich die Bereitstellung des möglichst vollständigen Expertenwissens. Außer durch Geheimhaltungsfragen wird das Erstellen einer Wissensbibliothek dadurch erschwert, dass sich Expertenwissen häufig nur schwer in Regeln und Anweisungen übersetzen lässt. Der vorgestellte Weg dürfte daher zunächst nur für eingeschränkte Teilbereiche der Mikrosystemtechnik umgesetzt werden können. Ein Beispiel wären mikomechanische Sensoren, die sich auf eine Reihe von grundsätzlichen Lösungsvarianten zurückführen lassen.

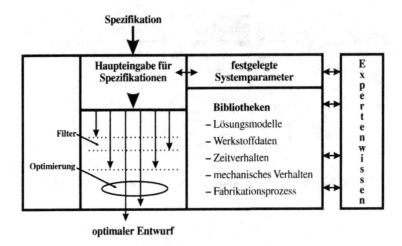

Bild 6.16: Unterstützung des Entwurfvorgangs durch ein Expertensystem

6.5.2   Modellierung von Mikrosystemen

Mit der Modellbildung wird ein gegebenes System so nachgebildet, dass seine Eigenschaften und seine Verhaltensmerkmale bei der nachfolgenden Simulation wirklichkeitsgerecht ermittelt werden können.

Bei der Modellbildung unterscheidet man drei Ebenen oder Hierarchien, denen auch entsprechende Simulationsverfahren zuzuordnen sind [6-30]:

- Geometrieebene: dreidimensionales, physikalisches Modell örtlich verteilter Komponenten, Lösung dreidimensionaler Probleme mit partiellen Differentialgleichungen, Lösungen mit FEM

- Netzwerkebene (Makromodelle): topologieorientierte Modellierung räumlich konzentrierter Bauelemente, die über energieerhaltende Verbindungen verknüpft sind, mathematische Beschreibung etwa durch gewöhnliche Differentialgleichungen

- Systemebene: Modellierung des Verhaltens durch Darstellung in regelungstechnischen Blöcken; dient vor allem der Beschreibung des dynamischen Verhaltens, mathematische Beschreibung meist über gewöhnliche Differentialgleichungssysteme

Diese Struktur ist hierarchisch: Die detaillierte Beschreibung auf der Geometrieebene liefert geeignete Makromodelle für die Komponenten. Die Güte der Beschreibung auf Systemebene hängt wiederum von guten Komponentenmodellen ab.

Die drei Ebenen sollen anhand von Beispielen im Folgenden näher betrachtet werden.

Geometriemodell

Eine Mikrosystem-Komponente stellt ein räumlich verteiltes System dar. Das Verhalten wird durch Materialmodelle und durch Gleichgewichtsbedingungen beschrieben. Im Bereich mechanischer Elemente sind das beispielsweise das Hookesche Gesetz sowie Kräfte- und Momentebilanz. Für die Simulation werden vor allem Finite Elemente Methoden eingesetzt, bei denen das Gesamtsystem in kleine Elemente zerlegt wird, innerhalb derer die zu betrachtenden Größen als

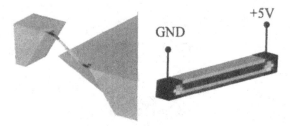

Bild 6.17: Links: Verformungszustand aufgrund einer Beschleunigung in der Ebene, rechts: Berechnung des Stroms durch einen implantierten Widerstand (piezoresitiver Effekt) ebenfalls mit Hilfe der Finite Elemente Methode. Deutlich ist das Strommaximum unter der Oberfläche zu erkennen.

räumlich konstant angenommen werden können und die über sogenannte Knoten miteinander verknüpft sind. Finite Elemente Methoden werden unter anderem für das mechanische Verhalten (z.B. ANSYS, s. Abschn. 6.5.3), für Prozesssimulation (Medici) und konzeptionell auch bei der Berechnung der Lichtführung in Lichtwellenleitern (s. Abschn. 5.1[2]) eingesetzt.

Als Beispiel ist in Bild 6.17 eine Grundstruktur für einen dreiachsigen Beschleunigungs- oder zweiachsigen Neigungssensor gezeigt. Die zentrale seismische Masse ist über vier dünne Balken am festen Rand angehängt (Kreuzfederwandler). Bei Beschleunigung in der Ebene oder Neigung des ganzen Elements treten Verformungen in den Balken auf. In einer Achse sind die daraus resultierenden mechanischen Spannungen Biegespannungen, in der dazu senkrechten Achse Torsionsspannungen. Das Bild zeigt auch die Aufteilung der Gesamtstruktur in Finite Elemente. Rechts in Bild 6.17 ist der Stromverlauf durch einen in den Biegebalken implantierten Widerstand gezeigt. Der von der Tiefe abhängige Stromverlauf ergibt sich hierbei durch einen entsprechend räumlich veränderlichen spezifischen Widerstand. In diesem Fall entspricht die Verteilung der elektrischen Leitfähigkeit dem Dotierprofil des Widerstands. Durch geschickte Iteration der Simulationsrechnungen mit unterschiedlichen Materialkonstanten kann man nun die aus der mechanischen Spannung aufgrund des piezoresistiven Effekts resultierende Widerstandsänderung zur Berechnung des tatsächlichen Ausgangssignals ermitteln [6-21].

Netzwerkmodell

Netzwerke werden aus Bauelementen aufgebaut, die räumlich konzentriert sind und in denen die zeitliche Änderung der Feldgrößen als konstant angenommen wird. Häufig kann man die Beziehungen und Abhängigkeiten zwischen Zustandsvariablen des Netzwerks (beispielsweise zwischen Druck und Verformung oder zwischen Strom und Spannung) in guter Nährung als linear annehmen. Das Netzwerkmodell eines Beschleunigungssensors ist im Bild 6.18 dargestellt. Die Luftdämpfung[3] wird durch die Größe c, die Biege- bzw. Torsionssteifigkeit durch die Federkonstante k charakterisiert.

---

2 Die beam propagation method (BPM) ist eine eigenständige Simulationsmethode, die aber wie FEM Differential-gleichungen (in diesem Falle die Maxwellgleichungen) zwischen einzelnen Abschnitten eines Lichtwellenleiters numerisch löst. Auch beim BPM bestimmen Randwertbedingungen die Lösung.

3 Solche Sensoren werden zum Schutz vor Überlast meist gekapselt zwischen zwei Platten hergestellt. Durch diese Anordnung ergibt sich ein Luftpolster, das bei Auslenkung der seismischen Masse dämpfend wirkt.

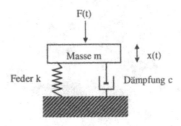

Bild 6.18: Netzwerkmodell eines Beschleunigungssensors

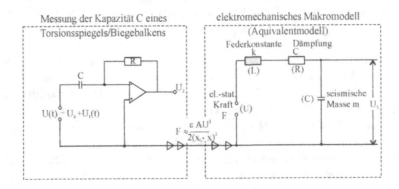

Bild 6.19: Elektrisches Netzwerkmodell eines kapazitiven Beschleunigungssensors mit elektrischer
Schaltung zur Kapazitätsmessung (links) und elektromechanischem Ersatzschaltbild (rechts).
Die Kopplung zwischen dem elektrischen und mechanischen Kreis erfolgt durch $F =$
$\varepsilon \cdot A \cdot U^2 / 2(x_0 - x)^2$, nach [6-29]

Andere Beispiele für Netzwerke sind elektrische Schaltungen mit Widerständen (R), Kapazitäten (C) und Induktivitäten (L).

Durch Analogbeziehungen können mechanische Netzwerke in elektrische Netzwerke über-
setzt werden. Auf diese Weise kann man dann die mechanischen Eigenschaften durch Auswertung der entsprechenden elektrischen Schaltung ermitteln. Die zughörigen Analogbeziehungen
zwischen elektrischen und mechanischen Größen sind in Tabelle 6.2 zusammengestellt. Die Parameter (Dimensionierung) für die elektrischen Analoggrößen gewinnt man aus Berechnungen
auf der Geometrieebene (s.o.), insbesondere durch FEM-Rechnungen.

Das elektrische Netzwerk des Beschleunigungssensornetzwerks aus Bild 6.18 zeigt Bild 6.19.

Systemebene

In der Systemmodellierung müssen die zunächst unabhängigen Komponenten zusammengefasst
werden. Neben unidirektionalen Kopplungen, die die gewünschten Effekte (z.B. bei einem Sensor zwischen wirkender Eingangs- und elektrischer Ausgangsgröße) beschreiben, sind auf dieser
Ebene auch sogenannte bidirektionale Kopplungen zu berücksichtigen. Nach Zienkiewicz [6-31]
sind gekoppelte Probleme Fragestellungen der numerischen Simulation, bei denen für abhängige
Variablen, die unterschiedliche physikalische Effekte beschreiben und die auf beliebig verschie-

Tabelle 6.2: Analogbeziehungen für elektrische und mechanische Netzwerkmodelle

elektrische Größe oder Beziehung	mechanische Größe oder Beziehung
Strom	Kraft
Spannung	Geschwindigkeit, Druck
Widerstand	Dämpfung, Reibung
Kapazität	Masse
Induktivität	Federsteifigkeit
Transformator	Hebel
Kirchhoffscher Knotensatz	Kraftgleichgewicht
Kirchhoffscher Maschensatz	Verformungsbilanz

denen, d.h. identischen oder teilweise oder gar nicht überlappenden physikalischen Gebieten definiert sind, zwei Kriterien zutreffen:

- Die Lösung auf einem Gebiet ist nur abhängig von der Lösung auf den anderen Gebieten zu ermitteln.
- Paarweise abhängige Variablen können nicht explizit eliminiert werden.

Diese zunächst abstrakte mathematische Definition trifft auf viele Phänomene in der Mikrosystemtechnik zu: Bei einem Biegebalken, der über eine feststehende Gegenelektrode aufgehängt ist, führt eine zwischen Biegebalken und Gegenelektrode angelegte elektrische Spannung zu einer Kraft und damit zu einer Verbiegung des Balkens. Daraus resultiert eine Umverteilung der Oberflächenladungen auf dem Biegebalken und der Gegenelektrode, die wiederum die anziehende Kräfte und damit die Balkenverbiegung verändert. Ein anderes bidirektional gekoppeltes Problem ist bei Pumpen und Ventilen zu lösen. Hier ändert sich im geöffneten Zustand durch eine Strömung die Verbiegung der Verschlussklappe. Die geänderte Stellung der Verschlussklappe hat wiederum Rückwirkung auf die Strömung und so fort. Wird die Verschlussklappe elektrostatisch betrieben, so tritt zu der Verkopplung von Fluid- und Strukturdynamik noch die der Elektrostatik hinzu.

Eine mögliche Lösung solcher gekoppelter Probleme beruht darauf, dass die Teilphänomene zunächst in der jeweiligen Domäne gelöst werden und dann die Lösung iterativ im jeweils anderen Gebiet als Grundlage genommen wird. Die hierbei verwendeten Iterationsverfahren müssen selbstkonsistent sein. In [6-29] wird beispielsweise das Programmpaket MIT MEMCAD vorgestellt, bei dem nach dem Newtonschen Iterationsverfahren[4] Daten zwischen einem Programm zur elektrostatischen und zur mechanischen Simulation ausgetauscht werden.

Als Beispiel ist in Bild 6.20 die mit Hilfe des obengenannten Systems iterativ berechnete Lösung eines elektrostatisch ausgelenkten Torsionsspiegels, wie er im DMD, Abschn. 4.2.3, verwendet wird, gezeigt. Die unterschiedlichen Graustufen deuten die unterschiedlichen Ladungsdichten an, die durch Verbiegung des Torsionsspiegels unter Wirkung eines elektrischen Feldes entstehen.

Liegt die Lösung eines gekoppelten Teilsystems vor, so kann man Näherungen für die Übertragungsfunktionen aufstellen, die dann in der Simulation des Gesamtsystems verwendet werden.

---

4 Beim Newtonschen Iterationsverfahren ergibt sich die nächste Annäherung an die gesuchte Lösung durch die Differenz zwischen der Lösung des vorherigen Schritts und dem Quotienten aus der gegebenen Funktion und ihrer Ableitung an der der Stelle der Lösung des vorherigen Schritts.

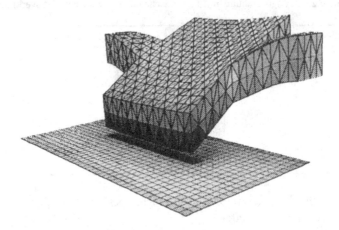

Bild 6.20: Beispiel für ein gekoppeltes Problem: Ein Torsionsspiegel wird elektrostatisch ausgelenkt, dabei ändert sich abhängig von der Auslenkung die Ladungsverteilung (grau) und damit die wirkende elektrostatische Kraft, aus [6-29]

In [6-32] wird beispielhaft die Systemsimulation eines gefesselten (close-loop) Beschleunigungssensors mit PID-Regelung beschrieben. Dazu wird eine Blockstruktur des Sensorsystems aufgestellt, die die einzelnen Systemkomponenten als regelungstechnische Blöcke enthält. Der PID-Regler im Zusammenspiel mit der wirkenden elektrostatischen Rückstellkraft wird als Rückkopplungsglied berücksichtigt. Durch Überprüfung des Verhaltens für verschiedene Lastfälle gewinnt man mit den Methoden der Systemtheorie optimale Regelparameter, bei denen das elektrische Ausgangssignal (in diesem Fall die zur Fesselung des Sensors notwendige Steuerspannung) im Zeitverhalten exakt der Anregung (Beschleunigung) folgt.

6.5.3   Simulation von Mikrosystemen

Die Simulation ist die Berechnung des Systemverhaltens auf Basis eines vorgegebenen Modells und unter vorgegebenen Randbedingungen. Wie bei der Modellierung so unterscheidet man auch bei der Simulation verschiedene Ebenen, von denen hier die physikalische und die Systemebene betrachtet werden.

Simulation auf der physikalischen Ebene

Die Lösung auf der physikalische Ebene (auch als Geometrieebene bezeichnet) erlaubt die genaueste Bestimmung des Systemverhaltens. Auf dieser Ebene sind die relevanten Effekte durch die physikalischen Gesetze verknüpft. Zur Lösung der daraus resultierenden partiellen Differentialgleichungen müssen die zunächst räumlich kontinuierlichen Systeme diskretisiert werden. Dies geschieht durch Unterteilung der Gesamtstruktur in kleine (finite) Elemente, wobei unterschiedliche Elementtypen zur Verfügung stehen. Die Elemente werden untereinander über einzelne Punkte, den Knoten, verbunden. Abhängig vom Elementtyp haben die Knotenpunkte eine bestimmte Anzahl von Freiheitsgraden. Beispiele für Freiheitsgrade sind Verschiebung und Rotation. Ziel der Finite-Elemente Methode (FEM) ist die Bestimmung des Knotenverhaltens unter einer bestimmten Störung des Systems, beispielsweise unter Last. Zwischen den Elementen gibt es eine Beziehung, die auch als Formfunktion gezeichnet wird. Eine solche Beziehungsrelation kann beispielsweise darin bestehen, dass die Verschiebungen am Rand eines mikromechanischen Elements sich stetig verändern. Der Diskretisierungsfehler wird im Wesentlichen durch die Elementwahl und Elementgröße bestimmt. Bei kleiner Elementgröße ergibt sich zwar eine hohe Genauigkeit, aber auch eine lange Rechenzeit. Eine optimale Wahl des Elements (Typ und Größe) liegt im Geschick des Ingenieurs und muss durch Validierung der Rechnung überprüft werden, etwa indem der Einfluss der Elementgröße explizit betrachtet wird. Auch bei der Diskretisierung gibt es verschiedene Möglichkeiten. Bei Mikrosystemen werden gerade an die Diskretisierung besondere Anforderungen gestellt, da die Aspektverhältnisse in der Regel groß sind. Die üblicherweise vorgenommene Zerlegung in tetraedische Elemente ist für solche Fälle nicht geeignet. Häufig erzeugt man bei der Diskretisierung sogenannte Sub-Modelle in besonders interessanten Bereichen wie z.B. im Übergangsbereich zwischen einem Biegebalken und dem festen Einspannungsrand.

Kommerzielle FEM-Programme unterstützen eine Vielzahl von Elementtypen, mit deren Hilfe Anwendungen aus der Strukturmechanik, Fluiddynamik, der Wärmeleitung, Magnetik und Elektrostatik gelöst werden können. FEM-Methoden werden aber auch bis hinein in den mikroskopischen Bereich zur Berechnung des Transistorverhaltens verwendet.

Verwandte Methoden sind die Finite-Differenzen-Methode (FDM) und die Boundary-Element-Methode (BEM). Mit FDM lassen sich partielle Differentialgleichungen unmittelbar abbilden. BEM löst die Gleichungssysteme als Funktion von Freiheitsgraden der Knoten zwischen zwei Grenzgebieten (Linie für zweidimensionale, Fläche für dreidimensionale Probleme) unter Verwendung des Gaußschen Randintegralsatzes. Auf diese Weise wird das Problem um eine Dimension reduziert. Unsymmetrische, vollbesetzte Matrizen zur Lösung der abgeleiteten, meist linearen Gleichungssystemen erhöhen allerdings wieder die erforderliche Rechenzeit.

Der typische Ablauf einer FEM-Simulation mit dem Programm ANSYS (Swanson Analysis Software Inc.) ist in Bild 6.21 gezeigt. Die Wahl des Analysetyps und des Elementtyps hängt von der Problemstellung ab. Man kann etwa statische oder dynamische Analysen durchführen. Bei den Elementtypen gibt es zu einem vorgegebenen Problem meist mehrere Möglichkeiten, die oft nur zu minimal unterschiedlichen Ergebnissen, aber unterschiedlichen Rechenzeiten führen (etwa bei Wahl von 3D-Elementen im Vergleich zu 2D-Elementen). Obwohl natürlich fast alle zu lösenden Probleme dreidimensional sind, ist meist eine Reduktion der Dimensionalität ohne gravierende Verschlechterung der Simulationsgenauigkeit möglich.

Viele Probleme weisen hohe Symmetrie auf. In diesen Fällen reicht es, ein Untermodell (z.B. Viertelmodell bei einer vierzähligen Symmetrie) zu rechnen. Auch diese Maßnahme spart Rechenzeit.

Neben statischen können mit FEM auch dynamische Eigenschaften ermittelt werden. Bei der Modalanalyse werden die möglichen Eigenschwingungsformen und -frequenzen berechnet. Die sogenannte Transientenanalyse bestimmt das Verhalten in einem Frequenzbereich, wobei auch Dämpfung berücksichtigt werden kann.

Nach der Gleichungslösung muss der Benutzer eines FEM-Programms die Daten auswerten (Postprocessing). Neben grafischen Darstellungen beispielsweise der Verschiebungen oder mechanischen Spannungen können auch knotenbezogene Daten aus dem Ergebnisprotokoll extrahiert und für eine weitere Auswertung abgespeichert werden.

Im Anhang A ist als Beispiel die ANSYS-Simulation des mechanischen Verhaltens einer Drucksensormembran dokumentiert.

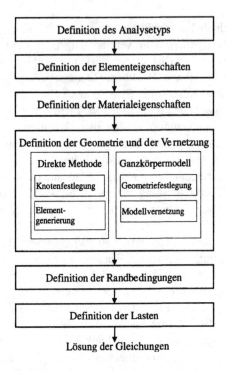

Bild 6.21: Ablauf bei einer FEM-Simulation, nach [6-33]

Das Programm ANSYS eignet sich besonders gut für die Lösung gekoppelter Probleme, da sogenannte Mehrfeld-Elemente zur Verfügung stehen, die das gleichzeitige Lösen auf verschiedenen Feldbereichen (beispielsweise Strukturmechanik, Elektrostatik oder Piezoelektrik) zulassen und die erforderliche Zahl von Freiheitsgraden bereitstellen. Die Kopplung wird dann entweder direkt als Matrixkopplung oder indirekt und iterativ über einen Lastvektor gelöst. Bei der letzteren Methode wird das Simulationsergebnis in der einen Feldebene als Last in der anderen Feldebene eingesetzt. Bei der Matrixkopplung wird die Anzahl der Zustandsvariablen in einem Gleichungssystem so erweitert, dass alle koppelnden Größen eingebunden sind und die Abhängigkeit der Materialkonstanten von Quergrößen berücksichtigt wird. Beispielsweise wird die Kopplung zwischen Mechanik, Temperatur und Piezoelektrik durch die in Gl. (6.2a) enthaltenen Zustandsvariablen und die in Gl. (6.2b) aufgeführte Matrix berücksichtigt.

$$\varepsilon = s^{E,T}\sigma + d^T E_{el} + \alpha^E \Delta T \tag{6.2a}$$

Durch diese Gleichung wird die Dehnung ε mit der mechanischen Spannung σ und dem elektrischen Feld E_{el} sowie der Temperaturdifferenz ΔT verknüpft. Die Verknüpfung erfolgt über die Matrizen der Werkstoffkonstanten der elastischen Koeffizienten $s^{E_{el},T}$, der piezoelektrischen Koeffizienten d^T und der Wärmeausdehnungskoeffizienten α^E[5]. Die bidirektionale Kopplung wird in den von den jeweiligen Quergrößen abhängigen Werkstoffkonstanten berücksichtigt (obenstehende Indizes).

---

5 Die Indizes bei den Tensoren und Matrizen wurden an dieser Stelle weggelassen.

Bei der Rechnung wird die Verkopplung durch entsprechend erweiterte Werkstoffmatrizen berücksichtigt (Gl. 6.2b):

$$
\varepsilon_\mu \quad
\begin{array}{c|c|c}
\sigma_\lambda & E_{el} & \Delta T \\
\hline
s_{\lambda\mu} & d_{i\lambda} & \alpha_\lambda \\
\end{array}
\tag{6.2b}
$$

Diese Werkstoffmatrix ist eine 6×10-Matrix, die unter Berücksichtigung der Entropie S, der dielektrischen Verschiebung D und der Wärmekapazität C/T zu einer 10×10-Matrix ergänzt wird.

Simulation auf Systemebene

Die Netzwerksimulation eignet sich zur Berechnung des Systemverhaltens, insbesondere des dynamischen Verhaltens. Wie aber bereits oben erwähnt, erfordert insbesondere die Einführung analoger Netzwerkbauelemente (s. Tabelle 6.2) eine Bemassung der entsprechenden Bauelemente, die durch Simulation auf der physikalischen Ebene erreicht wird.

Im Schaltungssimulator SPICE ist ein Modell eines Drucksensors der Firma Motorola (MPX10/MC) verfügbar. Der piezoresistive Drucksensor wird durch einen Schaltplan modelliert, bei dem die druckabhängige Brückenspannung durch Spannungsquellen dargestellt wird. Die Temperaturabhängigkeit des piezoresistiven Effekts wird durch entsprechende temperaturabhängige Parameter der Spannungsquelle simuliert. Die Darstellung und Simulation in einem Schaltungssimulator wie SPICE und seinen Derivaten hat den Vorteil, dass relativ einfach zusätzliche Schaltungselemente wie etwa zur Temperaturkompensation oder zur Signalverstärkung mit in die Schaltung aufgenommen werden können. Damit ist dann eine Berechnung des Systemverhaltens in einem einzigen Simulator möglich.

Ein anderer Ansatz zur Systemsimulation beruht auf der Idee der sogenannten Werkzeugkopplung. Hierbei werden verschiedene Werkzeuge über standardisierte Datenaustauschformate miteinander verknüpft. Mit einem dieser Tools (STATEMATE, i-Logix, Inc) kann darüber hinaus die Funktion eines Gesamtsystems mit Hilfe von sogenannten Activity-Charts und Statecharts komponentenweise beschrieben werden. Die einzelnen Komponenten können dabei wiederum modellierte und simulierte Komponenten oder aber bereits reale, charakterisierte Teilsysteme sein. Mit fortschreitendem Realisierungsgrad können dann immer mehr simulierte durch charakterisierte Teile ersetzt werden [6-28], [6-35].

6.5.4   Spezielle Simulatoren für Mikrosysteme

Auf der Ebene der Prozesssimulation benötigt man außer den für Standardprozesse eingesetzten Simulatoren (z.B. SUPREME) spezielle Werkzeuge, etwa zur Ermittelung der Ergebnisse beim anisotropen Ätzen von kristallinem Silizium. Die Problemstellung hierbei ist, eine automatische Verknüpfung zwischen einem zweidimensionalen Layout und einem dreidimensionalen Modell herzustellen. Insbesondere der Weg von einem z.B. durch Simulation auf physikalischer/ geometrischer Ebene geprüften dreidimensionalen Modell zum zweidimensionalen Maskenlayout wäre wünschenswert. Die Simulationswerkzeuge SIMODE [6-36] ACESim [6-37] und ASEP [6-38] simulieren ausgehend von dem zweidimensionalem Maskenlayout das dreidimensionale Ätzergebnis.

Auf Makromodell-Ebene bieten die Schaltkreis-Simulatoren SABER und ELDO die Möglichkeit zur Simulation gemischt analog-digitaler und nichtelektronischer Bauelemente.

Bei den FEM-Programmen wird für die Mikrosystemtechnik neben dem bereits erwähnten Programm ANSYS für Problemstellungen in der Strukturmechanik und Thermodynamik das Programm ABACUS häufig verwendet. Fluidische Fragestellungen lassen sich mit dem Programm FIDAP und FLOTRAN lösen.

Für die Integrierte Optik gibt es mehrere Programmpakete, die den Entwurf und die Simulation von integriert-optischen Schaltungen (s. Kap. 5) unterstützen. Zum Teil werden in diesen Programmen auch Prozesssimulatoren integriert, so dass auch bereits die Herstellung von Lichtwellenleitern z.B. über Diffusion berechnet und daraus die Brechungsindex-Verteilung ermittelt werden kann. Sigraph Optics (Siemens) unterstützt vor allem den Entwurf, eine Schnittstelle zum Simulationsprogramm CAOS ist vorgesehen. Ein weiteres Programmpaket ist BPM-CAD (Optiware, Canada) und BBV Software (Niederlande). In die letztgenannte Aktivität ist inzwischen das Programm Optonex (ehemals Optonex Ltd., Finnland) eingeflossen. Ein weiteres Programmpaket zu diesem Thema ist BeamPROP (Optima research, UK). Damit stehen auf diesem speziellen Teilgebiet der Mikrosystemtechnik heute mehrere Programme zur Verfügung, die einen ingenieurmäßigen Entwurfsvorgang von der Erstellung der Layoutdaten, über die prozessabhängige Simulation der Lichtwellenleiter bis zur Simulation der integriert-optischen Elemente erlauben.

Der Entwurf und die Simulation beliebiger Mikrosysteme mit kommerziellen Softwarewerkzeugen muss dagegen noch immer als unbefriedigend bezeichnet werden, wenn auch in jüngster Zeit Verbesserungen zu verzeichnen sind. So wird im Rahmen von CMP (Circuit Multiprojects, Frankreich) das Mentor Graphics Entwurfsprogramm speziell für den Mikrosystementwurf eingesetzt [6-39]. In einer Bibliothek werden Mikrosystemelemente in HDL-A (analoge Hardware Beschreibungssprache) zur Verfügung gestellt. Für die Simulation von entworfenen Elementen wird ein Software eingesetzt, die aus dem Layout Parameter extrahiert, die dann in Netzwerklisten umgesetzt und in der Simulation verwendet werden. Die Simulation beruht auf einem parametrisierten Verhaltensmodell. Die Bibliothek enthält als Grundelemente Beschleunigungs-, Temperatur-, Feuchte- und Drucksensoren. Daneben werden Infrarot-Detektoren, Gasflusssensoren und auch Mikropumpen durch diese Bibliothek bereitgestellt. Die Simulation erfolgt mit Hilfe der sogenannten mixed-mode Mehrebenen-Simulatoren in Mentor Graphics (Accusim und Eldo). Ebenfalls integriert wurde der Ätzsimulator ACESim (s.o.). Das Werkzeug unterstützt Foundry-Prozesse sowohl der Volumen- wie der Oberflächenmikromechanik.

Das Programmpaket L-Edit/UPI Pro ^{TM} (Tanner/EDA) ist zunächst ein Entwurfswerkzeug mit den üblichen Merkmalen (etwa Design-Regel-Test) und der Möglichkeit, Querschnitte automatisch zu erzeugen und dann zu betrachten. Die Layout-Bibliothek enthält Standardzellen von Mikrosystemelementen und unterstützt auch Herstellungsprozesse für Mikrosysteme mehrerer Firmen bzw. Produkte (MCNC, Analog Devices, CMP). Die Simulation erfolgt über eine Parameterextraktion auf SPICE-Ebene [6-40].

Auch mit dem Simulationsprogramm SMASH^{TM} (Dolphin) können gemäß Herstellerangaben nicht nur die ganze Elektronik, sondern auch elektromechanische Mikrosysteme präzise simuliert werden [6-41]. In dem Programm werden auch Netzlisten erstellt, die z.B. in SPICE ausgewertet werden können.

Die Unterstützung des Entwurfs- und Simulationsvorgangs von Mikrosystemen in Standardprogrammpaketen aus dem Mikroelektronikbereich zeigt, dass der Mikrosystemtechnik eine wachsende Bedeutung zugemessen wird. Die obengenannten Entwicklungen stellen damit wesentliche Schritte für die Nutzung der Möglichkeiten der Mikrosystemtechnik auch von KMUs dar. Insbesondere durch Einbindung von Foundries und Standardprozessen der Mikromechanik sollte es daher in naher Zukunft auch für ein KMU möglich sein, Mikrosysteme fertigen zu lassen.

6.6   Aufgaben zur Lernkontrolle

Aufgabe 6.1:

Welcher Signalstandard ist in der Automobilindustrie für analoge Signale üblich?

Aufgabe 6.2:

Welche Vorteile haben digitale Schnittstellen?

Aufgabe 6.3:

Welche Vorteile hat die Einbindung von Mikrosystemen in digitalen Netzen?

Aufgabe 6.4:

Welche Merkmale machen den CAN+-Bus zu einem geeigneten Kandidaten für die Einbindung von Mikrosystemen in eine Busarchitektur?

Aufgabe 6.5:

Was unterscheidet den Entwurfsvorgang von Mikrosystemen von dem von »klassischen« Systemen? Was erschwert den Entwurf von Mikrosystemen?

Aufgabe 6.6:

Was versteht man unter Modellierung von Mikrosystemen? Welche Modellebenen gibt es?

Aufgabe 6.7:

Ein typisches Problem bei der Modellierung von Mikrosystemen ist die bidrektionale Kopplung. Was versteht man darunter (mit Beispiel)?

Aufgabe 6.8:

Welche billigen Methoden zur Chipabdeckung gibt es?

Aufgabe 6.9:

Welche wichtigen analogen Schnittstellenstandards gibt es?

Aufgabe 6.10:

Welche Vorteile hat ein Transducer-Hersteller von der Verwendung des vorgeschlagenen IEEE-P1451-Standards, wie wird die Anpassung eines Transducers an ein spezifisches Netzwerke bei diesem Vorschlag realisiert?

Aufgabe 6.11:

Wie sieht die Kopplungsmatrix einer ANSYS-Simulation für die Temperaturabhängigkeit des linear-elektrooptischen Effekts aus?

Aufgabe 6.12:

Warum ist die Aufbau- und Verbindungstechnik für die Realisierung von Mikrosystemen von sehr großer Bedeutung?

Aufgabe 6.13:

Was sind die Vorteile der Hybridintegration?

Aufgabe 6.14:

Gesucht ist die bei einer Verbindung mit Silizium auftretenden mechanischen Spannung bei einem Wärmeausdehnungskoeffizienten des Substats $\alpha_{substrat} = 5 \cdot 10^{-6}/K$, $\alpha_{si} = 3 \cdot 10^{-6}/K$, Temperaturdifferenz zwischen Bond- und Bezugstemperatur von 200 °C, E-Modul der Verbindungsschicht von $1 \cdot 10^9$ N/m^2, E-Modul des Substrats von $1 \cdot 10^{10}$ Pa, Verbindungslänge: 5 mm, Verbindungsschichtdicke 5 μm.

Aufgabe 6.15:

Welche Niedertemperaturverbindungsarten gibt es?

Aufgabe 6.16:

Welche Verbindungsarten eignen sich besonders für hermetisch dichte Verbindungen?

Aufgabe 6.17:

Welche Materialkombinationen kommen für das eutektische Verbinden von Si in Frage?

Weitere Aufgaben und Lösungen zu den Aufgaben:
http://www.fh-furtwangen.de/~meschede/Buch-MST.

Anhang

A   FEM-Simulation (ANSYS) mit gekoppelten Feldern

Beispiel einer FEM-Analyse eines mikromechanischen Sensors

A.1   Sensorbeschreibung

Der Sensor besteht aus einer ebenen Platte als seismische Masse. Die Masse ist an vier gefal-
teten Balkenstrukturen aufgehängt. Die Messung der Auslenkung der Masse erfolgt durch das
Messen der Kapazität des Plattenkondensators, bestehend aus der seismischen Masse und einer
Gegenelektrode, die sich unterhalb der Masse befindet.

Die Berechnung erfolgt mit der Methode der gekoppelten Felder. Die Auslenkung wird bestimmt durch die Beschleunigung und die elektrostatischen Kraft, die sich aufgrund einer angelegten Messspannung ergibt.

A.2   Eingabedatei für ANSYS

```
fini par!Markus Freudenreich; FH Furtwangen; 02.02.2004

/clear
/title, Beschleunigungssensor, aufgehängt an gefalteten Balken mit
kapazitivem Messprinzip
!    Einheiten: Masse: kg; Länge: µm; Zeit: s
!    Beschleunigung in µm/s²
!    Kraft in kg*µm/s² → µN

/prep7 !Starten des Preprozessors

!    Geometrieparameter Siliziumstruktur
sM = 1000                          ! Seitenlänge der seismischen Masse
t = 10                             ! Materialstärke (einheitlich)
sH = 50                            ! Breite der Balkenanbindung
Bl = 900                           ! Länge der Aufhängebalken
Sp = 10                  ! Laterales Spaltmass (zwischen den Balken)
gap = 20                           ! Luftspalt zur Messelektrode
span = 10                          ! Messspannung
elek = 800                         ! Seitenlänge der Messelektrode

*ask,beschl,Beschleunigung [in g],1 ! Beaufschlagte Beschleunigung in g
beschl=9.81e6*beschl                         ! Umrechnung in µm/s²

block„sM/2„sM/2„t                            ! Aufbau des Sensors
block,sM/2,(sM/2+2*Sp),sM/2-sH,sM/2„t
block,sM/2+Sp,sM/2+2*Sp,sm/2,-sM/2„t
```

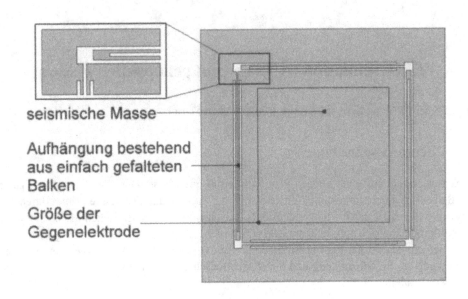

Bild A.1: Mikromechanischer Beschleunigungssensor. Der Einschub zeigt den vergrößerten Ausschnitt
der Aufhängung der seismischen Masse. Die sensitive Achse befindet sich normal zur Bildebe-
ne.

```
block,sM/2+3*Sp,sM/2+4*Sp,sM/2,-sM/2„t
block,sM/2+3*Sp,sM/2+5*Sp,sM/2-sH,sM/2„t
block,sM/2+Sp,sM/2+4*Sp,-sM/2,-sM/2+sH„t
vplo
vsel,u,volu„1
vovlap,all
allsell,all


block„sM/2„sM/2„-gap                      ! Luftvolumen unter Sensor
wpave,0,0,-gap
rect,0,elek/2,0,elek/2                    ! Definiert Grösse der Gegenelektrode
wpave
vsel,s,volu„2
aslv,s
asel,a,loc,z,-gap
vsel,all
vdele,2                                         ! Luftvolumen löschen
aovlap,all                          ! Begrenzungsflächen neu definieren
va,all                                         ! Neues Luftvolumen
vglue,all                             ! Alle Volumina zusammenfügen


allsel,all

et,1,122                               ! Temporäre Elemente für den Sensor
```

```
et,2,122                               ! Luftelemente
emunit,epzro,8.854e-6 ! Wählen des Einheitssystems für elektrostatische
Berechnung
mp,perx,2,1                     ! relative Permeabilität von Luft

vsel,u,volu„4,5       ! Alle Volumen, die nicht gemapped vernetzt werden
können
vatt,1„1              ! Zuweisen von Material- und Elementdefinitionen
mshkey,1                     ! mapped meshing für die Balkenstrukturen
mshape,0,3                        ! vernetzen mit Quader
vmesh,all                      ! Gewählte Volumina vernetzen
vsel,s,volu„4                         ! Seismische Masse
vatt,1„1                           ! Definitionen zuweisen
lsel,s,length„sM/2
lsel,r,loc,y,sM/2
lesize,all„,10,1                      ! Elementgrössen definieren
esize,sM/40
lsel,all
mshkey,0                         ! free meshing für die Masse
mshape,1,3                       ! vernetzen mit Tetraeder
vmesh,all                          ! vernetzen
vsel,s,volu„5                        ! Luft
cm,LUFT,volu                      ! Komponente Luft
vatt,2„2
vmesh,all

aslv,s                       ! Flächen des Volumen 5 selektieren
asel,r,loc,z,0                   ! Nur Fläche bei z=0
da,all,volt,span             ! Flächenpotential auf Messspannung
nsla,s,1                      ! Alle Knoten auf dieser Fläche
cm,KON1,node                 ! Knoten sind Komponente KON1
allsel,all
lsel,s,loc,z,-gap
lsel,r,length„elek/2
asll,s,1
da,all,volt,0
cm,guller,area
allsel,all
cmsel,s,guller,area
nsla,s,1
cm,KON2,node
allsel,all

et,1,0
physics,write,ELEKTROST
physics,clear

et,1,solid95 ! Ersetzten der temporären Elemente durch Strukturelemente
et,2,0                       ! Luftelement wird zu 0 gesetzt
```

```
mp,ex,1,169000                                              ! µN/µm²
mp,prxy,1,0.222
mp,dens,1,2.33e-15                                          !kg/µm³

asel,s,loc,x,0
da,all,ux,0
asel,s,loc,y,0
asel,r,loc,x,sM/4
da,all,uy,0
asel,s,loc,x,sM/2+5*Sp
da,all,all
allsel,all
acel,,,beschl
fini

physics,write,BESCHLEUNIG

/solu
essolv,'ELEKTROST','BESCHLEUNIG',3,0,'LUFT',,,10
fini

physics,read,ELEKTROST           ! Laden der elektrostatischen Umgebung

/solu
ldread,reac,last                          ! Verformungen laden
cmatrix,4,'KON',2,0,          ! Kapazität berechnen eines Viertelmodels

fini

physics,read,BESCHLEUNIG              ! oder physics,read,ELEKTROST

/post1
set,last
esel,s,type,,1                                            ! type,,2
plnsol,u,z                                         ! plnsol,ef,sum
!   restliche Auswertung erfolgt interaktiv
```

A.3   Ergebnisse der Simulation

Charakteristik des Sensors

Die Simulation wurde für verschiedene Beschleunigungen durchgeführt. Nachstehend ist die Kennlinie des Sensors für Beschleunigungen von 0 g (0 m/s²) bis 100 g (981 m/s²) aufgeführt.

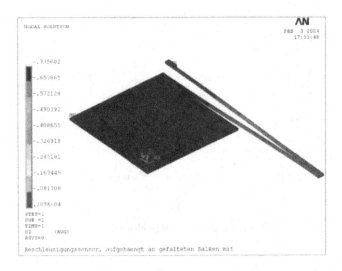

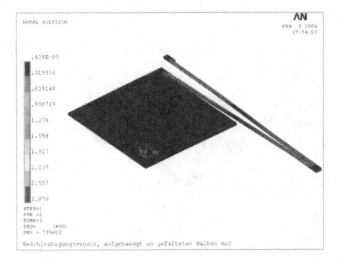

Bild A.2: Auslenkung der Sensorstrukturen bei einer Beschleunigung von 10 g. Die Messspannung beträgt 10 V. Rechts: Spannungsverlauf nach von Misses. Die in der Legende angegebenen Werte haben die Einheit von $\mu N/\mu m^2$. Belastungen gleich wie im linken Bild

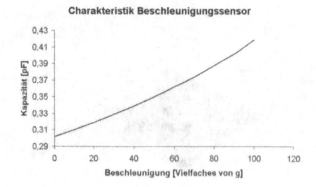

Bild A.3: Kennlinie des Beschleunigungssensors

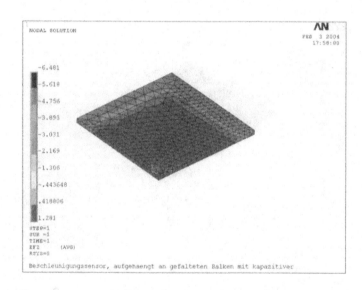

Bild A.4: Elektrisches Feld (z-Richtung) durch Messspannung im Bereich der Elektroden.

B   Verzeichnis der verwendeten Formelzeichen

Formelzeichen	Einheit	Bedeutung
α	m^{-1}	Absorptionskonstante
α	1/K	thermischer Ausdehnungskoeffizient
α	°	Winkel
α_{inkrit}	°	kritischer Einkopplungswinkel
α_{krit}	°	kritischer Führungswinkel
α_{th}	K^{-1}	thermischer Ausdehnungskoeffizient
α_{sub}	K^{-1}	thermischer Ausdehnungskoeffizient des Substrats bei Verbindung
α_{Si}	K^{-1}	thermischer Ausdehnungskoeffizient Silizium
β	m^{-1}	Ausbreitungskonstante der ebenen Welle
β_{ik}	—	Umkehrung der Permittivitätskoeffizienten
γ	kg/m^3	Dichte
γ_c	m^{-1}	Abklingparameter des evaneszenten Feldes in der Deckschicht
γ_s	m^{-1}	Abklingparameter des evaneszenten Feldes in der Substratschicht
$\vec{\nabla}$	m^{-1}	Nabla-Operator
Δ	m^{-2}	Laplace-Operator
Δ	—	Inkrement
ε	—	relative Dehnung
ε_{ij}	—	Komponente des Verzerrungstensors
ε_l	—	relative Längsdehnung
ε_r	—	Radialanteil der Dehnung
ε_r	—	relative Dielektrizitätskonstante
ε_q	—	relative Querdehnung
ε_T	—	Transversalanteil der Dehnung
$\hat{\varepsilon}_{ij}$	—	Komponenten des Permittivitätstensors
ε_λ	—	Komponente des Pseudovektors der Verzerrung
λ	m	Wellenlänge
λ	W/cmK	thermische Leitfähigkeit
λ_g	nm	Grenzwellenlänge (Absorptionskante)
μ	m^2/Vs	Ladungsträgerbeweglichkeit
μ_e	m^2/Vs	Beweglichkeit der Elektronen
μ_h	m^2/Vs	Beweglichkeit der Löcher
μ_{ij}	N/A^2	Komponenten des Permeabilitätstensors
η	%	Wandlungswirkungsgrad
η_{eff}	kg/ms	effektive Viskosität
η	kg/ms	Viskosität
ν		Poissonsche Querkontraktionszahl
ϕ_c	—	Phasensprung bei Reflexion am Deckschicht
ϕ_s	—	Phasensprung bei Reflexion am Substrat

Formelzeichen	Einheit	Bedeutung
$\vec{\Omega}$	°/s	Winkelgeschwindigkeit/ Drehrate
π_L	m^2/N	longitudinaler piezoresistive Koeffizient
π_S	m^2/N	piezoresistiver Koeffizient (Schereffekt)
π_T	m^2/N	transversaler piezoresistive Koeffizient
$\pi_{ij,kl}$	m^2/N	Komponente des Tensors der piezoresistiven Koeffizienten
$\pi_{\lambda\mu}$	m^2/N	Komponente der Matrix der piezoresistiven Koeffizienten (Pseudovektorschreibweise)
ρ_0	Ωm	spezifischer Widerstand
ρ_{ij}	Ωm	Komponente der Matrix des spezifischen Widerstandes
ρ_λ	Ωm	Komponente des spezifischen Widerstandes (Pseudovektorschreibweise)
σ	N/m^2	mechanische Spannung
σ	$(\Omega m)^{-1}$	elektrische Leitfähigkeit
σ_{kl}	N/m^2	Komponenten der Spannungstensors
σ_λ	N/m^2	Komponente des Pseudovektors der mechanischen Spannung
τ	N/m^2	Schubspannung
ω	s^{-1}	Kreisfrequenz
A	m^2	Fläche
A_f	—	numerische Apertur
a	m/s^2	Beschleunigung
a	m	Gitterkonstante
a_{im}	—	Richtungskosinus
B	$Vs/m^2 = T$	magnetisches Feld
b	m	Breite
b_{min}	m	minimal auflösbare Strukturbreite
C	$As/V = F$	Kapazität
c	kg/s	Dämpfung
$c_{ij,kl}$	N/m^2	Komponente des Tensors der mechanischen Konstanten
$c_{\lambda\mu}$	N/m^2	Komponente der Matrix der mechanischen Konstanten (Pseudovektorschreibweise)
$\vec{D}$	As/m^2	Dielektrische Verschiebungsdichte
DB	m	Durchbiegung bei Bimetallen
$d_{i\mu}$	As/N	Komponente des Tensors der piezoelektrischer Koeffizienten
$d_{j\lambda}^H$	As/N	Komponente des Tensors der piezomagnetischen Konstanten
E	N/m^2	Elastizitätsmodul
$\vec{E}$	V/m	elektrische Feldstärke
E_g	eV	Bandabstand
E_i	V/m	Komponenten der elektrische Feldstärke
e	As	Elementarladung

Formelzeichen	Einheit	Bedeutung
$e_{i\mu}$	As/m^2	Komponente des Tensors der piezoelektrischen Module
F	N	Kraft
$\vec{F}_{coriolis}$	N	Corioliskraft
F_i	—	Linearkombination der Richtungskosinusse l_i, m_i und n_i
F_{ij}	—	Linearkombination der Richtungskosinusse l_i, m_i, n_i und l_j m_j, n_j
F_R	N	Rückstellkraft
f	m	Brennweite
f	s^{-1}	Frequenz
f_0	s^{-1}	Frequenz der ersten Eigenresonanz
G	N/m^2	Schubmodul
G_{ij}	—	Linearkombination der Richtungskosinusse l_i, m_i, n_i und l_j m_j, n_j
G_{ijk}	—	Linearkombination der Richtungskosinusse l_i, m_i, n_i, l_j m_j, n_j und l_k m_k, n_k
$g_{i\mu}$	m^2/As	Komponente des Tensors der piezoelektrischer Koeffizienten
$h_{i\mu}$	N/As	Komponente des Tensors der piezoelektrischen Module
I	A	Strom
$\vec{j}$	A/m^2	Flächenstromdichte
k	N/m	Federkonstante
k	m^{-1}	Wellenzahl
$\vec{k}$	m^{-1}	Wellenvektor
k_{ab}	m^{-1}	Kopplungskoeffizienten
$k_{i\mu}$	—	Komponente des Tensors der piezolektrischen Kopplungskonstanten
k_{therm}	K^{-1}	thermische Krümmung
L_K	m	Kopplungslänge
l	m	Länge
l_i	—	Richtungskosinus bezogen auf 1-Achse
M	Nm	Biegemoment
M_s	A/m	Magnetisierung
m	kg	Masse
m	—	Ordnungszahl
m_i	—	Richtungskosinus bezogen auf 2-Achse
$m_{ij,km}$	—	Komponente des piezoelastischen Moduls
$m_{\lambda\mu}$	—	Komponente des piezoelastischen Moduls (Pseudovektorschreibweise)
N_A	—	numerische Apertur
n	—	Brechungsindex
n_c	—	Brechungsindex in Deckschicht
n_{eff}	—	effektiver Brechungsindex
n_f	—	Brechungsindex im Film
n_i	—	Richtungskosinus bezogen auf 3-Achse

Formelzeichen	Einheit	Bedeutung
n_s	—	Brechungsindex in Substratschicht
$\vec{P}$	As/m^2	Polarisation
$P_{ij,kl}$	$\Omega\,m^3/N$	Komponente des Tensors der spannungsinduzierten Widerstandsänderung
p	N/m^2	Druck
p	m^2/V^2	quadratischer elektro-optische Koeffizient
p_{el}	N/m^2	elektrostatisch erzeugter Druck
q	As	Ladung
R	Ω	Widerstand
R	m	Radius
r	m/V	lineare elektro-optische Koeffizient
r_h	m/s	horizontale (laterale) Ätzrate
$r_{\lambda i}$	m/v	Komponente des linearen elektro-optischen Tensor
r_v	m/s	vertikale Ätzrate
S	—	Selektivität
s	m	Abstand
$s_{ij,kl}$	m^2/N	Komponente des Tensors der mechanischen Koeffizienten
$s_{\lambda\mu}$	m^2/N	Komponente der Matrix der mechanischen Koeffizienten (Pseudovektorschreibweise)
T	s	Schwingungszeit
T	m	Tiefe
T	K	Temperatur (absolut)
T	—	Transmission
T_V	K	Verbindungstemperatur
U	V	elektrische Spannung
$\vec{v}$	m/s	Geschwindigkeit
W	m	Breite (width)
W	Ws	elektrische Energie
W_m	m	Breite (Maskierung)
w	m	Durchbiegung einer Platte
w_{es}	Ws/m^3	Energiedichte in einem Kondensator
w_{mag}	J/m^3	Energiedichte im Magnetfeld
x	m	Ort
x_e	m	Abklinglänge des evaneszenten Feldes

Tabellenverzeichnis

Abbildungsverzeichnis

Literaturverzeichnis

[Kapitel 1]

[1-1]   Wechsung, 4th European Strategic Roundtable on Microsystems, Genf April 1997

[1-2]   4th European Framework IT, Sep. 96

[1-3]   N. Schröder »Sensormärkte und Mikrosystemtechnik«, Tagungsband Technologiekongress-Vorträge IHK Schwarzwald-Baar-Heuberg, Band 9, 1994

[1-4]   G. Tschulena und H. Preis »Mikromechanik – eine neue Technik kündigt sich an«, 2. Symposium Mikrosystemtechnik (1992), Tagungsband

[1-5]   W. Wechsung, »Market Analysis of Microstructure Products«, Proc. EurosensorsXI Warschau (1997)

[1-6]   Micromachine Devices, Vol. 2, No. 8 (August 1998)

[1-7]   WTC-Präsentation bei ZeMis, Juli 2003, Stuttgart, Daten von »NEXUS market analysis report 2002«

[1-8]   K. Petersen »MEMS: What lies ahead?«, Tagungsband Transducers95, Stockholm (1995)

[1-9]   J. Marek, M. Möllendorf »Mikrotechniken im Automobil«, me, Heft 3 (1995)

[1-10] K.I. Choudry »Head up Displays – Image generation using moving mirrors", Thesis, Masterstudiengang Microsystems Engineering, Furtwangen, Juni 2002«

[1-11] Bosch Research Info, Ausgabe 1/2003

[1-12] Micromachine Devices »European study sees MEMS market at more than \$34 billion by '02«, No. 5 (May 1997)

[1-13] D. Schaudel, »Mikrosystemtechnik-Hoffnungsträger oder Totengräber der mittelständischen Industrie?«, VDI-Berichte 1255, S. 1 – 14, VDI-Verlag 1996

[Kapitel 2]

[2-1]   K. E. Petersen »Silicon as Mechanical Material«,Proc. IEEE 70 (1982), p. 420 – 457

[2-2]   K. J. Bachmann »The Material Science of Microelectronics«, VCH Verlag (1995)

[2-3]   W. Benecke, A. Heuberger »Mikrostrukturierung/Mikromechanik für die Sensorik«,in Technologietrends in der Sensorik-VDI/VDE-Technologiezentrum Informationstechnik (1988)

[2-4]   D. Widmann, H. Mader, H. Friedrich »Technologie hochintegrierter Schaltungen«, Halbleiter-Elektronik 19, Springer-Verlag, 1988

[2-5]   G. Schumicki et al. »Pozeßtechnologie«, Springer-Verlag (1991)

[2-6]   S. M. Sze »VLSI Technology«, McGraw Hill (1985)

[2-7]   H.G. Danielmeyer »Silizium-Mikroelektronik: Stand und Trends in der Prozeßtechnik«, in J. Werner, J. Wieder, W. Rühle (Hrsgb.) »Halbleiter in Forschung und Technik«, expert verlag (1991), 85 – 106

[2-8]   S. Büttgenbach, »Mikromechanik«, Teubner-Verlag (1991)

[2-9]   R.E. Honig, »Vapor pressure data for the solid and liquid elements«, RCA Rev. 23 (1962), 567

[2-10]   Patent DE4241045, US 5501893 und EP 625285, Erfinder Franz Lärmer, Andrea Schilp

[2-11]   H. V. Jansen, M. J. de Boer, R. Legtenberg, M. C. Elenspoek, »The black silicon method: a universal method for determining the parameter setting of a fluorine based reactive ion etcher in deep silicon trench etching with profile control.«, *Journal of Micromech. Microeng.* **5.** pp 115 – 20, (1995)

[2-12]   »Comparison of Bosch and cryogenic processes for patterning high aspect ratio features in silicon«, Martin J. Walker, Oxford Instruments Plasma Technology

[2-13]   A. Heuberger (Hrsg.) »Mikromechanik«, Springer Verlag, 1991

[2-14]   H.Seidel in A. Heuberger (Hrsg.) »Mikromechanik«; Springer-Verlag (1991), Kap. 3.2

[2-15]   Abschlußbericht zum Forschungsvorhaben NT 2735B, »Herstellung und elektronenoptische Vermessung von mikromechanischen Eichnormalen für die Halbleitertechnik«, 1990

[2-16]   W. Benecke, in »Mikromechanik«, A. Heuberger (Hrsg.), Springer-Verlag 1991, Kap. 4.1

[2-17]   H. Seidel, »Der Mechanismus des Siliziumätzens in alkalischen Lösungen«, Dissertation im Fachbereich Chemie der Freien Universität Berlin (1986)

[2-18]   J.B. Price »Anisotropic Etching of Silicon with KOH-H2O-Isopropyl Alcohol« in »Semiconductor Silicon«, Proceedings of Electrochemical Society , Princton (NJ), 1973, p.339

[2-19]   R.M. Finne, D.L. Klein » A water soluble amine complexing agent system for etching Si«, Journal Electrochemical Society, Vo. 114, p. 965 (1967)

[2-20]   U. Schnakenberg et al., »TMAHW etchants for silicon micromachining« Proceedings Transducers'91, San Francisco (1991), 815 – 818)

[2-21]   H. Seidel, L. Czepregi, »Studies on the anisotropy and selectivity of etchants used for the fabrication of stressfree structures«, Proc. Electrochem. Society, Montreal (Kanada), 123 (1982), p. 194

[2-22]   A. Heuberger »X-ray lithography«, J. Vac. Sci. Technol. B6 (1), Jan/Feb 1988, S. 107 – 121

[2-23]   H.-J. Herzog, L. Czepregi, H. Seidel »X-ray investigation of boron- and germanium-doped silicon epitaxial layers«, Journal Electrochem. Society 131 (1984) p. 2696

[2-24]   H.A. Waggener »Electrochemically controlled Thinning of Silicon«, Bell Syst. Tech. Journal, Vol 50 (1970), p. 473

[2-25]   L. Ristic (ed) »Sensor technology and devices«, Artech House, 1994

[2-26]   U. Mescheder, S. Majer »Micromechanical Inclinometer«, Sensors&Actuators, A60 (1997), 134–138

[2-27]   E. Steinsland et al. »InSitu Measurement O Etch Rate Of Single Crystal Silicon« Digest of Technical Papers , Vol 1 Transducers97 (1997), p. 707

[2-28]   U. Mescheder et al. »Optische Insitu-Prozeßkontrolle beim anisotropen Ätzen von Si-Membranen« in »Sensoren und Meßsysteme, VDI-Verlag, 1998, S. 365 – 372

[2-29]   R.W. Howe, R.S. Muller, Proc. Electrochem. Soc. Meeting, Montreal (1982), 182-1, p. 184

[2-30] L.S.Fan, Y.C. Tai, R.S. Muller, »Pin Joints, Gears, Springs, Cranks and Other Novel Mi-cromechanical Structures«, Proceedings Transducers87 (1987), p. 849

[2-31] P. Steiner et. al »Using porous silicon as a scrificial layer, Journal Micromech. Microeng. 3 (1993) p. 32

[2-32] P.R. Scheeper, J.A. Voorthuyzen, W. Olthius, P. Bergveld »Investigation fo Attractive Forces Between PECVD Silicon Nitride Microstructures and an Oxidized Silicon Sub-strate«, Sensor and Actuators, Vol A30, 1992, p. 231

[2-33] Beschleunigungssensor ADXL50: Firmenschrift Analog Devices 1992

[2-34] European Semiconductor, July/August 1997, p. 35

[2-35] E.W. Becker, H. Betz, W. Ehrfeld, W. Glashauser, A. Heuberger, H.J. Michel, D. Münch-meyer, S. Pongratz, R.v. Siemens: Naturwissenschaften 69, (1982) p. 520

[2-36] W. Menz, P. Bley »Mikrosystemtechnik für Ingenieure«, VCH, 1993

[2-37] A. Heuberger, »X-ray lithography« Solid State Technology (1986), S. 93 – 101

[2-38] Fa. Suess, Firmenschrift

[2-39] S. Pongratz et al. »State of the Art of Pattern Placement Accuracy of Silicon X-Ray Master Masks« Microc. Eng. 8 (1989), pp.117

[2-40] H. Lüthje et al. »X-Ray Mask Technology: Precise Etching of Sub-half-micron Tungsten Absorber Features«, Microc. Eng. 9 (1990), pp. 255

[2-41] Abschlußbericht zum BMFT-Forschungsvorhaben NT 2686 E, »Entwicklung und Erpro-bung der Röntgenstrahllithographie als Prozeßtechnik für Sub-μm-Baulemente, 1988, p. 48

[2-42] KfK-Nachrichten, Jahrgang 23 (1991), S. 86 und 98

[2-43] U. Wallrabe et al. IEEE Catalog No. 92CH3093-2, Tagungsband MEMS '92, Travemünde (1992), S. 139–140

[2-44] R. Bischofberger, H. Zimmermann, G. Staufert, »Low-Cost HARMS-Process«, Sensors] &Actuators, 1997

[2-45] B. Löchel, et al. »UV depth lithography and galvano forming for micromachinig«, Proc, 186th ECS Meeting, 2nd Intern. Symp. on Electrochem. Microfabrication, USA, (1994)

[2-46] P. Greiff, »SOI Based Micromechanical Process« in *micromachining and microfabricati-on process technology (proceedings of SPIE)*. Austin, Texas, 1995, pp 74 – 81

[2-47] U. Mescheder, A. Kovacs, »Surface Micromachining Process for C-Si as Active Materi-al«, Digest of Technical Papers of the Transducers '01, Eurosensors XV, pp. 218 – 221, Munich, Germany, June 2001

[2-48] M. Freudenreich, U. M. Mescheder, G. Somogyi, »Design Considerations and Realizati-on of a novel Micromechanical Bi-stable Switch«, Digest of Transducers03, Boston, Juni 2003, p. 1096–1099]

[2-49] L.Canham, *Properties of porous silicon*, INSPEC, London, 1997

[2-50] U.M. Mescheder, A. Kovacs, W. Kronast, I. Bársony, M. Ádám and Cs. Dücsö, »Porous silicon as multifunctional material in MEMS«, Proceedings of IEEE-Nanotechnology, Maui (USA), 2001, pp. 483 – 488

[2-51] P. Allongue, in L. Canham (ed) »Properties of porous Si«, Inspec, London,1997

[2-52] P.C. Searson et al, J.Appl. Phys 72 (1992),

[2-53] L. Smith, J.Appl. Phys., Vol. 71 (1992)

[2-54] Riley, Semiconductor Micromachining, Vol. 1, Chapter 7

[2-55] Z.M.Rittersma et al.: A novel surface micromachined capacitive porous silicon humidity sensor., Sens. Actuators B 68 (2000), 210 – 217

[2-56] P. Fürjes, A. Kovács, Cs. Dücsö, M. Ádám, B. Müller and U. Mescheder »Porous Silicon Based Humidity Sensor with Interdigital Electrodes and Internal Heaters«, Sensors and Actuators B: Chemical, Volume 95, Issues 1 – 3, 15 October 2003, Pages 140 – 144

[2-57] J. Konle et al. Nano-sized pore formation in p-type silicon for automotive applications, Proceedings IEEE-Nano 2002, p. 457 – 460

[2-58] http://www.neahpower.com/technology/oursolution.html, February 2003

[2-59] G.Kaltsas, A.G.Nassiopoulou, *Front-side bulk micromachining using porous silicon technology*, Sensors and Actuators (1998) 175 – 179

[2-60] S. Ambruster et al. »A novel micromachining process for the fabrication of monocrystalline Si-membranes using porous silicon« digests of the 12th Intern. Conf. On Solid State Sensors, Actuators and Microsystems, Boston (2003), 246 – 249

[Kapitel 3]

[3-1] W. Göpel, J. Hesse, J.N. Zemel (Hrsgb.) »Sensors«, Vol 2/3 »Chemical and Biochemical Sensors«, und Vol. 6 »Optical Sensors«, VCH Verlag (1994)

[3-2] A. Heuberger (Hrsg.) »Mikromechanik«, Springer Verlag, 1991

[3-3] Y. Kanda »Piezoresistance effect of silicon«, Sensors&Actuators A28 (1991) 83 – 91

[3-4] C.S. Smith »Piezoresistance Effect in Germanium and Silicon«, Phys. Review, 94, No.1 (1954) 42 – 49

[3-5] W.P. Mason, R.N. Thurston, »Use of Piezoresistive Materials in the Measurement of Displacement, Force, and Torque«, Journal of Accoustical Soc. of America, Vol 29, No. 10, (1957), 1096 – 1101

[3-6] H. Reichl (Hrsg.) »Halbleitersensoren«, Expert Verlag, 1989

[3-7] R.N. Thurston, Kap. 11 »Use of semiconductor Transducers in Measuring Strains, Accelerations and Displacements«, in Physical Acoustics, Vol. 1 (1964)

[3-8] H. Schaumburg, »Werkstoffe und Bauelemente der Elektrotechnik«, Bd. 3 »Sensoren«, Teubner Verlag 1992, Appendix

[3-9] S. Majer, U.Mescheder »Simulation supported design of micromechanical sensors«, in »Simulation and Design of Microsystems and Microstructures, p. 329 – 337, Computational Mechanics Publication Southampton/Boston, 1995

[3-10] S. Timoshenko und S. Woinowsky-Krieger, Abschnitt 16 in »Theory of Plates and Shells«, 2nd edition, McGraw-Hill (1987)

[3-11] Motorola, Firmenschrift

[3-12] Offereins: »Stressfreie Montage für Bauelemente der Mikrosystemtechnik«, Tagungsband des 2. Symposiums für Mikrosystemtechnik, Regensburg, 1992

[3-13] Ch. Hierold et al. »CMOS-kompatible Oberflächenmikromechanik: Schlüsseltechnologie für integrierte Mikrosysteme«, ITG-Fachbericht 148, Sensoren und Meßsysteme (1998) 15 – 22

[3-14] D. Tandeske, »Pressure Sensors«, marcel dekker, Inc., New York

[3-15] H.L. Chau and K. D. Wise, »An ultraminiature solid-state pressure sensor for a cardivas-cular catheter«, IEEE Trans. on Elect. Dev., vol 35, No. 12, (1988), 2355 – 2362

[3-16] J. Smits, H. Tilmans, T. Lammerink »Pressure dependence of resonant pressure sensor«, Transducers 85, (Philadelphia 1985) 93ff

[3-17] W.D. Siuru, »Sensing Tire Pressure on the Move«, Sensors, (1990) 16ff

[3-18] L. Ristic (ed) »Sensor technology and devices«, Artech House, 1994

[3-19] U. Mescheder et al. »2-Achsen-Neigungssensor: Simulation und Realisation«, VDI-Berichte 1255, S. 83 – 94, VDI-Verlag 1996

[3-20] Beschleunigungssensor ADXL50: Firmenschrift Analog Devices 1992

[3-21] Analog Devices, Produkt Information ADXL 250

[3-22] Beschleunigungssensor: Mannesmann-Kienzle, Firmenschrift

[3-23] C. Song »Commercial Vision of Silicon Based Inertial Sensors«, Tagungsband Transdu-cers97, Band 2, (Chicago 1997) 839 – 842

[3-24] W. Beneke et al. »A frequency selective silicon vibration sensor«. Proc. Transducers 85 (Philadelphia 85), 105

[3-25] U. Mescheder, S. Majer »Micromechanical Inclinometer«, Sensors&Actuators, A60 (1997) 134-138]

[3-26] S. Billat et al. »Micromachined inclinometer with high sensitivity and very good stabili-ty«, Techn. Digest Transducers'01 München, (Juni 2001), p 1488 – 1491

[3-27] H. Plöchinger: »Neigungs- und Beschleunigungssensor« Deutsches Patent, DE 4243 978 C 1, 1992

[3-28] A. M. Leung, J. Jones, E. Czyzewska, J. Chen and B. Woods, »Micromachined accelero-meter based on convection heat transfer«, MEMS 98, pp 627 – 630, 1998

[3-29] V. Milanovic, E. Bowen, Nim Tea, J. Suehle, B.Payne, M. Zaghloul and M. Gaitan, »Con-vection based accelerometer and tilt sensor implemented in standard CMOS«, MEMS 98, pp 487 – 490, 1998

[3-30] M. Kranz et al. »A wide dynamic Range Silicon-On-Insulator MEMS Gyroscope with digital Force Feedback«, Techn. Digest Transducers'03, (Juni 2003), Boston (USA), 159 – 162

[3-31] N. Yazdi, F. Ayazi, K. Nahafi »Micromachined Inertial Sensors«, Proceedings of IEEE, Vol. 86, No.8 August 1998, S. 1640 – 1659

[3-32] K. Funk et al. »A surface micromachined Silicon Gyroscope using a thick Polysilicon Layer«; Micro Electro Mechanical Systems, 1999. MEMS '99. Twelfth IEEE Internatio-nal Conference on 17 – 21 Jan. 1999 S.57 – 60

[3-33] M. Lutz et al. »A precision yaw rate sensor in silicon micromachining«, Techn. Digest Transducers'97, Chicago (USA), (Juni 1997), 847 – 850

[3-34] D. Maurer, Diplomarbeit, FH Furtwangen, 1997

[3-35] M. Braxmaier et al. »Cross-Coupling of the Oscillation Modes of vibratory Gyroscopes« Techn. Digest Transducers'03, (Juni 2003), Boston (USA), 167 – 170

[3-36] T.B. Gabrielson »Mechanical-thermal noise in micromachined acoustic and vibration sen-sors«, IEEE Trans. El. Devices, vol. 40, 903 – 909, Mai 1993

[3-37] P. Greiff et al. »Silicon monolithic micromechanical gyroscope«, Tech. Digest Transducers'91, San Francisco (USA), Juni 1991, pp. 996 – 968

[3-38] W.A. Clark et al. »Surface micromachined z-axis vibratory rate gyroscope«, Tech. Digest
of Solid-State

[3-39] M. Niu et al. »Design and characteristics of two-gimbals micro-gyroscopes fabricated
with quasi-LIGA process« Solid State Sensors and Actuators, 1997. TRANSDUCERS
'97 Chicago., (Juni 1997) International Conference on , Vol. 2 891 – 894

[3-40] R.R. Ragan and D.D. Lynch »Inertial technology for the future, Part X: Hemispherical
resonator gyro«, IEEE Trans.Aerosp. Electron. Syst., Vol. AES-20, p.432 (Juli 1984)

[3-41] A. Gaißer et al. »New Digital Readout Electronics for Capacitive Sensors by the Example
of Micro-Machined Gyroscopes«, Techn. Digest Transducers'01 München, (Juni 2001),
472 – 475

[3-42] Sensors update, Vol. 6, Seite 90 ff

[3-43] Sensors catalog s. 10, Bosch GmbH

[3-44] D. Krakauer »Integrated MEMS gyroscope enables new apps«, MicroNano, Vol. 8, No.
11 (Nov. 2003) 1 – 2

[3-45] analog.com/library/analogDialogue/archives/37-03/gyro.html

[3-46] Analog Devices, ADXRS150, data sheet C03226-0-1/03(A), 2003

[3-47] S.A. Bhave et al »AN INTEGRATED, VERTICAL-DRIVE, IN-PLANE-SENSE MI-
CROGYROSCOPE«, Techn. Digest conference on solid-state sensors and actuators,
Transducers'03, Boston (USA), Juni 2003, 171 – 174

[3-48] W. Kühnel and G. Hess, »Micromachined subminiature condenser microphones in silicon«, Sensors and Actuators A32 (1992) 560 – 564

[3-49] R. S. Hijab, R.S. Muller, »Micromechanical thin-film cavity structures for low-pressure
and acoustic transducer applications«, Tagungsband Transducers'85, (Philadelphia 1985)
178 – 181

[3-50] W. Kühnel, »Silicon condenser microphone with integrated field effect transistor«, Sensors and Actuators A25-27, (1991) 521 – 525

[3-51] W. Kronast et al. »Single-chip condenser microphone using porous silicon as sacrificial
layer for the air gap«, Tagungsband der MEMS98, (Heidelberg 1998) 591 – 596

[3-52] A. Kovacs and A. Stoffel »Integrated condenser microphone with polsilicon electrodes«,
Proceedings 6th Micromechanics workshop, MME'95, (Copenhagen 1995) 132 – 135

[3-53] A. Stoffel et al. Application filed for US Patent 09/010,032

[Kapitel 4]

[4-1] W. S. N. Trimmer, K. J. Gabriel »Design considerations for a practical electrostatic micro-
motor«, Sensors and Actuators 11 (1987)

[4-2] V. P. Jaecklin, C. Linder, N. F. de Rooij »Comb actuators for xy-microstages«, Sensors
and Actuators A, 39 (1993) 83 – 89

[4-3] Heywang »Sensorik«, Springer Verlag (1988)

[4-4] U. Dibbern »Piezoelectric Actuators in Multilayer Technique«, Proceedings Actuators 94,
Ed. H. Borgmann, L. Lenz (Bremen 1994) 114 – 118

[4-5] M. Sakata et al. »Sputtered high d31 coefficient PZT thin film for micro actuator«, MEMS 96 (San Diego 1996) 263–266

[4-6] H. Janocha, Hrsg., »Aktoren, Grundlagen und Anwendungen«, Springer-Verlag, 1992

[4-7] E. de Lacheisserie »Magnetostriction: Theory and application«, ed., CRC Press (1993) 410 ff

[4-8] A. E. Clark »Magnetostrictive rare earth-Fe_2 compounds«, Ferromagnetic Materials, Ed. E. P. Wohlfarth, USA, Tome 1 (1980) 531–588

[4-9] M.B. Molfett »Characterisation of Terfenol-D for magnetostrictive transducers«, JASA, 89 (3) (1991) 1448–1455

[4-10] F. Claeyssen et. Al. »State of the art in the field of magnetostrictive actuators«, Proc. Actuators 94, Ed. H. Borgmann, L. Lenz (Bremen 1994), 203–209

[4-11] E. Quandt et al. »Magnetostrictive thin film actuators«, Proc. Actuators 94, Ed. H. Borgmann, L. Lenz, (Bremen 1994) 229–231

[4-12] G. Flik »Giant magnetostrictive thin film transducers for microsystems«, Proc. Actuators 94, Ed. H. Borgmann, L. Lenz, (Bremen 1994) 232–235

[4-13] J. Van Humbeeck et al. »Shape memory alloys: materials in action«, Endesvour, New Series, Volume 15, No.4 (1991) 148–154

[4-14] A.D. Johnson et. al. »Fabrication of silicon-based shape memory alloy micro-actuators«, Mat. Res. Soc. Symp. Proc. Vol. 276, 1992

[4-15] J. A. Walker, Sensors&Actuators, A21-23, (1990) 243–246

[4-16] W. L. Benard et al, »A titanium-nickel shape-memory alloy actuated micropump«, Proceedings Transducers 97, (Chicago 1997) 361–364

[4-17] M. Kohl, K. D. Skrobanek »Linear microactuators based on the shape memory effect«, in Proceedings Transducers 97, (Chicago 1997) 785–788,

[4-18] J. H. J. Fluitman, H. Guckel, »Micro Actuator Principles«, in MST news, No. 18 (1996)

[4-19] New Scientist, Nr. 1895, (1993) S. 20

[4-20] W. Riethmüller, W. Benecke, »Thermally excited silicon microactuators«, IEEE Trans. On elect. Devices 35 No. 6 (1988) 758–763

[4-21] F. Pantuso, Micromachine Devices No. 6 (1997) 1–2

[4-22] J. Franz et al., »A silicon microvalve with integrated flow sensor«, Proceedings Transducers'95, Vol. 2 (Stockholm 1995) 313–316

[4-23] Willis M. Winslow, US-Patent Nr. 2.417.550, 1947

[4-24] J. Judy, »Magnetic microactuators with polysilicon flexures«, Master-Report, (Berkeley 1994) p. 3

[4-25] B. Wagner et al. »Microactuators with moving magnets for linear, torsional or multiaxial motion«, Sensors&Actuators A32 (1992), 598–603

[4-26] L. Czepregi et al. »Technologie dünn geätzter Siliziumfolien im Hinblick auf monolithisch integrierbare Sensoren«, BMFT-Forschungsbericht T84-209, 1984

[4-27] Masayosi Esashi »Integrated microflow control systems«, Sensors and Actuators A21-A23 (1990) 161–167

[4-28] R. Zengerle, A. Richter, »Eine Mikromembranpumpe mit elektrostatischem oder pneumatischen Antrieb«, Tagungsband des 2. Symposiums Mikrosystemtechnik, (Regensburg 1992) 207–214

[4-29] J. W. Judy et al, »Surface-machined micromechanical membrane pump«, IEEE-MEMS wordshop, (1991). Nara (Japan), Tagungsband, pp. 182–186

[4-30] R. Linnemann et al., »A full-wafer mounted self-priming and bubble-tolerant piezoelectric silicon micropump«, Tagungsband Actuators98 (Bremen 1998) 78–81

[4-31] R. Zengerle et al. »A micro membrane pump with electrostatic actuation«, Proceedings of MEMS, (1992), pp.19–24

[4-32] K. Sato et al. »Electrostatic film actuator with a large vertical displacement«, Proceedings MEMS92, (1992), pp. 1–5

[4-33] M. Stehr et al., »A new micropump with bidirectional fluid transport and selfblocking effect«, Tagungsband MEMS96, (San Diego 1996) 485–490

[4-34] L. Kuhn et al. »Silicon charge electrode array for ink jet printing«, IEEE Transaction on el. Devices 25, No. 10 (1978), 1257

[4-35] A. Heuberger (Hrsg) »Mikromechanik«; Springer-Verlag (1991)

[4-36] K. Petersen, »Fabrication of an integrated, planar silicon ink-jet structure«, IEEE Transaction on el. devices 26, No. 12 (1979), 1918

[4-37] W. Wehl »Tintenstrahldrucktechnologie: Paradigma und Motor der Mikrosystemtechnik«, F&M 103 (1995), 6, pp. 318–324

[4-38] W. Wehl, »Tintenstrahldrucktechnologie: Paradigma und Motor der Mikrosystemtechnik«, F&M 103 (1995), 9, pp. 486–491

[4-39] http://www.ti.com/corp/docs/history/dmd.htm, »Digital Micromirror Device Delivering on Promises of ›Brighter‹ Future for Imaging Applications«

[4-40] J. Guldberg et al. »A aluminium/SiO$_2$ silicon on saphire light valve matgrix for projection displays«, Applied Phys. Lett. 26 (1975), 765

[4-41] Opto&Laser Europe, Sept. 1996 p. 16

[4-42] M. Mignardi »Digital micromirror array for projection TV«, in Solid State Technology, Juli 1994, 63–68

[4-43] G.M. Rebeiz, »RF-MEMS Switches: Status of the Technology«, Proceedings International Conference on Solid State Sensors, Actuators and Microsystems, Transducers03, Boston (USA), Juni 2003, 1726–1729

[4-44] G.M. Rebeiz »RF MEMS Switches and Switch Circuits«, IEEE Microwave Magazine (Dec. 2001), 59–71

[4-45] J Jason Yao »TOPICAL REVIEW: RF MEMS from a device perspective« J. Micromech. Microeng. 10 (2000) R9–R38

[4-46] WTC-Präsentation bei ZeMis, Juli 2003, Stuttgart, Daten von »NEXUS market analysis report 2002«

[4-47] K.E. Petersen »Dynamic Micromechanics on Silicon«, IEEE Transactions on Electron Devices, vol. ED-25, Nr. 10 (Okt. 1978) 1241–1250

[4-48] H.F. Schlaak »Potentials and Limits of Micro-Electromechanical Systems for Relays and Switches«, 21st Internat. Conference on Electrical Contacts, 9–12 Sep. 2002, Zurich, Conference Proceedings

[4-49] R. Holm: Electrical Contacts Handbook, Berlin, Heidelberg, New York, Springer 1967

[4-50] A. Keil et al. »Elektrische Kontakte und ihre Werkstoffe«, Berlin, Heidelberg, New York, Tokyo, Springer Verlag 1984

[4-51] J. Schimkat, H.-J. Gevatter, L. Kiesewetter, »Gold-Nickel als Kontaktwerkstoff für ein Silizium-Mikrorelais«, F&M 104 (1996), 7 – 8, S. 515 – 518

[4-52] D. Saias et al. »An above IC MEMS RF Switch«, IEEE Journal of Solid-State circuits, Vol. 38, no. 12, Dec. 2003, S. 2318 – 2324

[4-53] M. Freudenreich, U. M. Mescheder, G. Somogyi, »Design Considerations and Realization of a novel Micromechanical Bi-stable Switch«, Digest of Transducers03, Boston (USA), Juni 2003, p. 1096 – 1099

[4-54] S. Hannoe et. al »Mechanical and electrical characteristics of ultra-low-force contacts used in micromechanical relays«, Proceedings 17th Internat. Conference on electrical contacts (Nagoy, 1994), 185 – 190

[4-55] H.-S. Lee et al., »Integrated Microrelays: Concept and initial results«, Journ. of Microelectromechanical Systems, Vol. 11, no. 2, (April 2002), S. 147 – 153

[4-56] K. Hiltmann et al. »Development of micromechanical switches with increased reliability«, Transducers 97, 1157 – 1160

[4-57] H.F. Schlaak et al. »Silicon-Microrelay with Electrostatic Moving Wedge Actuator – New Functions and Miniturisation by Micromechanics«, Proc. Micro System Technologies, '96, Potsdam, (1996), VDE-Verlag, pp. 463 – 468

[4-58] http://www.memsrus.com/figs/techrelay.pdf

[4-59] G.M. Rebeiz, »RF MEMS, Theory, Design and Technology«, Wiley, New York, 2003

[4-60] R.J. Richards, H.J. De Los Santos »MEMS for RF/Microwave Wireless Applications: the next wave«, Microwave Journal (März 2001) S. 20 – 26

[4-61] Z.J. Yao et al. »Micromachined low-loss microwave switches«, IEEE Journ. of Microelectromechanical Systems, vol. 8 (1999), 129 – 134

[4-62] A.Q. Liu, X.M. Zhang, V.M. Murukeshan, Q.X. Zhang, Q.B. Zou and S. Uppili, »Optical Switch Using Draw-Bridge Micromirror for Large Array Crossconnects«, Tech. Digest Transducers '01 – Eurosensors XV, Munich, Germany, June 10 – 14, 2001, pp. 1324 – 1327

[4-63] P.D. Dobbelaere et al. »Digital MEMS for Optical Switching«, IEEE Communications Magazine, (März 2002), S. 88 – 95

[4-64] www.sercalo.com

[4-65] C. Marxer, N.F. de Rooij, »Micro-opto-mechanical 2×2 switch for single-mode fibers based on plasma-etched silicon mirror and electrostatic actuation«, J. of Lightwave Technology, Vol. 17, No. 1 (Januar 1999), S. 2 – 6

[4-66] K. Hara, K, Hane, M. Sasaki and M. Kohl, »Si micromechanical Fiber-Optic Switch with Shape Memory Alloy Microactuator«, Solid-State Sensors and Actuators – Transducers '99, Sendai, Japan, June 7 – 10, 1999, pp. 790 – 793

[4-67] M. Hoffmann, P. Kopka, E. Voges, »Lensless Latching-Type Fiber Switches Using Silicon Micromachined Actuators«, 25th Optical Fiber Communication Conference, OFC 2000, Baltimore, Maryland, USA, Technical Digest, Thursday, March 9, 2000, pp. 250 – 252

[4-68] C. Gonzáles and S.D. Collins, »Magnetically actuated fiber-optic switch with micromachined positioning stages«, OPTICAL LETTERS, Vol. 22, No. 10, May 15., 1997, pp. 709–711

[4-69] M.Herding, F.Richardt, P.Woias »A novel approach to low-cost optical fiber switches«, Proceedings of the International Conference on Optical MEMS, 18–21 Aug 2003, Waikoloa, Hawaii, USA, pp.141–142

[4-70] P. Kopka et al. »Bistable 2×2 and multistable 1×4 micromechanical fibre-optical switches on silicon«, Proceedings of Micro Opto Electro Mechanical Systems, MOEMS 99 (1999), S. 88–91

[4-71] Mattias Vangbo and Ylva Bäcklund, »A lateral symmetrically bistable buckled beam«, J. Micromech. Microeng. 8 (1998), pp. 29–32

[4-72] Brian D. Jensen et al., @glqqDesign Optimization of a fully-compliant bistable micromechanism«, Tech. Digest of 2001 ASME International Mechanical Engineering Congress and Exposition, November 11–16, 2001, New York, NY, pp. 1–7

[4-73] Jin Qui et al. »A Centrally-Clamped Parallel-Beam Bistable MEMS Mechanism«, Proc. IEEE Micro Electro Mechanical Systems (MEMS) 2001, pp. 353–356

[4-74] Mattias Vangbo, »An analytical analysis of a compressed bistable buckled beam«, Sensors and Actuators A69 (1998), pp. 212–216

[4-75] V. P. Jaecklin et al. »Novel Polysilicon Comb Actuator for x-stages«, Proceedings Micro Electro Mechanical Systems'92 (1992), Travemünde, pp. 147–149

[4-76] P.-F. Indermuehle »Design and fabrication of an overhanging xy-microactuator with integrated tip for scanning surface profiling«, Sensors and Actuators A, 43 (1993), 346–350

[4-77] Li Fan et al. »Self-Assembled Microactuated yxz Stages for Optical Scanning and Alignment«, Proceedings Transducers97´, (Chicago 1997 319–322)

[4-78] U. Wallrabe et al. »Theoretical and experimental results of an electrostatic micro motor with large gear ratio fabricated by the LIGA Prozeß«, IEEE Catalog No. 92CH3093-2, Tagungsband MEMS'92, Travemünde (1992), S. 139–140

[4-79] Y. Gianchandani et al. »Batch fabrication and assembly of micromotor-driven mechanisms with multi-level linkages«, Proceedings MEMS'92, (Travemünde 1992) 141–146

[4-80] W. Menz, P. Bley »Mikrosystemtechnik für Ingenieure«, VCH, 1993

[4-81] C. Thüringen et al. »Design rules and manufacturing of micro gear systems«, Proceedings Actuators98, (Bremen 1998). 572–575

[4-82] U. Beckord et al. »Mikromotoren gewinnen Schwung«, F&M 11–12/97 (1997) pp. 850–852

[4-83] U. Beckord et al. »Das kleinste Planetengetriebe der Welt«, F&M1–2/98 (1998), pp. 49–52

[Kapitel 5]

[5-1] S. E. Miller »Integrated Optics: An Introduction«, Bell Syst. Tech. J. 48 (7), (1969) 2059–2068

[5-2] H. Bezzaoui, E. Voges »Integrated Optics combined with micromechanics on silicon«, Sensors&Actuators A29 (1991) 219–223

[5-3]   R. Paul »Optoelektronische Halbleiterbauelemente«, Teubner-Verlag (1992)

[5-4]   K. J. Ebeling »Integrierte Optoelektronik«, Springer-Verlag, 1989

[5-5]   H. Nishihara, »Optical integrated circuits«, McGraw-Hill (1989)

[5-6]   L.D. Hutcheson (ed) »Integrated optical circuits and components«, Marcel Dekker Inc., 1987

[5-7]   P. E. Lagasse and R. Baets »Application of propagating beam methods to electromagnetic and acousticwave propagation problems: A review«, Radio Science, Vol. 22, No.7, (1987) 1225–1233

[5-8]   L. Roß »Integrated optical components in substrate glasses«, Glastechnische Berichte 62 Nr. 8 (1989) 285–297

[5-9]   N. Keil et al. »Optical polymer waveguide devices and their applications to integrated optics and optical signal processing«, SPIE Vol. 1774, Nonconducting Photopolymers and Applications (1992)

[5-10] Firmenschrift, IOT Integrierte Optik GmbH

[5-11] P. Barrett »Seeing the Light with Integrated Optics«, Euro Photonics (Feb/March 1997) 40–42

[5-12] W. Franz, »Einfluß eines elektrischen Feldes auf eine optische Absorptionskante«, Zeitschrift Naturforschung 13a (1958) 484–489

[5-13] L.V. Keldysh, Sov. Phys. Jetp. 34 (1958) 788–791

[5-14] A. Alping, L. A. Coldren »Electrorefraction in GaAs and InGaAsP and its application to phase modulators«, J. Appl. Phys. 61 (1987) 2430–2433

[5-15] W. Sohler, »Integrierte Optik – Potential für mittelständische Hersteller und Anwender von Mikrosystemen«, VDI/VDE Technologiezentrum Informationstechnik GmbH, Band 7 der Reihe »Technologiestudien und Marktprognosen zur Mikrosystemtechnik«

[5-16] W. Auch, »Optische Rotationssensoren«, Technisches Messen tm, 52. Jahrgang, Heft 5 (1985) 199–207

[5-17] U. Hollenbach et al., »Integrated Optical Refractive Index Sensor by Ion-Exchange in Glass«, Proceedings ECO'88, Hamburg (1988)

[5-18] S. Valette et al. »Si-Based Integrated Optics Technologies«, Solid State Technology (Feb. 1989) 69–75

[5-19] Laser2000, Firmenschrift

[5-20] F. Sporleder et al. »Integrated Optics in Communication Networks«, Proceedings ECIO93, Neuchatel (1993) 2/5

[5-21] Firmenschrift IOT GmbH, Spec VK1xN-1293d

[5-22] Firmenschrift Alcatel-SEL9'94 1.0HS

[5-23] Brookham, Firmenschrift

[5-24] W. H. G. Horsthuis, R. Lytel »Prospects for integrated optic polymer components«, Proc. ECIO'95, (Delft, Niederlande, 1995) 67–71

[5-25] J. McEntee »Polymer switch set for mass production«, OLE, (July 1995) 33–34

[5-26] IOT GmbH, Firmenschrift, Im 6.94e

[5-27] C. Cremer, »Integriert optischer Spektrograph für WDM-Komponenten«, 5. Kolloquium der DFG zum Scherpunkt Integrierte Optik, Mai 1990, München

[5-28] E. Gini, H. Melchior »Polarization independent InP grating Spectrograph for fiber optical links«, Proc. ECIO'95, (Delft, Niederlande, 1995) 279–286

[5-29] L. H. Spiekmann et al. »Flattened response ensures polarization independence of In-GaAsP/InP phased array wavelength demultiplexer«, Proceedings ECIO'95, (Delft, Niederlande, 1995) 517–520

[5-30] W. B. Veldkamp »Binary Optics«, McGraw-Hill Yearbook of Science and Technology 1990

[5-31] K. Knop »Diffraktive Optik: Mikrostrukturen als optische Elemente«, Phys. Blätter, Bd. 47 Heft 10 (1991) 901–905

[5-32] Li Fan et al. »Self-Assembled Microactuated yxz stages for Optical Scanning and Alignment«, Proceedings Transducers'97, (Chicago 1997) 319–322

[5-33] U. Nübling, »Untersuchung zum Einsatz von diffraktiv optischen Elementen bzw. refraktiven Fresnellinsen in Industriesensoren«, Diplomarbeit, Furtwangen 1996

[5-34] R. Günther, Jahrbuch für Optik und Feinmechanik 1994, »Diffraktive Optik und ihre Anwendungen«

[5-35] J. Pelka, U. Weigmann »Einsatz von Ionentechniken«, in »Mikromechanik«, Hrsg. A. Heuberger, Springer-Verlag, 1991

[5-36] P. Unger et al. »X-ray microscope images with fresnel zone plates fabricated by electron beam nanolithography«, Microelectronic Engineering 6 (1987) 565–570

[5-37] H. Aritome et al. »Fabrication of x-ray zone plates with a minimum zone width of smaller than 100 nm by electron beam lithography«, Microelectronic Engineering 3 (1985) 459ff

[5-38] Y. Fujii et al. »Optical demultiplexer using a silicon echelette grating«, IEEE Jornal of quantum electronics QU-16, No. 2 (1980) 165 ff

[5-39] L. Erdmann, D. Efferenn, »Technique for monolithic fabrication of silicon microlenses with selectable rim angles«, Opt. Eng. 36 (4), (1997) 1–5

[Kapitel 6]

[6-1] H. Reichl »Hybridintegration, Technologie und Entwurf von Dickschichtschaltungen«, Hüthig, 1988

[6-2] A. Ambrosy und H. Haupt »Vom Chip zum Mikrosystem«, Physik. Blätter 52 Nr. 12 (1996) 1247–1249

[6-3] A. Stoffel et al. »Electrochemical etching of thin membranes on silicon surfaces containing integrated circuits«, Proceedings, 2nd internat. Symposium on Electrochemical Microfabrication, Miami Beach, Florida (1994) 323–332

[6-4] G. Schumicki, P. Seegebrecht, »Prozeßtechnologie«, Springer-Verlag (1991), S. 359 ff

[6-5] Reichl, Hrsg., »Halbleitersensoren«, Expert Verlag, Bd. 251

[6-6] J. C. Bolger, C. T. Mooney: »Die attach in Hi-Rel P-Dips: Polymides or Low Chloride Epoxies?«, IEEE Transactions, Vol.-CHMT-1, No. 4 (1984), 394

[6-7] J. Köhler et al. »Anodisches Bonden – Silizium-Glas-Verbindungen in der Mikromechanik«, Sensor Magazin 2/92 (1992) 6–7

[6-8] A. Hanneborg »Silicon-to-thin film anodic bonding«, J. Micromech. Microeng., (1992) 117–121

[6-9]   H. Crazzolara, W. von Münch, »Piezoresitive accelerometer with overload protection and low cross sensitivity«, Sensors and Actuators, A39, (1993) 201 – 207

[6-10] A. D. Brooks, R. P. Donovan and C. A. Hardesty; »Low-temperature electrostatic silicon-to-silicon seals using sputtered borsilicate glass«, J. Electrochem. Soc. 119 (1972) 545 – 546

[6-11] R. F. Wolffenbuttel, K. D. Wise: »Low-temperature silicon wafer-to-wafer bonding using gold at eutectic temperature«, Sensors and Actuators A43 (1994) 223 – 229

[6-12] A. L. Tiensuu et al. »Assembling three-dimensional microstructures using gold-silicon eutectic bonding«, Sensors and Actuators A45 (1994) 227 – 236

[6-13] A. P. Lee et al. »A practical microgripper by fine alignement, eutectic bonding and SMA actuation«, Proceedings Transducers '95 Vol. 2 (Stockholm 1995) 368 – 371

[6-14] M. Waelti et al., »Low temperature packaging of CMOS infrared microsystems by Si-Al-Au bonding«, Proceedings Electrochemical Society (1997) 147 – 154

[6-15] W. Kern, D. A. Puotinen, »Cleaning solutions based on Hydrogen Peroxide for use in silicon semiconductor technology«, RCA Rev. Vol. 31, (1970) 187

[6-16] F. Secco D'Aragona and L. Ristic »Silicon direct wafer binding«, in »Sensor technology and devices«, ed. L. Ristic, Artec House (1994) 157 – 201

[6-17] A. Berthold et al. »IC-compatible wafer-to-wafer fusion bonding with an SiO_2 insulating layer«, Proc. 11th European Conf. on Solid State Transducers Vol. 3, (Warschau 1997) 1373 – 1376

[6-18] A. Kolbeck »Gehäusung und Passivierung von Hybridschaltungen«, in H. Reichl (Hrsg.) »Hybridintegration«, Hüthig-Verlag, 1988 identisch mit oben

[6-19] M. Hof, »Klebetechniken in der Mikroelektronik«, Feinwerktechnik&Messtechnik 92 (1984) 67 – 69

[6-20] C. den Besten et al. »Polymer bonding of micromachined silicon structures«, Proc. IEEE: MEMS '92, (Travemünde 1992) 104 – 109

[6-21] U. Mescheder, S. Majer »Micromechanical Inclinometer«,Sensors&Actuators, A60 (1997)

[6-22] Motorola, Firmenschrift

[6-23] K. Najafi et al. »Integrated Sensors«, in S. M. Sze (Hrsg.) »Semiconductor Sensors«, John Wiley & Sons Inc. (1994) Kap. 10

[6-24] J. Bryzek »Introduction to IEEE-P1451, the emerging hardware-independent communication standard for smart transducers«, Sensors and Actuators A62 (1997) 711 – 723

[6-25] N. Najafi, »Smart Sensors«, Chap. 7 in Semiconductor Micromachining, Vol. 2, Campbel (Hrsgb.), Wiley (1998)

[6-26] G. Gerlach, W. Dötzel (Hrsgb.) »Grundlagen der Mikrosystemtechnik«, Hanser Lehrbuch 1997

[6-27] J. Lehmann »HDL-A-Modell für ein integriertes Taupunktsystem«, Tagungsband zum 1. Statusseminar zum Verbundprojekt MIMOSYS, (Paderborn 1996) 71 – 80

[6-28] K.-D. Müller-Glaser »Simulation auf Systemebene beim Mikrosystementwurf«, Tagungsband zum 2. Workshop »Methoden- und Werkzeugentwicklung für den Mikrosystementwurf«, im Rahmen des 3. Statussemeniars zum BMBF-Verbundprojekt METEOR, (Karlsruhe 1995) 27 – 34

[6-29] S. D. Senturia, »CAD for microelectromechanical systems«, Proceedings Transducers '95, Vol. 2 (Stockholm 1995) 5 – 8

[6-30] R. Neul »Modellbildung für mikromechanischen Beschleunigungssensor«, Tagungsband zum 1. Statusseminar zum Verbundprojekt MIMOSYS (Paderborn 1996), 111 – 117

[6-31] O. C. Zienkiewicz und A. H. C. Chan »Coupled Problems and their Numerical Solution«, in Advances in Computational Non-Linear Mechanics, ed. L. S. Doltsinis, Kap. 4, S. 139 – 176, Springer Verlag (1988)

[6-32] M. Kasper et al. »Modellierung von Mikrosystemen und ihren Komponenten«, Tagungsband zum 1. Statusseminar zum Verbundprojekt »Modellbildung für die Mikrosystemtechnik«, (Paderborn 1996) 3 – 8

[6-33] G. Wachutka, H. Pavlicek »CAD Tools for MEMS«, Kursunterlagen UETP-MEMS-Kurs, (1995)

[6-34] Motorola, Firmenschrift

[6-35] W. Süß et al. »ELMAS-Systementwurf, -simulation und Realisierung«, Tagungsband zum 2. Workshop »Methoden- und Werkzeugentwicklung für den Mikrosystementwurf«, im Rahmen des 3. Statussemeniars zum BMBF-Verbundprojekt METEOR, (Karlsruhe 1995) , S. 35 – 42

[6-36] S. Görlitz et al. »Atzen von Silizium simulieren«, Feinwerktechnik & Meßtechnik 98 (1990), 10

[6-37] J. M. Karam et al. »From the MEMS Idea to the MEMS Product: CAD and Foundries«, Proc. Wescon 96, IEEE, Piscataway (1996) 73 – 78

[6-38] R. Buser »ASEP: A CAD Programm for Silicon Anisotropic Etching«, Sensors and Actuators A, Vol. 28 (1991) 71 – 78

[6-39] J. M. Karam et al. »CAD Tools for Bridging Microsystems and Foundries«, IEEE Design & Test, Vol. 14, No. 2 (1997) 34 – 39

[6-40] Firmenschrift, Tanner Research Inc., P/N 0188 (1997)

[6-41] Informationsbrief der Fa. Dolphin, Feb. 1999

Stichwortverzeichnis